中国地质调查成果（CGS 2022－029）
中国地质大学（北京）地质调查成果（2020－9）
“大型－超大型矿床成矿地球动力学背景、过程与定量评价”系列成果

中国北方造山带大型－超大型斑岩矿床成矿背景、过程及保存

王建平　王银宏　柳振江　张方方　宓奎峰
刘瑞彬　刘　彬　冷亚星　李春风　徐　昱　著
吴景荣　孙　敏　王　康

地质出版社
·北　京·

内 容 提 要

中国北方造山带古生代斑岩成矿作用突出，其成矿环境总体属古亚洲（中亚）成矿域。东部地区受太平洋板块影响，中生代斑岩成矿作用显著。本书研究思路清楚，资料丰富翔实，以系统观和历史观为指导，按区域成矿学、成矿系统理论、“三位一体”的研究思路，以中国北方造山带最为典型的斑岩铜钼矿床，包括大兴安岭成矿带的多宝山、乌努格吐山斑岩铜钼矿床、东天山土屋－延东、东戈壁等重要铜钼矿床为研究重点，在全面总结矿床地质和地球化学特征的基础上，厘定矿床成岩成矿年龄，分析成矿作用与构造－岩浆活动的关系，查明斑岩成矿系统形成背景、成矿动力学机制和成矿作用过程，探讨了成矿岩体隆升剥蚀与矿床变化保存条件。

本书可供高等院校和科研院所从事岩石学、地球化学、矿床学等教学、科研人员以及一线地质勘查人员参考使用。

图书在版编目（CIP）数据

中国北方造山带大型－超大型斑岩矿床成矿背景、过程及保存／王建平等著．—北京：地质出版社，2021．11

ISBN 978－7－116－12907－8

Ⅰ．①中…　Ⅱ．①王…　Ⅲ．①造山带—大型矿床—斑岩矿床—矿床成因—研究—中国②造山带—超大型矿床—斑岩矿床—矿床成因—研究—中国③造山带—大型矿床—斑岩矿床—成矿作用—研究—中国④造山带—超大型矿床—斑岩矿床—成矿作用—研究—中国　Ⅳ．①P611．1

中国版本图书馆CIP数据核字（2021）第215376号

ZHONGGUO BEIFANG ZAOSHANDAI DAXING－CHAODAXING BANYAN KUANGCHUANG CHENGKUANG BEIJING、GUOCHENG JI BAOCUN

责任编辑：徐　洋
责任校对：关凤云
出版发行：地质出版社
社址邮编：北京市海淀区学院路31号，100083
电　　话：(010)66554646（邮购部）；(010)66554582(编辑室)
网　　址：http://www.gph.com.cn
印　　刷：北京印匠彩色印刷有限公司
开　　本：787mm×1092mm　1/16
印　　张：16.5
字　　数：400千字
版　　次：2021年11月北京第1版
印　　次：2021年11月北京第1次印刷
审 图 号：GS京（2022）0798号
定　　价：98.00元
书　　号：ISBN 978－7－116－12907－8

总　序

我很荣幸应邀为赵鹏大、翟裕生、莫宣学三位院士及其研究团队最近的成果《大型－超大型矿床成矿地球动力学背景、过程与定量评价》系列专著作序。

大型－超大型矿床是地球元素超常富集的产物，具有巨大的经济价值和理论研究价值，对国民经济建设起着重要的支撑作用。据统计，全球矿产资源70%～85%的勘探储量集中于占全球矿床数10%的超大型矿床中。发现新的大型－超大型矿床是实现地质找矿新突破和保障我国矿产资源供应的关键。

大型－超大型矿床的形成受特定的地球动力学背景与成矿过程的控制。然而，大型－超大型矿床能否被及时发现，能否被准确、全面、快速地勘查清楚，为人类合理利用，又必须遵循矿产勘查学的理论指导。只有把这两个方面的研究有机地结合起来，才能深入揭示大型－超大型矿床的成矿规律，准确、快速地发现和查清大型－超大型矿床的时空赋存规律和定位。在过去很多情况下，对成矿地球动力学背景、成矿过程与机制、矿产勘查预测的研究是各自分离的。研究团队明确提出并尽可能实现成矿地球动力学背景、成矿过程研究与定量勘查评价“三位一体”，这是成矿研究与勘查评价指导思想的重大变革，也是本系列专著的一大特色。

本系列专著指出，地球动力学背景，主要包括壳幔成分结构与深部过程、大地构造环境、成矿岩石系统、区域热－流体系统四个方面；成矿系统是指在特定地质环境中形成的矿床及后来演变的自然作用系统，包括从矿床的形成、变化到保存，即“源、运、储、变、保”五个过程；定量勘查评价体系，是以地质异常、成矿多样性及矿床谱系三者紧密结合为特色的“三联式”矿产预测及定量评价体系。

本系列专著实现“三位一体”的做法是：首先，分别深入研究形成大型－超大型矿床特有的地球动力学系统、成矿系统、勘查系统。其次，探寻地球动力学系统、成矿系统、勘查系统三者有机结合的具体途径和形式。能真正实现“三位一体”的关键是：找出用于定量勘查评价的地球动力学背景、成矿过程的主要因素，将其数字化，并按不同矿种、不同矿床类型赋予不同的权重，最终确定定量勘查预测方法的影响因素组合及变量优选。这样，就可以将地球动力学系统、成矿系统研究揭示的规律从定性描述转化为定量分析，通过数学地球科学的方法技术，迅速、准确地实现大型－超大型矿床的找矿勘查与评价的目标。

本系列专著按照上述指导思想和技术路线，对我国10个代表性的矿集区和大型－超大型矿床进行了典型解剖，并综合集成了国内外有关研究资料，形成了包括主书（共三个分册）、技术手册、典型矿床和矿集区分论三大部分的系列专著。

它是在中国地质调查局资助的“大型－超大型矿床成矿地球动力学背景、过程与定量评价”项目（2011—2016）基础上产生的。该项目于2016年12月通过了评审验收，被评价为“创新性建立了一套将地球动力学、成矿与勘查评价相融合的‘三位一体’理论方法体系，是一项具有里程碑意义的成果”。同时建议将此技术路线贯穿至“从野外原始数据采集→互联网数据集成→成矿远景区评价”的全过程，继续扩大示范作用，以进一步提升我国地质矿产勘查科技水平，最终实现找矿的重大突破。

我衷心祝贺系列专著的出版，相信本系列专著定将为推动我国地质矿产科学和矿产定量勘查评价的发展发挥重要作用。

中国科学院院士

2019年10月1日

总 前 言

《大型－超大型矿床成矿地球动力学背景、过程与定量评价》系列专著，是研究探索大型－超大型矿床的成矿规律及定量勘查评价的著作。大型－超大型矿床是地球成矿元素超常富集的产物，具有巨大的经济价值和理论研究价值。它们的形成受特定的地球动力学背景与成矿过程的控制。然而，大型－超大型矿床能否被及时发现、准确快速地勘查开发，为人类合理利用，又取决于矿产勘查学的指导。只有实现这两个方面的有机结合，才能深入揭示大型－超大型矿床的成矿规律，准确快速地发现和查清大型－超大型矿床的时空赋存规律和定位。在过去很多情况下，对成矿地球动力学背景、成矿过程、矿产勘查预测研究三者的联系是不紧密的。研究团队明确提出并尽可能实现成矿地球动力学背景、成矿过程研究与定量勘查评价“三位一体”，这是本系列专著的指导思想和特色。

本系列专著由三大部分构成：第一大部分主书包括三个分册，分别阐述了大型－超大型矿床成矿地球动力学背景（分册1）、大型－超大型矿床成矿过程与机理（分册2）、大型－超大型矿床定量勘查与评价（分册3）；为了使读者首先对本系列专著有一个全面了解，将“总论：大型－超大型矿床成矿背景、过程与评价”作为每个分册的第一章。第二大部分是与上述三个分册相配套的技术手册，共三册，分别就大型－超大型矿床的成矿地球动力学背景、成矿过程与机制、定量勘查评价，给予方法和技术上的具体指导，具有工具书的性质。第三大部分是代表性的典型矿床与矿集区的专著。

本系列专著首先论述了成矿地球动力学背景、成矿过程与机制、定量勘查与评价的原理和基本方法。从大地构造环境、壳幔成分结构与深部过程、成矿岩石系统、区域热－流体系统四个方面论述了成矿地球动力学背景；从矿床的形成、变化到保存，即“源、运、储、变、保”五个方面论述了成矿过程与机理；以地质异常、成矿多样性及矿床谱系三者紧密结合的“三联式”矿产预测及定量勘查评价体系为基础，进一步探寻三者有机结合的具体途径和形式。能真正实现“三位一体”的关键是，找出用于定量勘查评价的地球动力学背景、成矿过程的主要因素，将其数字化，并按不同矿种、不同矿床类型赋予不同的权重，最后确定定量勘查预测方法的影响因素组合及变量优选。通过这一过程，将所揭示的成矿规律从定性描述转化为定量研究，用数学地球科学的方法技术，实现大型–超大型矿床的正确有效的勘查评价。

本系列专著是我们科研集体长期的劳动成果，参与写作的作者有50余人，先后参加野外与室内研究工作的同志达百人以上。每一分册的总论部分由赵鹏大、翟裕生、莫宣学、邓晋福、陈永清、刘家军撰写；分册1的作者为莫宣学、邓晋福、董国臣、罗照华、李胜荣、刘翠；分册2的作者为翟裕生、刘家军、王建平、薛春纪、孙祥、彭润民、柳振江、王银宏、翟德高、赵晓波、杨尚松、张方方、赵云；分册3的作者为赵鹏大、陈永清、张寿庭、陈守余、夏庆霖、王功文、汪新庆、赵婕。《大型–超大型矿床成矿地球动力学背景技术手册》的作者为董国臣、罗照华、李胜荣、刘翠、牛耀龄、喻学惠、李旭平；《大型–超大型矿床成矿过程与机理技术手册》的作者为刘家军、薛春纪、王建平、孙祥、彭润民、柳振江、杨立强、翟德高、赵晓波、李瑞红；《大型–超大型矿床定量勘查与评价技术手册》的作者为王功文、张寿庭、陈建平、李胜荣、罗照华、刘家军、李瑞喜。典型矿床与矿集区专著及作者为：张寿庭、王功文等《栾川钼铅锌多金属矿集区大型–超大型矿床成矿背景、过程与定量评价》；陈永清等《个旧超大型锡铜多金属矿床成矿背景–过程–定量评价》；罗照华等《攀西地区大型–超大型钒钛磁铁矿矿床成矿背景、过程与定量评价》；李胜荣等《山东郯庐断裂两侧金巨量富集的背景、过程与评价》；董国臣等《滇西北普朗矿集区超大型铜多金属矿床：背景、过程与评价》；刘家军、余超等《甘肃寨上超大型金矿床的成矿背景、过程与成矿潜力》；刘家军、王功文等《陕西商丹铀矿集区成矿背景、过程与资源评价》；刘家军、王功文等《甘肃大水大型金矿集区成矿背景、过程与资源评价》；王建平、王银宏等《中国北方造山带大型–超大型斑岩矿床成矿背景、过程及保存》。此外，薛春纪主持了"新疆西天山及中亚邻区大型–超大型Cu Au矿床成矿地球动力学背景、过程和定量评价"课题研究，陈建平主持了"青海祁漫塔格地区大型–超大型Fe–Cu–多金属矿床成矿地球动力学背景、过程与定量评价"课题研究，彭润民等主持了"中国北方两个重要成矿系统的形成、保存及评价"课题研究，孙祥主持了"西藏冈底斯朱诺大型–超大型Cu矿床成矿地球动力学背景、过程与定量评价"课题研究；牛耀龄主持了"中国岩浆Cu–Ni与Ti–Fe矿床的成矿背景、过程与评价"专题研究，李旭平主持了"鲁西岩石圈结构与深部过程探讨"专题研究，喻学惠主持了"西秦岭地区金多金属矿成矿作用的深部动力学背景与成矿条件"专题研究；刘云华对新疆、陕西等地金矿进行了具体研究工作。上述这些典型矿床与矿集区的研究成果，部分已写入本系列专著，部分将另行发表。

本系列专著是在中国地质调查局长期资助的"大型–超大型矿床成矿地球动力学

背景、过程与定量评价”项目（2011—2016）基础上产生的。正是由于有了该项目的支撑，才使我们有可能在所选定的全国10个代表性的矿集区和大型-超大型矿床中，进行成矿地球动力学背景、过程与定量勘查评价有机结合的深入探索，形成了“三位一体”理论与方法技术的核心。这10个典型矿集区是：新疆西天山大型-超大型Cu-Au-多金属矿集区，青海祁漫塔格大型-超大型Cu-Fe-多金属矿集区，云南普朗大型-超大型Cu多金属矿集区，川滇峨眉山大火成岩省大型-超大型V-Ti-Fe及Au-Cu-Pt矿集区，云南个旧大型-超大型Sn（W）、Cu多金属矿集区，中国北方大型-超大型斑岩Cu-Mo矿床和SEDEX型Pb-Zn矿床，西秦岭大型-超大型Au矿集区，河南栾川大型-超大型斑岩型Mo-Pb-Zn-多金属矿集区，山东郯庐断裂两侧大型-超大型Au和Cu-Au矿集区，西藏冈底斯朱诺大型-超大型Cu矿集区。我们希望将此成果奉献给读者，通过大家的使用、检验、反馈，使之日臻完善。

衷心感谢中国地质调查局钟自然局长、李金发副局长批准给予立项及长期资助与王昆副局长一直的关心和支持。衷心感谢李廷栋院士百忙中为本书作序和主持“大型-超大型矿床成矿地球动力学背景、过程与定量评价”项目的最终评审。衷心感谢严光生、侯增谦、成秋明、王瑞江、薛迎喜、肖庆辉、潘桂棠、李文昌、卢民杰、连长云、王全明、董连慧、刘文灿、赵志丹、吴建设、于学峰、宋明春、燕长海、王世炎、潘彤、李东生、张爱奎、卢映祥、和中华、尹光侯、崔子良、舒斌、李培杰等各位专家、领导在各方面对我们的指导、支持与帮助。衷心感谢新疆地质矿产勘查开发局、新疆地质矿产勘查开发局第一地质大队、新疆地质矿产勘查开发局第六地质大队、新疆洛钼矿业有限公司、哈密淡鑫铜业有限公司，原中国人民武装警察部队黄金第五支队、中国黄金集团陕西太白黄金矿业有限责任公司、陕西略阳铧厂沟金矿、陕西省核工业地质局二二四大队，甘肃省地质矿产勘查开发局第二和第三地质矿产勘查院、甘肃省合作早子沟金矿有限责任公司，河南省地质调查院、栾川县自然资源局、河南省第一矿产勘查院、栾川县鑫川矿业有限公司、河南省洛钼集团、河南省龙宇集团、河南省鑫宝公司，山东省地勘局、山东省地质科学院、山东黄金集团公司、招远黄金集团公司、山东黄金地勘公司、山东黄金有色公司、山东黄金归来庄金矿有限公司、山东黄金沂南金矿、山东黄金焦家金矿、山东黄金金洲矿业公司、山东省地勘局第三地质大队、山东省地勘局第六地质大队，中化地质矿山总局内蒙古地质勘查院、西部矿业内蒙古巴彦淖尔西部铜业有限公司、内蒙古乌拉特后旗紫金矿业有限公司，青海第三地质勘查院、青海地质调查院，云南地质调查局、云南地勘局、云南省地质矿产勘查院、云南亚洲现代有限公司、云南锡业集团（控股）有限责任公司，成都地调中心，西藏地质二队等各个单位的专家和领导在本项目各课专题工作中，给予的大力支持和帮助。衷心感谢地质出版社对本系列专著给予了精心的编辑与出版。最后，还要衷心感谢中国地质大学（北京）、中国地质大学（武汉）领导和各部门的大力支持和条件保障。以上各部门各单位领导和专家的指导、支持和帮助，是本项目和本系列专著得以顺利完成和出版的保证。

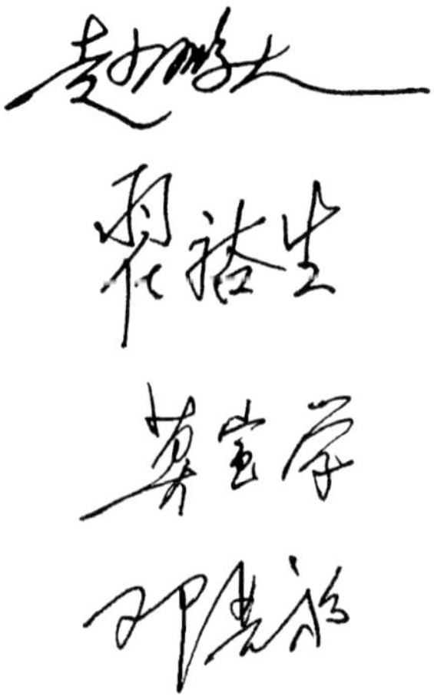

2019 年 10 月 1 日

前　言

大型－超大型矿床成因和成矿作用是地球科学的重大课题之一，也是矿床学领域长期以来备受大家关注一个问题。前期研究多是从不同角度不同的侧重点展开的，为适应新形势地球科学系统化整体化的发展趋势，中国地质调查局于2011年部署了由莫宣学院士为首席科学家主持的计划项目“大型－超大型矿床成矿地球动力学背景、过程与定量评价”，集合赵鹏大院士、翟裕生院士、邓晋福教授为专家顾问组的中国地质大学（北京）科研团队，选取中国10个大型－超大型矿床发育的矿集区，通过对其成矿地球动力学背景、过程及其不同尺度的找矿标志的研究，建立定量评价预测模型，实现对“背景、过程与评价‘三位一体’”的区域成矿预测，为“国家找矿突破战略行动”提供理论与方法技术支撑。

作者有幸参加该计划项目的第6工作项目“中国北方两个重要成矿系统的形成、保存及评价”（项目编号：2012011220923）的研究工作。两个重要成矿系统指我国狼山地区元古宙喷流沉积成矿系统和北方造山带斑岩成矿系统，本书是对斑岩成矿系统研究成果的一个总结。斑岩成矿系统是我国北方造山带最为发育的成矿系统类型之一，其斑岩成矿环境总体属古亚洲（中亚）成矿域，以古生代斑岩成矿作用为特征。中生代以来受太平洋板块影响，东北地区中生代斑岩成矿作用显著。本次工作以中国北方造山带最为典型的斑岩铜钼矿床，包括大兴安岭成矿带的多宝山、乌努格吐山斑岩铜钼矿床、东天山土屋－延东、东戈壁等重要铜钼矿床为研究重点，在全面总结矿床地质和地球化学特征的基础上，厘定矿床成岩成矿年龄，分析成矿作用与构造－岩浆活动的关系，查明斑岩成矿系统形成背景、成矿机制和成矿作用过程，探讨成矿岩体隆升剥蚀与矿床变化保存条件。

项目组在计划项目负责人和专家组指导下，以系统观和历史观为指导，按区域成矿学、成矿系统理论、“三位一体”的研究思路，以构造－流体－成岩－成矿为主线，采用点、线、面相结合的方法，围绕课题的总体研究目标和研究内容，对中国北方斑岩成矿系统开展较为系统深入的研究工作，取得以下新的进展和成果。①研究认为，土屋－延东、乌努格吐山、八大关、多宝山大型－超大型斑岩铜（钼、金）矿床形成于俯冲构造环境，成矿流体与成矿物质主要源自岩浆系统。其成矿机制主要为俯冲板片部分熔融形成含矿岩浆房，含矿岩浆侵位至岩体顶部富集成矿。②提出了东戈壁斑岩钼矿板内伸展环境成矿模式。在三叠纪岩石圈伸展构造体制下，软流圈地幔物质上涌底侵于地壳底部，提供热量并诱发新增生下地壳物质发生部分熔融形成花岗质母岩浆，促使地壳中的钼元素进入岩浆房形成富钼岩浆并上侵至有利位置富集成矿。③应用裂变径迹热年代学方法和热史模拟方法，对多宝山铜矿床变化保存条件进行了探索。研究结果表明，矿床于晚白垩世经过相对快速隆升之后缓慢抬升至地表，矿体较围岩抬升晚、平均速率小，为矿床保存提供了有利条件。

本书共五章，编写分工如下：第一章，斑岩矿床研究现状，由王建平编写；第二章，多宝山斑岩铜矿成矿背景、过程及保存，由王建平、冷亚星、徐昱、吴景荣编写；第三章，得尔布干成矿带斑岩铜钼矿床成矿背景、过程及保存，由柳振江、宓奎峰、刘瑞彬、李春风编写；第四章，东天山地区大型斑岩矿床成矿背景及过程，由王银宏、张方方、刘彬、孙敏、王康编写；第五章，中亚成矿域斑岩型矿床对比研究，由宓奎峰、王建平编写。最后，由王建平、王银宏、柳振江对全书内容进行了审阅与统稿。

项目研究过程中，中国地质调查局在技术上进行具体指导，在经费上给予充分支持。中国地质大学（北京）校领导及地球科学与资源学院和地质调查研究院、有关地方政府、地勘单位、矿山企业也给予了大力支持和配合。在项目的立项、年度设计、成果评审过程中，得到各位评审专家的具体指导与建议。计划项目负责人莫宣学院士以及项目顾问翟裕生院士、赵鹏大院士、邓晋福教授一直给予指导与帮助，与各位工作项目负责人和相关研究同志的交流和合作也让作者受益良多。感谢参与项目的多位博士研究生、硕士研究生，正是大家的通力合作才使我们取得了一定成果。

目　录

第一章　斑岩矿床研究现状

斑岩矿床以规模大、品位低、埋藏浅、易开采为特征，时空上与中酸性侵入体关系密切，发育细脉浸染状矿化和大规模热液蚀变，常产出于岛弧火山岩带（Misra，2000）。斑岩矿床提供了世界近3/4的铜、1/2的钼和1/5的金（Sillitoe，2010）。目前世界99个200×10^4t以上的超大型铜矿中，斑岩型有63个（张旗等，2004）。在中国，已查明30个斑岩铜矿，累计铜储量3274×10^4t，约占总储量的44.01%（芮宗瑶等，2006）。由于经济意义巨大，其找矿勘查与理论研究一直是矿床学界研究的热点。

1906年，美国著名的宾厄姆（Bingham）"低品位铜矿"（铜含量2.4%）是全世界第一个斑岩铜矿山。1918年W. H. 艾孟斯在《经济地质学原理》中，首次提出"斑岩铜矿"（porphyry copper deposit）这一术语，提出的地质标准为"浸染状铜矿石"（戴自希，2004）。Lowell和Guilbert（1970）首次将斑岩铜矿定义为"产于各种各样的主岩中由浸染状和细网脉状矿化组成的铜硫化物矿床"，并建立了经典的斑岩铜矿蚀变分带模式——"二长岩"模式，大大推动了斑岩铜矿的找矿勘查工作。

世界范围内，斑岩矿床主要分布于环太平洋、特提斯-喜马拉雅、古亚洲洋3大成矿域，其中，环太平洋带超大型斑岩铜矿占铜总储量89.9%（芮宗瑶等，2004），90%以上的大型-巨型斑岩铜-钼-金矿床产于有"俯冲工厂"之称的岩浆弧环境中（Kerrich et al.，2000）。世界上斑岩矿床形成时间以新生代为主，其次是中生代。中生代之前的斑岩矿床仅限于中亚古生代造山带和一些前寒武纪的克拉通造山带，超大型斑岩矿床相对较少。本章重点以斑岩铜矿为例，介绍斑岩矿床的研究现状。

一、大地构造背景

随着板块构造理论的发展，人们对斑岩铜矿的认识越来越深入。Sillitoe（1972）首先提出经典的斑岩铜矿板块构造模型，将斑岩铜矿成矿的构造环境定位于大陆边缘和岛弧带，该模式有效地指导了找矿实践，并取得了巨大成功。大陆边缘环境的经典成矿省包括安第斯中部、美国西部和巴布亚新几内亚-伊里安爪哇。岛弧环境的斑岩型矿床则环绕西太平洋广泛分布。近年来研究发现，世界级规模的斑岩铜矿不仅产出于岛弧或陆缘弧环境，而且还产出于碰撞造山带环境，如青藏高原碰撞造山带（芮宗瑶等，1984；侯增谦等，2001，2003）。

从斑岩铜矿在全球的分布来看，汇聚板块边缘无疑是斑岩铜矿最重要的成矿背景。但有利于斑岩铜矿成矿的构造环境并不是单纯的俯冲和挤压背景。Richards et al.（2001）通过对智利北部地区的详细研究，认为有利于斑岩铜矿形成的构造背景因素包括：①上地壳处于较长时期挤压状态后的应力松弛期；②成矿域存在早期深大断裂，而且这些断裂在应力松弛期活化张开。Tosdal et al.（2001）指出，形成斑岩铜矿最佳的大地构造部位不是压性或压剪性体制，也不是完全张性体制，而是张剪性或张扭性体制。只有这样的机制才能在断层交汇处产生最大的渗透率，具有形成斑岩铜矿的最大潜力。

侯增谦（2004）指出，藏东玉龙斑岩铜矿带和冈底斯斑岩铜矿带均产于喜马拉雅－西藏造山带，但形成于碰撞造山的不同阶段和不同环境。藏东玉龙斑岩铜矿带分布于碰撞造山带东缘的构造转换带，斑岩成矿系统发育于大陆强烈碰撞后的应力释放期或压扭向张扭转换期。冈底斯斑岩铜矿带产于近东西向展布的冈底斯花岗岩基内，平行于印度－亚洲大陆主碰撞带方向，受近南北向延伸的正断层系统和东西走向的逆冲带控制，斑岩铜矿系统发育于碰撞后地壳伸展环境。最近的研究表明，碰撞带及裂谷环境也是斑岩钼矿产出的重要环境，如挪威及格陵兰等地的斑岩钼矿床、青藏高原陆陆碰撞带斑岩钼矿床、东秦岭钼矿带、华北地台北缘燕辽钼矿带、华北克拉通北缘造山带以钼为主的斑岩型钼－铜矿床等。

二、岩浆起源特征

斑岩矿床最常见的是岛弧岩浆成矿，其形成过程为：由大洋板块沿毕尼奥夫俯冲带到达深部后，发生脱水，使上地幔发生交代，产生含水的地幔部分熔融岩浆，此时的温度大约为1000℃。由于大陆板块的覆盖，即存在玄武岩底垫，温度陡然增高至1400℃，在壳幔交界面上形成地幔流。当地幔流透过过渡大陆地幔岩石圈即玄武岩底垫时，则在MASH带形成相当规模的原始岛弧岩浆（Tatsumi et al.，1986；Peacock，1993；Richards，2003），即原始含矿岩浆。Richards（2003）对MASH过程进行了系统阐述，即俯冲的大洋板片发生脱水，释放的流体交代上覆地幔楔，诱发地幔楔发生部分熔融从而产生玄武质钙碱性岩浆，岩浆上升底侵于下地壳，从而诱发地壳熔融（M）、发生同化混染（A）并在下地壳存储（S），最后达到岩浆均一化（H），上升侵位形成成矿斑岩体。洋壳沉积物与海水相互作用及热水蚀变过程获得较高的氧逸度，源于板片的熔体与流体将携带氧化潜力到上覆地幔中（McInnes & Cameron，1994）。具有氧化效应的元素是C、H、S和Fe，演化作用的结果是使橄榄石分解，并使其中的亲铜元素Cu与Au释放出来到岩浆中（Mungall，2002）。

近年来，我国学者基于青藏高原欧亚大陆碰撞过程形成的斑岩铜矿（侯增谦等，2003，2004，2006，2007，2009），提出“非弧”－大陆环境斑岩铜矿的概念，并对其特征进行系统总结，强调下地壳与岩石圈地幔的拆沉与部分熔融，以及软流圈上涌对斑岩铜矿初始岩浆形成的贡献。侯增谦（2004）系统分析了弧造山和碰撞造山斑岩矿床的形成机制，认为在弧造山环境，大洋俯冲板片的膝折或撕裂导致俯冲角度变缓，引起弧地壳耦合变形，产生切弧断裂，控制斑岩系统的时空分布；俯冲板片撕裂引发软流圈上涌，诱发大洋板片熔融，产生含矿岩浆。而在碰撞造山环境，大陆俯冲板片的裂离导致软流圈上涌，向下地壳注入新生物质，并诱发下地壳物质熔融，产生含矿岩浆。除此之外，关于大陆环境斑岩起源还存在Qu et al.（2007）的残留洋壳的部分熔融观点、Gao et al.（2007）提出的受俯冲流体/熔体交代的上地幔的部分熔融观点以及Hou et al.（2004）的玄武质岩浆底侵加厚下地壳部分熔融观点等。

可见，斑岩铜矿及其母岩浆可以形成于板块汇聚边缘的岛弧环境，也可形成于大陆内部非弧构造背景。不同构造背景与动力学机制下的含矿岩浆的地球化学特征有一定的差异。俯冲机制的弧岩浆包括钙碱性岩浆（Muller & Groves，1993）、埃达克岩浆（Kay et al.，1993；Drummond et al.，1996；Thiéblemont et al.，1997；Sajona & Maury，1998）与碱性岩浆（Richards，1990；McInnes & Cameron，1994）。岛弧环境的含矿斑岩通常是钙碱性的，而陆缘弧环境的含矿斑岩多为高钾钙碱性，部分为钾质碱性和钾玄质（shoshonitic）（Guilbert，1995；Camus et al.，1996；Rush et al.，1990；Clark，1990；Arribas et al.，1995；Kerrich et al.，2000）。大陆内部非俯冲机制的含矿斑岩主体是高钾钙碱性的和钾玄质的，以高钾为其显著特征（侯增谦等，2007）。

三、埃达克岩与斑岩铜矿

埃达克岩（Adakite）最早由 Kay（1978）在研究美国阿留申群岛 Adak 岛上的中酸性岩浆时提出的，由 Defant 和 Drummond（1990）命名。埃达克岩指的是具有下列特点的一类高铝中酸性火山岩或侵入岩。①$SiO_2 \geqslant 56\%$，$Al_2O_3 \geqslant 15\%$；②高 Sr（$400 \times 10^{-6} \sim 2000 \times 10^{-6}$），低 Y 和 Yb（$Y \leqslant 18 \times 10^{-6}$，$Yb \leqslant 1.9 \times 10^{-6}$）；③MgO 通常小于 3%（很少大于 6%），$K_2O/Na_2O$ 值低（<0.5），$Mg[Mg^{2+}/(Mg^{2+}+Fe^{total})]$ 一般大于 0.47，甚至高达 0.70；④La/Yb 值（>20）和 Sr/Y 值（>40）很高，$Sc/10^{-6}<10$，Zr/Sm>50，轻稀土元素（LREE）富集，无明显的 Eu 负异常；⑤高场强元素（HFSE）亏损，同位素组成类似 MORB（$^{144}Nd/^{143}Nd>0.5129$，$^{87}Sr/^{86}Sr<0.705$）等。

尽管并非所有埃达克岩均能形成斑岩矿床，但有越来越多的证据表明这类岩石与斑岩铜矿具有明显的偏在性或选择性（侯增谦等，2005）。Thiéblemont 等（1997）统计了全球 43 个斑岩和浅成低温热液铜（钼、金）矿床，其中 38 个与埃达克岩有关。Sajona 和 Maury（1998）研究菲律宾 14 个斑岩铜矿和浅成低温热液金矿，发现有 12 个与埃达克岩有关。Bellon 和 Yumul（2001）认为菲律宾 16 个斑岩铜矿中的 14 个在时间和空间上与埃达克岩有关。Oyarzun 等（2001）总结各种规模斑岩铜矿与埃达克岩之间的关系，认为智利的 Ckuquicamata（铜金属储量 6935×10^4t）、La Escondida（铜金属量 2880×10^4t）都具有埃达克岩的性质，而钙碱性中酸性岩浆岩产出较小规模的斑岩铜矿（$<500 \times 10^4t$）。并指出这可能与埃达克岩岩浆本身富水、富硫和高氧逸度的性质有关。侯增谦等（2003，2005）通过对西藏和智利斑岩铜矿对比研究认为，最具成矿潜力的含矿斑岩也具有埃达克岩地球化学特征，显示出埃达克岩岩浆的亲和性。在长江中下游成矿带，与铜、铁、金矿化有关的中酸性岩多具有埃达克岩特征（王强等，2001；王元龙等，2003）。

埃达克岩起初被认为是形成于板块俯冲背景下年轻俯冲洋壳板片的直接部分熔融，之后埃达克岩就常被学者们用来指示俯冲环境下的板片熔融这一模式（Kay et al.，1993；Gutscher et al.，2000；Sajona et al.，2000；Wyman et al.，2000；Aguillón－Robles & Calmus，2001；Bourdon et al.，2002：Polt & Kerrieh，2002；Reich et al.，2003；Han et al.，2006；Sun et al.，2010）。一些学者研究认为俯冲大洋板片上的沉积物也对埃达克岩贡献了少量的物质来源（Yogodzinski et al.，1995；Gómez－Tuena et al.，2007）。Shimoda et al.（1998）以及 Shimoda 和 Tatsumi（1999）通过对日本西南部 Setouchi 高镁安山岩及流纹岩的研究，认为其 Sr－Nd－Pb 同位素组成、岩石的主量元素以及不相容元素含量等特征均指示了消减大洋板片上沉积物的部分熔融后交代混染地幔楔，可以产生高镁中酸性岩浆。甚至认为与大型斑岩铜矿相关的埃达克岩是在洋脊俯冲环境下，由靠近洋脊的年轻大洋板片在板片窗中部分熔融形成。

近年来，中国学者（Gao et al.，2003；Hou et al.，2004，2009；Qu et al.，2004；2007；Jiang et al.，2006，2008）研究发现，青藏高原的冈底斯和玉龙斑岩铜矿带的喜马拉雅期含矿斑岩也具有埃达克岩特征，表明在碰撞造山后的拉张环境也可以形成埃达克岩。对冈底斯含矿斑岩当前存在两种不同的成因观点，其一是碰撞后拉张环境下加厚的高原下地壳岩石部分熔融（Hou et al.，2004，2009），其二是俯冲的新特提斯洋壳滞留残片（包括板片上覆沉积物）部分熔融（Gao et al.，2003；Qu et al.，2004，2007）。玉龙含矿斑岩的成因则被认为是富集岩石圈地幔交代成因的金云母－石榴子石－辉石岩脉的低程度部分熔融（Jiang et al.，2006，2008）。

四、成矿物质来源

较早的研究者基于铜矿体与斑岩体间紧密的时空联系、对称的蚀变与矿化分带、与陨石硫相似或一致的硫同位素组成等特征认为斑岩铜矿成矿物质与成矿流体是从斑岩体迁移出来的。20 世纪 60 年代随着氢氧同位素与流体包裹体研究的开展及其在斑岩铜矿研究中的应用，一些研究人员（Sheppard et al.，1969，1971）指出，在斑岩铜矿成矿－蚀变系统中有大气降水的加入，并提出大气降水－岩浆水混合对流并从围岩萃取成矿物质的成矿模型（Sheppard et al.，1969，1971）。但大气降水萃取围岩金属元素的理论与许多斑岩矿床钾化带的氧同位素组成不符（Candela & Holland，1986）。另外，按照围岩萃取理论，可以期望在矿床的外带出现一个金属成矿物质的耗竭带，而事实上斑岩铜矿床周边并不存在这样的耗竭带。Hendry et al.（1981）曾示范地研究了环状岩体的成矿，发现外侧岩体并没有因内侧岩体为成矿岩体而铜含量低。更多的证据显示斑岩铜矿成矿流体主体为岩浆流体。例如，Ulrich et al.（1999）发现两个世界最大斑岩铜金矿床石英流体包裹体中初始高温卤水中 Au/Cu 值与矿床 Au/Cu 值平均值一致，矿床金属量受控于源于岩浆分异的流体的成分组成，指示成矿物质源于岩浆。

Sillitoe（1972）在用板块构造理论解释斑岩铜矿岩浆来源与铜的来源时，认为斑岩矿床的金属物质源于基性岩浆伴生的板块结合点与大洋中脊产生的地幔中，作为玄武岩－辉长岩洋壳的一部分被带入俯冲带，并通过熔融作用进入岩浆而形成含矿斑岩岩浆。此后，修正的板块俯冲与岩浆－金属物质形成模型（Defant & Drummond，1990；McInnes et al.，1999；Richards，2003）都强调成矿金属物质源于部分熔融的洋壳、被交代的上地幔和被改造的下地壳。越来越多的现象与资料支持这一设想。例如，Mathur et al.（2000）用同位素 Re－Os 研究智利地区巨型斑岩铜矿的年龄与成矿物质来源，结果表明矿床铜的总含量与 Os 初始比值有很好的对应关系，巨型矿床较小型矿床具低的 Os 初始比值；这意味着巨型斑岩铜矿其硫化物具较低的 Os 初始比值与较多的源于地幔的物质组分，而金属量相对低的矿床其 Os 初始比值相对较大，意味着较多的地壳物质的加入。Core et al.（2006）基于美国犹他州 Bingham 巨型斑岩铜矿 Last Chance 岩体中发现的富黄铜矿与斑铜矿的基性岩包体及其与成矿斑岩具同源的特征，认为 Bingham 巨型斑岩铜矿形成于含硫化物堆积的下地壳侵入体与含铜矿床的深埋变质地体的部分熔融形成的异常富铜岩浆。因此，斑岩铜矿的成矿物质源于含矿斑岩侵入体或含矿斑岩岩浆，源于下地壳、上地幔或俯冲洋壳，在斑岩岩浆侵位-结晶固化与矿化蚀变过程的流体系统中可能有大气降水的加入。

现代研究认为，斑岩矿床可以有多种物质源区，如上地幔、俯冲板片、中下地壳及上地壳等。其中，一般认为铜、金主要源自俯冲洋壳或俯冲流体交代的地幔。陆缘弧环境中斑岩钼矿成矿物质来源与岛弧环境相似，为俯冲的洋壳（Richards，2003）。而大陆环境下斑岩钼矿中钼的来源仍存在争议，Westra 和 Keith（1981）、Huang et al.（1995）、Stein et al.（2002）等认为钼源于地幔，但大多数学者认为钼主要为地壳来源（White et al.，1981；Christiansen & Wilson，1982；Mao et al.，2003）。侯增谦和杨志明（2009）认为古老地壳对斑岩钼矿的钼源贡献很大，钼主要为古老地壳就地熔出，少部分萃取于上部地壳。

五、蚀变矿化分带

斑岩铜矿一个重要的特征是矿体周围通常发育强烈的热液蚀变带。20 世纪 70 年代以来，很多学者试图建立一个普适的斑岩矿床的蚀变矿化分带模式。其中，最具有代表性、最广泛应用的是 Lowell 和 Guilbert（1970）、Gustafson 和 Hunt（1975）、Hollister（1978）等提出的模式。

1970 年，美国斑岩铜矿专家 Lowell 等通过对美国西南部亚利桑那州老矿区圣马纽埃（San Manuel）蚀变带的识别，不仅发现了卡拉马祖（Kalamazoo）大型斑岩铜矿床，而且以此为基础创建了经典的同心圆状蚀变分带模式，即“二长岩”模式，该模式是指石英二长斑岩侵位到硅镁质围岩中发育的面状、垂直的热液蚀变分带现象，从里向外依次为：钾化带—绢英岩化带（高级泥化带）—（中级）泥化带—青磐岩化带。钾化带分布在最内部，最早形成，特征蚀变矿物为含钾矿物（钾长石-黑云母等），黄铁矿呈浸染状产出；青磐岩化带分布在最外围，与钾化带近于同时形成，特征矿物为绿泥石；绢英岩化带套叠在钾化带之上，形成时间晚于钾化带和青磐岩化带，主要由绢云母-石英-黄铁矿组成，主要发育浸染状矿化和网脉状黄铁矿脉；（中级）泥化带叠加于绢英岩化带上、青磐岩化带内侧，形成时间近于绢英岩化带，特征矿物为黏土矿物，近矿侧为高岭石，远矿侧多为蒙脱石，发育脉状矿化。与蚀变分带相对应，矿石结构和种类也具分带性，自内而外由浸染状向脉状过渡，矿化种类由黄铁矿-辉钼矿-黄铜矿组合向方铅矿-闪锌矿-多金属矿化转变。该蚀变模式适用于钙碱性-碱性系列，中酸性斑岩系统（花岗质-花岗闪长质-英云质-石英二长闪长质-闪长质）。应用此模式在世界各地发现了大量斑岩铜矿（戴自希，2004）。需要注意的是，此模型是基于围岩与侵入体矿物组成相近的基础上总结出来的。

Hollister（1978）基于对岛弧闪长岩有关的斑岩铜矿研究提出了“闪长岩”分带模式，是指石英闪长斑岩或斜长花岗斑岩侵位到硅铝质围岩中形成的分带现象。该蚀变模式适用于钙碱性-中性岩体系，特点是钾化带核心（正长石-黑云母或正长石-绿泥石）周围直接出现青磐岩化带，钾化带和青磐岩化带发育铜矿化，其蚀变组合与“二长岩”分带模式中相应蚀变带基本一致，只是似千枚岩化带较弱。分析其原因可能与天然水的综合作用，造成斑岩岩浆钾含量变化有关，当钾含量较高时，钾和氢的交代作用强烈，于是产生钾化带、似千枚岩化带、泥化带和青磐岩化带，即“二长岩”分带模式；当含钾含量较低时，钾和氢的交代作用较弱，此时只能形成钾化带和青磐岩化带，即“闪长岩”分带模式。

近年来，在斑岩铜矿中发现一些新的蚀变类型，主要有钠钙蚀变和磁铁矿蚀变（王奖臻等，2001；李光明等，2007）。在美国 Ann－Mason 斑岩铜矿形成过程中，钾质蚀变之后由于钠钙活度的升高，形成了更长石－阳起石－榍石蚀变组合，称为钠钙蚀变。这种蚀变从早先结晶的石英二长岩中淋滤出铜、铁，大大增加了矿床规模。磁铁矿蚀变发育于氧化态较高的岩浆－热液体系中，形成于热液蚀变的最早期，形成磁铁矿－角闪石－斜长石组合。

应该指出的是，并非所有斑岩矿床都具有完整的上述蚀变分带特征。如许多斑岩矿床的热液蚀变系统不发育高级泥化。在玉龙斑岩铜矿带，高级泥化蚀变仅在玉龙斑岩铜矿中发育，其他几个大型铜矿并没有发育（芮宗瑶等，1984；唐仁鲤等，1995），高级泥化蚀变往往叠加于早期的钾硅酸盐化带和石英－绢云母化带之上，发育明显较晚，具有产出部位较高和构造控制明显的特点，与浅成低温热液铜－金矿化伴生（Hou et al.，2004）。侯增谦等（2004）认为这种高级泥化蚀变叠加于斑岩蚀变系统之上，发育于浅成低温热液矿化阶段，应为浅成低温热液系统产物。在菲律宾 Lepanto－FSE 矿区发育的高级泥化蚀变带主要由石英和明矾石组成，并分布于斑岩铜矿体的侧翼，且叠加于斑岩型热液蚀变系统的顶部，严格受近水平断裂控制，包括典型的浅成低温热液硫砷铜矿－金矿体，反映高级泥化蚀变是浅成低温热液系统的产物（侯增谦，2004）。因此，高级泥化蚀变所代表的是浅成低温热液系统与斑岩型热液系统在空间上的叠加。

Gustafson 和 Hunt（1975）细致研究了智利 El Salvador 斑岩铜矿的蚀变矿化特征，辨别出了 A 型、B 型和 D 型 3 种脉体。早期的蚀变矿化以 A 型脉和钾化蚀变组合——钾长石、黑云母、斑铜矿（黄铜矿、黄铁矿）为特征，矿区 75% 的矿化发育在早期矿化蚀变带中。A 型脉外形不规则，主要由粒状石英、钾长石、硬石膏、黄铜矿、斑铜矿组成，在蚀变不强烈的部位可见钾化蚀变晕，青磐岩化蚀变主要发育在安山质熔岩和沉积岩中。B 型脉边界平直、连续，主要由石英＋辉钼矿＋黄铁矿组成，无钾长石，为过渡成矿期，发育辉钼矿矿化，脉体和蚀变晕中发育羟基蚀变，矿物组合为钾长石、正长石、红柱石、硬石膏。D 型脉为晚期矿化，发育黄铁矿化和绿泥石－绢云母蚀变。

六、成因模式

斑岩矿床成因模式是指斑岩岩浆侵位后所发生的岩浆演化和蚀变矿化的过程。早在 20 世纪 70—80 年代，很多学者尝试用统一的成矿模式来解释斑岩矿床的成因。根据斑岩体在成矿中的作用，大体上可以分为两类，即“正岩浆模式”（又称“岩浆热液说”）（Nielsen，1968）和“地下水对流模式”（Norton，1978）。

“正岩浆模式”认为成矿物质及流体源于斑岩岩浆。岩浆源区为上地幔或（和）下地壳，上升侵位后，在岩浆演化晚期分异出热液。岩体温度自内而外降低，热液由内而外运移，先后形成钾化带和青磐岩化带。在热液与天水相互作用处形成黄铁绢英岩化带，由于物化条件改变发生矿质沉淀富集。支持“正岩浆模式”的最初证据来自斑岩铜矿化在时空上与中酸性侵入体的紧密关系。后来，Burnham（1967）、Holland（1972）、Whitney（1975）、Dilles（1987）等基于理论模拟，认为钙碱性岩浆在冷却过程中有可能出溶热液，而这种热液可以参与矿化的形成。Burnham（1967）和 Phillips（1973）最早讨论了通过热液沸腾方式形成膨胀裂隙，随后释放出岩浆热液。

一些同位素和流体包裹体研究显示矿化晚期可能有地下水的参与。最著名的是 Norton（1978）和 Batchelder（1977）的“地下水对流模式”，认为在岩浆热驱动下，来自围岩和地下水的流体形成对流，萃取围岩中有用组分形成含矿热液。

作为这两种模式的中和，有学者提出了“混合模式”，即斑岩铜矿矿化过程中有岩浆热液和地下水两种热液的参与。成矿早期的蚀变矿化主要由岩浆热液造成，中晚期蚀变矿化主要是因为有地下水的参与。岩浆热液产生钾化带，水－岩反应形成青磐岩化带和泥化带，两种流体混合形成绢英岩化带，成矿物质于此带沉淀富集。

板块构造理论兴起后，Silltoe（1972）提出了“板块构造成矿模式”，又称“洋壳重熔成矿模式”，认为斑岩铜矿的形成机制是富铜的大洋壳俯冲至地幔中发生部分熔融，析出的铜随钙碱性岩浆上涌，富集于岩体顶部的富氯液相中沉淀成矿。

我国学者丰富和发展了斑岩矿床成矿理论，提出中国大陆非弧环境斑岩矿床成矿模式（侯增谦等，2003、2009、2020）。非弧环境斑岩矿床主要产于碰撞造山环境的构造转换和地壳伸展阶段、陆内造山环境的岩石圈伸展和崩塌阶段以及活化克拉通的边缘及内部。非弧环境成矿斑岩以高钾为特征，显示埃达克岩地球化学亲和性。成矿岩浆主要源于加厚的镁铁质新生下地壳或拆沉的古老下地壳，少数源于遭受早期俯冲板片流体/熔体交代改造过的富集地幔。大陆碰撞和陆内俯冲引起的地壳大规模增厚和紧随其后的板片撕裂、断离、岩石圈拆沉和软流圈上涌，是形成这些成矿岩浆的主要动力机制。

主要参考文献

戴自希．2004．矿产勘查百年．北京：地震出版社．

侯增谦，曲晓明，黄卫，等．2001．冈底斯斑岩铜矿成矿带有望成为西藏第二条“玉龙”铜矿带．中国地质，28（10）：27－29．

侯增谦，吕庆田，王安建，等．2003．初论陆－陆碰撞与成矿作用——以青藏高原造山带为例．矿床地质，4：319－333．

侯增谦．2004．斑岩 Cu－Mo－Au 矿床：新认识与新进展．地学前缘，11：131－143．

侯增谦，孟祥金，曲晓明，等．2005．西藏冈底斯斑岩铜矿带埃达克质斑岩含矿性：源岩相变及深部过程约束．矿床地质，24：108－121．

侯增谦，莫宣学，杨志明，等．2006．青藏高原碰撞造山带成矿作用：构造背景、时空分布和主要类型．中国地质，33：348－359．

侯增谦，潘小菲，杨志明，等．2007．初论大陆环境斑岩铜矿．现代地质，21：332－351．

侯增谦，杨志明．2009．中国大陆环境斑岩型矿床：基本地质特征、岩浆热液系统和成矿概念模型．地质学报，12：1779－1817．

侯增谦，杨志明，王瑞，等．2020．再论中国大陆斑岩 Cu－Mo－Au 矿床成矿作用．地学前缘，27（02）：20－44．

李光明，李金祥，秦克章，等．2007．西藏班公湖带多不杂超大型富金斑岩铜矿的高温高盐高氧化成矿流体：流体包裹体证据．岩石学报，23（5）：935－952．

芮宗瑶，黄崇柯，齐国明，等．1984．中国斑岩铜矿床．北京：地质出版社：1－350．

芮宗瑶，张立生，陈振宇，等．2004．斑岩铜矿的源岩或源区探讨．岩石学报，20（2）：229－238．

芮宗瑶，张洪涛，陈仁义，等．2006．斑岩铜矿研究中若干问题探讨．矿床地质，25（4）：491－500．

唐仁鲤，罗怀松．1995．西藏玉龙斑岩铜（钼）矿带地质．北京：地质出版社：1－320．

王奖臻，李朝阳，胡瑞忠．2001．斑岩铜矿研究的若干进展．地球科学进展，16（4）：514－519．

王强，赵振华，熊小林，等．2001．底侵玄武质下地壳的熔融：来自安徽沙溪 adakite 质富钠石英闪长玢岩的证据．地球化学，30（4）：353－361．

王元龙，王焰，张旗，等．2004．铜陵地区中生代中酸性侵入岩的地球化学特征及其成矿－地球动力学意义．岩石学报，20：325－338．

张旗，秦克章，王元龙，等．2004．加强埃达克岩研究，开创中国 Cu、Au 等找矿工作的新局面．岩石学报，20（2）：195－204．

Aguillón－Robles，Calmus T，et al. 2001. Late Miocene adakites and Nb-enriched basalts from Vizcaino Peninsula，Mexico：Indicators of East Pacific Rise subduction below southern Baja California. Geology，29（6）：531－534.

Arribas A，Hedenquist J W，Itaya T，et al. 1995. Contemporaneous formation of adjacent porphyry and epithermal Cu－Au deposits over 300ka in northern Luzon，Philippines. Geology，23：337－340.

Batchelder J. 1977. Light stable isotope and fluid inclusion study of the porphyry copper deposit at Copper Canyon，Nevada. Economic Geology，72（1）：60－70.

Bellon H，Yumul G P. 2001. Miocene to Quaternary adakites and related rocks in Western Philippine arc sequences. Comptes Rendus de l'Académie des Sciences－Series IIA－Earth and Planetary Science，333（6）：343－350.

Bourdon E，Eissen J P，Monzier M，et al. 2002. Adakite-like lavas from Antisana volcano（Ecuador）：Evidence for slab melt metasomatism beneath Andean Northern Voleanie zone. Journal of Petrology，43：199－217.

Burnham C W. 1967. Hydrothermal fluids at the magmatic stage//Barnes H L. Geochemistry of hydrothermal ore deposits：34－76.

Camus F，Silltioe R H，Petersen R. 1996. Andean copper deposits：new discoveries，mineralization style and metallogeny. Society of Economic Geologists Special Publication，5：1－198.

Candela P A，Holland H D. 1986. A mass transfer model for copper and molybdenum in magmatic hydrothermal systems；the origin of porphyry-type ore deposits. Economic Geology，81：1－19.

Christiansen E H，Wilson R T. 1982. Classification and genesis of stockwork molybdenum deposits：Discussion. Economic Geology，77：1250－1252.

Core D P，Kesler S E，Essene E J. 2006. Unusually Cu-rich magmas associated with giant porphyry copper deposits. Evidence from Bingham，Utah. Geology，34：41－44.

Defant M J，Drummond M S. 1990. Derivation of some modern arc magmas by melting of young subducted lithosphere. Nature，347（6294）：662－665.

Dilles J H. 1987. Petrology of the Yerington batholith，Nevada：Evidence for evolution of porphyry copper ore fluids. Economic Geology，82：1750－1789.

Dong S W，Xing L M，Yong Y X，et al. 2010. Ridge subduction and porphyry copper-gold mineralization：An overview. Science China Series Dearth Science，53（4）：475－484.

Drummond M S，Defant M J，Kepezhinskas P K. 1996. Petrogenesis of slab-derived trondhjemite-tonalite-dacite/adakite magmas. Geological Society of America，Special Paper，315：205－215.

Gao Y F，Hou Z Q，Wei R H. 2003. Post-collisional adakitic porphyries in Tibet：Geochemical and Sr－Nd－Pb isotopic constraints on partial melting of oceanic lithosphere and crust-mantle inter action. Acta Geologica Sinica，77：123－135.

Gao Y F，Hou Z Q，Kamber B S，et al. 2007. Adakite-like porphyries from the southern Tibetan continental collision zones：Evidence for slab melt metasomatism. Contribution to Mineralogy and Petrology，153：105－

120.

Gómez – Tuena A, Langmuir C H, Goldstein S L, et al. 2007. Geochemical evidence for slab melting in the Trans – Mexican volcanic belt. Journal of Petrology, 48: 537 – 562.

Guilbert J M. 1995. Geology, alteration, mineralization and genesis of the Bajo de la Alumbrera porphyry copper-gold deposit, Catamarca Province, Argentina. Arizona Geological Society Digest, 20: 646 – 656.

Gustafson L B, Hunt J P. 1975. The porphyry copper deposit at El Salvador, Chile. Economic Geology, 70: 857 – 912.

Gutscher M A, Maury R, Eissen J P, et al. 2000. Can slab melting be caused by flat subduetion. Geology, 28: 535 – 538.

Han C M, Xiao W J, Zhao G C, et al. 2006. Geological characteristics and genesis of the Tuwu porphyry copper deposit, Hami, Xinjiang, Central Asia. Ore Geology Reviews, 29 (1): 77 – 94.

Hendry D, Chivas A, Reed S, et al. 1981. Geochemical evidence for magmatic fluids in porphyry copper mineralization: Part II Ion-probe analysis of Cu contents of mafic minerals, Koloula igneous complex. Contributions to Mineralogy and Petrology, 78: 404 – 412.

Holland H D. 1972. Granites, solutions and base metal deposits. Economic Geology, 67: 281 – 301.

Hollister V F. 1978. Geology of the porphyry copper deposits of the Western Hemisphere. New York: Soc Mining Engineers AIME: 219.

Hou Z Q, Gao Y F, Qu X M, et al. 2004. Origin of adakitic intrusives generated during mid – Miocene east-west extension in southern Tibet. Earth and Planetary Science Letters, 220: 139 – 155.

Hou Z Q, Yang Z M, Qu X M, et al. 2009. The Miocene Gangdese porphyry Cu belt: Generated during post-collisional extension in the Tibetan orogen. Ore Geology Review, 36: 25 – 51.

Huang D, Wu C, Du A, et al. 1995. Re – Os isotope ages of molybdenum deposits in East Qinling and their significance. Chinese Journal of Geochemistry, 14: 313 – 322.

Jiang Y H, Jiang S Y, Zhao K D, et al. 2006. Low-degree melting of a metasomatized lithospheric mantle for the origin of Cenozoic Yulong monzogranite-porphyry, east Tibet: Geochemical and Sr – Nd – Pb – Hf isotopic constraints. Earth and Planetary Science Letters, 241: 617 – 633.

Jiang Y H, Jiang S Y, Dai B Z, et al. 2008. Discrimination of ore-bearing and barren porphyries in the Yulong porphyry copper ore belt, Eastern Tibet. International Geology Review, 50 (6): 583 – 595.

Kay R W. 1978. Aleutian magnesium andesites: Melts from subducted Pacific oceanic crust. Journal of Volcanology and Geothermal Research, 4: 117 – 132.

Kay S M, Ramos V A, Marquez M. 1993. Evidence in Cerro Pampa volcanic rocks for slab-melting prior to ridge-trench collision in Southern South America. Journal of Geology, 101: 703 – 714.

Kerrich R, Goldfarb R, Groves D, et al. 2000. The geodynamics of world-class gold deposits: Characteristics, space-time distributions, and origins. Reviews in Economic Geology, 13: 501 – 551.

Leat P T, Larter R D. 2003. Intra-oceanic subduction systems: introduction//Later R D, Leat P T. Intra-oceanic subduction systems: Tectonic and magmatic processes. Special Publication of the Geological Society of London, 219: 1 – 17.

Lowell J D, Guilbert J M. 1970. Lateral and vertical alteration-mineralization zoning in porphyry ore deposits. Economic Geology, 65: 373 – 408.

Mao J, Du A, Seltmann R, et al. 2003. Re – Os ages for the Shameika porphyry Mo deposit and the Lipovy Log rare metal pegmatite, central Urals, Russia. Mineralium Deposita, 38: 251 – 257.

Mathur R, Ruiz J, Munizaga F. 2000. Relationship between copper tonnage of Chilean base-metal porphyry deposits and Os isotope ratios. Geology, 28: 555 – 558.

McInnes B I A, Cameron E M. 1994. Carbonated, alkaline hybridizing melts from a sub-arc environment-mantle wedge samples from the Tabar – Lihir – Tanga – Feni arc, Papua New Guinea. Earth and Planetary Science Letters, 122: 125 – 141.

McInnes B I A, McBride J S, Evans N J, et al. 1999. Ore metal recycling in subduction zones. Science, 286: 512 – 516.

Misra K. 2000. Understanding mineral deposits. Lodon: Kluwer Academic Publisher.

Mueller D, Groves D I. 1993. Direct and indirect associations between potassic igneous rocks, shoshonites and gold-copper deposits. Ore Geology Reviews, 8 (5): 383 – 406.

Mungall J E. 2002. Roasting the mantle: Slab melting and the genesis of major Au and Au-rich Cu deposits. Geology, 30: 915 – 918.

Nielsen R L. 1968. Hypogene texture and mineral zoning in a copper-bearing granodiorite porphyry stock, Santa Rita, New Mexico. Economic Geology, 63 (1): 37 – 50.

Norton D. 1978. Source lines, source regions, and path lines for fluids in hydrothermal systems related to cooling plutons. Economic Geology, 73 (1): 21 – 28.

Oyarzun R, Marquez A, Lillo J, et al. 2001. Giant versus small porphyry copper deposits of Cenozoic age in northern Chile: Adakitic versus normal calc-alkaline magmatism. Mineralium Deposita, 36: 794 – 798.

Peacock S M. 1993. Large-scale hydration of the lithosphere above subducting slabs. Chemical Geology, 108: 49 – 59.

Phillips W J. 1973. Mechanical effects of retrograde boiling and its probable importance in the formation of some porphyry ore deposits. Institution of Mining Metallurgy Transactions, 2: 90 – 98.

Polt A, Kerrich R. 2002. Superior Nd-isotope systematics of – 2.7Ga adakites, and arc basalts magnesian Province: Evidence for shallow crustal recycling at andesites, Archean subduction zones. Earth and Planetary Science Letters, 202: 345 – 360.

Qu X M, Hou Z Q, Li Y G. 2004. Melt components derived from a subducted slab in late orogenic ore-bearing porphyries in the Gangdese copper belt, southern Tibetan plateau. Lithos, 74: 131 – 148.

Qu X M, Hou Z Q, Zaw K, et al. 2007. Characteristics and genesis of Gangdese porphyry copper deposits in the southern Tibetan Plateau: Preliminary geochemical and geochronological results. Ore Geology Reviews, 31: 205 – 223.

Reich M, Parada M A, Palacios C, et al. 2003. Adakite-like signature of Late Miocene intrusions at the Los Pelambres giant porphyry copper deposit in the Andes of central Chile: Metallogenic implications. Mineral Deposit, 38: 876 – 885.

Richards J P. 1990. Petrology and geochemistry of alkalic intrusives at the Porgera gold deposit, Papua New Guinea. Journal of Geochemical Exploration, 35: 141 – 200.

Richards J P, Boyce A J, Pringle M S. 2001. Geologic evolution of the Escondida area, northern Chile: A model for spatial and temporal localization of porphyry Cu mineralization. Economic Geology, 96 (2): 271 – 305.

Richards J P. 2003. Tectono-magmatic precursors for porphyry Cu – (Mo – Au) deposit formation. Economic Geology, 98: 1515 – 1533.

Rush P M, Seegers H J. 1990. Ok Tedi copper-gold deposits//Hughes F E. Geology of the Mineral Deposits of Australia and Papua New Guinea [C]. Australian: Australian Institute of Mining and Metallurgy: 1747 – 1754.

Sajona F G, Maury R C. 1998. Association of adakites with gold and copper mineralization in the Philippines. Comptes Rendus de l'Académie des Sciences, 326 (1): 27 – 34.

Sajona F G, Maury R C, Pubellier M, et al. 2000. Magmatic source enrichment by slab-derived melts in a young post-collision setting, central Mindanao (Philippines). Lithos, 54: 173-206.

Saunders A D, Tarney J. 1984. Geochemical characteristics of basaltic volcanism within back-arc basins. Geological Society London Special Publications, 16 (1): 59-76.

Sheppard S M F, Nielsen R, Taylor H P. 1967. Oxygen and hydrogen isotope ratios of clay minerals from porphyry copper deposits. Economic Geology, 64: 755-777.

Sheppard S M F, Nielsen R L, Taylor H P J R. 1969. Oxygen and hydrogen isotope ratios of clay minerals from porphyry copper deposits. Economic Geology, 64: 755-777.

Sheppard S M F, Nielsen R, Taylor H P. 1971. Hydrogen and oxygen isotope ratios in minerals from porphyry copper deposits. Econonic Geology, 66: 515-542.

Shimoda G, Tatsumi Y, Nohda S, et al. 1998. Setouchi high-Mg Nohda andesites revisited: Geochemical evidence for melting of subducting sediments. Earth and Planetary Science Letters, 160: 479-492.

Shimoda G, Tatsumi Y. 1999. Generation of rhyolite magmas by melting of subducting sediments in Shodo-Shima island, Southwest Japan, and its bearing on the origin of high-Mg andesites. Island Arc, 8 (3): 383-392.

Sillitoe R H. 1972. A plate tectonic model for the origin of porphyry copper deposits. Economic Geology, 67 (2): 184-197.

Sillitoe R H. 2010. Porphyry copper systems. Economic Geology, 105 (1): 3-41.

Stein H J, Markey R J, Morgan J W, et al. 2002. The remarkable Re-Os chronometer in molybdenite: How and why it works. Terra Nova, 13: 479-486.

Sun W D, Ling M X, Yang X Y, et al. 2010. Ridge subduction and porphyry copper-gold mineralization: An overview. Science in China (Earth Science), 53 (4): 475-484.

Tatsumi Y, Hamilton D L, Nesbitt R W. 1986. Chemical characteristics of fluid phase released from a subduction lithosphere and origin of arc magma: Evidence from high pressure experiments and natural rocks. Journal of Volcanonic and Geothermal Research, 29: 293-309.

Thiéblemont D, Stein G, Lescuyer J L. 1997. Epithermal and porphyry deposits: The adakite connection. Comptes Rendus de l'Académie des Sciences, 325: 103-109.

Ulrich T, Gunther D, Heinrich C A. 1999. Gold concentrations of magmatic brines and the metal budget of porphyry copper deposits. Nature, 399: 676-679.

Westra G, Keith S B. 1981. Classification and genesis of stockwork molybdenum deposits. Economic Geology, 76: 844.

White W H, Bookstrom A A, Kamilli R J, et al. 1981. Character and origin of Climax-type molybdenum deposits. Economic geology, 75: 270.

Whitney J A. 1975. Vapor generation in a quartz monzonite magma: A synthetic model with application to porphyry copper deposits. Economic Geology, 70: 346-358.

Wilson M. 1989. Igneous Petrogenesis. London: Unwin Hyman.

Wyman D A, Ayer J A, Devaney J R. 2000. Niobium-enriched basalts from the Wabigoon subprovince, Canada: Evidence for adakitic metasomatism above an Arehean subduction zone. Earth and Planetary Seienee Letters, 179: 21-30.

Yogodzinski G M, Kay R W, Volynets O N, et al. 1995. Magnesian andesite in the western Aleutian Komandorsky region: Implications for slab melting and processes in the mantle wedge. GSA Bulletin, 107: 505-519.

第二章　多宝山斑岩铜矿成矿背景、过程及保存

黑龙江省嫩江市多宝山矿集区位于兴蒙造山带东段，兴安地块与松嫩地块分界断裂（贺根山－黑河断裂带）西侧，中国北部成矿域多宝山－阿尔山斑岩铜（钼）矿成矿带上。古生代—早中生代期间，处于中亚造山带（Central Asian Orogenic Belt，CAOB）的兴蒙造山带东段具有多块体拼合的属性（图2－1）（Sengör et al.，1993；Xiao et al.，2003；Li，2006；Wu et al.，2011；Wu et al.，2012），自北西向南东划分为额尔古纳地块、兴安地块、松嫩地块和佳木斯地块，其构造界线分别为塔源－喜桂图断裂、贺根山－黑河断裂和牡丹江断裂。其中额尔古纳地块于早古生代早期已经转为稳定（葛文春等，2005；武广，2005）；兴安地块于早古生代的中期沿塔源－喜桂图断裂增生、拼贴到额尔古纳地块之上（佘宏全等，2012）；松嫩地块是在古生代晚期沿贺根山－黑河断裂与额尔古纳－兴安地块拼贴（Wu et al.，2002；Zhou et al.，2004）；中生代初期，佳木斯地块沿牡丹江断裂与上述已经联合的块体拼合（葛文春等，2007b）。

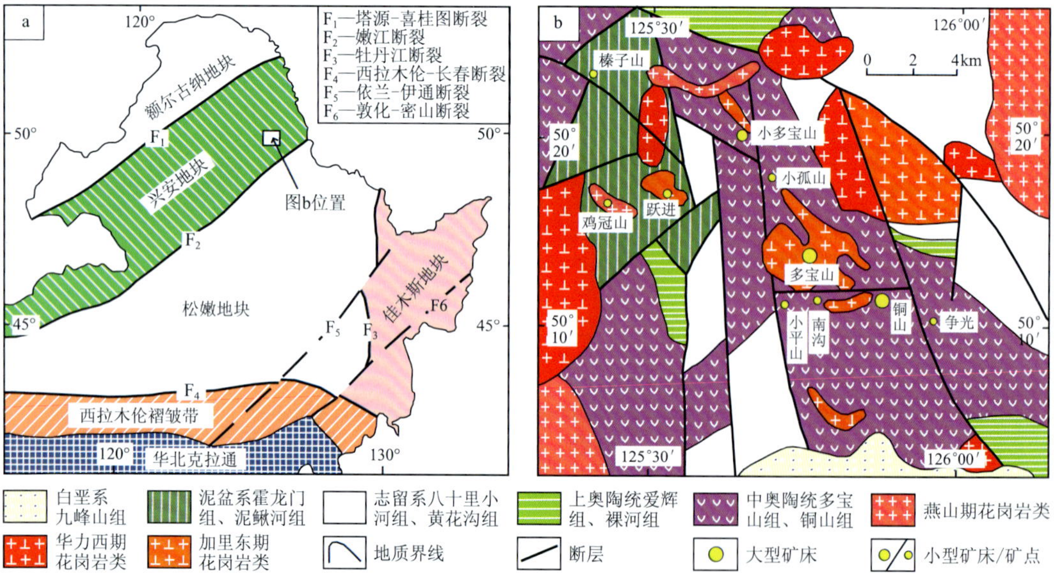

图2－1　多宝山矿集区大地构造位置（a）和区域矿产分布简图（b）
（图a据葛文春等，2007b；图b据韩振新等，2004）

多地块的碰撞拼合，造就了该区独特的大地构造背景和较为复杂的地质演化历史。古生代时期受西伯利亚板块与华北板块之间的古亚洲洋构造域控制，主要表现为东北微陆块拼贴碰撞的造山过程；中生代早期则受蒙古－鄂霍次克洋板块向南俯冲作用的影响，经历

了板块俯冲、碰撞造山以及碰撞后伸展等构造演化过程；中生代后期则主要受古太平洋板块向佳蒙地块俯冲的影响，并经历了板块俯冲、碰撞造山以及岩石圈伸展等构造演化过程。由于经历了频繁且强烈的构造-岩浆-热液活动，研究区成矿地质条件优越，形成了矿种多、储量大、类型丰富、国内外著名的多宝山有色金属、贵金属矿集区（图2-1）。矿集区中发育多宝山-（铜山）斑岩铜钼矿床（超大型）、争光浅成低温热液金矿（大型）、二道坎浅成低温热液银矿床等矿床（中型）、三矿沟矽卡岩铜铁矿床（小型）。

第一节　区域成矿背景

一、成矿地质条件

（一）地层建造特征

研究区主要出露地层有奥陶系、志留系、泥盆系、石炭系和少量二叠系、侏罗系，其走向多为北东向。区内古老地层多属于元古宇到下古生界，多分布于新开岭隆起一带。岩性主要有片麻岩、黑云变粒岩、混合岩、千枚岩、板岩、片岩等。古生界从下奥陶统到下石炭统在本区十分发育，地层厚度大于10000m。其中除泥盆系和下伏地层之间局部不整合外，其他地层都呈现整合接触关系。从早奥陶世到早石炭世连续沉积22个地层组，形成了巨厚的优地槽型沉积，经华力西运动挤压形成褶皱带，其上发育晚石炭世到晚三叠世过渡类型盖层沉积和中性火山岩带（表2-1）。

在多宝山矿区及其外围主要出露奥陶系，地层由老到新有：

1）下奥陶统大冶组（O_1d）：属中奥陶世中期到晚期沉淀，下段为介壳相，由灰色、灰黄色砂砾质结晶灰岩、含砾凝灰粗砂岩、钙质凝灰砂砾岩、含砾细砂粉砂岩和凝灰质结晶灰岩、细砂岩、粉砂岩、泥灰岩和酸性凝灰岩等组成，呈互层状，常具递变层理，厚度33m。上部为笔石相，以黑色板岩为主，底部有火山角砾和酸性凝灰岩，厚度41m。

2）下奥陶统西鳅河组（O_1x）：整合覆盖于大冶组之上，代表阿伦尼格晚期到兰苑期沉淀，可分上、下两段。下段下部为灰黄色火山角砾岩、酸性凝灰岩、凝灰质砂岩、钙质砂岩和灰黑色粉砂质板岩，厚度193m。下段上部为黑色粉砂质板岩以及灰白色凝灰砂岩、灰黄色长石石英砂岩、凝灰细砂粉砂岩、凝灰岩、酸性凝灰熔岩组成的韵律层，厚度148m。上段为灰黄-土黄色含砾石英砂岩、硬砂质长石砂岩、黑色凝灰粉砂质板岩、凝灰粉砂岩等。岩石层理发育，有的具递变层理。

3）中奥陶统铜山组（O_2t）：整合覆盖于西鳅河组之上，属兰代洛期沉淀，可分为上、中、下三段。下段为灰绿、黄绿色凝灰细砂粉砂岩、砂砾岩、安山-流纹质熔岩、凝灰岩和沉凝灰岩。底部夹黑色变质粉砂岩或板岩，厚201~321m。中段为灰绿、黄绿色细砂粉砂岩、凝灰细砂岩、含砾层凝灰岩夹含砾长石砂岩，底部为灰绿色绿泥石化、绿帘石化中酸性凝灰岩，厚272~394m。上段上部为灰绿、黄绿色凝灰细砂粉砂岩夹灰岩或钙质砂岩，下部为灰绿色英安质角砾熔岩、凝灰岩及中性熔岩，厚207~836m。

4）中奥陶统多宝山组（O_2d）：整合覆盖于铜山组之上。属卡拉道克早期沉积，包括3个岩性段。下段为灰绿色中酸性火山角砾岩、集块岩、熔岩及凝灰岩，夹结晶灰岩和含砾砂岩。厚 232 ~ 1888m。中段以灰绿色中性熔岩、火山角砾岩为主，顶部为含角砾的中性凝灰岩，厚 230 ~ 1653m。上段为灰绿色、灰白色英安岩、英安质火山角砾岩及凝灰岩夹中性角砾熔岩；顶部为中酸性含集块的熔岩，厚达 1323m。

表 2－1　多宝山区域地层表

界	系	统	组	段	代号	厚度/m	岩性特征
中生界	白垩系	上	四方台组		K_2s	1000	泥岩、粉砂岩
		下	泉头组－伏龙泉组		K_1q-f	>1000	砂岩、粉砂岩、砾岩
			富林河组		K_1f	>1000	安山岩、流纹质凝灰熔岩、流纹岩
	侏罗系	上	甘河组		J_3g	>350	凝灰砾岩、凝灰砂砾岩
			九峰山组		J_3j	689	凝灰砂岩、砂岩、正常沉积砾岩
			龙江组		J_3l	3457	玄武安山岩及安山岩
		中	七林河组		J_2q	726	中酸性熔岩
古生界	二叠系	上	星火组		P_2x	1600	砂岩、中性熔岩、凝灰岩
			八站组		P_2b	1250	粉砂岩、砂岩和页岩
	石炭系	中	查尔格拉河组		C_2ch	405	板岩、砾岩、硬砂岩
		下	花达气组		C_1h	226	泥质板岩、硬砂岩、砂岩
			小河里河组		C_1x	289	凝灰砂岩夹板岩、砾岩
			花朵山组		C_1h	1172	凝灰岩和安山岩
	泥盆系	上	石小沟组		D_3s	126 – 778	含砾砂岩、黄绿色砂砾岩
			大河里河组		D_3d	510	砂砾岩、粉砂岩
		中	根里河组		D_2g	518	硅质板岩、砂岩
			德安组		D_2d	490	粉砂岩和黑色砂岩
		下	霍龙门组		D_1hl	122 – 185	板岩、砂岩
			金水组		D_1j	356 – 777	粉砂岩夹灰岩和板岩
			罕达气组		D_1h	1033	中基性熔岩夹凝灰岩
			泥鳅河组		D_1n	273	含粉砂板岩、泥质板岩
			西古兰河组		D_1x	15	凝灰粉砂岩和凝灰板岩
	志留系	上	古兰河组		S_3g	5 – 66	凝灰质板岩夹中性熔岩和灰绿色板岩
			卧都河组		S_3w	271 – 370	碎屑沉积岩
		中	八十里小河组	三段	S_2b^3	139	上部为中细粒硬砂岩，夹变质粉砂岩；下部为变质粗砂岩、细砂岩、细粉砂岩及不等粒砂岩
				二段	S_2b^2	228	蚀变安山岩、玄武安山岩，夹火山角砾岩、凝灰岩，局部相变为英安岩、流纹质凝灰熔岩
				一段	S_2b^1	258	变质细粒硬砂岩、长石石英砂岩、长石砂岩、变质粉砂岩，底部为变质细粉砂岩、不等粒砂岩
		下	黄花沟组	三段	S_1h^3	209	含粉砂绢云绿泥板岩，夹薄层变质粉砂岩
				二段	S_1h^2	322	变质细砂粉砂岩、细砂岩和粉砂质板岩互层
				一段	S_1h^1	119	粉砂质绢云绿泥板岩、泥质粉砂岩、粉砂岩，偶夹凝灰岩薄层

续表

界	系	统	组	段	代号	厚度/m	岩性特征
古生界	奥陶系	上	爱辉组		O_3a	650	含碳粉砂泥质岩、粉砂泥质岩、绢云绿泥板岩、细砂粉砂岩、含粉砂绢云绿泥板岩，局部微层理发育；泥板岩、绢云板岩、泥质粉砂岩及粉砂泥质岩，夹有粉砂岩，底部是砂板岩互层，微层理发育
			裸河组		O_3l	203	上部为含粉砂绿泥板岩、绢云板岩；下部为钙质凝灰细粉砂岩、变质粉砂岩，局部夹凝灰质粉砂岩、安山岩透镜体、凝灰质砂岩；钙质砂岩、凝灰质砂砾岩、凝灰质细砂粉砂岩；底部为杂色砾岩夹安山岩薄层
		中	多宝山组	三段	O_2d^3	1323	顶部为英安质含角砾熔岩，其余是英安岩、凝灰熔岩、英安质火山角砾岩、英安质凝灰岩、凝灰熔岩及安山岩夹安山质凝灰岩
				二段	O_2d^3	1653	上部以英安质凝灰岩和安山质含角砾凝灰岩为主，夹凝灰质砂岩薄层；下部以安山质凝灰岩为主，次为火山角砾岩，夹层有凝灰质砂岩、凝灰质砂砾岩
				一段	O_2d^3	1888	顶部为凝灰质砂岩和凝灰岩，其余为安山岩、安山质凝灰岩、安山质火山角砾岩，夹凝灰质砂岩、砾岩和结晶灰岩透镜体
			铜山组	三段	O_2t^3	836	上部为凝灰质细砂粉砂岩；下部为安山质角砾凝灰熔岩、凝灰岩及安山岩
				二段	O_2t^2	394	凝灰岩、长石砂岩、细砂粉砂岩、安山质凝灰岩
				一段	O_2t^1	321	砂砾岩、安山质－流纹质凝灰熔岩、凝灰细砂粉砂岩、凝灰岩，底部夹黑色变质粉砂岩或板岩
		下	西鳅河组	二段	O_1x^2	148	长石砂岩、含砾长石砂岩、凝灰质砂板岩、凝灰质粉砂岩，夹层有流纹质凝灰岩及砂砾岩
				一段	O_1x^1	193	钙质凝灰质细粉砂岩和凝灰熔岩，底部为流纹质火山角砾岩
			大冶组		O_1d	74	砂砾质、含砾凝灰砂岩、凝灰质结晶灰岩、钙质凝灰砂砾岩、粉砂岩、酸性凝灰岩和泥灰岩等

（据杜琦等，1988，有修改）

5）上奥陶统裸河组（O_3l）：整合覆盖于多宝山组之上，属卡拉道克晚期沉积。下段为灰绿色钙质砂岩、硅质页岩、凝灰细砂粉砂岩夹透镜状大理岩，底部常见杂色砂砾岩，厚81m。上段为灰黄色、绿色块状硅质页岩和粉砂岩，厚度203m。

6）上奥陶统爱辉组（O_3a）：整合覆盖于裸河组之上，属阿什极尔期沉积。灰黑色板岩、灰白色板岩和含粉砂板岩呈互层状，夹有粉砂岩，微层理发育，厚度196～650m。

（二）区域构造

多宝山矿区大地构造处于古亚洲天山－兴蒙造山系与滨西太平洋活动陆缘构造带叠加复合的部位，是大兴安岭弧盆系（Pt_3—Pz）扎兰屯－多宝山岛弧（Pz_1）的一部分。多宝山矿区位于多宝山－裸河北西向构造带中（图2－2），基本上与多宝山复式背斜内的弧形构造带的范围相吻合。在多宝山矿区范围内，含铜较高的围岩为成矿作用奠定了重要的物质基础，而频繁的构造活动则为多次岩浆被动侵位和热液活动提供了有利的构造环境。

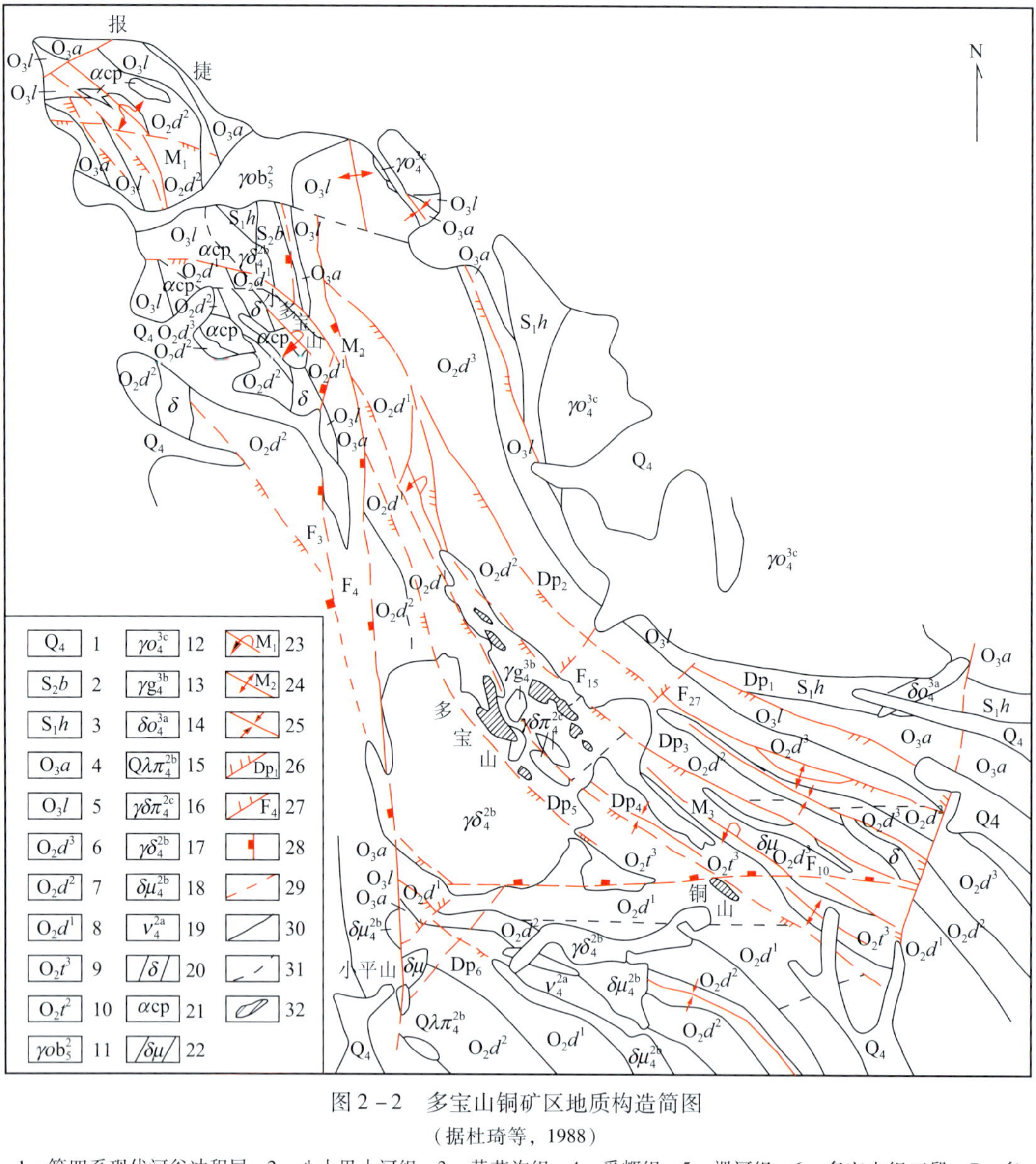

图2－2　多宝山铜矿区地质构造简图

（据杜琦等，1988）

1—第四系现代河谷冲积层；2—八十里小河组；3—黄花沟组；4—爱辉组；5—裸河组；6—多宝山组三段；7—多宝山组二段；8—多宝山组一段；9—铜山组三段；10—铜山组二段；11—黑云母斜长花岗岩；12—斜长花岗岩；13—更长花岗岩；14—石英闪长岩；15—花岗闪长斑岩；16—花岗闪长岩；17—闪长玢岩；18—霏细斑岩；19—辉长岩；20—闪长岩；21—次安山岩；22—闪长玢岩；23—倒转背斜及其编号；24—背斜轴及其编号；25—向斜轴；26—压扭性弧形断裂片理化带及编号；27—压扭性断裂及编号；28—压扭性断裂；29—实测及推测断层；30—实测地质界线；31—推测地质界线；32—矿体

该区构造演化主要经历了3期构造－热事件。一是加里东期中亚－兴蒙洋向布列亚－佳木斯地块之下消减，奥陶纪火山－沉积地层增生拼贴在布列亚－佳木斯地块上，区域构造线呈北西向，该期构造热事件是多宝山斑岩铜矿的主成矿期。二是华力西期中亚－兴蒙洋最终闭合，区域构造线呈北东东向。三是燕山期陆内造山运动，早期变形是蒙古-鄂霍次克洋闭合及此后的中朝板块与西伯利亚板块碰撞而引起的陆内造山作用，区域构造线仍继承了华力西期的北东东向，小岩株、花岗斑岩、闪长玢岩脉体与区内铜金成矿关系密切，形成小多宝山铜矿（也称三矿沟铜矿，矽卡岩型）、争光金矿等矿床。

多宝山矿区控岩控矿构造大致可分为3组。北西向构造、北西向弧形构造和北东-北北东向构造。北西向构造是矿区的基础构造，生成时间较早，主要活动期应发生在早石炭世末，活动时间延续到华力西期晚期；北西向弧形构造带是由北西向弧形分布的地层、侵入岩、断裂带、片理化带、蚀变带和矿带组成的，是在叠加改造北西向构造带的基础上发展起来的。矿区西侧的北东向大断层构成了北东向-北北东向构造。北西向弧形构造带属于北东向-北北东西构造的派生构造。

北西向分布的三矿沟-多宝山-争光成矿带（或矿田）矿产资源极丰富。按成矿期划分为加里东期和燕山期。加里东期是由花岗闪长质同源岩浆侵位于多宝山组火山岩中形成的接触热液型和斑岩型铜钼矿，主要有多宝山和铜山大型铜（钼）矿床，鸡冠山钼矿点、跃进钼（铜）矿点。燕山期由闪长质岩浆侵位于多宝山组二、三段火山岩中形成铜金矿床和锌矿点，包括小多宝山（三矿沟）矽卡岩型铜矿和争光金矿。

（三）岩浆岩

多宝山矿集区具有独特的大地构造位置及复杂的地质演化历史，区内不同期次的岩浆活动频繁且强烈，形成了岩性复杂、产状多样、分布广泛的火山岩地层及侵入岩组合。同位素测年结果表明，矿集区经历了加里东期、华力西期、印支期和燕山期四期次岩浆活动。加里东期的岩石类型包括辉石橄榄岩、花岗闪长岩、花岗闪长斑岩和闪长岩，华力西期以花岗闪长岩、碱长花岗岩、二长花岗岩与安山岩为主，印支期主要为英云闪长岩、斑状花岗岩、花岗闪长岩、花岗斑岩与闪长岩，而燕山期早期主要产出花岗闪长岩、黑云母花岗岩与英云闪长岩，燕山期晚期的岩石类型以闪长岩和花岗闪长岩为主。

区内岩浆岩的分布明显受构造控制，不同期次的岩浆岩多按照一定方向呈带状或串珠状产出，区域上构成了北西向为主的岩浆岩带，这与矿集区北西向构造活动最为强烈的现象一致。具体表现为，加里东期火山岩大面积出露凝灰岩与安山岩等，其中中奥陶统铜山组和多宝山组是区内众多矿床（点）主要的赋矿围岩。该期侵入岩（如多宝山花岗闪长岩）呈北西向串珠状分布，主要出露于多宝山、铜山、育宝山及争光等地；华力西期岩浆岩出露相对较少，仅在鸡冠山和铜山有少量出露；印支期岩浆岩主要分布在小多宝山、铜山、多宝山、跃进、173千米处及窝里河顶子等处；燕山期早期岩浆岩主要产于研究区北西部三矿沟、花朵山附近。此外，研究区东部规模较大的裸河岩体成岩时代也属于燕山期早期；燕山期晚期岩浆岩出露较少，仅分布于争光矿床与铜山矿床内。

二、区域地球物理特征

（一）区域重力场特征

布格重力场为正负相间带状场，走向近北西（图2-3）。多宝山、铜山、争光、三矿沟矿床均分布于北西向重力梯级带重力高异常区。梯度带两侧的重力高值区和重力低值区，除各自反映了地下某深度密度界面总的隆起和凹陷之外，几处封闭的 Δg 等值线曲线，明显地反映了局部（或浅部）地质体的分布。

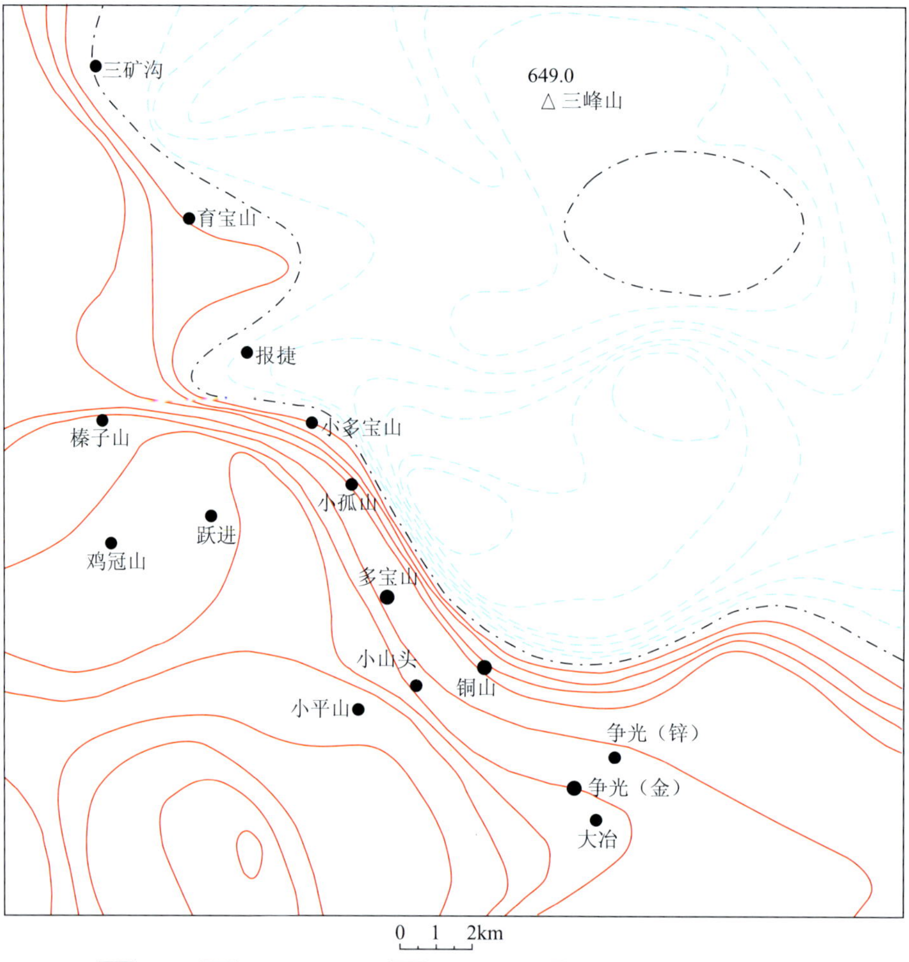

图 2－3　多宝山地区布格重力异常等值线平面图
（据李德荣，2011）

北东部重力低值区内几处封闭的重力低异常，其中心位置分别与三矿沟岩体、裸河岩体、窝里河顶子岩体大致对应。根据区域地质体密度资料，中酸性侵入岩类密度平均值为 $2.62\times10^3\mathrm{kg/m^3}$，与其相接触的中奥陶统多宝山组岩石平均密度为 $2.72\times10^3\mathrm{kg/m^3}$，二者之间存在一定差异，能引起可识别的重力异常。南西部的重力高值区由一处等轴状的重力高异常组成，范围较大，曲线分布较均匀。依 $5\times10^{-5}\mathrm{m/s^2}$ 等值线圈定的异常约 $200\mathrm{km^2}$，最大幅值 $12.1\times10^{-5}\mathrm{m/s^2}$，异常区内分布大面积古生界火山碎屑沉积地层，岩石平均密度 $2.72\times10^3\mathrm{kg/m^3}$，是区内密度最大的一种。故认为此局部重力高值异常，除与深部某密度界面隆起有关之外，与地表局部高度密层也有一定关系。区内南西部的鸡冠山岩体，处于重力高值区中的相对低值地带。

北东向构造晚于北西向构造，在布格重力异常图上，主要表现为北西向梯度带在小多宝山、铜山一带发生明显转折。北西向构造形成较早，在重力布格异常图上，则表现为明显的北西向分布的宽大梯度带。

（二）区域磁场特征

区域磁场由不稳定的正场、负场和跳跃杂乱磁场组成，异常走向由北西、北西西转至北东或近东西向（图2－4）。

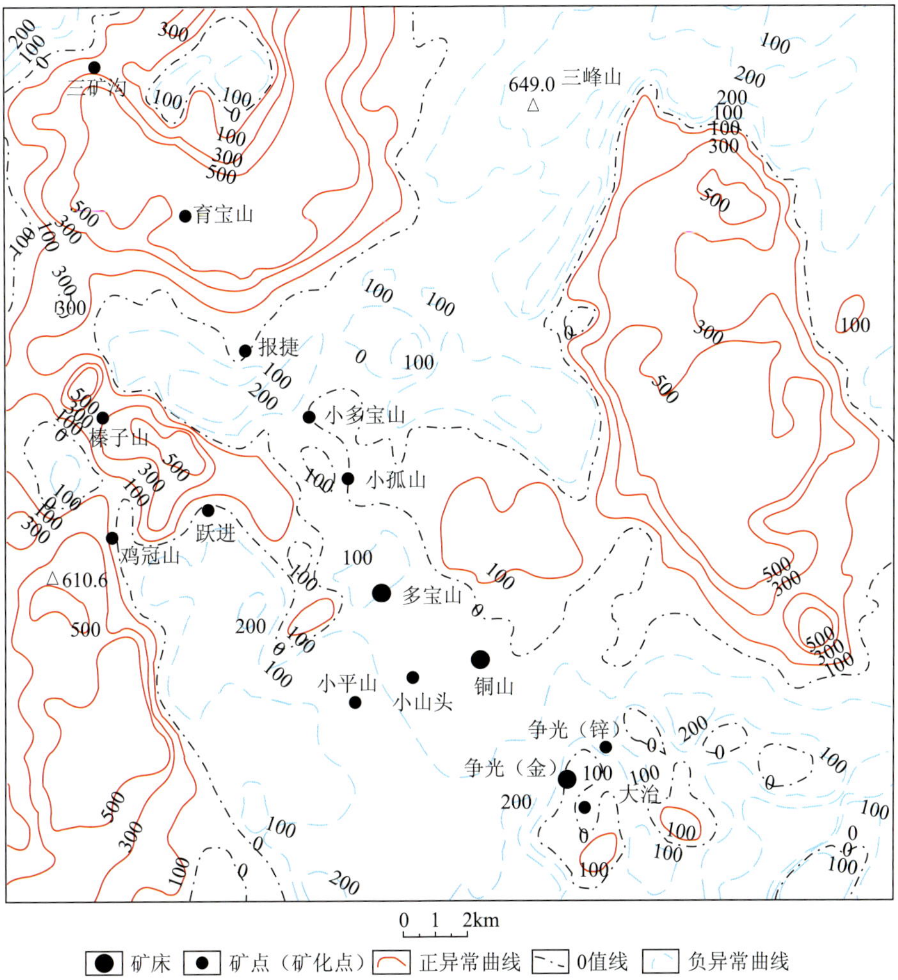

图2－4　多宝山地区 ΔT 磁异常等值线（nT）平面图

（据李德荣，2011）

地层磁场在 ΔT 图上均出现大面积平静负场。曲线低缓平静，局部地段出现微小波动，幅值一般为－150～－200nT，个别为－50～－300nT。这是广泛出露的古生界的反映，除奥陶纪安山岩类局部有不均匀磁性外，其他岩石均显微弱磁性。磁场特征表现为平静的负场，且各时代地层之间无明显区别。

出露地表的岩体在 ΔT 图上呈大面积抖动正场，分布形态与岩体出露轮廓相近（图2－4）。0值线的展布与岩体边界基本平行。依此磁场特征，可以识别区内规模较大的岩体所在位置和分布形态。隐伏岩体在 ΔT 图上也有一定反映，呈现一定强度的正磁场，异常形态与出露地表岩体的正磁场特征十分相近。经向上延拓处理在一定高度上反映岩体的正场仍较清晰。三矿沟岩体和鸡冠山岩体，在地表出露为彼此独立的两个岩体，经向上延拓后，岩体深部形态随延拓高度加大而逐渐扩大，延拓高度超过3km时，两岩体连成一片。可以认为，在地下一定深度，两岩体紧密相连，近地表则分开，形成两个侵入体。

多宝山、铜山、争光等斑岩－热液型铜钼金矿床主要分布于正、负磁场的交界偏负磁场一侧，这与多宝山组安山岩、成矿中酸性侵入岩体的水热蚀变退磁作用有关。三矿沟（西区）、育宝山（东区）矽卡岩型铜铁矿分布于三矿沟环状磁异常的正场中；产于花朵山（Ⅴ区）火山机构边部的铜钼矿化三矿沟环状磁异常内部的负场中，与下白垩统龙江组中－中酸性火山岩经水热蚀变退磁有关。

三、区域地球化学特征

在1:20万水系沉积物测量地球化学图上（图2－5～图2－10；李德荣，2011），三矿沟－多宝山成矿带主要以Cu、Au、Ag、Mo、Pb、Zn 6种元素组合为主。Cu元素异常在多宝山北西向构造带最为发育，明显受到北西向构造的控制。Au、Ag、Mo、Pb、Zn异常同样受北西向及北东向区域构造的控制，在两组构造交汇部位尤为明显。

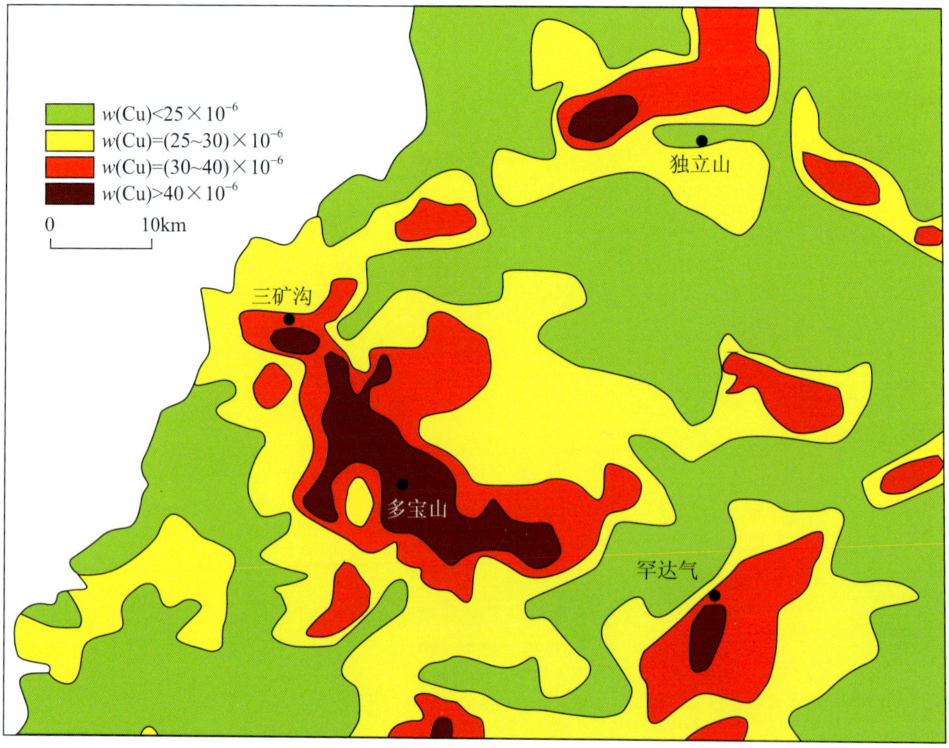

图2－5　多宝山地区1:20万水系沉积物测量铜元素地球化学图

Cu含量最高的地层为中奥陶统多宝山组，而多宝山组中Cu含量最高的是安山岩及中性、中酸性凝灰岩。因此，北西向Cu高值带与中奥陶统火山岩关系密切。Au的分布逊色于Cu，多宝山北西向Au高含量带规模较小。争光金矿、铜山上部金矿、三矿沟矿区金矿化的发现表明，主要Au异常应是独立金矿引起。Ag与Mo的分布也有明显的规律性，主

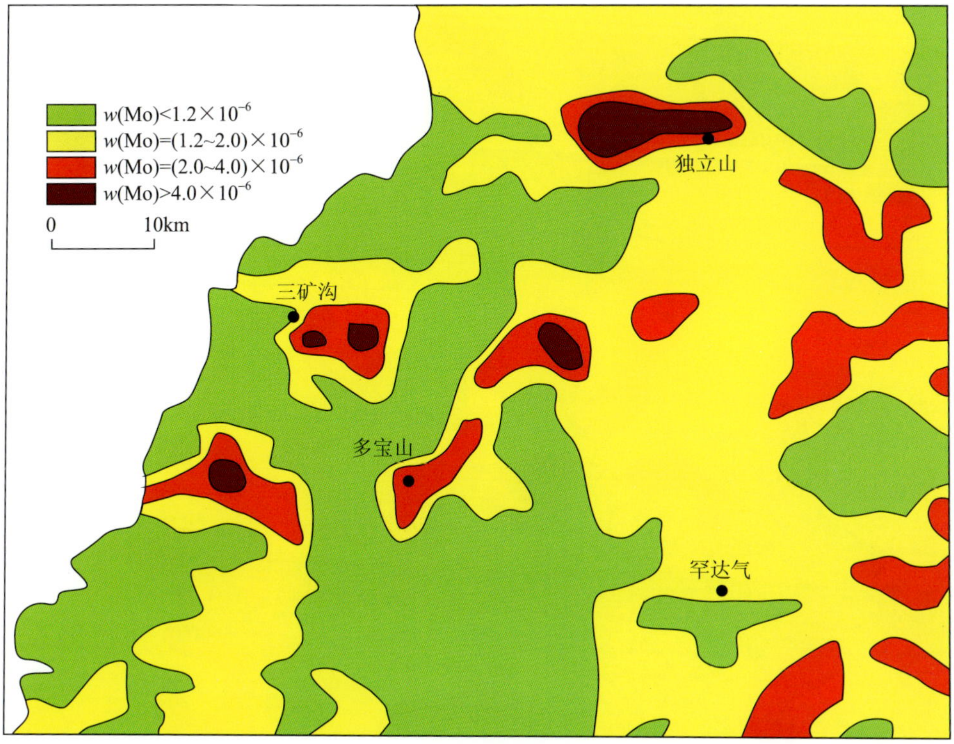

图 2－6　多宝山地区 1:20 万水系沉积物测量钼元素地球化学图

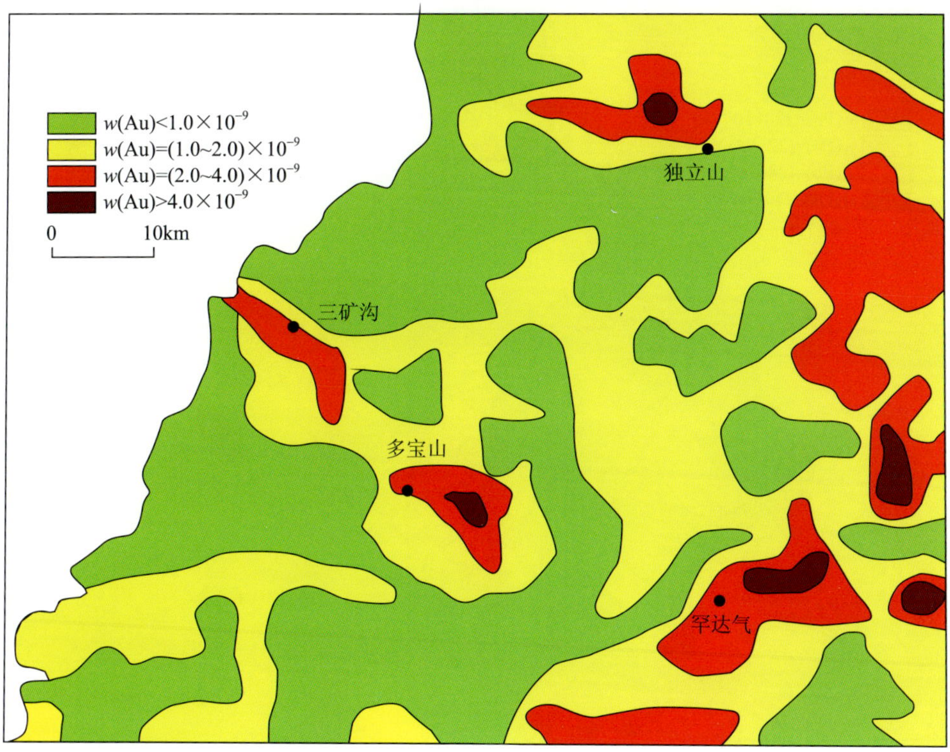

图 2－7　多宝山地区 1:20 万水系沉积物测量金元素地球化学图

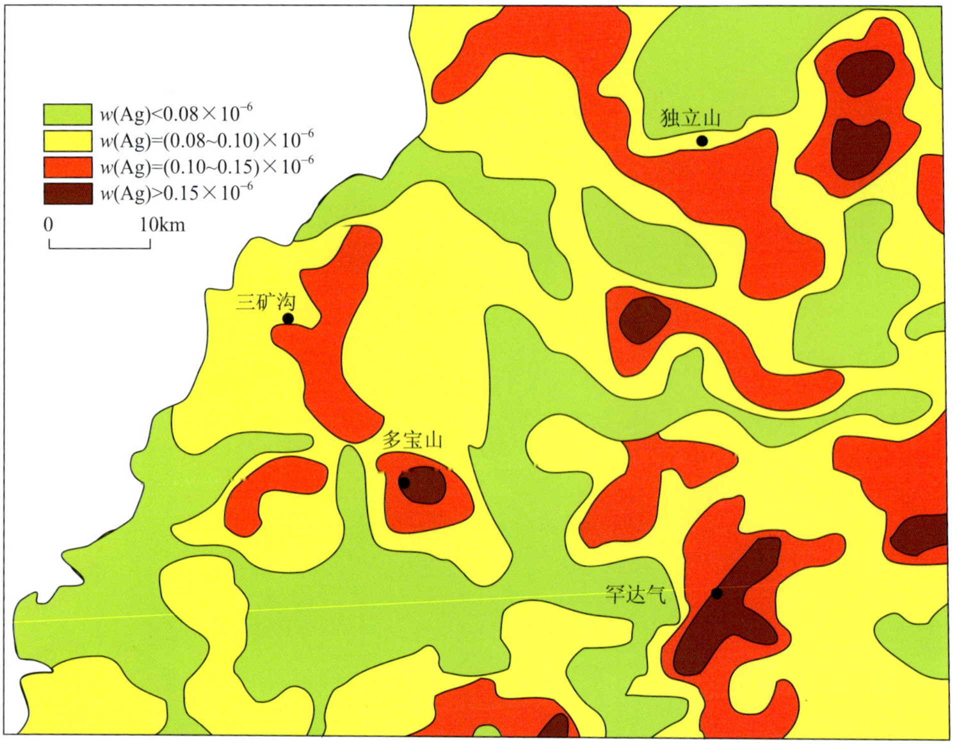

图 2－8　多宝山地区 1∶20 万水系沉积物测量银元素地球化学图

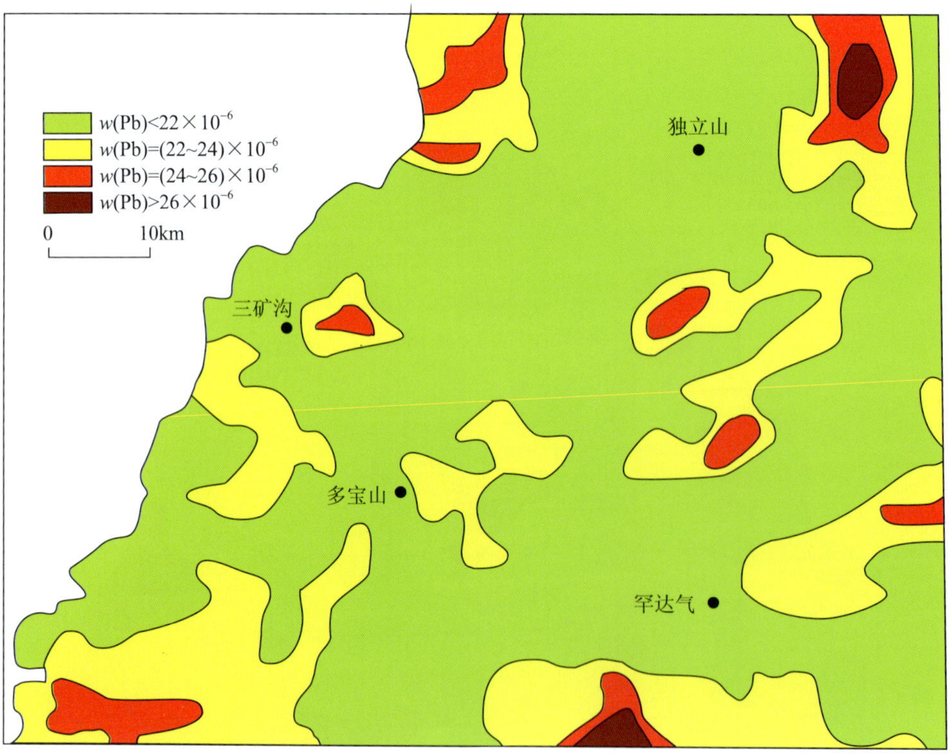

图 2－9　多宝山地区 1∶20 万水系沉积物测量铅元素地球化学图

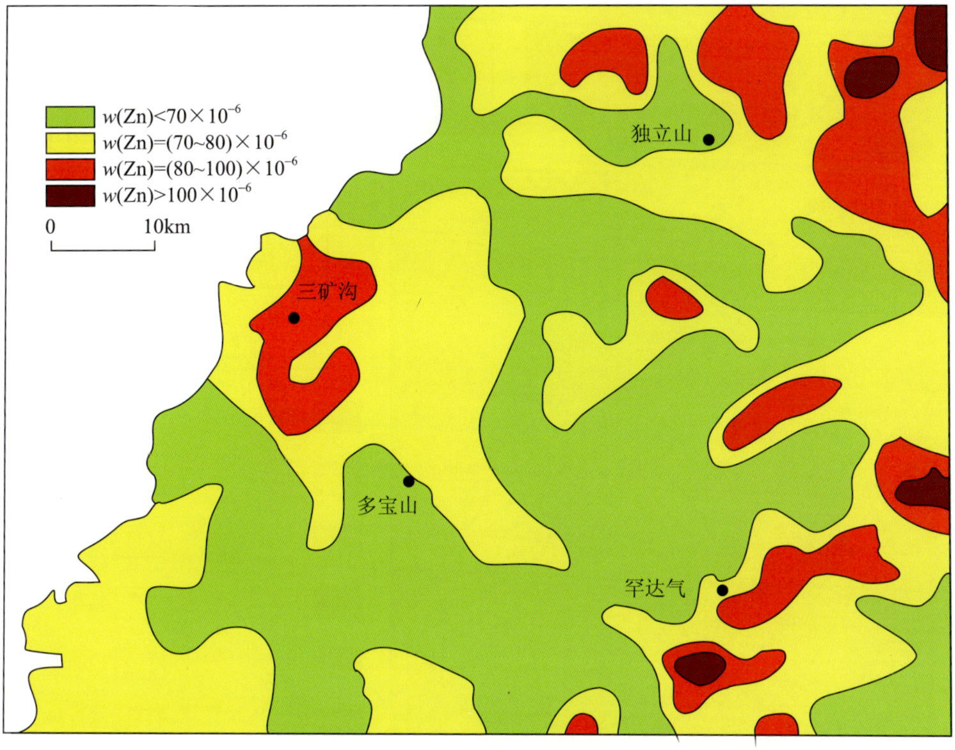

图 2－10　多宝山地区 1:20 万水系沉积物测量锌元素地球化学图

要受北东、北西向两组构造控制，尤其是三矿沟等构造交叉部位更为明显。Mo 在多宝山矿区附近具明显的北东向分布特点，说明多宝山斑岩铜矿是处在北东、北西向构造交叉部位，而嫩江断裂带高值区较其他地区发育。

第二节　多宝山铜矿成矿作用过程

一、矿床地质特征

（一）矿体特征

多宝山矿区内的矿化带和矿体大体上环绕着斑岩体分布（图 2－11）。矿区内雁行状排列着 1、2、3、4 号共 4 个矿化带，其中 2、3、4 号矿带均分布于上盘，只有 1 号矿带位于下盘。斑岩体侧伏的西北部与翘起的东南部相比，蚀变和矿化强烈，1、2、3 号矿带均分布于西北部，只有 4 号矿带分布于东南部。铜钼矿体主要赋存于奥陶纪花岗闪长岩体两侧，并且主要发育在绢英岩化花岗闪长岩内，少量分布在多宝山组安山岩内，另外还有极少数矿体产在花岗闪长斑岩内（杜琦等，1988）。矿体多呈透镜状或条带状，少数呈似板状、扁豆状或透镜状，走向一般为 210°～340°，倾向 SW，倾角在 65°～80°之间；厚度一般为几米到几百米，延伸一般为 100～1400m。由于斑岩体呈似岩墙状向南西倾斜向北西侧伏，倾角 70°～80°，矿带内诸矿体基本上也与此产状相近。斑岩体上盘（南西盘）比下盘（北东盘）蚀变和矿化强烈，可能反映流体主要源自岩体。

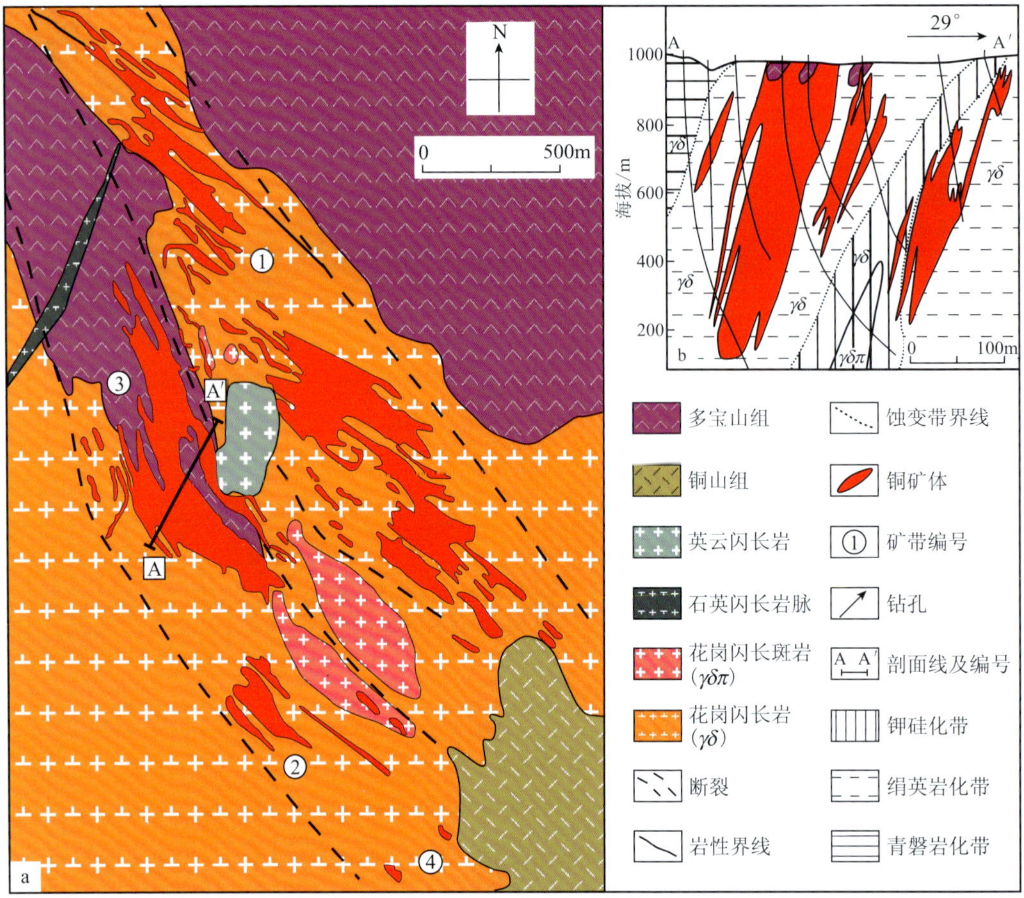

图 2－11　多宝山铜矿平面及剖面地质图

在多宝山矿床 4 个矿带中，1、2、4 号矿带内诸矿体均分布于花岗闪长岩内。多宝山矿床的主矿带（3 号带）也主要分布于花岗闪长岩内，其顶部有安山岩覆盖。根据统计资料，安山岩内矿化强度和规模与下伏花岗闪长岩内矿化的强度和规模大致呈正相关关系，顶部安山岩内铜矿化较好时，下面的花岗闪长岩就会赋存规模较大的铜矿体（图 2－11）。多宝山铜业现露天开采的部分主要是 3 号矿带。

（二）矿石特征

矿区的矿石类型以浸染状为主，细脉浸染状次之（图 2－12），在构造交叉部位和矿体的顶部有时也可见到脉状矿石。矿石矿物中主要金属矿物成分简单，微量金属矿物种类繁多，石英、绢云母、绿泥石等典型脉石矿物种类较少，其他非金属矿物种类繁多。矿区已知的矿物达 74 种，其中金属矿物 36 种，非金属矿物 38 种，主要矿石矿物为黄铜矿、斑铜矿和辉钼矿，其次为辉铜矿和黝铜矿。次生铜矿物有孔雀石、蓝铜矿、赤铜矿、铜蓝和辉铜矿等。主要金属矿物的分布、含量、组合、形态、粒度和变化等特征分述于下。

黄铜矿：本矿床的主要工业矿物，分布广泛，矿化类型繁多，有浸染状、细脉浸染状、薄膜状及角砾状等构造类型。黄铜矿含量一般为 1% ~3%，富集时可达 8%。粒度一般较细，为 0.01 ~0.1mm，脉状充填的可达 1 ~5mm。在宽厚矿体的中心部位，黄铜矿与

图 2－12　多宝山铜矿矿化特征

a—细脉状矿化；b—浸染状矿化；c—薄膜状矿化；d—团块状矿化

斑铜矿紧密共生，而在矿体的边缘则黄铜矿与黄铁矿关系密切。黄铜矿在地表氧化后，转变为铜蓝、蓝铜矿、赤铜矿和孔雀石等。从时间上来说，黄铜矿晶出时间最长，从黑云母化开始，经历钾（钠）硅化、黄铁绢英岩化和主矿化阶段，直到成矿后的脉岩侵入，均有黄铜矿的新生和转生。

辉钼矿：原生钼矿的唯一工业矿物，在整个成矿作用过程中，除黄铁矿绢英岩阶段未见到辉钼矿生成外，其余各阶段热液活动均有辉钼矿生成。其特点是：在黑云母化阶段，辉钼矿化的特点是含量少，呈鳞片状及其集合体与黑云母共生，有时与黄铜矿共生，分布比较均匀；硅钾化阶段是辉钼矿的主要矿化期，辉钼矿多与石英组成细脉状充填，有时与石英－钠长石脉共生在一起，有时与钾长石石英脉共生，矿化不均匀，均呈脉状充填产出。

黄铁矿：相对于国内外其他斑岩铜矿床而言，矿床内的黄铁矿含量较少。黄铁矿多分布在矿体的边缘，尤以矿体的上盘和矿体尖灭的地段较为富集，而在矿体的中心部位，几乎全部缺失。从时间上看，黄铁矿形成的时间延续较长，从成矿前到成矿后都有黄铁矿晶出，但以黄铁绢英岩阶段的黄铁矿占统治地位。

磁铁矿：为非有用矿物，野外可见少量磁铁矿脉。在空间上，磁铁矿主要分布在铁质较高的蚀变岩内，如蚀变安山岩、蚀变闪长岩及黑云母化强烈的花岗闪长岩等。在时间上，磁铁矿具有多期多阶段的特征。

矿石自然类型包括原生矿石和浅部部分氧化矿石。原生矿石有两大类，一类是矿化蚀变围岩地层形成的蚀变凝灰岩、安山岩型矿石，一类是矿化蚀变岩体形成的硅化、钾化、绢英岩化、青磐岩化的闪长岩型矿石。

（三）围岩蚀变特征

多宝山斑岩铜矿的热液蚀变具有多期多阶段的特点。蚀变作用从安山岩的青磐岩化开始，一直延续到成矿之后一段较长的时间。主要蚀变包括硅化、钾化（钾长石化、黑云母化）、磁铁矿化、绢英岩化、青磐岩化和碳酸盐化等（图2－13）。

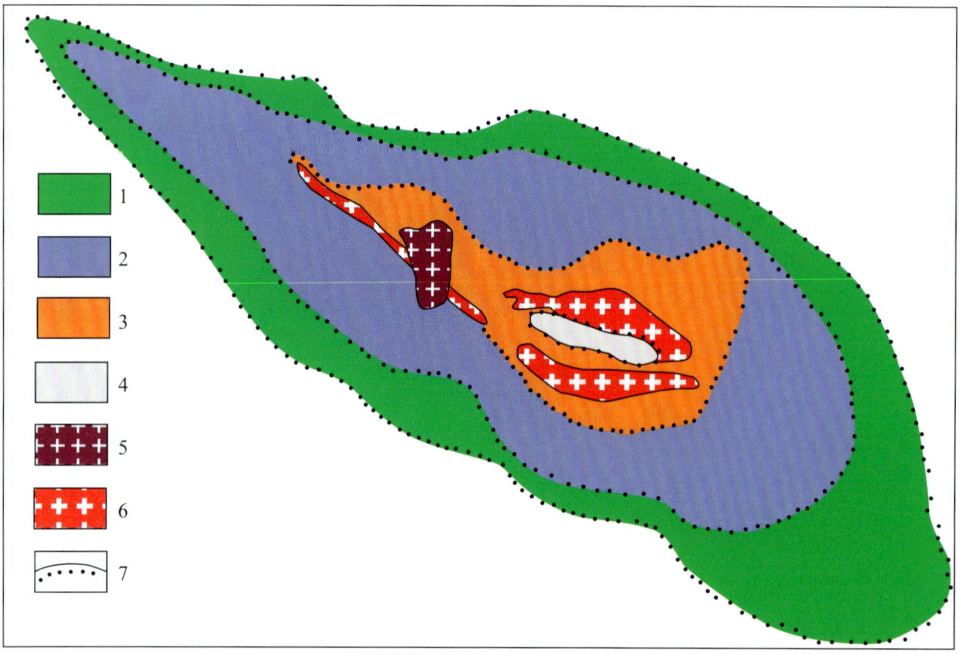

图2－13　花岗闪长斑岩引起的蚀变及其分布范围示意图

1—青磐岩－绢云母化；2—绿泥石－绢云母化；3—钾长石－黑云母化；4—强石英化（石英核）；5—更长花岗岩；6—花岗闪长斑岩；7—实测和渐变地质界线

硅化：硅化核发育在斑岩体的中心。在多宝山露采场东南部花岗闪长斑岩出露的地方发现一些硅化核，可见大块强硅化岩石，已很难看出原来的岩石组构。硅化稍弱部分可看到石英斑晶、长石斑晶。伴随硅化见有铜钼矿化，辉钼矿产于烟灰色石英中，可能是早期阶段矿化的产物。除花岗闪长斑岩形成硅化核外，在花岗闪长岩与多宝山组地层接触部分也常发生硅化（图2－14a、b）。

钾化：钾化表现为钾长石化和黑云母化，多见于花岗闪长斑岩边缘。钾长石化主要表现为石英钾长石脉，主要分布在采坑东南侧花岗闪长斑岩附近，脉宽几厘米到几十厘米。黑云母常蚀变为绿泥石，石英绿泥石脉也很常见。这两种脉体主要分布在有斑岩体出露的花岗闪长岩与多宝山组接触部位（图2－14c、d）。

磁铁矿化：仅发现于采坑东南侧花岗闪长斑岩体附近，呈黑云母磁铁矿脉产于凝灰安山岩中，脉宽几毫米至几厘米，野外观察认为属早期蚀变作用（图2－14e）。

绢英岩化：采场内观测到的绢英岩化范围较硅化、钾化带范围更大，往往呈扁环状叠

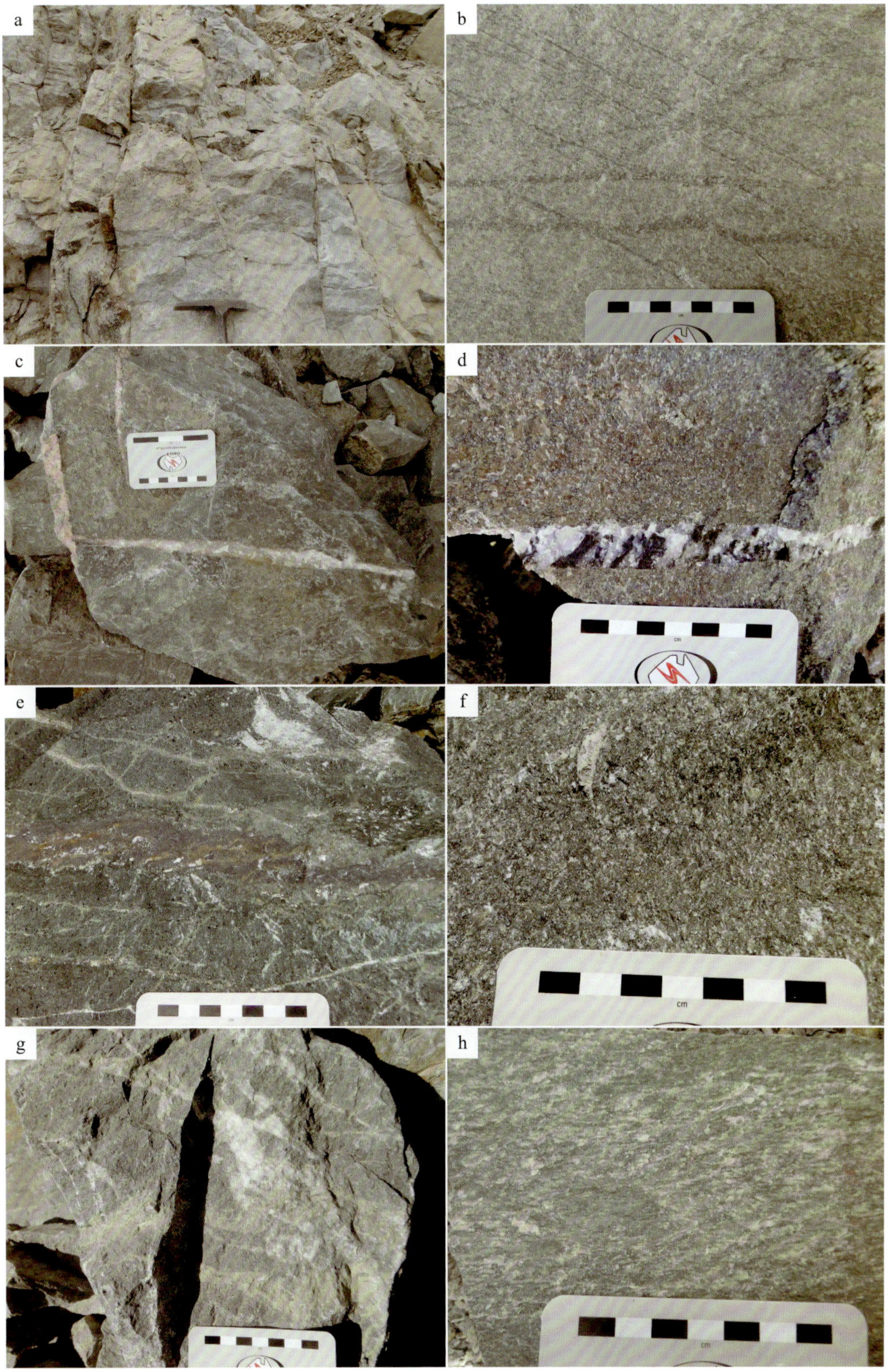

图 2－14 多宝山铜矿蚀变特征

a—石英核；b—强硅化花岗闪长岩；c—硅化钾化脉；d—石英黑云母化；e—黑云母磁铁矿脉；f—绢英岩化；g—绿帘石化；h—青磐岩化

加在青磐岩化之上，片理化最强的地段叠加了条带状绢英岩化，与黄铜矿化关系密切。其主要的蚀变矿物为石英、绢云母，绢英岩化岩石主要为绢英岩化花岗闪长岩、绢英岩化安山质凝灰岩（图2－14f）。

青磐岩化：在矿区分布范围最广，采场中也可以看到大量的青磐岩。蚀变岩石主要有青磐岩化花岗闪长岩、青磐岩化安山岩、青磐岩化凝灰岩。青磐岩化花岗闪长岩分布最广，蚀变较轻的岩石结构较清楚。特征蚀变矿物为绿泥石、绿帘石（图2－14g、h）。青磐岩化安山岩呈绿色到黑绿色，蚀变矿物主要为绿泥石。

碳酸盐化：主要发生多宝山组中，在岩体与地层接触带附近最为常见，常呈石英－方解石脉体产出，可能存在多期活动，大多穿插早期脉体，少量石英－方解石脉中可见团块状矿化。

（四）成矿阶段

根据矿石中金属矿物及其交生关系、矿石结构和矿石构造、围岩蚀变类型及矿物组合，将该矿床的成矿作用划分为5个成矿阶段（表2－2），分别为：磁铁矿－钾长石－石英阶段（Ⅰ）、黄铁矿－石英阶段（Ⅱ）、石英－辉钼矿阶段（Ⅲ）、石英－黄铜矿阶段（Ⅳ）和石英－碳酸盐阶段（Ⅴ）。

表2－2　多宝山铜矿成矿阶段与矿物生成顺序

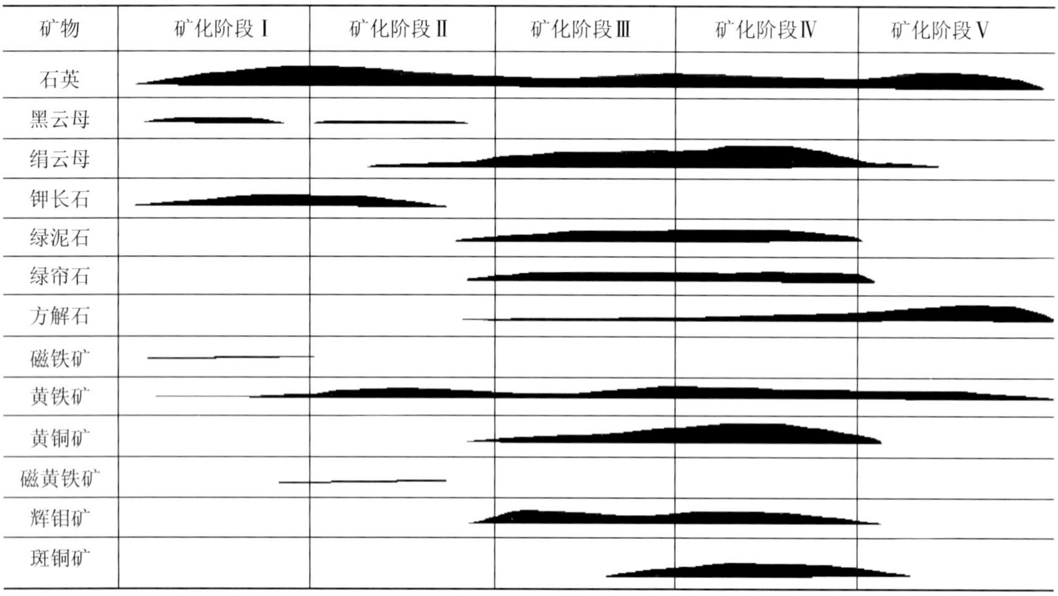

磁铁矿－钾长石－石英阶段（Ⅰ）：主要由石英和钾长石组成，少见金属硫化物，主要为呈星点状分布的自形晶磁铁矿及黄铁矿，偶见磁铁矿细脉。

黄铁矿－石英阶段（Ⅱ）：铜钼矿化较弱，主要表现为黄铁矿呈浸染状分布。

石英－辉钼矿阶段（Ⅲ）：主要的钼矿化阶段，主要由石英、辉钼矿及少量的黄铜矿等组成，其中辉钼矿与黄铜矿多呈细脉浸染状分布，并被后期形成的金属硫化物及蚀变矿物穿切交代。

石英－黄铜矿阶段（Ⅳ）：主要由石英、黄铜矿及少量辉钼矿等组成；主要蚀变矿物为石英和绢云母，金属硫化物呈细脉状与浸染状分布于脉石矿物中，是重要的铜矿化阶段。

石英－碳酸盐阶段（Ⅴ）：金属矿物不发育，偶见黄铜矿及黄铁矿呈星点状分布。

二、成矿岩体特征

（一）岩体地质

多宝山矿区主要的岩浆岩为花岗闪长岩、花岗闪长斑岩以及后期的更长花岗岩和沿北东向裂隙侵入的闪长玢岩脉。

花岗闪长岩地表呈弓石燕形，北西－南东向延长约 6km，宽约 3km，岩体向南西倾伏，倾伏角约 60°。岩石呈灰白和浅灰－灰绿色，多为半自形粒状结构，部分具似斑状花岗结构。花岗闪长岩与奥陶系在北部和东部呈侵入接触关系接触带处常可见到黑云母化和角岩化。露采坑内花岗闪长岩蚀变强烈，外围以青磐岩化为主，靠近花岗闪长斑岩岩体附近绢英岩化发育，是多宝山铜矿的主要赋矿围岩之一。

花岗闪长斑岩岩体（本次依化学成分定名为石英二长闪长岩）侵入花岗闪长岩体中，地表出露于 500～560m 高处，分成南北两个部分，呈透镜状北西向分布，岩体向北西倾伏。露采坑内花岗闪长斑岩见于东南部，是整个斑岩矿化蚀变核心部位，多见具残余花岗结构的网脉状强硅化岩，指示强烈的流体成矿作用。

更长花岗岩（也有人命名为英云闪长岩）出露于矿区 568.3m 高地附近（也称大砬子岩体），切穿花岗闪长斑岩岩体和多宝山 3 号矿带，为成矿后岩体。岩体呈小岩株状产出，与围岩的接触界面向南南东向倾斜。接触带具有明显的热接触变质现象，角岩发育。

另外，采坑中见多条沿北东向构造侵位的闪长玢岩脉，应属燕山期岩浆活动的产物。

根据各岩体岩脉产出的地质特征和前人测年数据，区内岩浆活动事件序列为：花岗闪长岩－花岗闪长斑岩－更长花岗岩－闪长玢岩。

花岗闪长岩矿物成分简单，主要有暗绿色长柱状角闪石，浅灰－浅灰绿色板柱状斜长石，灰白或灰绿色黑云母，乳白色他形石英等，这些矿物不均匀地分布在岩体中。花岗闪长岩主要的矿物含量为：斜长石 55%、石英 20%，角闪石 10%，钾长石 10%，黑云母 2%，副矿物为磷灰石、锆石和磁铁矿。斜长石呈板状，具聚片双晶，粒径一般为 2mm，多被绢云母化（图 2－15a、b）。石英多呈他形粒状，具有波状消光特点，粒径一般为 0.5～2mm（图 2－15a、b）。角闪石形态明显、呈粒状，绿色，具多组节理，粒径一般为 0.5～2mm（图 2－15c）。钾长石呈他形粒状，可见条纹长石，粒径为 1～2mm。黑云母为褐色，呈片状，大多发生绿泥石化，粒径一般为 0.2～0.5mm。岩石整体发生了强烈的蚀变，其中主要发育的是绢云母化，其次是绿帘石化和绿泥石化。

石英二长闪长岩主要由碱性长石、斜长石和石英组成。斜长石呈半自形粒状，粒径 0.1～0.3mm，含量约 3%（图 2－15d）。碱性长石呈他形粒状，粒径 0.5～3mm，含量约 65%（图 2－15e、f）。石英呈他形粒状，波状消光，粒径 0.5～3mm，含量约为 30%。

（二）岩石地球化学

在肉眼观察和岩石学鉴定的基础上，对全部样品中的 9 件较为新鲜的样品做了全岩主

图2-15　多宝山矿区花岗质岩体正交镜下照片

a、b、c—花岗闪长岩中斜长石（Pl）、石英（Qz）、角闪石（Amp）；d、e、f—石英二长闪长岩中碱性长石（Ab，钠长石）、斜长石

量、微量以及稀土元素成分的测试工作。全岩主量、微量和稀土元素成分测试是在中国地质科学院地球物理地球化学勘查研究所完成的。测试的依据和标准为《电感耦合等离子体质谱（ICP-MS）分析方法通则》（DZ/T 0223—2001）。首先将要测试的样品洗净，再对其进行烘干，最后粉碎至200目后做质谱测试分析。测试仪器型号为 Finnigan MAT 制

造的 HR－ICP－MS（Element I），测试条件为温度20℃，相对湿度30%。

1. 主量元素地球化学特征

根据本区的岩石化学成分分析结果，计算出 CIPW 标准矿物成分和各种岩石化学参数（表2－3）。从主量元素看，多宝山花岗闪长岩具有较低的 SiO_2 含量，变化范围为61.85%～64.53%，平均为62.73%，为中酸性岩。Al_2O_3 的含量范围为16.38%～17.50%，平均值为16.74%；TFe_2O_3 的含量范围为4.77%～5.34%，平均值为5.03%；MgO 的含量范围为1.87%～2.01%，平均值为1.94%；CaO 的含量范围为2.59%～4.85%，平均值为3.87%；Na_2O 的含量范围为3.62%～4.25%，平均值为4.00%；K_2O 的含量范围为2.61%～3.08%，平均值为2.86%；MnO 的含量范围为0.046%～0.125%，平均值为0.092%；P_2O_5 的含量范围为0.17%～0.20%，平均值为0.182%；TiO_2 的含量范围为0.37%～0.44%，平均值为0.40%。可见 Fe、Mg、Ca 氧化物含量较高，而 P、Ti 等氧化物含量较低，显示出贫磷贫钛的特征，但其变化相对较为稳定，各个样品的主量元素变化范围不大。

表2－3　多宝山矿床花岗质岩体主量元素（w_B/%）及地球化学参数表

项目	花岗闪长岩					石英二长闪长岩			
	DB01	DB37	DB82	DB119	DB120	DB14	DB18	DB66	DB99
SiO_2	62.53	61.95	62.76	64.53	61.85	67.26	64.52	63.68	65.80
Al_2O_3	16.38	17.50	16.57	16.57	16.69	16.18	16.59	17.47	17.62
Fe_2O_3	3.44	3.39	3.32	2.73	3.43	1.41	1.18	1.53	1.66
FeO	1.53	1.76	1.36	1.83	1.46	0.80	1.12	0.64	0.72
MgO	2.01	1.89	1.87	1.95	2.00	0.61	0.73	0.73	0.71
CaO	4.85	3.85	4.07	2.59	4.01	2.00	2.93	3.16	2.29
Na_2O	3.62	4.25	4.20	3.79	4.13	5.09	5.09	5.20	5.73
K_2O	2.61	2.65	2.88	3.07	3.08	2.75	2.93	3.16	2.72
MnO	0.125	0.094	0.094	0.046	0.099	0.065	0.081	0.057	0.084
P_2O_5	0.18	0.17	0.18	0.18	0.20	0.10	0.17	0.15	0.19
TiO_2	0.39	0.44	0.39	0.37	0.41	0.27	0.29	0.31	0.32
LOI	2.20	2.02	2.21	2.26	2.51	3.32	4.23	3.90	1.96
TOTAL	99.87	99.97	99.91	99.91	99.87	99.85	99.86	99.98	99.81
TFe_2O_3	5.14	5.34	4.83	4.77	5.05	2.30	2.42	2.24	2.46
石英（Q）	17.95	15.37	15.59	22.03	14.22	22.51	17.03	14	16.48
钙长石（An）	21.28	18.34	18.27	11.96	18.43	9.61	14.03	15.29	10.37
钠长石（Ab）	31.43	36.78	36.47	32.89	35.97	44.63	45.04	45.85	49.57
正长石（Or）	15.79	16.01	17.47	18.6	18.7	16.82	18.09	19.46	16.47
刚玉（C）	0	1.09	0	2.8	0	1.49	0.14	0.11	1.57
透辉石（Di）	1.8	0	0.99	0	0.59	0	0	0	0
紫苏辉石（Hy）	7.79	8.12	7.25	7.88	7.92	2.74	3.15	2.89	2.93
钛铁矿（Il）	0.76	0.86	0.75	0.71	0.8	0.53	0.58	0.6	0.62

续表

项目	花岗闪长岩					石英二长闪长岩			
	DB01	DB37	DB82	DB119	DB120	DB14	DB18	DB66	DB99
磁铁矿（Mt）	2.78	3.01	2.77	2.72	2.92	1.43	1.52	1.43	1.56
磷灰石（Ap）	0.43	0.41	0.43	0.42	0.47	0.24	0.42	0.36	0.44
合计	100	99.99	99.99	100.01	100.01	100	100	100	100.01
分异指数（DI）	65.17	68.16	69.53	73.52	68.89	83.96	80.16	79.31	82.52
密度/($g \cdot cm^{-3}$)	2.76	2.76	2.74	2.76	2.75	2.69	2.68	2.68	2.69
液相密度	2.49	2.49	2.48	2.46	2.48	2.41	2.43	2.43	2.42
干黏度	6.19	5.96	6.21	6.9	5.97	8.33	7.44	7.05	7.38
湿黏度	5.28	5.14	5.27	5.72	5.12	6.53	6.04	5.83	6.01
液相线温度/℃	955	969	951	918	964	852	893	914	897
H_2O 含量	2.17	2.03	2.21	2.54	2.09	3.24	2.8	2.58	2.76
A（碱性长石）	29.18	33.15	35.3	38.62	36.82	45.22	43.46	45.14	46.89
P（斜长石）	39.32	37.98	36.91	24.83	36.28	25.84	33.7	35.46	29.52
A/CNK	0.931	1.038	0.95	1.161	0.958	1.079	0.983	0.986	1.066
固结指数（SI）	15.41	13.68	13.86	14.68	14.34	5.75	6.63	6.51	6.21
莱特碱度率（AR）	1.83	1.96	2.05	2.12	2.07	2.52	2.39	2.36	2.48
$\sigma43$	1.93	2.45	2.48	2.14	2.66	2.47	2.87	3.26	3.08
$\sigma25$	1.04	1.3	1.34	1.2	1.42	1.48	1.66	1.84	1.77

多宝山石英二长闪长岩中 SiO_2 的含量较花岗闪长岩高，变化范围为 63.68% ~ 67.26%，平均值为65.31%。Al_2O_3 的含量范围为 16.18% ~17.62%，平均值为 16.96%；TFe_2O_3 的含量范围为 2.24% ~2.46%，平均值为 2.36%，低于花岗闪长岩的平均值 5.03%；MgO 的含量范围为 0.61% ~0.73%，平均值为 0.70%，低于花岗闪长岩的平均值（1.94%）；CaO 的含量范围为 2.00% ~3.16%，平均值为 2.60%，略低于花岗闪长岩的平均值为 3.87%；Na_2O 的含量范围为 5.09% ~5.73%，平均值为 5.28%，高于花岗闪长岩的平均值（4.00%）；K_2O 的含量范围为 2.72% ~3.16%，平均值为 2.89%；MnO 的含量范围为 0.057% ~0.084%，平均值为 0.07%；P_2O_5 的含量范围为 0.10% ~ 0.19%，平均值为 0.15%；TiO_2 的含量范围为 0.27% ~0.32%，平均值为 0.30%。石英二长闪长岩中 SiO_2 和 Na_2O 的含量比花岗闪长岩的值要高，TFe_2O_3、MgO、CaO 的含量比花岗闪长岩低。

岩石定量测定的矿物成分含量见表 2－3，根据国际地质学会火成岩小组推荐的分类系统，将表中矿物含量数据投影到 QAP 三角图（图 2－16）中。可见花岗闪长岩投影点基本落在 4 区域，属于花岗闪长岩；石英二长闪长岩投影点基本落在 9* 区域，属于石英二长闪长岩。图上投影点比较集中，说明样品在岩性上的差异不大，具有一定的相似性。多宝山花岗岩形成构造背景 QAP 图解（图 2－17）中，全部投影点都落在 IAG 区域，指示花岗闪长岩和石英二长闪长岩可能形成于岛弧构造环境。

在全碱含量方面，花岗闪长岩的 $K_2O + Na_2O$ 含量变化范围为 6.23% ~7.21%，平均

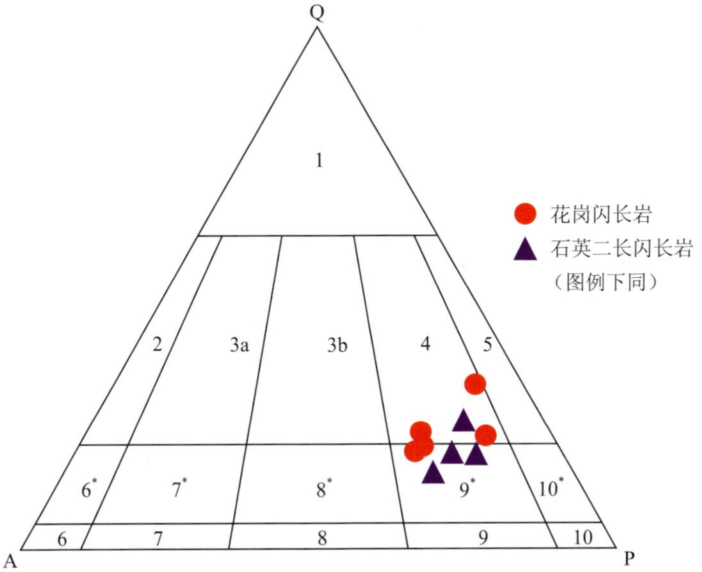

图 2-16 多宝山铜矿花岗质岩体 QAP 分类命名图

（底图据 Streckeisen & Le Maitre，1979）

1—富石英花岗岩；2—碱长花岗岩；3a—花岗岩；3b—花岗岩（二长花岗岩）；4—花岗闪长岩；5—英云闪长岩、斜长花岗岩；6*—碱长石英正长岩；7*—石英正长岩；8*—石英二长岩；9*—石英二长闪长岩；10*—石英闪长岩、石英辉长岩、石英斜长岩

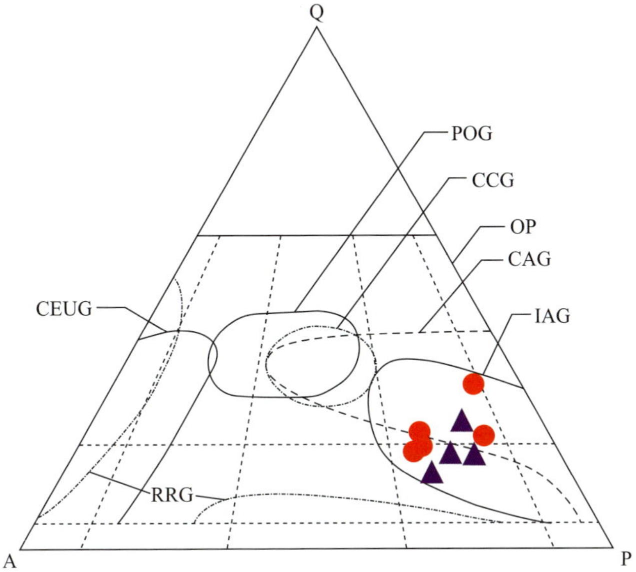

图 2-17 多宝山铜矿花岗质岩体形成构造背景 QAP 图解

（据肖庆辉等，2002）

IAG—岛弧花岗岩类；CAG—大陆弧花岗岩类；CCG—大陆碰撞花岗岩类；POG—后造山花岗岩类；RRG—与裂谷有关的花岗岩类；CEUG—与大陆的造陆抬升有关的花岗岩类；OP—大洋斜长花岗岩类（下同）

值为 6.86%；K_2O/Na_2O 值变化范围为 0.62～0.81，均小于 1，说明岩石的 K_2O 含量均小于 Na_2O 含量，表明本区岩石均为钠质系列侵入岩。在 SiO_2－AR 图解（图 2-18）中，

花岗闪长岩样品都落到钙碱性岩石区域内。在 K_2O-SiO_2 图解（图2－19）中，样品均落到高钾钙碱性岩石系列范围内。分异指数（DI）变化范围为65.17～73.52，平均值为72.72；里特曼指数（σ）范围为1.99～2.76，平均值为2.40，也显示出钙碱性岩浆系列的性质。Al_2O_3 的含量较高，为16.38%～17.50%。铝饱和指数A/CNK变化范围为0.93～1.16，在A/NK－A/CNK图解（图2－20）中，样品均落入过铝质岩区和准铝质区，故属于过铝质岩石系列范畴。固结指数（SI）为13.68～15.41，平均值为14.25，属于中酸性岩类。氧化指数 F 为0.60～0.71，氧化指数 K 为0.38～0.44，说明了其形成的环境应为陆相环境。

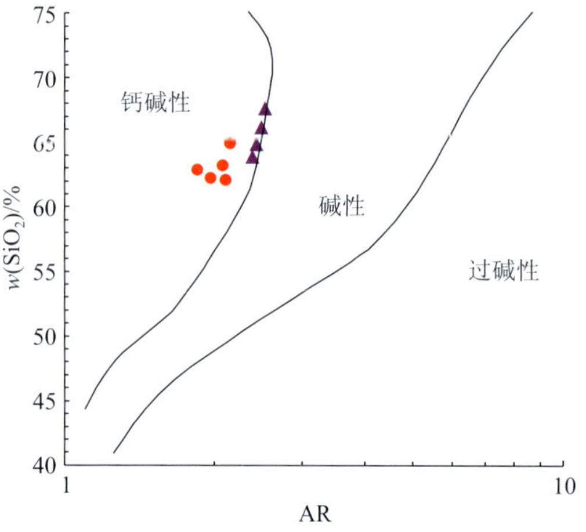

图2－18　多宝山花岗质岩体 SiO_2－AR 岩石系列判别图解
（据Wright，1969）

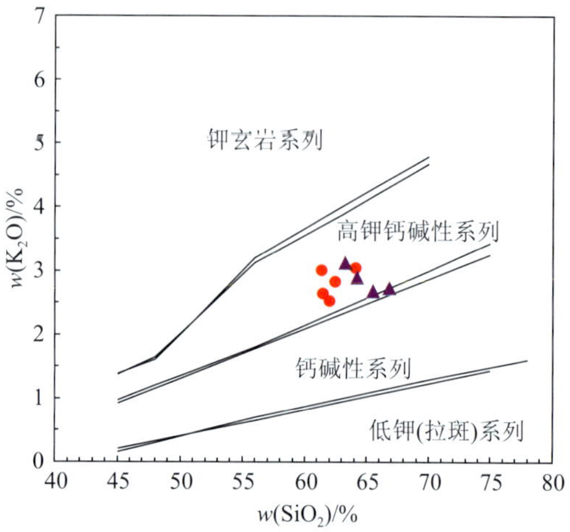

图2－19　多宝山花岗质岩体 K_2O-SiO_2 岩石系列判别图解
（据Peccerillo & Taylor，1976）

石英二长闪长岩的 K_2O+Na_2O 含量变化范围为7.84%～8.45%，平均值为8.17%，比花岗闪长岩的岩石的 K_2O+Na_2O 值略高些。K_2O 含量同样均小于 Na_2O 含量，该岩石也为钠质系列岩石。在 SiO_2－AR图解（图2－18）中，石英二长闪长岩样品落入的区域为钙碱性岩石区域和碱性岩石区域分界线附近，但其均落入钙碱性岩石区内，故该石英二长闪长岩也为钙碱性类岩石。在 K_2O-SiO_2 图解（图2－19）中，样品均落到高钾钙碱性岩石系列范围内，但有两个样品十分靠近高钾钙碱性系列和钙碱性系列的分界线。分异指数（DI）变化范围为79.31～83.96，平均值为81.49。Al_2O_3 的含量与花岗闪长岩中 Al_2O_3 的含量类似，均较高。铝饱和指数A/CNK变化范围为0.983～1.079，在A/NK－A/CNK图解（图2－20）中，落入过铝质岩区和准铝质区，故属于过铝质岩石系列范畴。固结指数（SI）为5.75～6.63，平均值为6.27，比花岗闪长岩的SI低很多，表明石英二长闪长岩的岩浆分异程度较花岗闪长岩高。

在主量元素 R_1-R_2 判别图解（图2－21）中，5个花岗闪长岩样品中的4个投在3区域，即碰撞后隆起区域；1个样品投在2区域，即板块碰撞前区域。说明本区加里东期多宝山花岗岩的构造环境应为板块碰撞前和板块碰撞后抬升过渡的构造环境，表明花岗闪长岩主要形成于与板块碰撞俯冲相关的构造环境。4个石英二长闪长岩样品均落在4区域，说明该类岩石形成于晚造山期的构造环境，表明石英二长闪长岩的形成时间相对于花岗闪长岩的形成时间较晚。在花岗质岩体构造环境判别图解（图2－22）中，花岗闪长岩和石英二长闪长岩均落入IAG＋CAG＋CCG区域内，表明其形成环境与俯冲碰撞有关。

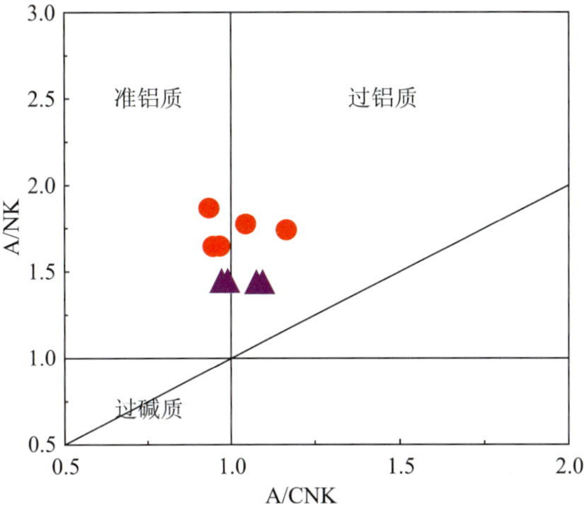

图2－20　多宝山地区花岗质岩体的A/NK－A/CNK分类图

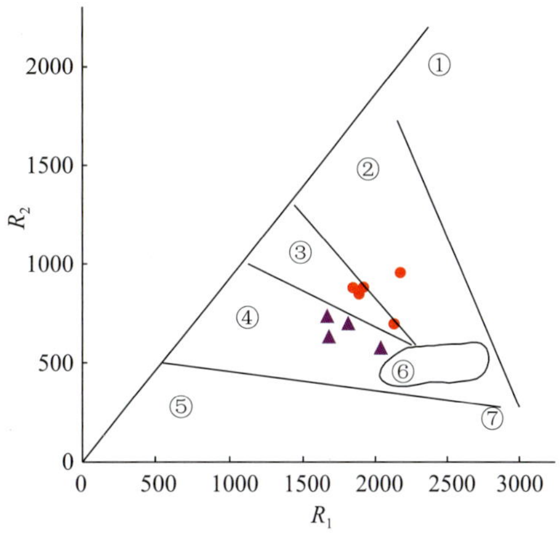

图2－21　多宝山花岗质岩体R_1－R_2构造环境判别图解

（据Batchelor & Bowden，1985）

①地幔分异产物；②板块碰撞前；③碰撞后隆起；④晚造山期；⑤非造山；⑥同碰撞；⑦造山后

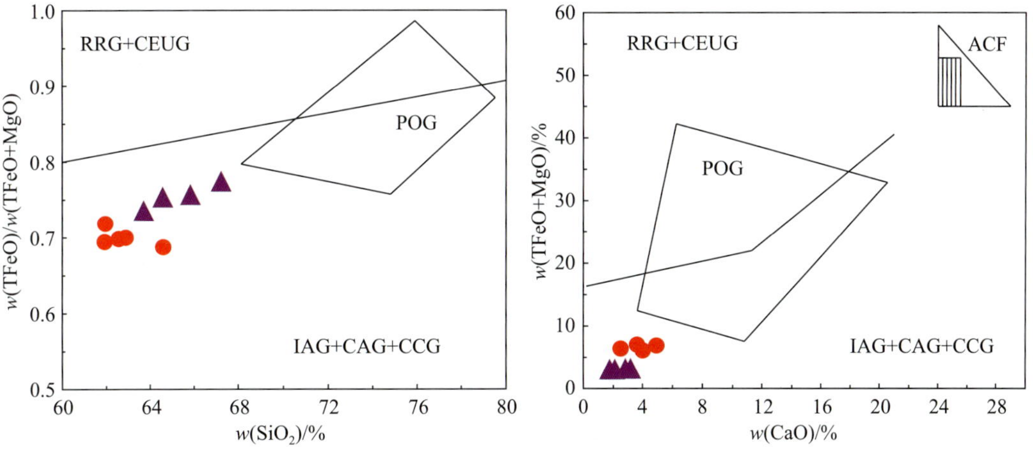

图2－22　多宝山花岗质岩体构造环境判别图解

（据Maniar & Piccoli，1989）

IAG—岛弧花岗岩；CAG—大陆弧花岗岩；CCG—大陆碰撞花岗岩；POG—后造山花岗岩类；RRG—与裂谷有关的花岗岩；CEUG—与大陆的造陆抬生有关的花岗岩；OP—大洋斜长花岗岩类。A—碱质；C—钙；F—铁镁

2. 微量、稀土元素地球化学特征

在微量、稀土元素地球化学研究中，根据研究的内容不同，相应数据处理方法也有差别，书中主要使用的标准化数据有：大陆上地壳标准数据（Staudigel，1998）；大陆地壳标准数据（Staudigel，1998）；球粒陨石标准数据（Sun & McDonough，1989）；原始地幔标准数据（Taylor & McLennan，1985）。

从稀土元素含量（表2－4）看，花岗闪长岩的稀土总量（∑REE）不高，为（62.06～87.85）×10^{-6}，平均值为75.62×10^{-6}，低于大陆上地壳岩石的稀土总量（146.37×10^{-6}）。其轻稀土（LREE）含量为（53.47～78.95）×10^{-6}，平均值为67.38×10^{-6}；重稀土（HREE）含量为（7.16～8.90）×10^{-6}，平均值为8.24×10^{-6}。轻重稀土含量比值（LREE/HREE）为6.23～8.89，平均值为8.19，为轻稀土相对富集型。La_N/Yb_N（4.26～9.50，平均值为8.10）和LREE/HREE值均较低，说明了该花岗闪长质岩体的轻重稀土分馏并不明显。δ_{Eu}为1.0～1.09，平均值为1.06，显示出花岗闪长质岩体具有极弱的正铕异常。

表2－4　多宝山斑岩铜矿花岗质岩体微量元素丰度（$w_B/10^{-6}$）及相关参数

元素及参数	花岗闪长岩					石英二长闪长岩			
	DB01	DB37	DB82	DB119	DB120	DB14	DB18	DB66	DB99
Rb	48.3	44.9	44.6	45.4	45.1	51.0	39.8	43.2	40.6
Ba	492.9	538.6	550.5	576.1	600.7	763.7	877.8	803.4	907.9
Th	5.2	3.2	3.5	3.0	3.3	2.6	3.7	4.2	3.2
U	1.8	0.9	0.9	1.3	1.2	1.0	0.5	0.6	0.6
K	21623	21993	23934	25474	25518	22789	24291	26242	22606
Ta	0.4	0.4	0.3	0.3	0.4	0.6	0.4	0.3	0.4
Nb	5.3	4.5	4.0	4.2	4.7	8.5	4.8	5.1	6.3
Sr	802.4	776.7	662.7	688.5	741.2	617.6	250.7	745.4	1001.1
P	793.6	761.3	790.0	776.8	856.0	443.9	761.1	651.4	812.6
Zr	98.2	87.0	88.2	86.9	94.7	173.2	212.2	260.4	255.1
Hf	1.7	1.5	1.4	1.5	1.7	2.6	2.8	3.1	3.6
Ti	2343.8	2663.0	2322.8	2196.1	2465.5	1604.9	1749.0	1832.6	1900.0
La	17.56	16.52	16.55	13.17	8.02	21.64	29.75	43.20	34.65
Ce	34.91	31.64	32.19	26.20	22.86	43.80	60.27	88.25	70.31
Pr	4.34	3.92	3.94	3.33	3.35	5.12	7.00	10.01	8.07
Nd	17.87	16.27	16.10	13.51	15.23	19.04	26.15	37.26	30.28
Sm	3.28	2.97	2.96	2.52	3.03	2.77	4.00	5.29	4.48
Eu	0.98	1.00	0.92	0.79	0.99	0.85	1.22	1.44	1.27
Gd	2.54	2.35	2.33	1.97	2.38	1.96	2.69	3.70	3.17
Tb	0.42	0.37	0.38	0.32	0.37	0.28	0.36	0.49	0.43
Dy	2.33	2.24	2.11	1.89	2.29	1.44	1.77	2.34	2.17
Ho	0.45	0.43	0.42	0.36	0.44	0.27	0.30	0.44	0.39
Er	1.40	1.29	1.26	1.12	1.32	0.81	0.88	1.33	1.14
Tm	0.21	0.21	0.20	0.18	0.22	0.12	0.12	0.21	0.17
Yb	1.33	1.29	1.27	1.14	1.35	0.77	0.72	1.34	1.03
Lu	0.22	0.21	0.20	0.18	0.21	0.13	0.10	0.21	0.16
Y	12.48	11.91	12.06	10.62	12.83	7.59	8.78	12.57	11.48

续表

元素及参数	花岗闪长岩					石英二长闪长岩			
	DB01	DB37	DB82	DB119	DB120	DB14	DB18	DB66	DB99
∑REE	87.85	80.70	80.82	66.68	62.06	98.98	135.33	195.52	157.72
LREE	78.95	72.32	72.65	59.52	53.47	93.22	128.38	185.46	149.06
HREE	8.90	8.39	8.17	7.16	8.59	5.77	6.95	10.06	8.66
LREE/HREE	8.87	8.62	8.89	8.31	6.23	16.16	18.48	18.43	17.21
La_N/Yb_N	9.50	9.16	9.33	8.26	4.26	20.18	29.76	23.19	24.22
δEu	1.00	1.12	1.04	1.05	1.09	1.06	1.07	0.95	0.98
δCe	0.95	0.93	0.95	0.95	1.08	0.99	0.99	1.00	0.99

石英二长闪长岩的∑REE 较花岗闪长岩高，为（98.98～195.52）$\times10^{-6}$，平均值为146.89$\times10^{-6}$。其中，LREE 比花岗闪长岩高出约一倍，为（93.22～185.46）$\times10^{-6}$，平均值为139.03$\times10^{-6}$；HREE 与花岗闪长岩大致相同，为（5.77～10.06）$\times10^{-6}$，平均值为7.86$\times10^{-6}$。可以看出，石英二长闪长岩也属于轻稀土相对富集型。

在稀土元素球粒陨石标准化图解（图2－23）中，花岗质岩石的曲线均呈现左高右低较平滑的向右倾斜形态，反映了轻稀土比较富集的特征；石英二长闪长岩的曲线倾斜更大，表明其比花岗闪长岩更富集轻稀土；Eu 异常并不明显。

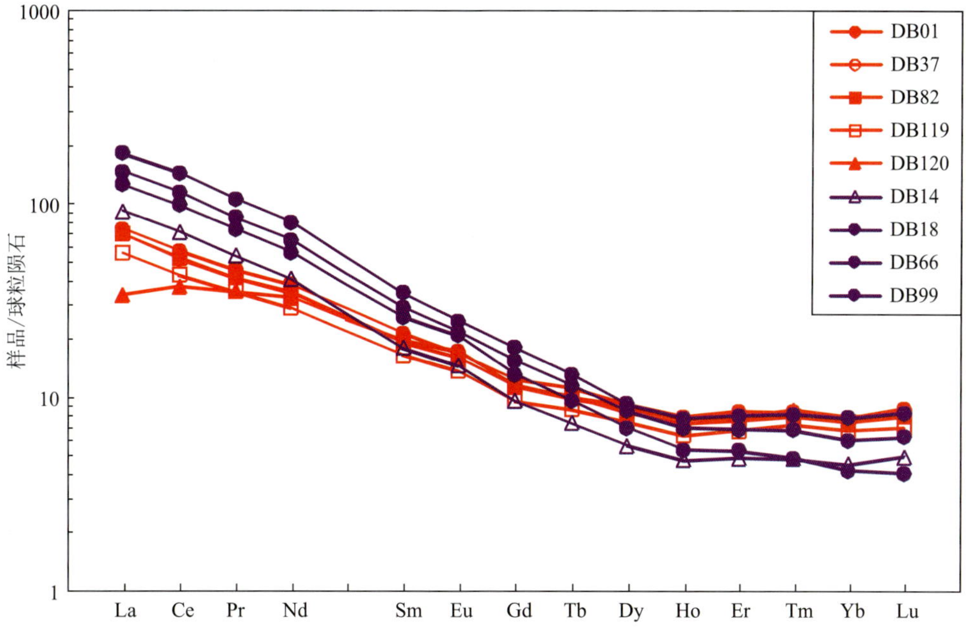

图2－23　多宝山花岗质岩体稀土元素球粒陨石标准化分布模式图

从微量元素组成（表2－4）和微量元素原始地幔标准化图解（图2－24）可知，花岗闪长岩和石英二长闪长岩均相对亏损 Ce、Nb、Ta、P、Zr、Hf 和 Ti 等高场强元素，而相对富集 Rb、Ba、K、Sr 和 Pb 等地球化学性质活泼的大离子亲石元素。花岗闪长质岩石具有较高的 Sr 含量为（662.7～802.4）$\times10^{-6}$，平均值为734.3$\times10^{-6}$；较低的 Y 含量，为（10.62～12.83）×10^{-6}，平均值为11.98×10^{-6}；较高的Rb含量，为（44.6～48.3）×10^{-6}，平均值为45.66×10^{-6}。该花岗闪长岩具有偏高的Sr/Y值（54.95～65.21，平均值为61.41）和偏低的Rb/Sr值（0.058～0.067，平均值为0.062）。在花岗质岩体Rb-Y+Nb和Rb-Ta+Yb构造环境判别图解（图2-25）中，花岗质岩石样品均落入VAG区域内，即火山弧花岗岩类，表明其形成于火山弧构造环境。

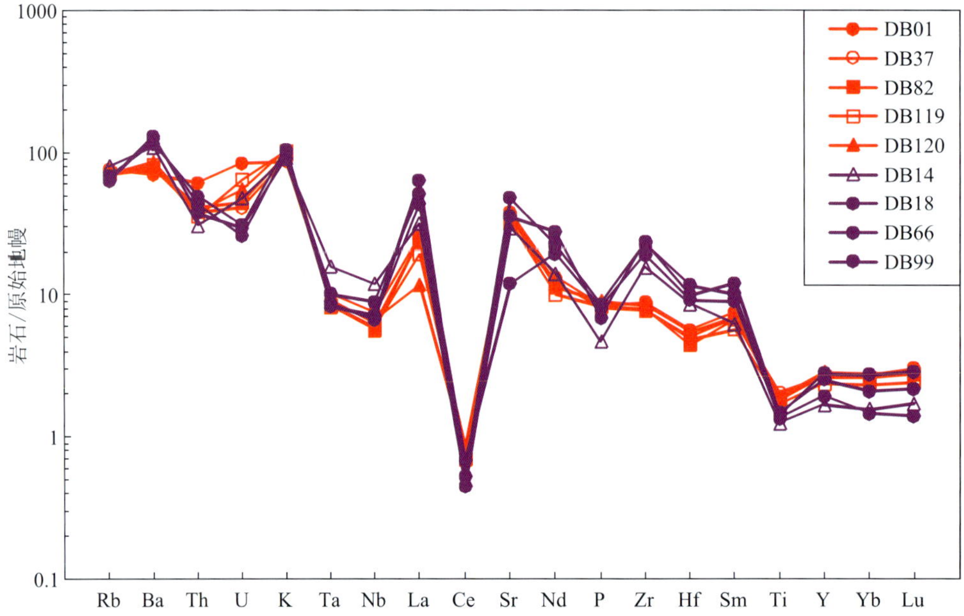

图2-24　多宝山花岗质岩体微量元素原始地幔标准化蛛网图

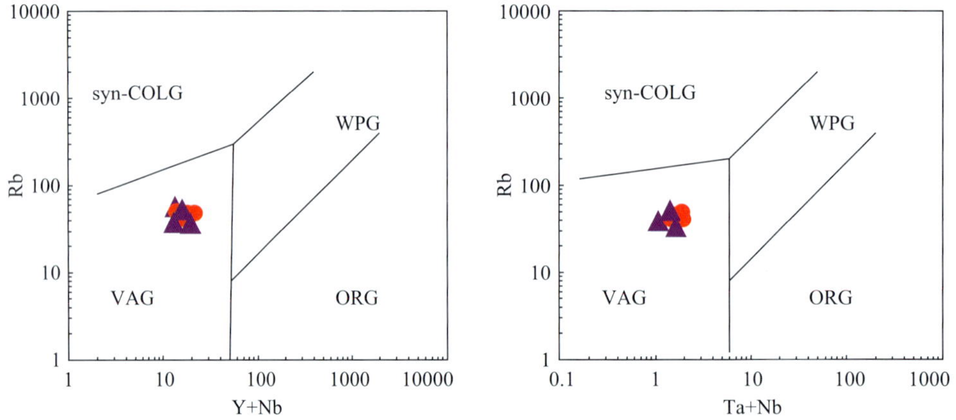

图2-25　多宝山花岗质岩体Rb-Y+Nb和Rb-Ta+Yb构造环境判别图解

（据Pearce et al.，1984）

VAG—火山弧花岗岩类；syn-COLG—同碰撞花岗岩类；WPG—板内花岗岩类；ORG—洋中脊花岗岩类

综合以上岩石的稀土和微量元素特点及其主要元素特征，表明多宝山花岗质岩体具有岛弧花岗岩类的地球化学亲缘性，即具有高场强元素Nb的亏损和大离子亲石元素的富集以及Y的亏损和高的Sr/Y值。结合区域地质资料分析，认为其形成于岛弧构造环境。

三、矿床地球化学特征

（一）样品采集与测试

矿床地球化学主要开展了流体包裹体与稳定同位素研究。用于流体包裹体和碳氢氧硫同位素研究的样品采自多宝山斑岩铜矿露天矿坑中。首先根据金属硫化物在石英脉中的发育程度理清流体的演化过程；然后从各类脉体中分别选出脉石矿物石英、热液方解石和金属硫化物；最后将所采样品破碎并过筛，粒级为 40 ~ 60 目，在双目显微镜下反复挑选出所需的单矿物样品，矿物纯度达到 99% 以上。包裹体温压实验在中国地质大学（北京）包裹体实验室完成。群体包裹体成分分析及氢、氧、碳、硫同位素分析由核工业北京地质研究院分析测试研究中心完成。

包裹体均一温度和冰点测试在中国地质大学（北京）包裹体实验室完成，测试仪器为英国 Linkam 公司的 MDSG600 型冷热台，温度范围为 -196 ~ 600℃，测试精度及稳定性在 0.1℃ 范围之内，冷热速率为 0.01 ~ 130℃/min。共测试了多宝山矿区 17 件样品的均一温度与冰点温度。接近相变点时的升温速率，对于 L-V 型包裹体，均一温度为 1℃/min，其他为 0.1℃/min。

群体包裹体测试共挑选 9 件不同阶段的石英样品，测试仪器型号为 DIONEX-500 离子色谱仪，测试方法和依据为《地下水质分析方法　第 28 部分：钾、钠、锂和铵量的测定　离子色谱法》（DZ/T 0064.28—2021），流体包裹体氢同位素用爆裂法取水，锌法制氢；氧同位素用 BrF_5 法。

氢氧同位素测试共挑选 22 件不同成矿阶段的石英样品，测试仪器型号为 MAT-253，检测项目为石英 O 及包裹体 D 同位素组成；测试方法和依据为《水中氢同位素的锌还原法测定》（DZ/T 0184.19—1997）及《硅酸盐及氧化物矿物中氧同位素组成的五氟化溴法测定》（DZ/T 0184.13—1997），氢氧同位素采用的国际标准为 SMOW。

硫同位素测试共挑选 5 件黄铜矿、5 件辉钼矿和 3 件黄铁矿样品，测试仪器型号为 Delta v plus，测试方法和依据为《硫化物中硫同位素组成的测定》（DZ/T 0184.14—1997），用硫化物与 Cu_2O 和 V_2O_5 混合氧化剂在高温真空条件下反应制取 SO_2，硫同位素采用的国际标准为 CDT。

碳、氧同位素测试共挑选 10 件方解石样品，采用 MAT253 质谱仪测定，测试项目为方解石中 C 和 O 同位素组成。测试方法和依据为《碳酸盐矿物或岩石中碳、氧同位素组成的磷酸法测定》（DZ/T 0184.17—1997），根据石英中流体包裹体的均一温度和矿物-水氧同位素方程，计算出流体的 $\delta^{18}O_{H_2O}$。流体的均一温度取其平均值，石英与水的氧同位素平衡公式采用公式 $1000\ln\alpha_{石英-水} = 3.38 \times 10^6/T^2 - 3.4$（Clayton et al.，1972）。碳同位素采用的国际标准为 PDB。

（二）热液脉体特征及演化

多宝山矿区经历了多期次的构造岩浆活动，均伴随着热液流体活动。在多期多阶段热流体的作用下，形成了样式繁杂的蚀变岩石。在空间上，这些蚀变岩石有规律地分布，形成了典型的斑岩蚀变分带模式。近几年来，诸多学者愈发重视对斑岩铜矿脉体的研究。一些学者按照与成矿相关的围岩蚀变特征，以及室内光薄片的鉴定结果，将斑岩矿床中热液脉体分为 A 脉、B 脉、D 脉和 E 脉（潘晓菲等，2009；王翠云等，2012；李晓峰等，2012）。本书结合多宝山铜矿床的具体情况，对各脉特征进行描述。

A 脉：发育在岩体内部及顶端的早期石英脉、钾长石脉。该脉往往呈不规则状，边界不清晰且连续性差，主要产于矿床深部。其矿物组合一般为：石英 ± 钾长石 ± 黑云母 ± 少量黄铜矿 ± 少量黄铁矿 ± 磁铁矿。根据脉体的结构和构造、矿物组合、产出位置等特征，将 A 脉划分为以下几个亚类：硅钾化脉、梳状硅钾脉、石英辉钼矿脉、磁铁（黄铜）矿脉、后期白色细小石英脉（纯石英脉）。其中梳状硅钾脉切割硅钾化脉（图 2－26a），磁铁（黄铜）矿脉切割先期形成的绿帘石脉，石英辉钼矿脉切割磁铁（黄铜）矿脉（图 2－26b）。梳状硅钾化脉与先期形成的绿帘石脉之间未见明显的穿插关系，据前人工作可知，多宝山地区与花岗闪长斑岩热液活动有关的蚀变作用之前的第三期热液蚀变，是由前花岗闪长岩岩浆热液活动引起的，表现为多宝山地层大范围的青磐岩化（杜琦等，1988）。由此可知，花岗闪长斑岩热液活动引起的硅钾化蚀变形成时间应该晚于靠近斑岩体附近的绿帘石。纯石英脉与后期白色细小石英脉间也未见明显穿插关系，可能为同期。综上所述，

图 2－26　多宝山铜矿脉体特征

a—梳状硅钾脉切割硅钾化脉；b—石英辉钼矿脉切割磁铁（黄铜）矿脉；c—绿帘石脉切割绿泥石脉；d—黄铁（黄铜）矿脉切割绿帘石脉，石英辉钼矿脉切割黄铁（黄铜）矿脉；e—石英黄铁（黄铜）矿脉切割石英辉钼矿脉；f—石英黄铁（黄铜）矿脉切割石英辉钼矿脉，石英辉钼矿脉被后期细小石英脉体切割；g—石英绿泥石脉切割石英黄铁（黄铜）矿脉；h—黄铁矿－石英脉被黄铁矿－黄铜矿脉切割；i—粗晶方解石脉切割黄铁矿－黄铜矿脉，石英方解石脉切割粗晶方解石脉

多宝山地区 A 脉子类形成顺序为：硅钾化脉→梳状硅钾脉→磁铁（黄铜）矿脉→石英辉钼矿脉→后期白色细小石英脉（纯石英脉）。

B 脉：形成早于 D 脉，且切穿 A 脉的与铜－钼矿化密切相关的石英铜钼硫化物脉体，它的形成与钾质硅酸盐矿物水解有关。B 脉属于过渡型脉，即脉体矿物以硅酸盐矿物为主逐渐过渡转变为以金属硫化物矿物为主，脉体较规则且连续，脉壁平直。其矿物组合一般为：石英 ± 辉钼矿 ± 黄铜矿 ± 黄铁矿。根据脉体的矿物组合、结构和构造、产出位置等特征，将 B 脉划分为以下几个亚类：绿泥石脉、绿帘石脉、黄铁（黄铜）矿脉、石英黄铁（黄铜）矿脉、石英辉钼矿脉、石英绿泥石脉。其中绿帘石脉切割绿泥石脉（图 2－26c），黄铁（黄铜）矿脉切割绿帘石脉（图 2－26d），石英辉钼矿脉切割黄铁（黄铜）矿脉（图 2－26d），石英黄铁（黄铜）矿脉切割石英辉钼矿脉（图 2－26e、f），石英绿泥石脉切割石英黄铁（黄铜）矿脉（图 2－26g）。综上所述，多宝山地区 B 脉子类形成顺序为：绿泥石脉→绿帘石脉→黄铁（黄铜）矿脉→石英辉钼矿脉→石英黄铁（黄铜）矿脉→石英绿泥石脉。

D 脉：切穿 A 脉和 B 脉的黄铁矿脉、石英黄铁矿脉，其形成与石英－绢云母化－绿泥石化密切相关。主要产于多宝山矿床内外接触带的围岩中，脉体局部被方解石脉、石英方解石脉切割，呈脉状或网脉状产出。其矿物组合一般为有：石英 ± 黄铁矿 ± 少量黄铜矿。脉体较宽，黄铁矿含量明显增多，黄铜矿含量较少，呈稀疏浸染状分布。根据脉体的矿物组合、结构和构造、产出位置等特征，将 D 脉划分为以下几个亚类：黄铁矿脉、黄铁矿－石英脉、黄铁矿－黄铜矿脉。其中，黄铁矿－石英脉被黄铁矿－黄铜矿脉切割（图 2－26h），黄铁矿－石英脉脉壁不连续且不规则，隐约可见被黄铁矿－黄铜矿脉切割，切割关系不明确，黄铁矿－石英脉中部分含有细脉浸染状黄铁矿－黄铜矿。综上所述，多宝山地区 D 脉子类形成的先后顺序为：黄铁矿脉→黄铁矿－石英脉→黄铁矿－黄铜矿脉。

E 脉：切穿 D 脉的含硫化物或氧化物的碳酸盐脉。脉体较宽、延伸较远，在多宝山铜矿床内外接触带的围岩中以及岩体内部均有分布。矿物组合一般为：方解石 ± 赤铁矿 ± 黄铁矿 ± 镜铁矿 ± 黄铜矿 ± 重晶石。根据脉体的矿物组合、结构和构造、产出位置等特征，将 E 脉划分为以下几个亚类：黄铁矿－黄铜矿脉、石英方解石脉、粗晶方解石脉。其中粗晶方解石脉切割黄铁矿－黄铜矿脉（图 2－26i），石英方解石脉切割粗晶方解石脉（图 2－26i）。综合上述，多宝山地区 E 脉子类形成的先后顺序为：黄铁矿－黄铜矿脉→粗晶方解石脉→石英方解石脉。

根据各脉体穿切关系，推测脉体形成的先后顺序以及演化过程如下：A 脉子类形成的先后顺序为硅钾化脉→梳状硅钾脉→磁铁（黄铜）矿脉→石英辉钼矿脉→后期白色细小石英脉（纯石英脉）；B 脉子类形成的先后顺序为绿泥石脉→绿帘石脉→黄铁（黄铜）矿脉→石英辉钼矿脉→石英黄铁（黄铜）矿脉→石英绿泥石脉；D 脉子类形成的先后顺序为黄铁矿→黄铁矿－石英脉→黄铁矿－黄铜矿脉；E 脉子类形成的先后顺序为黄铁矿－黄铜矿脉→粗晶方解石脉→石英方解石脉。

（三）流体包裹体特征

通过对包裹体的镜下观测表明，不同阶段的不同矿物中包裹体的分布、形态、大小和类型均有一定差异，具体特征详见表 2－5。

表 2－5　多宝山矿区流体包裹体镜下特征

脉体	样品号	主矿物	大小/μm	$V_{气}/V_{液}$/%
A 脉	13DB06	花岗闪长斑岩中石英脉	2～14	12～30
	13DB07	花岗闪长斑岩中石英脉	2～10	13～20
	13DB30	石英脉	4～18	7～60
	13DB55	石英脉	3～10	6～20
	13DB66	石英脉	2～10	5～27
B 脉	13DB09	石英脉	2～10	12～17
	13DB12	石英辉钼矿脉	2～12	11～16
	13DB25	石英脉	4～12	10～60
	13DB27	石英脉	2～14	5～30
	13DB33	石英脉	3～12	7～15
D 脉	13DB16	凝灰岩中石英脉	3～12	5～15
	13DB42	石英脉	2～12	5～15
	13DB43	石英脉	3～10	7～60
	13DB47	石英脉	2～12	8～50
E 脉	13DB36	石英方解石脉	3～20	10～20
	13DB37	石英方解石脉	2～12	3～20
	13DB59	石英脉	2～10	9～50

1. 包裹体岩相学特征

根据室温下相态及加热过程中相变特征，可将寄主矿物石英中赋存的流体包裹体分为以下几类（图 2－27）：

水溶液包裹体（L－V 型）：包括富液包裹体（Ⅰ型）和富气包裹体（Ⅱ型）。占所有包裹体数目的 90%，室温下以气液两相形式存在，加热后大部分均一到液态，极少数均一到气态。包裹体主要呈椭圆、不规则状及负晶形，孤立或成群分布，大小多为 2～20μm，少数大于 20μm，发育于各脉体中。

富 CO_2 包裹体（Ⅲ型）：室温下多以两相（$L_{CO_2}+L_{H_2O}$）或三相（$L_{CO_2}+L_{H_2O}+V_{CO_2}$）（图 2－27d）形式存在，呈椭圆、不规则状，孤立或者成群分布，大小多为 2～20μm，发育于 A 脉、B 脉和 D 脉中。

含子晶多相包裹体（Ⅳ型）：室温下一般为三相，形态主要为椭圆形、不规则状，孤立分布，子矿物见有石英矿物和不透明金属矿物（图 2－27a），发育于 A 脉、B 脉中。

纯 CO_2 包裹体（L_{CO_2}型）：仅由 CO_2 组成，不含水，常与Ⅲ型包裹体共生，此类包裹体数量较少，在 A 脉和 D 脉中出现（图 2－27f）。

2. 均一温度与盐度

L－V 型包裹体盐度采用 Hall（1988）公式和 Bodnar（1993）盐度－冰点关系表求出；CO_2-H_2O 型包裹体盐度采用 Roedder（1984）公式求出。共获得 295 组数据。均一温度与盐度见表 2－6 和表 2－7，如图 2－28 所示。

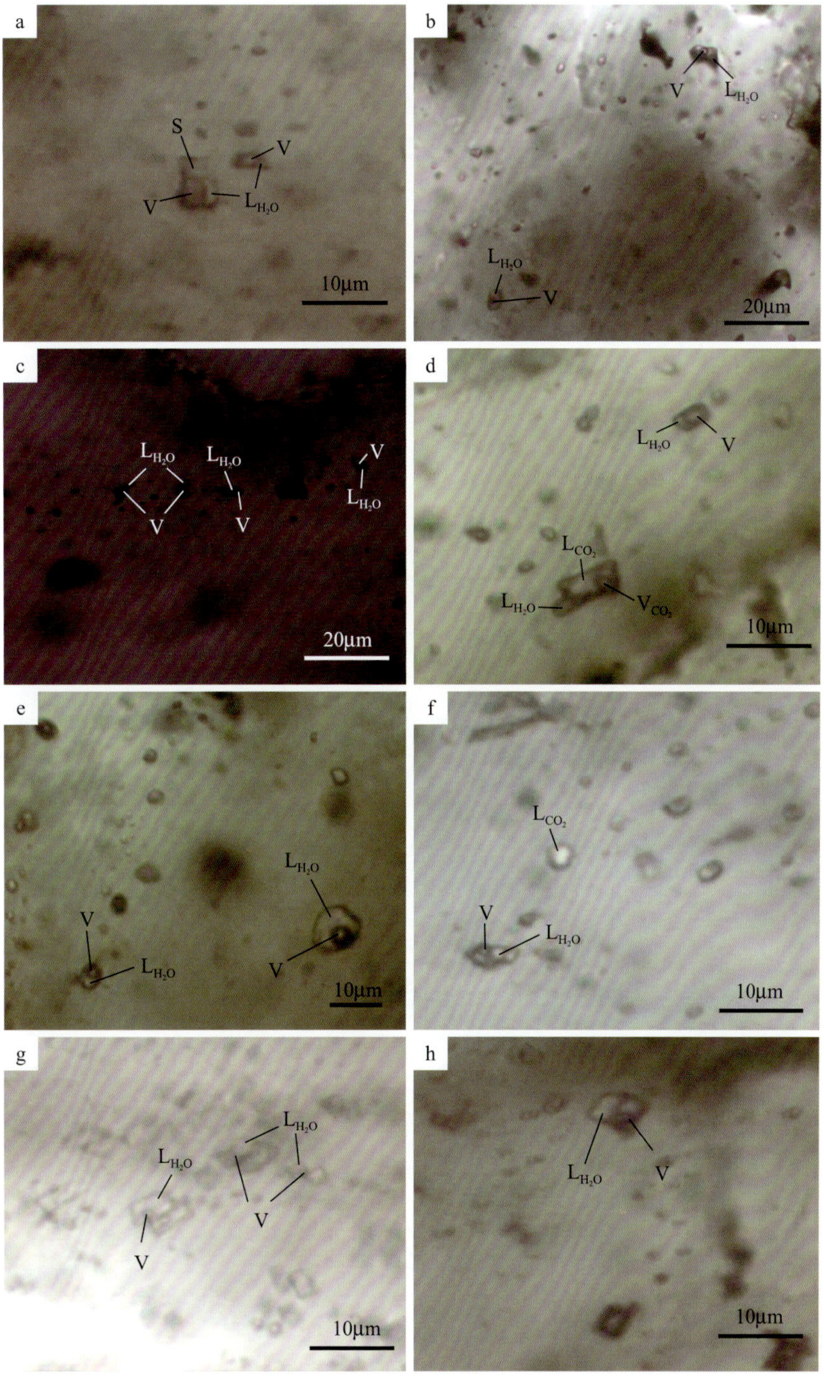

图 2-27　多宝山铜矿床流体包裹体类型

a—硅钾化阶段流体包裹体，花岗闪长斑岩石英脉中含不透明子矿物包裹体；b—硅钾化阶段流体包裹体，富液相包裹体（13DB66-1）；c—青磐岩化阶段流体包裹体，石英脉中的 L-V 型包裹体和 L-V-S 型包裹体（13DB25-2）；d—青磐岩化阶段流体包裹体，石英脉中富气相和三相包裹体共存（13DB25-1）；e—绢英岩化阶段流体包裹体，黄铜矿石英脉，气液比不同的 L-V 型包裹体；f—绢英岩化阶段流体包裹体，含黄铜矿石英脉中石英中的 L-V 型包裹体（13DB42-7）；g—碳酸盐化阶段流体包裹体，石英方解石脉中方解石内包裹体（13DB36-3）；h—碳酸盐化阶段流体包裹体，石英方解石脉中方解石内包裹体（13DB36-6）

表2－6 多宝山矿区流体包裹体均一温度测试分析统计表

脉体	样品号	主矿物	测试的包裹体数/组	变化范围/℃
A脉	13DB06	花岗闪长斑岩中石英脉	16	150～250
	13DB07	花岗闪长斑岩中石英脉	12	168～223
	13DB30	石英脉	18	109～349
	13DB55	石英脉	17	103～153
	13DB66	石英脉	20	158～298
B脉	13DB09	石英脉	16	130～207
	13DB12	石英辉钼矿脉	17	124～183
	13DB25	石英脉	20	130～300
	13DB27	石英脉	20	90～270
	13DB33	石英脉	17	102～183
D脉	13DB16	凝灰岩中石英脉	15	112～210
	13DB42	石英脉	18	100～155
	13DB43	石英脉	18	120～213
	13DB47	石英脉	17	120～220
E脉	13DB36	石英方解石脉	16	119～185
	13DB37	石英方解石脉	17	112～170
	13DB59	石英脉	18	103～262

表2－7 多宝山矿区流体包裹体盐度测试分析统计表

脉体	样品号	主矿物	包裹体数/组	$w(NaCl_{eq})$/%
A脉	13DB06	花岗闪长斑岩中石英脉	16	0.88～15.47
	13DB07	花岗闪长斑岩中石英脉	12	4.80～13.51
	13DB30	石英脉	18	7.73～15.57
	13DB55	石英脉	17	4.03～15.96
	13DB66	石英脉	20	5.86～16.05
B脉	13DB09	石英脉	16	5.41～17.79
	13DB12	石英辉钼矿脉	17	4.65～16.71
	13DB25	石英脉	20	4.18～17.79
	13DB27	石英脉	20	9.47～21.68
	13DB33	石英脉	17	4.49～13.51
D脉	13DB16	凝灰岩中石英脉	15	9.47～23.89
	13DB42	石英脉	18	4.18～24.96
	13DB43	石英脉	18	6.45～14.15
	13DB47	石英脉	17	6.01～12.85
E脉	13DB36	石英方解石脉	16	3.55～16.24
	13DB37	石英方解石脉	17	3.39～13.51
	13DB59	石英脉	18	5.11～23.70

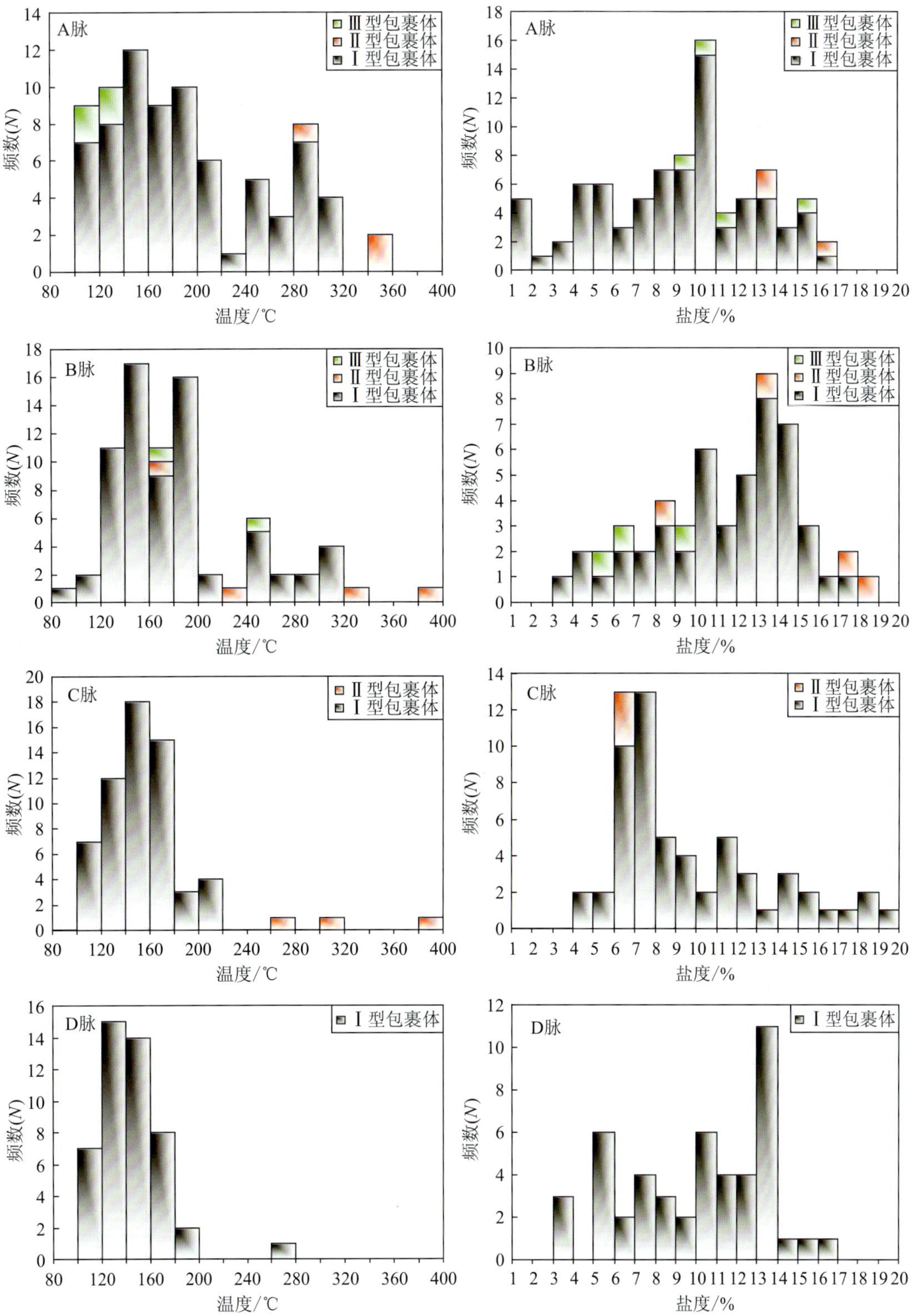

图 2－28　多宝山铜矿流体包裹体温度（左）和盐度（右）直方图

A 脉—硅钾化石英脉；B 脉—辉钼矿石英脉；C 脉—黄铁（黄铜）石英脉；D 脉—方解石石英脉

A 脉：包裹体均一温度集中在 110 ~ 200℃和 270 ~ 360℃之间。均一温度变化范围较大，不同气液比的包裹体大都均一到液相，这可能是由于成矿期间流体内成分或密度存在连续梯度变化造成的。这种情况下，较高的均一温度更接近于流体包裹体的捕获温度（Shepherd et al.，1985）。盐度［$w(NaCl)_{eq}$］变化于 0.9% ~ 16.1%，集中分布于 9% ~ 11%（图 2-28a），相对于典型的斑岩矿床，盐度偏低。黄崇轲等（2001）认为早期侵入的斑岩只是来自深部岩浆房的一小部分岩浆，无法提供足够的流体，且压力较低、侵位高。而从深部岩浆房（温度约 700℃，压力≥1.2kbar，1bar = 100kPa）出溶的流体通常是盐度为 10% 左右的超临界流体（Sourirajan & Kennedy，1962；Pitzer & Pabalan，1986；Cline & Bodnar，1991；Richards，2005）。所以形成硅钾化阶段的流体可能代表岩浆晚期分异出来的、直接来自深部岩浆房出溶的超临界流体。由于该阶段压力较大，导致超临界流体上升时相分离程度很弱，缺少均一到气相的Ⅰ型（L-V 型）包裹体和Ⅳ型（含子晶多相）包裹体。

B 脉：发育的包裹体有富液包裹体（Ⅰ型）、富气包裹体（Ⅱ型）、含 CO_2 多相包裹体（Ⅲ型）、含子矿物多相包裹体（Ⅳ型）。包裹体均一温度降低，集中在 120 ~ 190℃，在 240 ~ 300℃之间也有分布。120 ~ 190℃区间可能受次生流体的影响，与更晚期的热液活动有关，240 ~ 300℃区间则反映了该阶段流体的性质。该脉体中，有些包裹体均一到液相 CO_2，与均一到液相水的包裹体共存，说明捕获前发生了 CO_2 和 H_2O 不混溶（Roedder，1984），大量 CO_2 从盐水中分离出来，即此阶段包裹体存在不混溶相的非均一捕获（卢焕章等，2004），显示沸腾现象。盐度为 3.9% ~ 21.7%，集中分布于 10% ~ 15%之间（图 2-28b）。

D 脉：包裹体均一温度进一步降低，集中在 120 ~ 180℃之间，在 210 ~ 220℃之间也有少许分布。同样 120 ~ 180℃区间可能反映了次生流体的影响，而 120 ~ 180℃区间则是该阶段的蚀变-矿化流体最低成矿温度范围。同一视域下存在Ⅰ型包裹体和Ⅱ型包裹体分别均一到液相和气相的现象，均一温度相近，也显示出沸腾包裹体的特征。Ⅱ型包裹体相对减少，可能是因为在辉钼矿矿化阶段，CO_2 大量从盐水溶液中分离出来，导致该阶段流体中 CO_2 含量减少。盐度不高，为 4.1% ~ 25.0%，集中分布于 6% ~ 8% 之间（图 2-28c），所以该阶段包裹体显示出的沸腾特征，可能是由于地下水或雨水与该阶段较高温度的流体相遇，使温度和压力快速变化所导致。除此之外，不同流体的混入也是导致包裹体沸腾的重要因素。

E 脉：发育碳酸盐内包裹体，包裹体均一温度集中在 120 ~ 170℃之间，形成温度最低。其盐度为 3.4% ~ 23.7%，集中分布于 10% ~ 14%之间（图 2-28d）。与前面几个阶段相比，该阶段只发育Ⅰ型包裹体，且该阶段包裹体不显示沸腾特征。

Nash（1976）认为，在斑岩矿床中存在两类包裹体：第一类，高温高盐度包裹体，其温度 >400℃，盐度 >30%；第二类，中温中盐度包裹体，其温度在 200 ~ 400℃之间，盐度为 10% ~ 25%。芮宗瑶等（2003）则认为在斑岩矿床中，包裹体的均一温度在 100 ~ 980℃之间，盐度为 2% ~ 64%。Misra（2005）总结了世界一些著名的斑岩铜矿床，得出斑岩矿床包裹体均一温度一般在 200 ~ 600℃之间，盐度 <5% 或 >60%。由此可知，多宝山矿床流体包裹体总体可能属于中温中盐度包裹体。图 2-29 中总体反映了均一温度从钾硅化阶段→青磐岩化阶段→绢英岩化阶段→碳酸盐化阶段逐渐降低的演化趋势。早阶段发育的含子晶矿物流体包裹体指示早期流体岩浆起源特征。

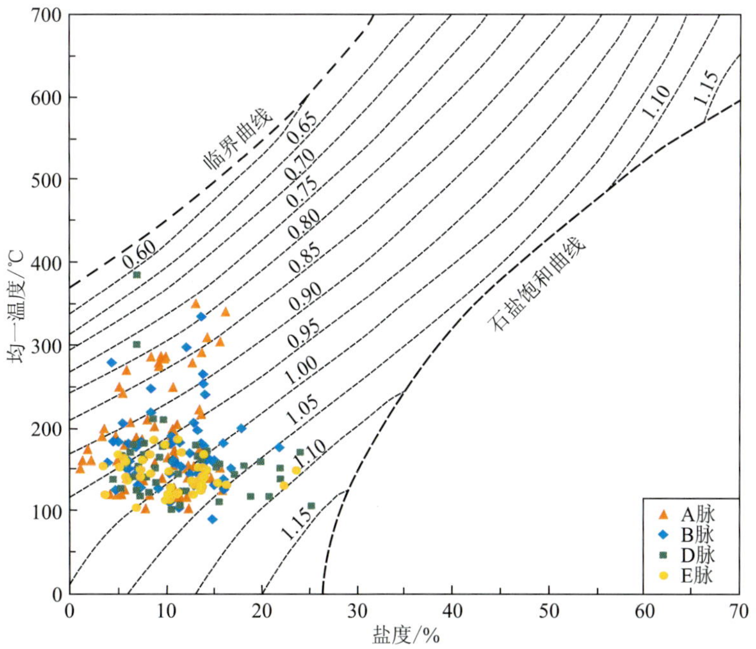

图 2-29　多宝山斑岩铜（钼）矿床包裹体温度-盐度关系图

3. 包裹体密度

L-V 型包裹体密度采用 Bodnar（1983）NaCl-H_2O 体系温度-盐度-密度关系 $w = 0.00 + 1.78T_m - 0.442T_m^2 + 0.000557T_m^3$ 求出，由测出的 NaCl-H_2O 溶液包裹体的均一温度（T）和水溶液的盐度（w），分别在两个坐标轴上找出相应的数值，并引其垂线，两垂线的交点落在某一密度线上，这一密度即为所获得的 NaCl-H_2O 体系的流体密度。经作图分析得出：A 脉密度范围为 0.8～1.10g/cm^3，B 脉密度范围为 0.90～1.05g/cm^3，D 脉密度范围为 0.90～1.10g/cm^3，E 脉密度范围为 0.97～1.05g/cm^3。从早阶段到晚阶段，密度变化不大。

4. 包裹体捕获压力和深度

均一压力只代表包裹体最小捕获压力，而在沸腾状态下捕获的包裹体均一压力等于捕获压力（Roedder & Bodnar，1980），可以代表矿物形成时的压力。各阶段都有大量的 L-V 型包裹体，通过段振豪等（2006）NaCl-H_2O 体系压力估算公式估算各阶段 L-V 型包裹体最大均一压力，从早阶段的 90MPa 降到晚阶段的 20MPa。基于压力估算，选取岩石密度为 2.72g/cm^3（季克俭，1989），换算各阶段脉体形成深度范围为 0.75～3.38km，而绢英岩化-铜矿化阶段的压力深度为 1.19～1.92km，平均成矿深度为 1.81km。根据最新研究，斑岩铜矿成矿可能主要在静水条件下完成，那么多宝山铜矿成矿深度约为 4.9km。

5. 群体包裹体组分

对主成矿阶段 9 件石英中的群体包裹体进行成分分析，流体包裹体气、液分析结果见表 2-8 和表 2-9，多宝山斑岩铜矿床中石英流体包裹体气相成分主要以 H_2O 为主，质量浓度可达到 $1.252 \times 10^5 \sim 9.637 \times 10^4$ μL/g。其次为 CO_2，质量浓度可达到 2.137～8.166μL/g。N_2、H_2、CO、CH_4 质量浓度很低。

表 2－8　多宝山斑岩铜矿包裹体气相成分

样品号	寄主矿物	所属脉体	气相成分/(μL·g⁻¹)					
			H_2	N_2	CO	CH_4	CO_2	H_2O（气相）
13DB05	石英	A 脉	0.2296	0.1129	0.0361	0.0175	5.279	1.252×10^5
13DB12	石英	B 脉	0.4633	0.1456	0.0864	0.0543	2.137	1.062×10^4
13DB13	石英	B 脉	0.1507	0.1861	0.0714	0.0488	3.419	5.638×10^4
13DB50	石英	B 脉	0.1096	0.1244	0.0399	0.0117	2.524	4.164×10^4
13DB51	石英	B 脉	0.2463	0.2402	0.0848	0.0511	5.319	1.383×10^5
13DB01	石英	D 脉	0.2370	0.3940	0.0550	0.0538	2.660	9.637×10^4
13DB02	石英	D 脉	0.1256	0.2900	0.0397	0.0367	2.959	1.762×10^4
13DB43	石英	D 脉	0.1785	0.3283	0.0712	0.0123	8.166	6.654×10^4
13DB58	石英	E 脉	0.1845	0.2713	0.0472	0.0193	3.625	6.229×10^4

测试单位：核工业北京地质研究院分析测试研究中心。

表 2－9　多宝山斑岩铜矿床群体包裹体液相成分

样品号	所属脉体	包裹体阴阳离子检测结果/(μg·g⁻¹)							
		F^-	Cl^-	NO_3^-	SO_4^{2-}	Na^+	K^+	Mg^{2+}	Ca^{2+}
13DB05	A 脉	0.1239	25.35	/	32.26	12.13	0.8556	1.188	31.26
13DB12	B 脉	0.3351	2.593	/	83.19	3.103	1.952	1.173	37.59
13DB13	B 脉	0.1150	5.994	/	179.7	8.050	4.902	1.025	71.59
13DB50	B 脉	0.1219	13.73	/	25.36	7.411	0.7873	0.5099	22.98
13DB51	B 脉	0.3868	18.06	0.1535	41.24	12.40	0.8835	0.6637	27.39
13DB01	D 脉	0.2419	11.38	/	67.45	4.667	2.341	0.9629	52.87
13DB02	D 脉	0.3290	23.76	/	126.7	11.16	1.059	1.144	60.50
13DB43	D 脉	0.1694	19.60	/	7.632	10.67	0.4140	1.635	11.26
13DB58	E 脉	0.3617	10.69	0.1980	80.09	4.019	0.5627	1.252	57.61

测试单位：核工业北京地质研究院分析测试研究中心。包裹体的爆裂条件为 550℃，10min；“/”表示达不到检测限或未检出。

多宝山斑岩铜矿床的包裹体阴阳离子成分（表 2－9）以 Cl^-、SO_4^{2-}、Na^+、Ca^{2+} 为主，其次为 K^+、Mg^{2+}，F^- 质量分数低。Na^+/K^+ 个数比为 1.59～25.77，Na^+/Ca^{2+} 个数比为 0.07～0.95，Cl^-/SO_4^{2-} 个数比为 0.03～2.57，F^-/Cl^- 个数比 <1。

Roedder（1979）指出，包裹体液相组分包括 K^+、Na^+、Ca^{2+}、Mg^{2+}、F^-、Cl^-、SO_4^{2-} 等离子和离子团，是成矿流体的重要组成部分，液相组分含量的不同对成矿环境及流体来源有指示意义。王莉娟等（2009）指出 Na^+/K^+、Ca^{2+}/Mg^{2+}、F^-/Cl^- 等离子个数比值指示了流体来源，是其来源的重要标志。张德会（1992）通过对近百个矿床流体包裹体的 F^-/Cl^- 值和 Na^+/K^+ 值数据的研究了解，发现 F^-/Cl^- 和 Na^+/K^+ 值可以辅助判别热液的来源：①与Ⅰ型花岗岩类有关的热液矿床矿物包裹体普遍具有较低的 F^-/Cl^- 值和较高的 Na^+/K^+ 值，与 S 型花岗岩类有关的热液矿床普遍具有较高的 F^-/Cl^- 值和较低的 Na^+/K^+ 值；②$Na^+/K^+>10$ 和 $F^-/Cl^-<1$ 具幔源岩浆流体或变质流体特征，$Na^+/K^+<2$

和 $F^-/Cl^- > 1$ 具壳源岩浆流体特征。

多宝山斑岩铜矿床各成矿阶段 9 件样品的 Na^+/K^+ 值介于 1.59 ~ 25.77 之间，均值为 10.2，大于 10，最高达 25.8，9 件样品的 F^-/Cl^- 值均小于 1。显示多宝山斑岩铜矿床与 Ⅰ 型花岗斑岩的岩浆期后热液演化关系密切，也进一步证实了多宝山斑岩铜矿床的硅钾化阶段成矿流体源于岩浆流体。

（四）氢、氧同位素组成

多宝山铜矿氢、氧同位素数据列于表 2－10。流体包裹体中氢同位素组成为 －120.9‰ ~ －96.7‰，极差为 24.2‰，群体包裹体气相成分测试结果显示，成矿流体中 CH_4 含量较低，可知流体包裹体中 δD 代表了当时的成矿流体同位素组成。成矿流体的 $\delta^{18}O$ 在 7.1‰ ~ 18.4‰范围内变化，据石英流体包裹体估算的捕获温度，将石英氧同位素换算为成矿流体的氧同位素，换算采用张理刚等（1990）公式 $1000\ln\alpha_{Q-H_2O} = 3.306 \times 10^6/T^2 - 2.71$，换算后成矿流体的氧同位素组成为 －9.7‰ ~ 10.6‰，极差为 20.3‰。氢、氧同位素组成的变化较大，反映了不同期次成矿热液性质的差异，也反映了成矿的多阶段性。

表 2－10　多宝山铜矿床石英脉流体包裹体 $\delta D-\delta^{18}O$ 同位素组成

样品号	阶段	主要范围捕获温度峰值（T）/℃	δD_{V-SMOW}/‰	δO_{V-SMOW}/‰	δO_{H_2O}/‰
13DB06	硅钾化阶段	360	－100.2	11.7	6.2
13DB07			－105.4	13.7	8.2
13DB08			－109.3	15.1	9.6
13DB11			－114.9	13	7.5
13DB12			－113.4	12.9	7.4
13DB13			－107.7	13.7	8.2
13DB29			－99.9	16.1	10.6
13DB71			－97.2	10.7	5.2
13DB72			－104.6	11.7	6.2
13DB09	青磐岩化	300	－112	12	4.6
13DB43			－100.4	7.1	－0.3
13DB45			－102.6	9.1	1.7
13DB51			－101.3	9.1	1.7
13DB58			－120.9	9.4	2
13DB01	绢英岩化阶段	220	－96.7	16.1	5.2
13DB02			－97.7	14.7	3.8
13DB16			－101.3	11.9	1
13DB39			－102.0	18.4	7.5
13DB50			－106.0	15.9	5
13DB60			－112.1	11.6	0.7
13DB05	碳酸盐化阶段	139	－108.3	7.1	－9.7
13DB37			－107.6	9.6	－7.2

不同来源的流体具有不同特征的氢、氧同位素组成，成矿流体的氢、氧同位素组成可以判断成矿流体的来源（张锦让等，2011）。根据不同蚀变阶段流体的氢氧同位素组成，绘制 $\delta D-\delta^{18}O$ 图（图2－30），由图可知，各蚀变阶段介质水的氢、氧同位素组成介于岩浆水和大气降水之间，硅钾化阶段流体、绢英岩化阶段流体、青磐岩化阶段流体以及碳酸盐化阶段流体从岩浆水向大气降水有规律依次演化，可见多宝山斑岩铜矿床越往外侧分布的蚀变带受大气降水影响越大，说明矿床形成后期有较多的大气降水循环加入。上述特点总体反映了含矿热液由早期岩浆流体演化为岩浆热液和大气降水的混合流体的过程。

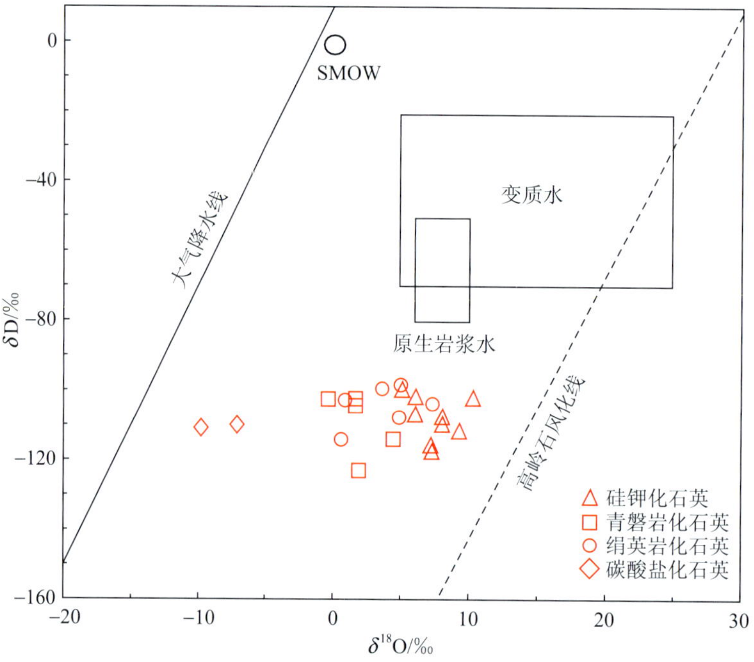

图2－30 多宝山铜矿床成矿流体H－O同位素投影图

（底图据Sheppard，1986）

（五）碳、氧同位素组成

由于碳、氧特殊的元素地球化学性质，在不同地球化学端元之间存在明显的同位素分馏，因而它们作为稳定同位素研究的重要方法，在矿床学上对于探讨成矿物质来源、水－岩反应过程等具有重要的意义。

不同碳储库之间的 $\delta^{13}C$ 具有较大的差别，因此碳同位素示踪法能够成为示踪流体来源的重要手段之一（李晶等，2008）。在成矿热液中，碳同位素主要有3种可能来源：①地幔射气或岩浆来源。地幔射气的碳同位素组成 $\delta^{13}C$ 变化范围为－5‰～－2‰，岩浆来源的碳同位素组成 $\delta^{13}C$ 变化范围为－9‰～－3‰（Taylor，1986）。②来源于含盐卤水与泥质岩相互作用或沉积岩中碳酸盐岩的脱气作用。此种来源的 $\delta^{13}C$ 变化范围为－2‰～＋3‰，平均集中在0左右。海相碳酸盐 $\delta^{13}C$ 大多稳定在0左右（Veizer et al. 1980）。③各种岩石中的有机碳。有机碳一般富含 ^{12}C，因而碳同位素组成很低，这种来源的 $\delta^{13}C$ 变化范围为－30‰～－15‰，平均为－22%（Ohmoto，1972；Ohmoto & Rye，1979；郑永飞和陈江峰，2000）。

对多宝山斑岩铜矿中热液碳酸盐矿物的 $\delta^{13}C-\delta^{18}O$ 同位素组成进行了分析（表 2-11），从中可知方解石脉中 $\delta^{13}C$ 为 -3.2‰ ~ -1.8‰，平均值为 -2.44‰。说明多宝山斑岩铜矿碳酸盐化期碳质的可能来源，一是主要来源于幔源，二是来源于地层，可能源自沉积碳酸盐岩（图 2-31a）。

表 2-11 多宝山斑岩铜矿床方解石碳、氧同位素组成

序号	样品原号	岩石/矿物	$\delta^{13}C_{PDB}$/‰	$\delta^{18}O_{V-PDB}$/‰	$\delta^{18}O_{V-SMOW}$/‰
1	DB27	方解石脉	-2.4	-20.1	10.1
2	DB34	方解石脉	-1.8	-22.3	7.9
3	DB54	方解石脉	-2.2	-20.8	9.4
4	DB61	方解石脉	-3	-19.9	10.4
5	DB70	方解石脉	-2.1	-20.7	9.6
6	DB84	方解石脉	-2.4	-20.9	9.3
7	DB105	方解石脉	-2.5	-21.6	8.7
8	DB107	方解石脉	-3.2	-26.1	4
9	DB111	方解石脉	-2.1	-20.7	9.6
10	DB116	方解石脉	-1.9	-22.3	7.9

$\delta^{18}O_{V-SMOW}$ 为 4.0‰ ~ 10.4‰，平均值为 8.69‰。该值明显偏离原生水（5‰ ~ 7‰；Ohmoto，1986）或岩浆水（5.5‰ ~ 8.5‰），这种氧同位素组成指示热液体系可能为地层水或者是与围岩充分交换同位素的大气降水（图 2-31b）。

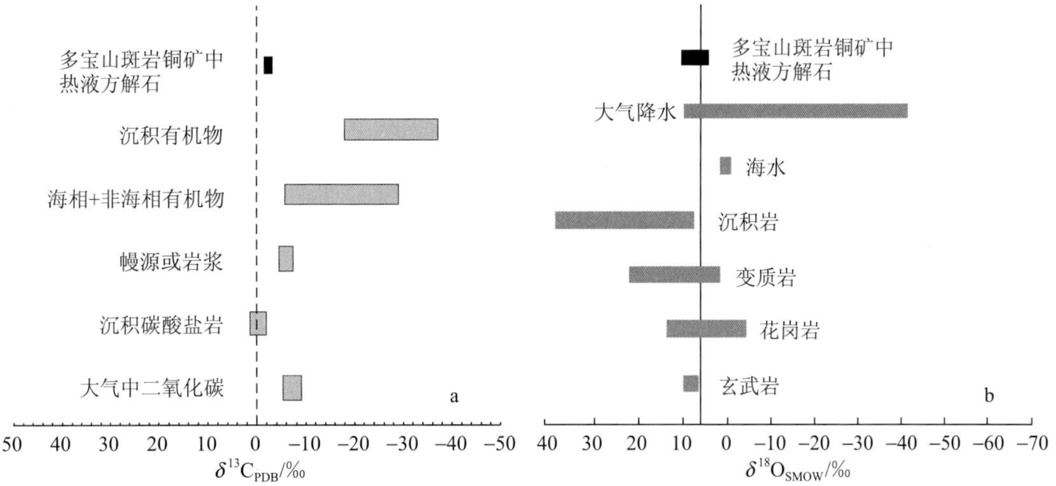

图 2-31 多宝山斑岩铜矿碳同位素（a）和氧同位素（b）组成与天然同位素对比图解

（a 图据 Clark & Fritz，1997；b 图据 Hoefs，1997）

将热液方解石样品的 $\delta^{13}C_{PDB}$ 和 $\delta^{18}O_{SMOW}$ 投影于图（图 2-32）上，结果发现，投影点大部分位于地幔多相体系，少数具有大气水中碳混入特点。由于 $\delta^{13}C$ 变化范围很窄，为 -3.2‰ ~ 1.8‰，而 $\delta^{18}O_{V-SMOW}$ 为 4.0‰ ~ 10.4‰，导致样品碳、氧同位素投影点总体呈近水平方向展布。碳、氧同位素的这种近水平分布形式可能由两个原因所致（刘家军等，

2004；刘家军等，2010)：①CO_2 的脱气作用；②流体与围岩之间的水–岩反应。前已述及，多宝山斑岩铜矿热液演化4个阶段的包裹体皆以含 H_2O 为主，当 CO_2 发生去气化作用时，氧同位素组成不会发生明显变化，对碳同位素组成的影响则非常大，从而形成的方解石，其碳同位素组成变化也很显著。显而易见，这与研究区的实际情况不符。另外该阶段包裹体未发现流体包裹体沸腾的现象。因此，CO_2 的脱气作用不应是影响方解石沉淀的主要因素。

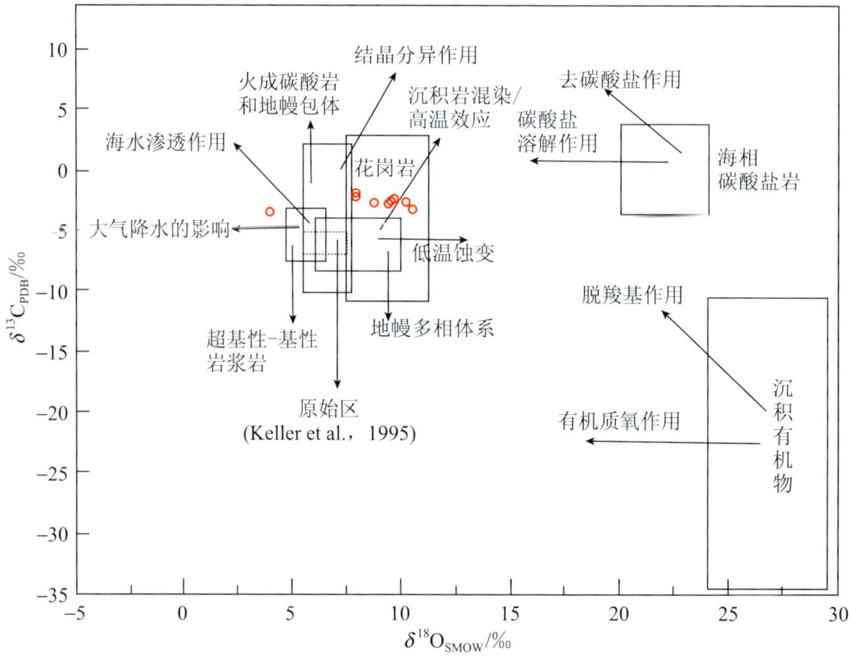

图2–32　多宝山斑岩铜矿床中方解石 $\delta^{13}C$–$\delta^{18}O$ 图解

(底图据刘建明和刘家军，1997；刘家军等，2004，有修改)

在热液流体中，温度的降低和压力的升高均会引起方解石的溶解度升高(Barner，1997)。在封闭体系中的单纯冷却不能使方解石从热液流体中沉淀(郑永飞等，2001；刘家军等，2010)，故多宝山斑岩铜矿中方解石的沉淀应主要是由水–岩反应和温度降低耦合作用所致。

在图2–32中，可以看出地壳流体中 CO_2 的三大主要来源(有机质、海相碳酸盐岩和岩浆–地幔源)的碳、氧同素值范围，而且还用箭头标出了从这3个物源经8种主要过程产生 CO_2 时其同位素组成的变化趋势(刘家军等，2004)。样品数据在图2–32的投点表明，多宝山斑岩铜矿中的碳主要是由岩浆–地幔系统提供的，且后期受大气降水的影响，说明两种流体发生过混合作用，岩浆热液运移到地壳浅部与大气降水发生混合作用，在水–岩反应和温度降低的双重作用下沉淀。尽管这一结论未考虑到碳酸盐矿物沉淀时的各种同位素分馏过程，但总体趋势是非常清楚的。

(六) 硫同位素组成

硫同位素是矿床成因和成矿条件的指示剂，对硫同位素组成的研究有助于判断成矿物质的来源和成矿过程，特别是在Cu–Pb–Zn等硫化物矿床中，硫元素在成矿物质富集和沉淀过程中更是起着非常重要的作用（Ohmoto，1986；陈永清等，2009；李永胜等，2012）。在热液成矿作用主要成矿阶段中，矿物组合为黄铜矿、黄铁矿、辉钼矿、闪锌矿和方铅矿等，只在成矿后期生成少量石膏，并且石膏与硫化物并未紧密共生。矿物组合特征说明成矿过程中，含矿热液中以某一种含硫原子团（H_2S 或 SO_4^{2-}）占绝对优势，因此热液中总硫大致与这些矿物的 $\delta^{34}S$ 相当（Ohmoto，1972；刘家军，2000；刘家军等，2004）。对采集的 14 件硫化物单矿物开展硫同位素分析，结果见表 2－12，如图 2－33 所示。

表 2－12　多宝山斑岩铜矿床硫化物中硫同位素组成

序号	样品号	岩性	$\delta^{34}S_{V-CDT}$/‰	序号	样品号	岩性	$\delta^{34}S_{V-CDT}$/‰
1	DB29	黄铜矿	－2.2	8	DB80	辉钼矿	－0.1
2	DB58	黄铜矿	－1.6	9	DB85	辉钼矿	0.1
3	DB75	黄铜矿	－0.9	10	DB87	辉钼矿	－0.3
4	DB78	黄铜矿	－2.9	11	DB94	黄铁矿	－2.1
5	DB127	黄铜矿	－2.7	12	DB101	黄铁矿	0.1
6	DB53	辉钼矿	－0.9	13	DB106	黄铁矿	－2.3
7	DB62	辉钼矿	－0.1	14	DB124	黄铁矿	－1.8

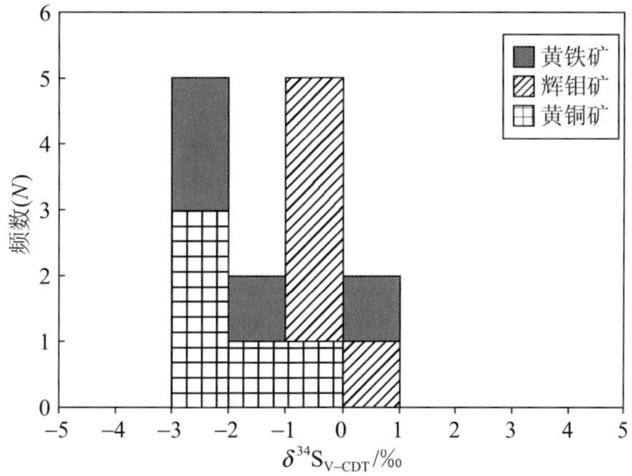

图 2－33　多宝山斑岩铜矿硫同位素组成

多宝山斑岩铜矿床中硫化物主要为黄铁矿、黄铜矿和辉钼矿。矿床中 14 件硫化物的硫同位素组成结果表明，$\delta^{34}S$ 在 －2.9‰～0.1‰之间，均值为 －1.26‰，极差为 1.8‰。矿床 $\delta^{34}S$ 变化范围较小，集中分布在 0 附近，表现为较小的正值和负值。

自然界的硫大致可分为 3 种不同的储库（Rollison，1993）：①幔源硫，$\delta^{34}S$ 为 0±3‰（Chaussidon，1990）；②海水硫，$\delta^{34}S$ 大约为 +20‰；③沉积硫，$\delta^{34}S$ 为较大的负值。14 件硫化物的 $\delta^{34}S$ 变化范围相对较小，组成比较集中，其中，黄铜矿的 $\delta^{34}S$ 为 －2.9～－0.9，辉钼矿的 $\delta^{34}S$ 为 －0.9～0.1. 黄铁矿的 $\delta^{34}S$ 为 －2.1～0.1（表 2－12）。说明多宝山铜矿的硫来自幔源，且在硫同位素直方图上峰值近于零，3 种硫化物的 $\delta^{34}S$ 都十分接近，表明多宝山铜矿床成矿过程中硫同位素分馏效应不明显，矿石中硫的来源单一，主要来源于岩浆。但相对于幔源成因的硫同位素而言，多宝山硫同位素的 $\delta^{34}S$ 显示出明显小的负值，说明多宝山铜矿床的硫主要来自幔源，有可能受到沉积物中或多宝山组中的硫的混染。

四、矿床成因模式

（一）成岩成矿时代

随着近十几年来研究资料的不断积累，多宝山矿床的成岩成矿时代日渐清晰（表2–13）。多宝山斑岩铜钼矿床成矿相关岩体花岗闪长（斑）岩锆石U–Pb年龄多集中在470～480Ma，辉钼矿Re–Os法测定该矿床的成矿年龄也在集中在480Ma左右；铜山斑岩铜钼矿床成矿岩体花岗闪长岩锆石U–Pb年龄为475.9±0.8Ma，与辉钼矿Re–Os代表的成矿年龄在475Ma左右相一致。由此可知，多宝山与铜山矿床同为早奥陶世同一构造–岩浆–热液活动作用的产物。

表2–13　多宝山–铜山斑岩铜钼矿成岩成矿时代

矿床名称	U–Pb年龄/Ma	Re–Os同位素年龄/Ma		测试矿物或岩石	资料来源
		模式年龄	等时线年龄		
多宝山	474.4±1.3			蚀变含矿花岗岩	余宏全等，2012
	483.9±4.5			黑云母正长花岗岩	余宏全等，2012
	460.5±3.2			多宝山组蚀变安山岩	余宏全等，2012
	474.8±4.7			花岗闪长斑岩	余宏全等，2012
	474.8±4.7			花岗闪长斑岩	向安平等，2012
	478.1±4.1			花岗闪长斑岩	向安平等，2012
	479.5±4.6			花岗闪长岩	崔根等，2008
	485±8			花岗闪长岩	葛文春等，2007a
	477.2±4			花岗闪长岩	Zeng et al.，2014
	480±13			花岗闪长岩	白令安，2013
	478.1±4.1			花岗闪长岩	余宏全等，2012
	479.5±4.6			花岗闪长岩	赵焕利等，2012
	479±2			花岗闪长岩	Wu et al.，2015
	479.2±5.2			花岗闪长岩	郝宇杰，2015
	483.9±4.5			黑云母花岗闪长岩	向安平等，2012
		507±3～521±20		辉钼矿	赵一鸣等，1997a
		476.6±6.9～480.2±6.9	475.9±7.9	辉钼矿	Zeng et al.，2014
		485.6±3.7	482/486	辉钼矿	Liu et al.，2012
			475.1±5.1	辉钼矿	向安平等，2012
		477.2±3.1～488.9±4.2		黄铜矿	Liu et al.，2012
		482.6±4.3、487.1±10.3		黄铁矿	Liu et al.，2012
铜山	447±2			多宝山组安山岩	Wu et al.，2015
	450±2			多宝山组玄武安山岩	Wu et al.，2015

续表

矿床名称	U－Pb 年龄/Ma	Re－Os 同位素年龄/Ma		测试矿物或岩石	资料来源
		模式年龄	等时线年龄		
铜山	475.9 ±0.8			花岗闪长岩	Wu et al., 2015
		471.3 ±7.5 ~475.2 ±7.6	473 ±4	辉钼矿	Hao et al., 2015
		476.6 ±6.9		辉钼矿	Zeng et al., 2014a
		476 ±14、505 ±14		辉钼矿	赵一鸣等，1997a

（二）成矿流体的来源

此次研究表明多宝山铜矿的流体体系具有如下特征：

1）流体包裹体均一温度：A 脉均一温度分布于 103 ~349℃范围；B 脉均一温度分布于 90 ~406℃范围；D 脉均一温度分布于 100 ~387℃范围；E 脉均一温度分布于 103 ~262℃范围。

2）流体包裹体盐度：A 脉盐度为 0.88% ~16.05%；B 脉盐度为 4.18% ~21.68%；D 脉盐度为 4.18% ~24.96%；E 脉盐度为 3.4% ~23.7%。

3）流体包裹体密度：A 脉密度分布于 0.8 ~1.10g/cm^3 范围；B 脉密度分布于 0.90 ~1.05g/cm^3 范围；D 脉密度分布于 0.90 ~1.10g/cm^3 范围；E 脉密度分布于 0.97 ~1.05g/cm^3 范围。

4）群体包裹体成分分析表明：多宝山铜矿流体包裹体成分气相以 H_2O 和 CO_2 为主，液相成分阳离子以 Ca^{2+}，其次为 Na^+ 为主，阴离子以 SO_4^{2-} 和 Cl^- 为主。因此，本区流体以 $NaCl-H_2O$ 体系为主。

通过分析可知，多宝山铜矿流体在不同阶段其流体来源具有如下特征：A 脉是直接从深部岩浆房出溶的超临界流体。B 脉包裹体均一温度降低，集中在 120 ~190℃和 240 ~310℃之间，前者为次生流体的影响，与更晚期的热液活动有关，而 240 ~310℃区间反映了该阶段的蚀变－矿化流体性质。D 脉流体主要来自大气降水。

（三）成矿物质来源

多宝山铜矿碳、氢、氧、硫同位素的来源具有如下特征。

碳：多宝山斑岩铜矿中热液方解石 $\delta^{13}C$ 为 －3.2‰ ~ －1.8‰，平均值为 －2.44‰。说明多宝山斑岩铜矿碳酸盐化期的碳质是一种混合来源，主要源于幔源，可能有少部分源于地层中的沉积碳酸盐岩。

氢：流体包裹体中 δD 组成为 －120.9‰ ~ －96.7‰，极差达 24.2‰，群体包裹体气相成分测试结果显示，成矿流体中 CH_4 很低，因此流体包裹体中 δD 代表了成矿流体当时的同位素组成，随着成矿作用的进行，δD 基本不变。

氧：$\delta^{18}O_{V-SMOW}$ 为 4.0‰ ~10.4‰，平均值为 8.69‰。该值明显偏离原生水（5‰ ~7‰；Ohmoto，1986）或岩浆水（5.5‰ ~8.5‰），这种氧同位素组成指示热液体系可能为地层水或者是与围岩充分交换同位素的大气降水。

硫：多宝山铜矿硫化物 $\delta^{34}S$ 变化范围为 －2.9‰ ~0.1‰，均值为 －1.26‰，极差为

1.8‰，显示其^{34}S主要源于幔源。在硫同位素直方图上峰值近于零，3种硫化物的$\delta^{34}S$都十分接近，表明多宝山铜矿床成矿过程中硫同位素分馏效应不明显，矿石中的硫的来源单一，主要源于岩浆。较小的负值显示其可能受到沉积物中或多宝山组中的硫的混染。

（四）矿床成因机制

多宝山铜矿矿化主要集中在绢英岩化带中，并且与构造活动关系密切。根据前面的分析可知，多宝山早期成矿流体主要含H_2O、NaCl、CO_2，因此铜元素的搬运主要是以氯的配合物（旧称络合物）形式。含铜流体在进入容矿构造之前可能具有较低的pH、较高的氧逸度和较高的压力，运移至容矿构造时流体与围岩发生交代作用，流体自身也发生物理化学变化，其pH相对升高，氧逸度相对降低。绢英岩化阶段，岩石会消耗大量的H^+，有如下反应：

$$K(Mg,Fe)_3[AlSi_3O_{10}](OH)_2(\text{黑云母}) + Al^{3+} \rightarrow KAl_2[AlSi_3O_{10}](OH)_2(\text{绢云母}) + 3(Mg,Fe)^{2+}$$

$$NaCa[Al_3Si_5O_{16}](\text{斜长石}) + K^+ + H^+ \rightarrow KAl_2[AlSi_3O_{10}](OH)_2(\text{绢云母}) + 2SiO_2 + Ca^{2+} + Na^+$$

$$3KAlSi_3O_8(\text{钾长石}) + 2H^+ \rightarrow KAl_2[AlSi_3O_{10}](OH)_2(\text{绢云母}) + 6SiO_2(\text{石英}) + 2K^+$$

改变了蚀变围岩的环境，由氧化环境变成还原环境，在氧化还原界面，铜的含氯配合物十分不稳定，沉淀成矿。构造裂隙为成矿流体提供了运移通道和容矿空间，这些构造裂隙空间压力相对较小，为成矿流体提供了减压环境，造成成矿流体沸腾，导致挥发性气体逃逸以及金属配合物稳定性降低，这些因素都是导致金属硫化物沉淀的重要机制。

（五）矿床成因模式

综合分析上述成果，作者认为多宝山矿集区奥陶纪斑岩铜钼矿床成矿作用过程为：额尔古纳地块与兴安地块在早奥陶世俯冲拼合作用（图2－34），导致加厚的岩石圈发生局部的拆沉、伸展、减薄作用，并引起亏损地幔的部分熔融，携带大量Cu、Mo、Au等成矿物质的玄武质岩浆与下地壳部分熔融形成的长英质岩浆混合，含矿岩浆（流体）沿着多宝山矿集区北西向断裂上涌。在地壳浅部由于物理化学等条件的改变，流体减压沸腾导致硫化物在扩容空间大量沉淀，最终形成了多宝山、铜山斑岩铜钼矿床。

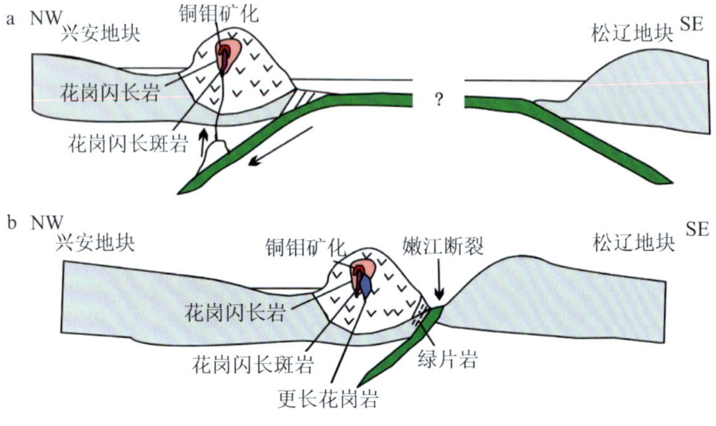

图2－34　多宝山铜矿成矿模式简图

（据Zeng et al.，2014）

a—奥陶纪俯冲与多宝山岛弧（475～481Ma）；b—石炭纪松辽地块与兴安地块碰撞（300～334Ma）

第三节　多宝山矿田变化与保存分析

矿床形成后的变化与保存对于矿床的时空定位有着直接的影响，矿床形成后的变化与保存研究是全面认识矿床时空分布规律的前提，是矿床学研究的基本内容，对于矿产勘查工作也具有重要实际意义。斑岩矿床主要形成于造山环境，成矿深度较小，因而成矿后隆升剥露对于其能否保存至关重要。斑岩矿床矿体定位后与岩体一起经历隆升冷却过程，因此斑岩矿床变化保存研究的一项最为重要的内容是斑岩体的隆升剥露过程。本节利用矿物地质温压计和低温热年代学方法来探讨多宝山铜矿成岩成矿深度和成矿后变化保存过程，对矿田中矿床保存条件进行初步分析，为区域矿产勘查提供理论基础。

一、成岩深度分析

矿物地质温压计是确定岩浆来源深度或岩浆结晶深度的重要依据，温压计的使用首先要结合研究区的具体地质情况，根据岩体主要造岩矿物和副矿物的共生组合关系及各种矿物的化学成分特点选用合适的矿物地质温度计、压力计，确保所选岩石的矿物组合与温压计所要求的矿物组合相同，尽可能排除非平衡矿物对。其次，任何温度计、压力计，都有特定的适用范围，即标定它们的温度范围、压力范围、矿物成分范围。超出标定范围的样品尽量不用，否则极有可能得到错误的结果。再次，应充分考虑退变质过程对平衡状态的影响以及合理计算矿物中 Fe^{3+} 的含量。最后，尽可能同时使用多种温压计，以期达到相互检验的目的（吴春明，1997，1999，2007）。陈曼云等（1985）提出矿物平衡共生组合的判别依据主要包括：①平衡共生的矿物数应符合矿物相律；②矿物之间必须互相接触；③具三边镶嵌的变晶结构；④同种矿物的光性常数和化学成分相同；⑤矿物对之间某些元素有固定的比值。

目前温压计在地壳隆升剥蚀研究中有众多应用实例并取得较好的效果，如角闪石压力计（Vyhnal & McSween，1990；马昌前等，1995；Mortrn - Zenteno et al.，1996；Sial et al.，1999；龚松林，2004；崔晓亮等，2020）、黑云母压力计（骆文娟等，2010；康志强等，2010；赵增霞等，2013；申俊峰等，2010）、岩浆绿帘石压力计（李武显等，1998；Sial et al.，1999；张华锋和李胜荣，2006）和辉石压力计（雷敏等，2010；段登飞等，2017）的使用。

研究区前人做了大量的相关地质研究，但对于多宝山铜矿岩体的成岩深度的研究非常薄弱，本次工作是一次探索性的研究，重点利用角闪石压力计探讨了多宝山花岗质岩体侵位深度，利用磷灰石裂变径迹法探讨成矿岩体的隆升剥蚀，以有效了解矿床的成岩深度和成矿后保存过程，进而提高找矿效率。

角闪石作为地质温压计应用非常广泛，但应用角闪石温压计时，全铝压力计是否有效必须严格满足一定的先决条件（Stein & Dietl，2001）：①角闪石、石英、斜长石、钾长石、榍石、黑云母和铁、钛氧化物必须在岩石中共生；②压力计只能应用于0.2～13GPa压力范围内结晶的岩石；③与角闪石共存的斜长石成分应该在 An_{25} 和 An_{35} 之间；④角闪石应该在花岗岩的近固相线温度下平衡，由于正长石只在近固相线温度的条件下稳定，只要矿物组合中含有正长石，一般都可以满足近固相线的条件（马鸿文，1993）；⑤熔体中 Si 的活度必须≥1，也就是说，熔体中的 SiO_2 必须是饱和的，因为角闪石中 Al 的含量直接影响熔体中 Si 的含量；⑥角闪石应该与钾长石共存，因为钾长石的活度也影响角闪石中 Al 的含量；⑦使用前利用 Ti－Si 成因判别图解确定角闪石成因类型。

1. 角闪石结构式

多宝山铜矿岩体中角闪石分布广泛，通过镜下岩石薄片观察，选择较新鲜未遭受蚀变、符合温压计矿物共生组合关系的角闪石进行电子探针分析，结果见表 2－14。

角闪石族矿物的一般晶体结构式是 $A_{0-1}B_2C_5T_8O_{22}(OH,F,Cl)_2$

其中，$A = Na^+, K^+, Ca^{2+}, H_3O^+$；A 位置。

$B = Na^+, Li^+, K^+, Ca^{2+}, Mg^{2+}, Fe^{2+}, Mn^{2+}$；$M_4$ 位置。

$C = Mg^{2+}, Fe^{2+}, Mn^{2+}, Al^{3+}, Fe^{3+}, Ti^{4+}, Cr^{3+}$；$M_{1,2,3}$位置。

$T = Si^{4+}, Al^{3+}, Ti^{4+}$；四面体位置。

以 23 个氧为基准，采用下述 3 种标准化方法根据电子探针数据计算角闪石的结构式。

∑阳离子——$\sum(Na + K) = 15$ 或 $\sum Ca = 15$（假定在 M_4 位中无 Na）；

∑阳离子——$\sum K = 15$ 或 $\sum Na = 15$（假定在 A 位中无 Na）；

∑阳离子——$\sum(Ca + Na + K) = 13$ 或 $\sum FM = 13$（假定在 M_4 位中无 Fe，Mg，Mn）。

采用 $\sum FM = 13$ 法计算角闪石中阳离子，计算结果见表 2－14。根据 Leake 等（1997）发表的最新角闪石分类方案（IMA78），表 2－14 中所列的角闪石均属钙质角闪石组 [$(Ca + Na)_B \geq 1.00$ 且 $Na_B < 0.50$，通常 $Ca_B > 1.50$]。

表 2－14 多宝山成矿岩体中角闪石矿物组成（w_B/%）

成分	DB01－1	DB01－2	DB82－1	DB82－2	DB82－3	DB120－1	DB120－2
SiO_2	49.44	48.33	49.23	49.53	47.83	49.49	49.15
TiO_2	0.86	1.06	0.91	0.82	1.26	0.84	0.96
Al_2O_3	5.78	5.95	5.9	5.69	6.42	5.76	5.92
FeO	10.08	11.72	10.58	10.66	11.78	10.56	10.98
MnO	0.73	0.79	0.62	0.69	0.75	0.79	0.62
MgO	18.07	16.32	17.73	17.95	15.83	17.51	16.98
CaO	11.37	11.14	11.42	11.38	10.96	11.05	11.07
Na_2O	1.31	1.65	1.4	1.32	1.83	1.36	1.65
K_2O	0.29	0.38	0.36	0.35	0.47	0.37	0.37
Total	97.93	97.34	98.15	98.39	97.13	97.73	97.7
Si	7.1063	7.0644	7.0818	7.1063	7.0155	7.1399	7.1130
Al^{IV}	0.8937	0.9356	0.9182	0.8937	0.9845	0.8601	0.8870
Al^{VI}	0.0854	0.0894	0.0821	0.0684	0.1253	0.1192	0.1227
Ti	0.0930	0.1166	0.0985	0.0885	0.1390	0.0912	0.1045
Fe^{3+}	0.4797	0.4242	0.4522	0.4602	0.4053	0.4965	0.4567
Fe^{2+}	0.7320	1.0085	0.8207	0.8189	1.0397	0.7776	0.0760

续表

成分	DB01 -1	DB01 -2	DB82 -1	DB82 -2	DB82 -3	DB120 -1	DB120 -2
Mn	0.0889	0.0978	0.0755	0.0839	0.0932	0.0965	0.0819
Mg	3.8720	3.5562	3.8022	3.8393	3.4614	3.7659	3.6633
Ca	1.7510	1.7447	1.7602	1.7494	1.7224	1.7081	1.7165
Na	0.3651	0.4676	0.3905	0.3672	0.5204	0.3804	0.4630
K	0.0532	0.0709	0.0661	0.0641	0.0879	0.0681	0.0683
TotCat	15.5203	15.5758	15.5478	15.5398	15.5947	15.5035	15.5433
Si_T^*	7.1063	7.0644	7.0818	7.1063	7.0155	7.1399	7.1130
Al_T	0.8937	0.9356	0.9182	0.8937	0.9845	0.8601	0.8870
Total T	7.9901	8.0000	7.9966	8.0000	8.0000	8.0000	8.0000
Al_C	0.0854	0.0894	0.0821	0.0684	0.1253	0.1192	0.1227
Fe_C^{3+}	0.4797	0.4242	0.4522	0.4602	0.4053	0.4965	0.4567
Ti_C	0.0930	0.1166	0.0985	0.0885	0.1390	0.0912	0.1045
Mg_C	3.8720	3.5562	3.8022	3.8393	3.4614	3.7659	3.6633
Fe_C^{2+}	0.4699	0.8136	0.5651	0.5436	0.8690	0.5272	0.6527
Mn_C	0.0000	0.0000	0.000	0.000	0.0000	0.0000	0.0000
Total C	5.0000	5.0000	5.0001	5.0000	5.0000	5.0000	4.9999
Fe_B^{2+}	0.2621	0.1948	0.2556	0.2753	0.1707	0.2504	0.2195
Mn_B	0.0889	0.0978	0.0755	0.0839	0.0932	0.0965	0.0760
Ca_B	1.6490	1.7074	1.6689	1.6409	1.7224	1.6531	1.7045
Na_B	0.0000	0.0000	0.0000	0.0000	0.0136	0.0000	0.0000
Total B	2.0000	2.0000	2.0000	2.0000	1.9999	2.0000	2.0000
Ca_A	0.1020	0.0373	0.0913	0.1085		0.0550	0.0120
Na_A	0.3651	0.4676	0.3905	0.3672	0.5068	0.3804	0.4630
K_A	0.0532	0.0709	0.0661	0.0641	0.0879	0.0681	0.0683
Total A	0.5203	0.5758	0.5479	0.5398	0.5947	0.5035	0.5433

注：下标表示离子在晶体中所占位置；以23个氧原子和16个阳离子为基准计算。

2. 角闪石分类命名

将表2 -14中计算的角闪石成分投于图2 -35中，4个点（DB01 -1、DB82 -1、DB82 -2、DB120 -1）分布在镁普通角闪石区，其余角闪石均属钙质角闪石组亚组中的浅闪石。

3. 角闪石成因类型

角闪石成因类型的确定，可以作为解释花岗岩类和各种岩石包体的成因的依据，有助于解释成岩过程，也有助于阐明与角闪石有关的温压计计算结果和同位素年龄的地质意义。许多岩基中都有含角闪石的花岗岩，因此与角闪石有关的温度计就可得到广泛应用。但是，并不是所有的花岗岩中的角闪石都是岩浆成因的。

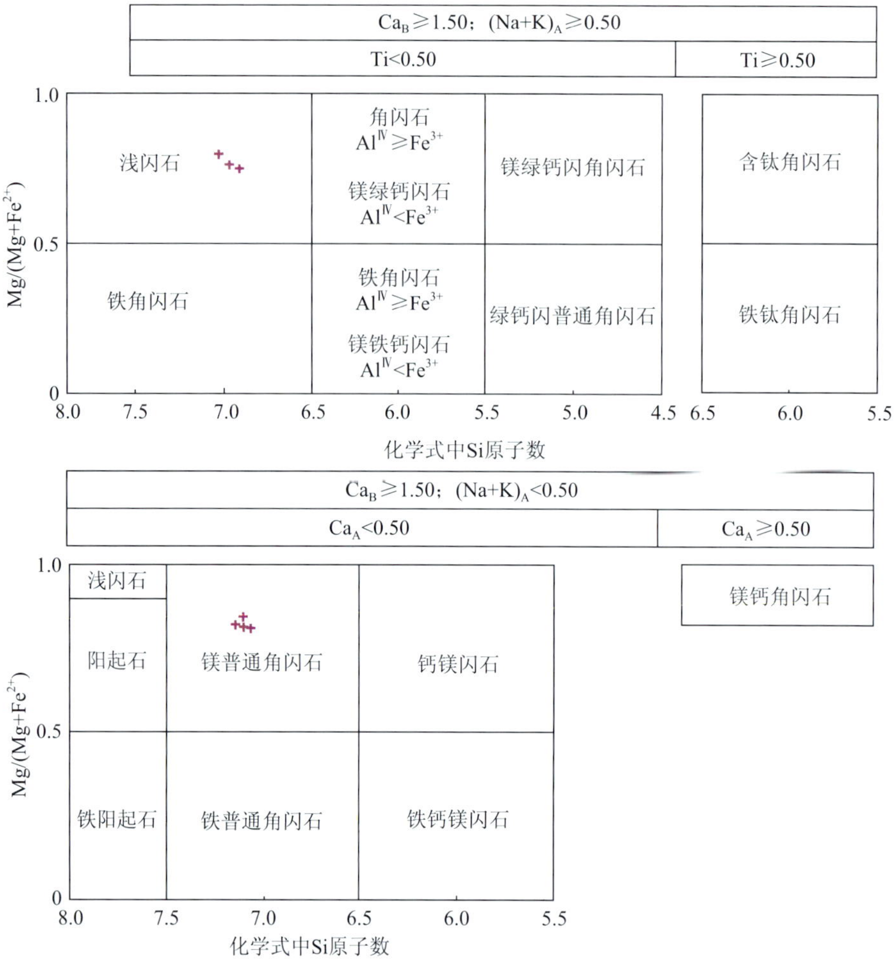

图 2-35　钙质角闪石分类图

（据 Leake et al.，1997）

关于角闪石的成因类型，前人曾做过一些研究，C 亚组的角闪石主要具有深变质岩特征，而 A 亚组角闪石才是岩浆结晶产物（王式光等，1982）。A 亚组中的角闪石可以 Si = 7.3 为划分角闪石成因类型的界线，只有 Si < 7.3 的角闪石才可能是岩浆结晶的产物（Chivas，1981）。据研究，角闪石中 Ti 的含量与压力无关，但随温度升高而升高，随氧逸度增大而降低（Mason，1985）。Czamanske（1977）和 Whalen（1985）等都发现，次生角闪石中 Ti 含量很低。因此，结合 Si 和 Ti 的含量有可能建立判别角闪石成因类型的图解。实际上，Leake（1965）就曾在 Ti-Si 变异图中大致标出了火成闪石区和变质闪石区（图 2-36）。从图中可知，多宝山铜矿区所有 6 个样品点都投在 A 区（火成闪石区），表明研究样品角闪石都属于岩浆成因角闪石，符合温压计计算条件。

马昌前等（1994）从国内外文献中收集了不同成因岩石中 382 个钙质角闪石的成分数据，结合岩相学资料进行数据处理和类比分析，最后将钙质角闪石的 Ti-Si 变异图划分为 5 个区域，分别对应于不同的成因类型（图 2-37）。实践表明，与已有的角闪石成因判断图［如 $Mg-(Na+K+Ca+Li)-(Fe^{3+}+Fe^{2+})$ 图］相比，Ti-Si 判别图的区分性更好。

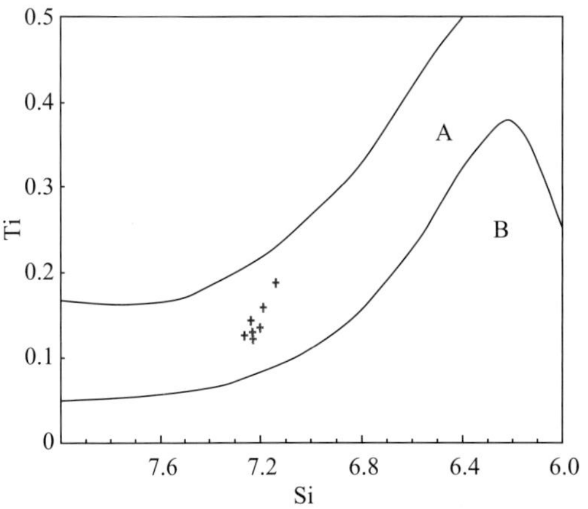

图 2-36 角闪石中 Ti-Si 关系图解
（据 Leake，1965，1971）
A—火成闪石区；B—变质闪石区

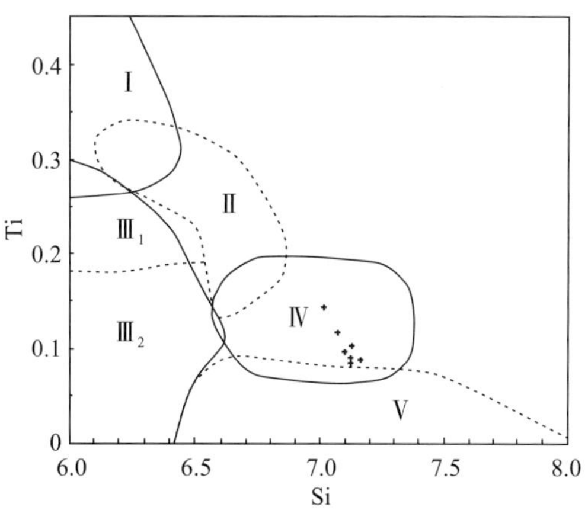

图 2-37 钙质角闪石的成因判别 Ti-Si 图解
（据马昌前等，1994）
Ⅰ—火山岩中的火成角闪石；Ⅱ—基性超基性岩中的火成角闪石；$Ⅲ_1$，$Ⅲ_2$—中级变质岩中的角闪石，高级变质岩中的角闪石；Ⅳ—中酸性侵入岩中的火成角闪石；Ⅴ—退变的或交代成因的角闪石

从图 2-36 可见，不同类型岩石中钙质角闪石的成分有明显差别。从图 2-37 可见，只有Ⅳ区的角闪石才是中酸性岩浆直接结晶的产物；具有Ⅱ区和Ⅲ区成分的角闪石，既可能是深部基性岩浆结晶产物，抑或源于地壳深部变质岩的捕虏晶，也可能是源区的耐熔残晶，或岩浆上侵过程中从围岩中捕获的矿物（统称为深源捕虏晶）；而具Ⅴ区成分的角闪石，则是岩体固结后次生蚀变和交代的产物。此外，在主岩浆过程中形成的岩石包体，即使形成深度较大，其中的角闪石一般也具有Ⅳ区的成分特点。据此，可将花岗岩中的角闪石的成因类型划归为 3 种（图 2-38），即岩浆成因的、捕虏晶的和次生交代的角闪石 3 种类型。

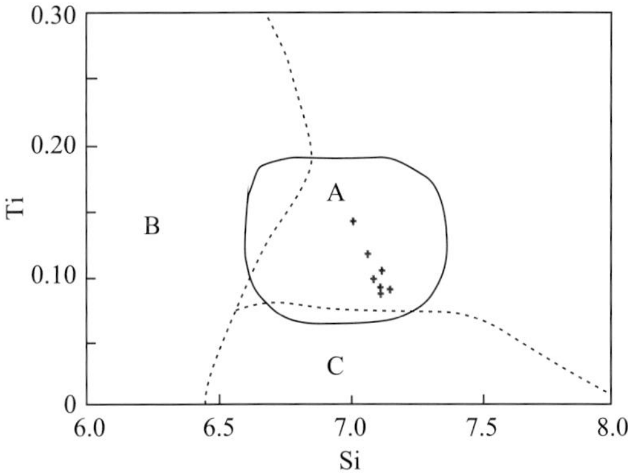

图 2-38 钙质角闪石 Ti-Si 图解
（据马昌前等，1994）
A—花岗岩类中岩浆成因的角闪石；B—深源捕虏晶；C—次生及交代角闪石

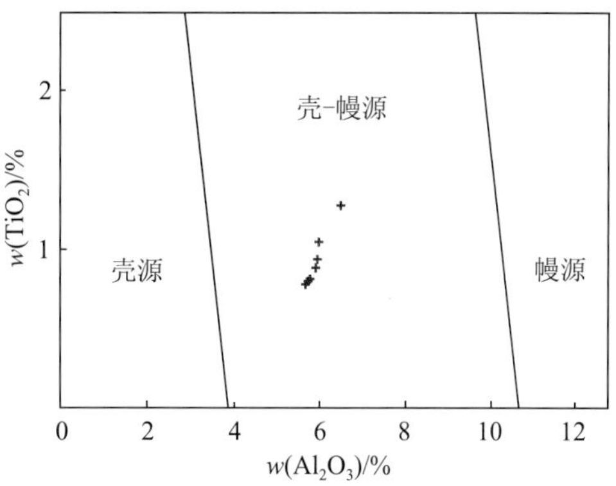

图 2-39 角闪石 $TiO_2-Al_2O_3$ 成因图解
（据陈光远等，1993）

据表 2-14 的 Ti、Si 数据投影到图 2-38 中，多宝山铜矿 6 个样点都投在了 A 区，属于花岗岩类中岩浆成因的角闪石，与图 2-35 的判别结果基本符合，再次确定分析样品属

于岩浆结晶产物。图2－39中角闪石样品点全部落在壳幔源混合区，可见角闪石成分具有壳幔混合区岩浆成因的特点，与全岩的岩石化学特征类似。

4. 角闪石全铝压力计

研究表明近固相线的钙碱性侵入岩中形成的角闪石，其全铝含量受结晶时的总压力控制，这是确定岩体结晶深度的一种有效方法（马昌前等，1994；艾晓玲等，2000）。对于钙碱性花岗质侵入岩，角闪石中的Al含量通常伴随岩浆侵位深度的增加而升高（Wones，1981）。Hollister等（1987）指出：$2SiO_2$（石英）$+2CaAl_2Si_2O_8$（钙长石）$+K(Fe,Mg)_3AlSi_3O_{10}(OH)_2$（黑云母）$\rightarrow KAlSi_3O_8$（正长石）$+Ca(Mg,Fe)_3Al_2^{VI}Al_2^{IV}Si_6O_{22}(OH)_2$（钙镁闪石）。随着压力的增加，平衡向右移动，导致角闪石的成分发生相应变化，即 $Si+R^{2+}=Al^{IV}+Al^{VI}$（R代表金属阳离子）（Hollister et al.，1987）。

1）Hammarstrom和Zen（1986）根据围岩中变质矿物组合、冷却史及地层构造获得岩体有关的压力信息，提出了在（1.5～3）$\times10^8$Pa和（7～10）$\times10^8$Pa条件下，钙碱性侵入岩中角闪石的全铝含量（$^TAl=Al^{IV}+Al^{VI}$，以23个氧为基准的阳离子数）与压力 p（10^8Pa）之间的关系式为：

$$p(10^8Pa\pm3\times10^8Pa)=5.03^TAl-3.92, r^2=0.80 \qquad (2-1)$$

2）角闪石的成分由中酸性岩常见的9相矿物组合所缓冲。Hollister等（1987）补充了其他压力段（4～6）$\times10^8$Pa的数据，并降低误差为±0.1GPa，提出了压力适用范围更广的（2～8）$\times10^8$Pa，而且相关性更好的^{T}Al含量与压力P关系的修正式：

$$p(10^8Pa\pm1\times10^8Pa)=5.64^TAl-4.76, r^2=0.97 \qquad (2-2)$$

3）Johnson和Rutherford（1989）认为，式（2－2）是依据紧邻岩体的变质围岩中的斜长石－石榴子石－Al_2O_3－石英平衡体系间接估计压力而拟合的关系式，由于该反应对压力依赖达到±2.5$\times10^8$Pa，因此，即使式（2－2）相关性较好，也只是数据精度的反映，每个数据的准确性并不高。在此基础上，Johnson和Rutherford（1989）在740～780℃和（2～8）$\times10^8$Pa条件下，对熔体、流体（H_2O+CO_2）、黑云母、透长石、石英、斜长石（An_{30}）、榍石、磁铁矿或钛铁矿与火成角闪石的平衡关系进行了研究，通过实验岩石学方法，他们更为精确地限定了钙质角闪石全铝含量与压力的关系，总结出误差更小的关系式：

$$p(10^8Pa\pm0.5\times10^8Pa)=4.23^TAl-3.46, r^2=0.99 \qquad (2-3)$$

4）Schmidt（1992）认为，温度及流体相中CO_2的分数对压力有较大的影响，这种影响只有在饱和水接近固相线的条件下才能排除，但Johnson和Rutherford（1989）的试验所依据的平衡关系中碱性长石只有在近固相线时才是稳定的，因此，Schmidt（1992）进一步在（0.5～13）$\times10^8$Pa和655～700℃且饱和水的条件下对角闪石的全铝压力计进行校正，提出了与英云闪长岩矿物组合相适应的压力计公式：

$$p(10^8Pa\pm0.6\times10^8Pa)=4.76^TAl-3.01, r^2=0.99 \qquad (2-4)$$

5）上述压力计即式（1）至式（4）的计算仅仅考虑到压力对角闪石的含量影响，实际上角闪石分子中Ti对Al的替换，岩浆作用过程中氧逸度、温度以及水的饱和度等都会对压力计产生影响，虽然不同的条件下，有时影响可能很小，但有时影响很大，例如浅闪石对温度非常敏感。根据温度对角闪石Al的含量也起着非常重要的作用（Bhmdy & Holland, 1990), Anderson 和 Smith (1995) 基于 Johnson 和 Rutherford (1989) 和 Schmidt (1992) 的实验数据，提出了一个新的角闪石全铝压力计。该压力计考虑了控制角闪石中 Al 含量的 3 个重要因素：压力、温度和氧逸度。Anderson 和 Smith (1995) 根据 Johnson 和 Rutherford (1989) 以及 Schmidt (1992) 的压力计公式又重新进行了校正，得出新的压力计公式（误差为 ±0.6GPa）如下：

$$p(10^8\mathrm{Pa} \pm 0.6 \times 10^8\mathrm{Pa}) = -3.01 + 4.76\,{}^{\mathrm{T}}\mathrm{Al} - [(t-675)/85][0.53\,{}^{\mathrm{T}}\mathrm{Al} + 0.005294(t-675)] \quad (2-5)$$

该压力计引入一个温度修正项，就能应用于花岗岩类非固相线附近结晶的角闪石，因为氧逸度是该压力计的一个新的限制因素，因此，在高的 f_{O_2} 条件下结晶的角闪石用作温度计更可靠。总之，只有 $0.4 < Fe/(Fe+Mg) < 0.65$ 和 $Fe^{3+}/(Fe^{2+}+Fe^{3+}) \geq 0.25$ 的角闪石才能用作压力计，因为所有实验均是在中等到高氧逸度条件下完成的。Anderson 和 Schmidt 建议使用 Blundy 和 Holland (1990) 或 Holland 和 Blundy (1994) 角闪石－斜长石温度计计算岩浆近固相线结晶温度。通过对表 2－14 角闪石矿物组成分析，角闪石中 $Fe/(Fe+Mg)$ 和 $Fe^{3+}/(Fe^{2+}+Fe^{3+})$ 满足上述压力计条件。

根据上述温压计对每一样点进行温度及压力计算，并相互对比分析，将多宝山花岗岩体中角闪石温压计计算结果列于表 2－15 中。Johnson 和 Rutherford (1989) 以及 Schmidt (1992) 的公式均是由实验模拟而来，其准确度也大大提高。Johnson 和 Rutherford (1989)、Schmidt (1992) 以及 Anderson 和 Smith (1995) 这 3 个压力计在研究中已有较多的实例，并且获得了良好的效果 (Sial et al., 1999; Stein & Dietl, 2001; Zhang et al., 2006; 曾令森等, 2007; 张拴宏等, 2007)。因此，我们将详细讨论 4 种不同的温度计算和上述 3 个压力计的计算结果。

从计算结果得知，Bhmdy 和 Holland (1990)、Holland 和 Blundy (1994) 温度计 T_A 两种温度计算出温度结果和实际情况不符，而 Holland 和 Blundy (1994) 温度计 T_B 和赫兹 (1972) 及 Otten (1984) $T(℃) = 1204 \times Ti + 545$ (Ti 是以 23 个氧计算的晶体化学式中的

表 2－15　角闪石名称及角闪石全铝压力计计算结果

岩体	点号	$(Na+K)_A$	名称	^{T}Al	T^*/℃	$p(HZ86)$/10^8Pa	$p(H87)$/10^8Pa	$p(JR89)$/10^8Pa	$p(S92)$/10^8Pa	Dep_{89}/km	Dep_{92}/km	Dep_{ave}/km
多宝山铜矿花岗岩体	DB01－1	0.4183	镁普通角闪石	0.979	656.00	1.004	0.762	0.681	1.650	2.573	6.232	6.645
	DB01－2	0.5385	浅闪石	1.025	684.30	1.236	1.021	0.876	1.869	3.307	7.059	
	DB82－1	0.4566	镁普通角闪石	1.001	662.60	1.115	0.886	0.774	1.755	2.924	6.627	7.047
	DB82－2	0.4313	镁普通角闪石	0.962	650.70	0.919	0.666	0.609	1.569	2.301	5.926	
	DB82－3	0.5947	浅闪石	1.110	711.10	1.663	1.500	1.235	2.274	4.665	8.587	
	DB120－1	0.4485	镁普通角闪石	0.980	653.70	1.009	0.767	0.685	1.655	2.589	6.250	6.519
	DB120－2	0.5313	浅闪石	1.010	669.80	1.160	0.936	0.812	1.798	3.068	6.789	

续表

岩体	点号	$(Na+K)_A$	名称	^{T}Al	T^*/℃	p(HZ86)/10^8Pa	p(H87)/10^8Pa	p(JR89)/10^8Pa	p(S92)/10^8Pa	Dep_{89}/km	Dep_{92}/km	Dep_{ave}/km
公式	参数	DB01－1	DB01－2	DB01－1	DB01－1	DB01－1	DB01－1	DB01－1				
Schmidt（1992）	T/℃	642.9	700.4	661.7	585.5				注：式中的 T(℃）根据 Holland 和 Blundy（1994）所提出的角闪石－斜长石温度计 B 计算；1bar＝100kPa。			
	p/kar	1.61	1.84	1.71	1.54	2.23	1.61	1.76				
	H/km	6.08	6.95	6.46	5.82	8.42	6.08	6.65				
Anderson 和 Smith（1995）	T/℃	642.9	700.3	661.8	585.5							
	p/kar	1.74	1.64	1.79	1.57							
	H/km	6.5715	6.1938	6.7603	5.9295							

注：$^{T}Al = Al^{IV} + Al^{VI}$，角闪石全铝含量；$T^*$—当 $T<970$℃时，$T=1204\times Ti+545$（Ti 是以 23 个氧计算的晶体化学式中的 Ti 阳离子系数）（赫兹，1972；Otten，1984）；p(HZ86）由 Hammarstrom & Zen（1986）全铝压力计计算的压力；p(H87)—由 Hollister et al.（1987）全铝压力计计算的压力；p(JR89)—由 Johnson & Rutherford（1989）全铝压力计计算的压力；p(S92)—由 Schmidt（1992）全铝压力计计算的压力；Dep_{89}—由 p(JR89）压力计算的成岩深度；Dep_{92}—由 p(S92）压力计算的成岩深度（取上地壳花岗岩平均密度 2.7g/cm^3）；Dep_{ave}—平均深度。

Ti 阳离子系数）计算出来的结果符合实际情况，同时这两种温度计相对其他岩浆岩温度计也更为可靠准确。在这种压力计中，Schmidt（1992）是在 Johnson 和 Rutherford（1989）基础上进一步在（0.5～13）$\times10^8$Pa 和 655～700℃且饱和水的条件下对角闪石的全铝压力计进行了校正提出的温压计，相对来说更为准确；Anderson 和 Smith（1995）压力计考虑了温度、氧逸度等影响因素对压力计算，对于岩石的温压条件有严格的约束限定，其计算结果相对也准确可靠。结合 Schmidt（1992）和 Anderson 和 Smith（1995）计算出的压力分别为 1.78×10^8Pa 和 1.69×10^8Pa，再根据 $p=\rho gh$ 换算成深度，其中 $g=9.8\times10^3 m/s^2$，$\rho=2.7\times10^3 kg/m^3$ 得出岩体侵位深度分别为 6.69km 和 6.36km，平均深度在 6.5km 左右。

二、裂变径迹研究

（一）实验原理及方法

裂变径迹测年法（fission track dating，FTD）是基于矿物晶体内所含 ^{238}U 发生重核裂变与其裂变半衰期函数关系的研究来完成测年的一种经典同位素测年手段，函数关系中子体、母体量的获得是通过统计铀原子裂变产物在晶格内高速运动所形成的电离损伤，即径迹的数量来完成。自然界中 ^{238}U 衰变速率约是 ^{235}U 衰变速率的 17 倍，并且 $^{235}U/^{238}U$ 为 0.7/99.3，故子体量的获得只考虑源于 ^{238}U 自发裂变所生成的电离损伤（自发径迹数），其他忽略不计；母体量的获得是通过对 ^{235}U 经热中子辐照激发后生成的电离损伤（诱发径迹数）的统计换算而得。

本次实验标准测试流程采用外探测器法及 Zeta 法完成，Zeta 法年龄公式为：

$$t_{UNK} = \frac{1}{\lambda_D}\ln\left[1 + \lambda_D \xi \frac{\rho_s}{\rho_i}\rho_d\right]$$

$$\xi = \frac{\left[e^{\lambda_d t_{STD}} - 1\right]}{\lambda_D\left[\rho_s/\rho_i\right]_{STD}\rho_d}$$

式中：t_{UNK}为未知矿物年龄；t_{STD}为标准矿物裂变径迹年龄；λ_D 为^{238}U 的衰变常数；ξ 为校正因子；ρ_s/ρ_i 为标准矿物裂变径迹自发与诱发径迹密度比；ρ_d 为铀标准玻璃的诱发径迹密度。

裂变径迹除了可以简单地给出年龄外，更为重要的是径迹退火作用的研究，可以给出地质体的热历史信息，使得裂变径迹年龄本身更具有解释的意义，从而发展到热年代学的研究。该方法已成为研究区域隆升与剥蚀的有效手段之一。应用裂变径迹法不仅能够恢复区域构造隆升的演化历史，而且可以获得剥蚀量、剥蚀速率等定量数据。

（二）样品采集及测试

本次裂变径迹研究的 11 件样品主要采自多宝山斑岩铜矿露天采坑及其周边，野外取样位置使用 GPS 定位获得，样品描述见表 2－16。根据前人对铜矿区构造研究及结合野外地质情况观察分析，初步确定研究区多宝山铜矿床 3 号矿体构造位置处于北西向复式背、向斜相伴的向斜构造核部，而本次取样中 4 件样品取于向斜核部花岗闪长岩矿体，2 件样品取于矿体两侧围岩花岗闪长岩岩体；2 件样品为闪长岩脉；3 件样品为更长花岗岩。将采集的岩石样品送往廊坊市诚信地质服务有限公司粉碎至与岩石中的矿物粒度相适应的粒度，一般为 60 目左右，经传统方法粗选后，利用电磁选及重液选等手段，对磷灰石单矿物进行提纯。

表 2－16 多宝山铜矿裂变径迹样品描述

样品编号	采样位置	经度（E）	纬度（N）	海拔/m	样品岩性
DB01	矿体西南侧围岩	125°46′50″	50°14′37″	505	花岗闪长岩（围岩）
DB82	矿体西南侧	125°47′02″	50°14′36″	475	花岗闪长岩（矿体）
DB37	矿体北西侧	125°46′51″	50°14′54″	490	花岗闪长岩（矿体）
DB66	矿体北侧	125°47′08″	50°14′49″	475	花岗闪长岩（矿体）
DB119	矿体东南侧	125°47′20″	50°14′28″	512	花岗闪长岩（矿体）
DB120	矿体北东侧围岩	125°47′26″	50°14′53″	532	花岗闪长岩（围岩）
DB07	露天采场西侧	125°46′59″	50°15′08″	505	闪长岩脉
DB98	露天采场南侧	125°47′10″	50°14′41″	460	闪长岩脉
DB14	露天采场东南侧	125°47′19″	50°14′51″	505	更长花岗岩
DB18	露天采场	125°47′16″	50°14′57″	505	更长花岗岩
DB99	露天采场	125°47′14″	50°14′51″	490	更长花岗岩

样品测试全部在中国地震局地质研究所完成，该实验标准测试流程采用外探测器法及 Zeta 法（Hurford & Green，1983）。有关实验条件为：采用外探测器法（Gleadow & Duddy，1981）；磷灰石蚀刻条件为 5.5N HNO_3，21℃，20s；外探测器采用低铀含量白云母，蚀刻条件为 40% HF，室温，20min；Zeta 标定（Hurford & Green，1982）选用国际标准样；标准玻璃为美国国家标准局 CN5 铀标准玻璃；样品送中国原子能科学研究院 492 反应堆进行辐照；裂变径迹年龄的测试分析利用 AUTOSCAN 测量定位装置，选取平行磷灰石结晶 *c* 轴最大抛光面的颗粒；自发径迹数和诱发径迹数是在 Zeiss Axioplan 2 显微镜下放大 1000 倍干镜条件下统计获得，径迹长度是在 OLYMPUS 偏光显微镜下，在放大 1000 倍浸油条件下完成。年龄选用标准：依据 Green（1981）的技术计算误差，X^2 值用于评价所测单

颗粒属于同一年龄组的概率（Galbraith，1981；Galbraith & Laslett，1993）。$P(X^2)>5\%$，即通过 X^2 检测，服从泊松分布（朱文斌等，2007），单颗粒年龄不分散，所测样品单颗粒年龄属于同组年龄，磷灰石裂变径迹年龄采用的是池年龄；$P(X^2)<5\%$，即 X^2 检测未获通过，单颗粒年龄分散，则基于泊松变异的常规分析（Green，1981）无效，而代之以“中心年龄”（central age）或称“推荐年龄”，中心年龄实质上是权重平均年龄。

（三）实验结果及分析

磷灰石裂变径迹年龄及径迹长度测试结果见表2-17。在获得裂变径迹年龄的11件样品中，$P(X^2)$ 检验均远大于5%，表明所测样品单颗粒年龄属于同组年龄（一个单一的群组年龄）。磷灰石裂变径迹测试结果显示：4件花岗闪长岩矿体样品年龄分布在50.2±3.0~59.1±4.2Ma之间，平均年龄为54.8±3.4Ma；2件花岗闪长岩围岩样品平均年龄为73.9±3.7Ma；2件闪长岩脉样品平均年龄为53.8±6.2Ma；3件更长花岗岩样品平均年龄为66.7±3.7Ma。

1. 花岗闪长岩

多宝山斑岩铜矿床的成岩时代根据花岗闪长岩锆石SHRIMP U-Pb年龄为479.5±4.6Ma（崔根等，2008），成矿时代根据辉钼矿Re-Os年龄为485.6±3.7Ma（Liu et al.，2012），远大于磷灰石的裂变径迹年龄，因此裂变径迹所记录的数据信息与斑岩铜矿床成岩成矿期相比要晚得多，说明所有样品均经历部分退火和完全退火，裂变径迹记录的年龄是后期的构造隆升-剥露时间。样品的水平封闭径迹平均长度及其分布形态、长度标准偏差等径迹数据提供了样品通过磷灰石裂变径迹部分退火带的冷却信息，快速冷却作用通常被解释为岩石剥蚀去顶或抬升作用的结果，具有大的水平封闭径迹平均长度，小的标准偏差；反之，则具有较小的水平封闭径迹平均长度，大的标准偏差，宽的水平封闭径迹长度分布范围（Green et al.，1989；Gleadow et al.，1986a，b；刘建辉等，2010）。所有测试样品的径迹平均长度大，长度标准偏差小，分别为13.67~13.82μm和0.97~1.28μm（表2-17；图2-40），具有典型的无扰动基岩型特征（康铁笙和王世成，1991；孙岳等，2014），裂变径迹年龄代表了构造隆升-剥露冷却年龄，而非岩浆冷却年龄。样品平均径迹长度介于13.67~13.82μm之间，远小于原始径迹长度16.3±0.9μm（陈刚等，2005），也小于快速冷却至地表温度的裂变径迹平均长度14.5~15.5μm（李勇等，2012），说明岩体先经历了完全退火作用后再被缓慢抬升到部分退火带之上快速冷却并最终成为地表露头。从年龄-长度图（图2-41a）和年龄-标准偏差图（图2-41b）特征显示，样品径迹长度相对较长的样品标准偏差相对较小，径迹长度相对较短的样品标准偏差相对较大。这种负相关关系表明磷灰石是随古地温的升高而封闭，样品经历了相同的热史产生的变化，指示岩体经历了两期次明显的抬升。

根据单颗粒年龄直方图，样品径迹长度直方图及放射图可以直观反映中心年龄，径迹长度分布峰型、相对误差、测试径迹条数、所测颗粒数及 $P(X^2)$ 检验值（图2-39）可知，多宝山铜矿床花岗闪长岩样品的径迹平均长度较长，介于13.67~13.82μm之间，全部大于12.5μm，表明样品后期仅经历了一期次的部分退火作用，其长度分布峰型都为单峰式，基本不受后期的热扰动影响，可能一直处于冷却过程。径迹长度分布具有短径迹拖尾，说明样品经历了较为缓慢通过磷灰石裂变径迹部分退火带的冷却作用，在此期间产生

表 2－17 磷灰石裂变径迹分析结果

样品号	N_c	ρ_d / $10^6 cm^{-2}$	N_d	ρ_s / $10^6 cm^{-2}$	N_s	ρ_i / $10^6 cm^{-2}$	N_i	$w(U)$ / 10^{-6}	$P(X^2)$ / %	r	裂变径迹年龄（$\pm 1\sigma$）/ Ma	裂变径迹平均长度（$\pm 1\sigma$）/ μm	N_j	标准偏差 / μm
DB01	30	0.905	(2261)	5.857	(1233)	1.295	(2727)	17.9	57.1	0.936	71.8 ±3.5	13.76 ±0.12	(100)	1.28
DB37	30	0.878	(2194)	2.826	(578)	0.869	(1777)	12.4	99.6	0.931	50.2 ±3.0	13.80 ±0.10	(100)	1.00
DB66	30	0.871	(2178)	2.212	(365)	0.573	(945)	8.2	100	0.963	59.1 ±4.2	13.79 ±0.11	(100)	1.11
DB82	30	0.864	(2161)	4.178	(988)	1.119	(2646)	16.2	86.2	0.890	56.7 ±2.9	13.82 ±0.10	(100)	1.02
DB119	30	0.838	(2094)	2.915	(483)	0.808	(1338)	12.0	93.2	0.900	53.2 ±3.4	13.80 ±0.10	(100)	0.97
DB120	29	0.831	(2077)	5.002	(1189)	0.960	(2281)	14.4	64.7	0.899	76.0 ±3.8	13.67 ±0.10	(100)	1.07
DB07	20	0.898	(2245)	1.109	(105)	0.318	(301)	4.4	100	0.975	55.1 ±6.5	13.49 ±0.15	(55)	1.14
DB98	28	0.858	(2144)	0.763	(122)	0.219	(351)	3.2	100	0.916	52.4 ±5.8	13.87 ±0.13	(80)	1.15
DB14	29	0.891	(2228)	1.935	(449)	0.543	(1260)	7.6	99.8	0.938	55.8 ±3.6	13.81 ±0.10	(100)	1.04
DB18	30	0.884	(2211)	2.638	(612)	0.527	(1223)	7.5	98.2	0.969	77.6 ±4.7	13.53 ±0.11	(100)	1.04
DB99	30	0.851	(2127)	2.458	(525)	0.507	(1083)	7.4	97.3	0.892	72.4 ±4.6	13.85 ±0.12	(100)	1.21

注：N_c—样品颗粒数；ρ_d—标准玻璃的诱发径迹密度；N_d—标准玻璃的诱发径迹数；ρ_s—自发径迹密度；N_s—单颗粒自发径迹数；ρ_i—诱发径迹密度；N_i—单颗粒诱发径迹数；$w(U)$—单颗粒铀含量；$P(X^2)$—自由度（N_c-1）时峰值的概率；r—ρ_s 与 ρ_i 的比值；N_j—测量的水平封闭径迹条数，Apatite－ZetaCN5＝353.0±10。

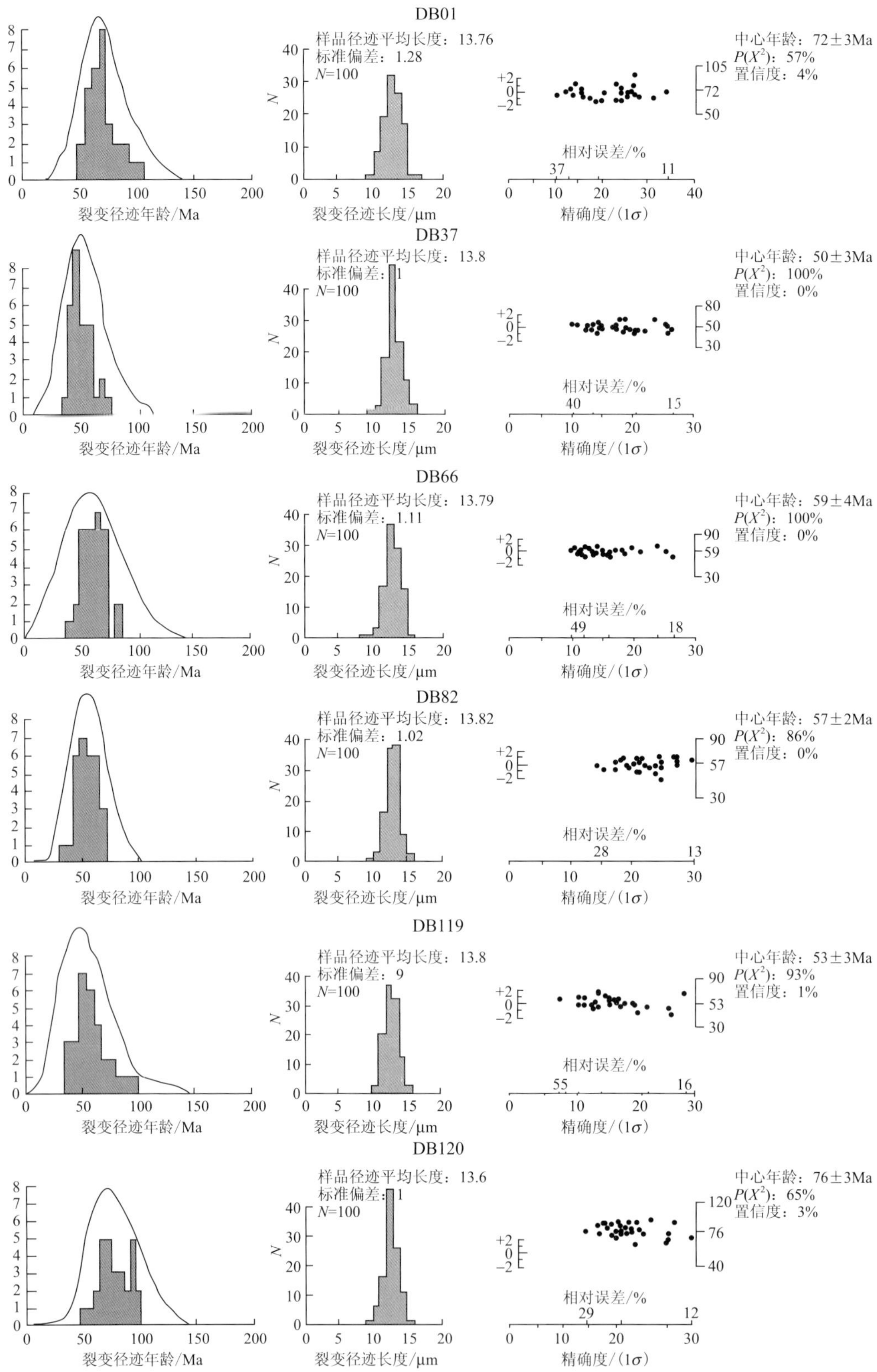

图 2－40　花岗闪长岩单颗粒年龄、样品径迹长度直方图及放射图

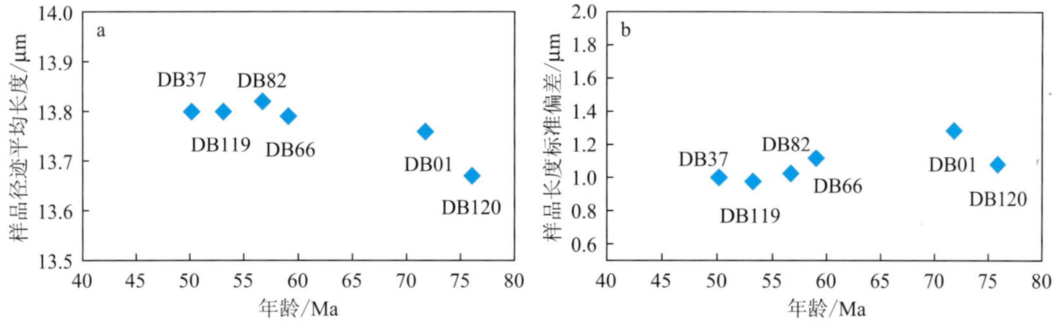

图 2-41 花岗闪长岩磷灰石裂变径迹年龄-径迹平均长度（a）及标准偏差（b）

的裂变径迹经历了有意义的退火缩短作用，其年龄并不代表样品快速冷却的时间（Green et al.，1989；Gleadow et al.，1986a，b；刘建辉等，2010）。多宝山 6 个样品的磷灰石裂变径迹年龄、水平封闭径迹平均长度及其长度分布形态与长度标准偏差等数据表明，多宝山花岗闪长岩岩体其中一次的快速冷却作用始于 76.0±3.8Ma。对于连续和整体抬升的地质体，在其漫长、复杂的抬升过程中虽然有快速、缓慢的变化，若没有其他“热事件”的影响，裂变径迹年龄随抬升运动累计时间应该是连续的，岩体采样高程与样品径迹年龄应存在正相关关系（郑勇等，2011；Donelick et al.，2005；Gleadow et al.，1986a，b）。然而图 2-42a 所显示的高程与样品径迹年龄之间并没有明显的关联性，说明可能存在多变的区域剥蚀作用或剥蚀作用形成的地形地貌严重破坏了区域地温梯度的分布。图 2-42b 采样点分布年龄特征显示，矿体裂变径迹年龄相对较小，两侧围岩岩体裂变径迹年龄相对较老，说明赋矿岩体抬升较晚，两侧围岩岩体抬升相对较早，这种年龄分布特征在空间上与矿体分布特征存在一定的对应关系。多宝山铜矿床 3 号矿体构造位置处于北西向复式背、向斜相伴的向斜构造核部构造带内，当矿区挤压抬升时，由于两侧挤压力作用使得两侧相对于核部抬升较快，即矿体抬升较晚，两侧围岩抬升较早，从而使得矿体与两侧岩体产生了差异性隆升，进而使得矿体得到较好的保存。

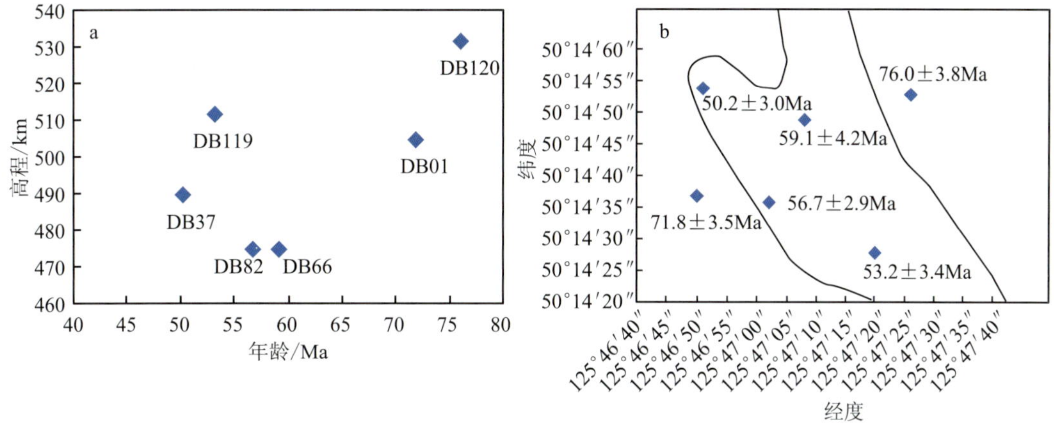

图 2-42 花岗闪长岩磷灰石裂变径迹年龄-高程（a）及采样点分布（b）

2. 闪长岩脉（DB07、DB98）

单颗粒年龄直方图、样品径迹长度直方图及放射图（图 2-43）清楚地反映了闪长岩脉样品的中心年龄、径迹长度分布峰型、相对误差、测试径迹条数、所测颗粒数及 $P(X^2)$ 检验值。多宝山铜矿床闪长岩脉样品的径迹平均长度较长，介于 13.49～13.87μm 之间，均大于 12.5μm，表明样品后期仅经历了一期次的部分退火作用，其长度分布峰型都为单峰式，基本不受后期的热扰动影响，可能一直处于冷却过程。径迹长度分布具有短径迹拖尾，说明样品经历了较为缓慢通过磷灰石裂变径迹部分退火带的冷却作用，在此期间产生的裂变径迹经历了有意义的退火缩短作用，其年龄并不代表样品快速冷却的时间（Green et al.，1989；Gleadow et al.，1986a，b；刘建辉等，2010）。

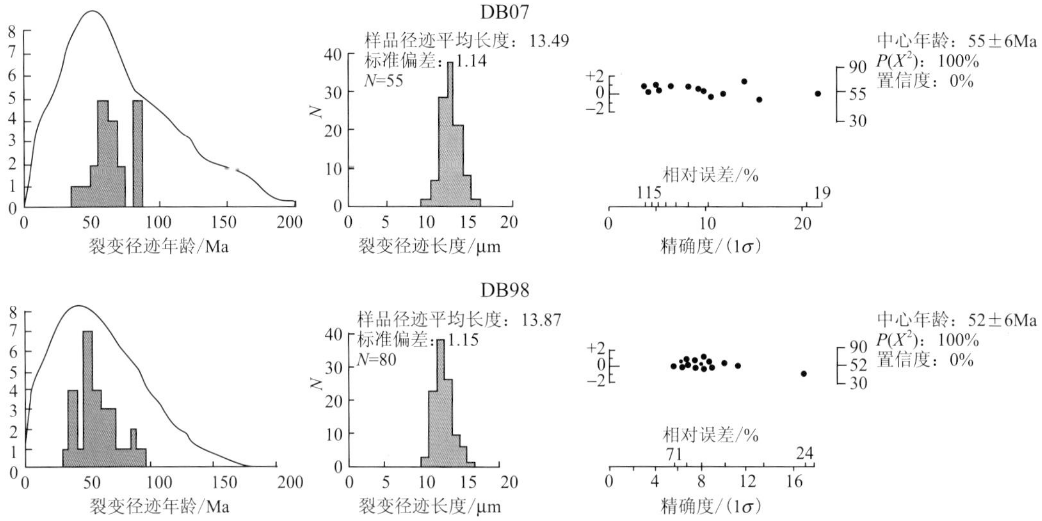

图 2－43　闪长岩脉单颗粒年龄直方图、样品径迹长度直方图及放射图

测试样品的长度标准偏差小，介于 1.14～1.15μm 之间（表 2－17；图 2－43），具有典型的无扰动基岩型特征（康铁笙和王世成，1991；孙岳等，2014），裂变径迹年龄代表了构造隆升－剥露冷却年龄，而非岩浆冷却年龄。样品径迹平均长度远小于原始径迹长度（16.3±0.9μm；陈刚等，2005），也小于快速冷却至地表温度的裂变径迹平均长度（14.5～15.5μm；李勇等，2012），说明岩体先经历了完全退火作用后再被缓慢抬升到部分退火带之上快速冷却并最终成为地表露头。随古地温的升高而封闭，样品经历了相同的热史产生的变化，指示闪长岩脉侵位后经历了明显的快速抬升。

3. 更长花岗岩（DB14、DB18、DB99）

更长花岗岩磷灰石裂变径迹单颗粒年龄直方图、样品径迹长度直方图及放射图如图 2－44 所示。多宝山铜矿床更长花岗岩样品的径迹平均长度较长，介于 13.53～13.85μm 之间，全部大于 12.5μm，表明样品后期仅经历了一期次的部分退火作用，其长度分布峰型都为单峰式，基本未受后期的热扰动影响，可能一直处于冷却过程。径迹长度分布具有短径迹拖尾，说明样品经历了较为缓慢通过磷灰石裂变径迹部分退火带的冷却作用，在这期间产生的裂变径迹经历了有意义的退火缩短作用，因此其年龄不代表样品快速冷却的时间（Green et al.，1989；Gleadow et al.，1986a，b；刘建辉等，2010）。多宝山 3 个更长花岗岩样品的磷灰石裂变径迹年龄、水平封闭径迹平均长度及其长度分布形态与长度标准偏差等数据表明，多宝山更长花岗岩岩体其中一次的快速冷却作用始于 77.6±4.7Ma。

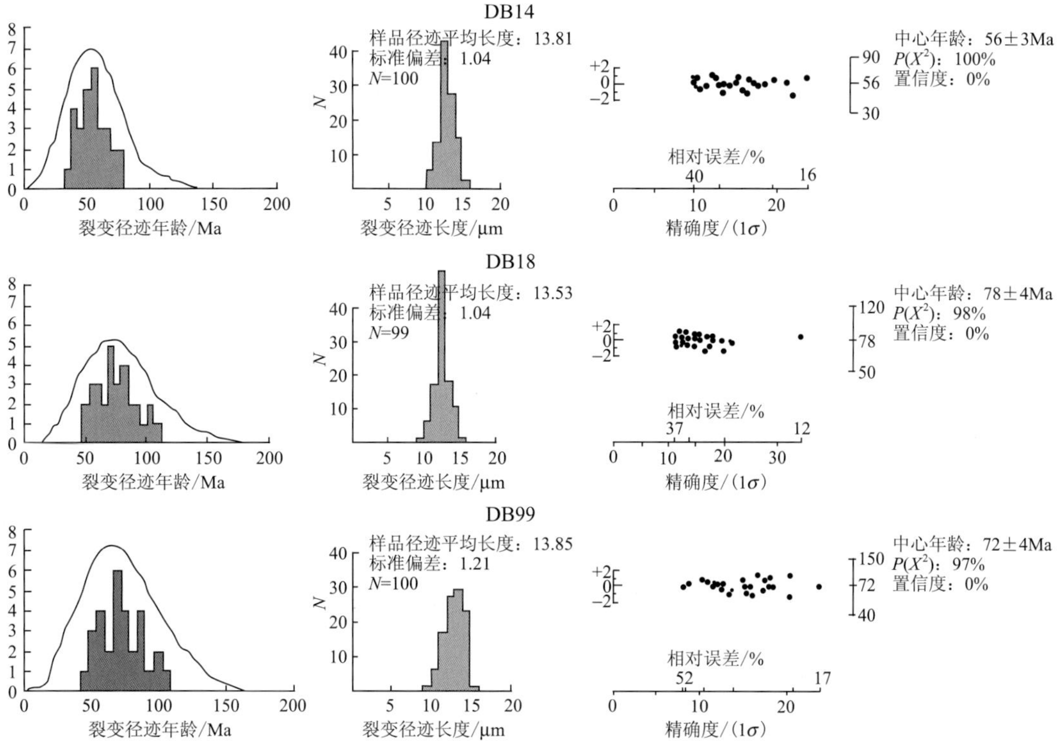

图 2－44 更长花岗岩单颗粒年龄直方图、样品径迹长度直方图及放射图

所有测试样品的长度标准偏差小，介于 1.04～1.21μm 之间（表 2－17；图 2－44），具有典型的无扰动基岩型特征（康铁笙和王世成，1991；孙岳等，2014），裂变径迹年龄代表了构造隆升－剥露冷却年龄，而非岩浆冷却年龄。样品径迹平均长度远小于原始径迹长度 16.3±0.9μm（陈刚等，2005），也小于快速冷却至地表温度的裂变径迹平均长度 14.5～15.5μm（李勇等，2012），说明岩体先经历了完全退火作用后再被缓慢抬升到部分退火带之上快速冷却并最终成为地表露头。表明磷灰石是随古地温的升高而封闭，更长花岗岩样品经历了相同的热史产生的变化，指示岩体经历了两期次明显的抬升。

（四）热史模拟

为了进一步了解多宝山岩体的热演化历史，作者根据实测的裂变径迹年龄数据和径迹长度数据，利用 AFTSolve 软件，选用 Ketcham 等（Ketcham et al.，1999，2000）Multi－Kinetic 多组分退火模型和 Monte Carlo 方法进行模拟。在模拟过程中，设定 D_{par} 初始值为 1.5，作为温度计算的初始径迹长度为 16.3μm，模拟次数设置为 10000 次。为使得热史模拟的可信度更高，径迹长度测量数选用 100 条以上的，单颗粒年龄数选用 30 个以上的。每个样品模拟时，长度拟合度（K－S 检验）或年龄配分拟合度（Age GOF）大于 0.05 时，表明模拟结果可以接受；若都大于 0.5，模拟径迹长度（Model TL）与实测径迹长度（Date TL）配分曲线基本吻合，表明模拟结果是可靠和可信的。通过多次模拟得出可信区间、最佳拟合区间和最佳拟合曲线。从模拟结果看，除样品 DB37 和 DB18“K－S 检验”值分别为 0.2 和 0.16 外，其他样品均大于 0.5；“年龄 GOF”值也均大于 0.5，说明模拟结果可信度较高。与单纯的裂变径迹表观年龄相比，热史模拟结果更好地呈现了岩体的退火历程，并且提供表观年龄下更直观、更详尽的热演化信息，为矿区构造演化分析提供更多的依据。

1. 花岗闪长岩

花岗闪长岩样品热史模拟结果如图2-45（无矿围岩）、图2-46（赋矿岩体）所示，多宝山铜矿花岗闪长岩样品呈现相似的热史模拟曲线，表明岩体在中-新生代经历了快速隆升剥蚀和缓慢剥蚀过程。赋矿岩体两侧围岩岩体的样品DB01和DB120开始快速抬升相对较早，发生在82Ma左右，持续到72Ma左右转为缓慢抬升。其余采自北西向赋矿岩体中的样品开始快速抬升时间较晚，发生在71.8Ma左右，与年龄测试结果相吻合。50.2Ma左右至今所有样品温度均降低到磷灰石部分退火带外，且后期没有发生增温过程，模拟曲线表明岩体没有再次发生快速抬升事件。岩体的裂变径迹年龄和热史模拟结果显示，多宝山花岗闪长岩岩体快速隆升主要发生于晚白垩世。

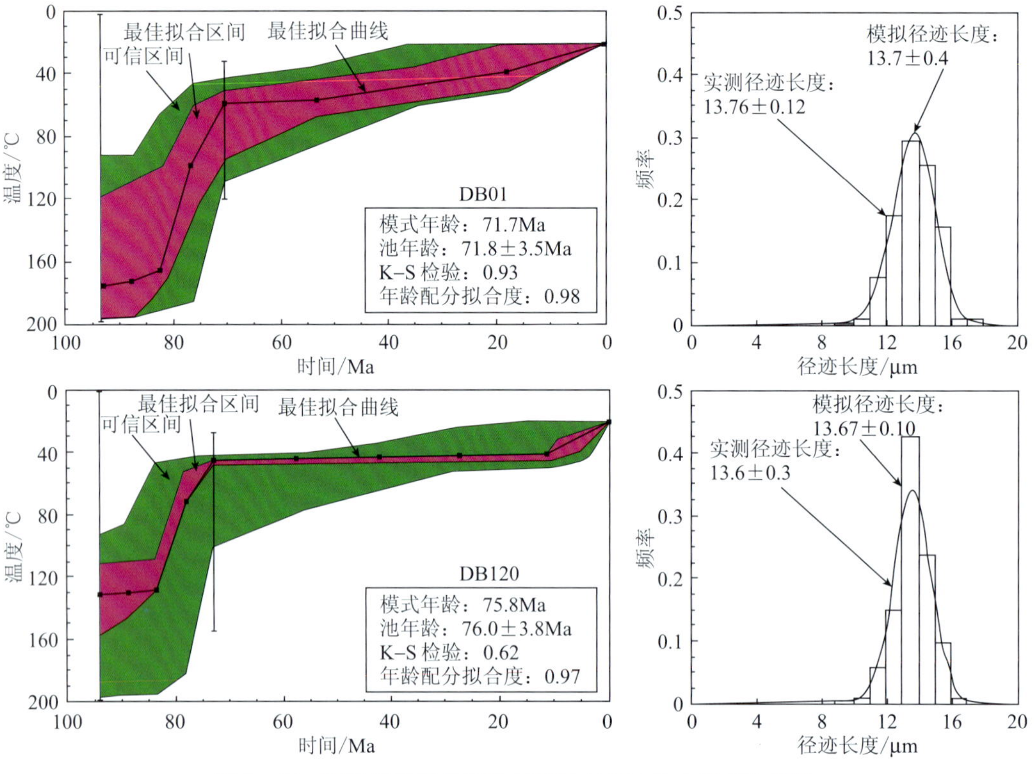

图2-45　围岩花岗闪长岩磷灰石裂变径迹热史模拟结果图

磷灰石裂变径迹的封闭温度为110℃（Gallgher，1995），多宝山地区的古地温梯度采用35℃/km（Li et al.，2011），依据热史模拟结果，晚白垩世—始新世，多宝山花岗闪长岩体由于抬升作用，矿体两侧围岩岩体的样品快速冷却了81.7~108.9℃，抬升了2.33~3.11km，快速抬升对应时间间距为10.6~11.5Ma，平均抬升速率约为0.2454mm/a；赋矿岩体的样品快速冷却了104.7~135.1℃，抬升了2.99~3.86km，快速抬升对应时间间距为10.6~23.8Ma，平均抬升速率约为0.2201mm/a。从而揭示了两侧围岩岩体平均抬升速率较大，含矿岩体平均抬升速率较小，有利于矿床的保存，与实际地质情况吻合。

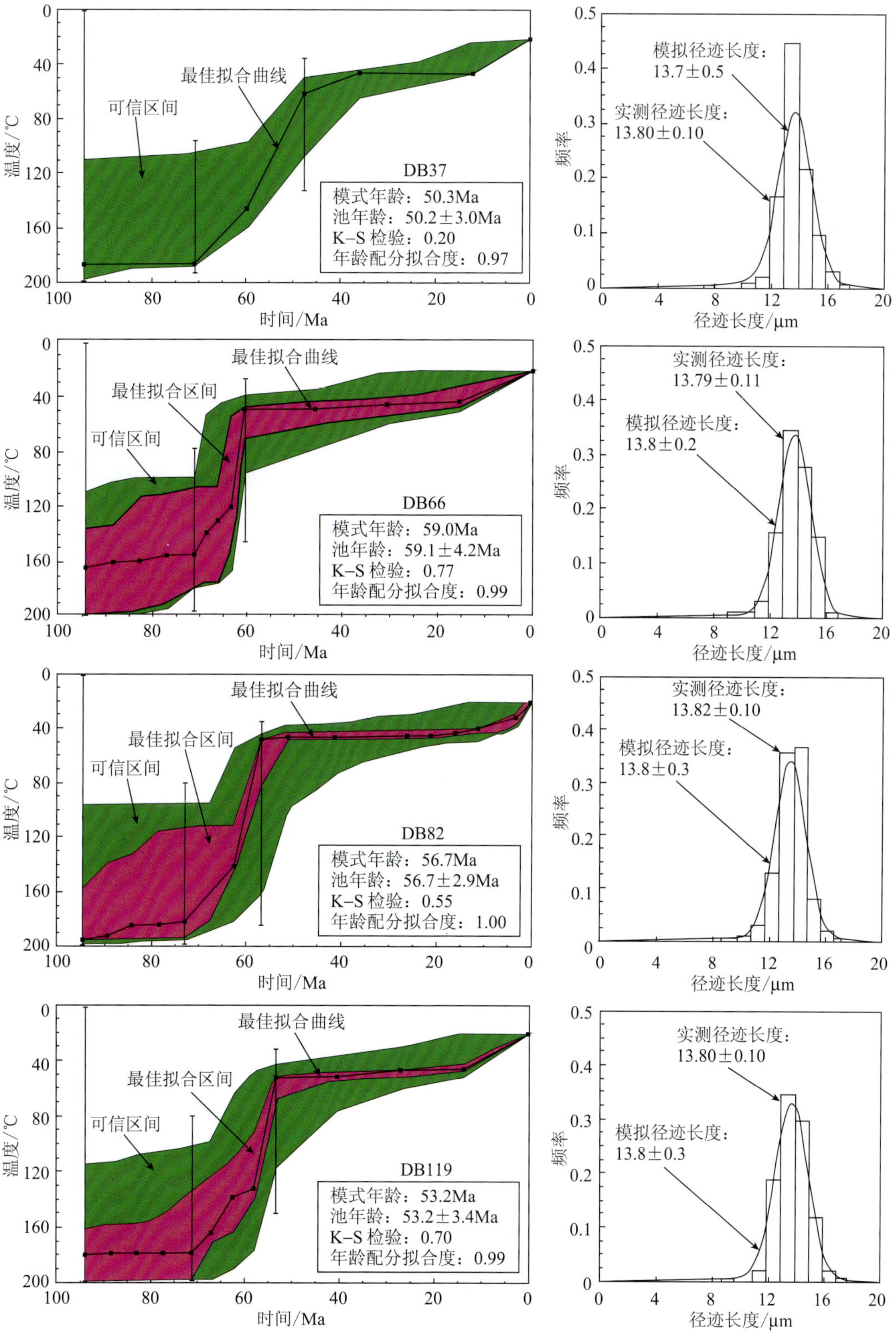

图 2-46 赋矿花岗闪长岩磷灰石裂变径迹热史模拟结果图

2. 闪长岩脉

根据热史模拟结果分析可知，多宝山铜矿闪长岩脉样品呈现相似的热史模拟曲线，表明岩体在中－新生代经历了快速隆升剥蚀和缓慢剥蚀过程。从最佳模拟曲线结果显示，闪长岩脉开始快速抬升时间发生在83.6Ma年左右，持续到48.8Ma左右转为缓慢抬升，模拟曲线表明岩体后期没有再次发生快速抬升事件，如图2－47所示。岩体的裂变径迹年龄和热史模拟结果显示，多宝山闪长岩脉快速隆升也主要发生于晚白垩世。

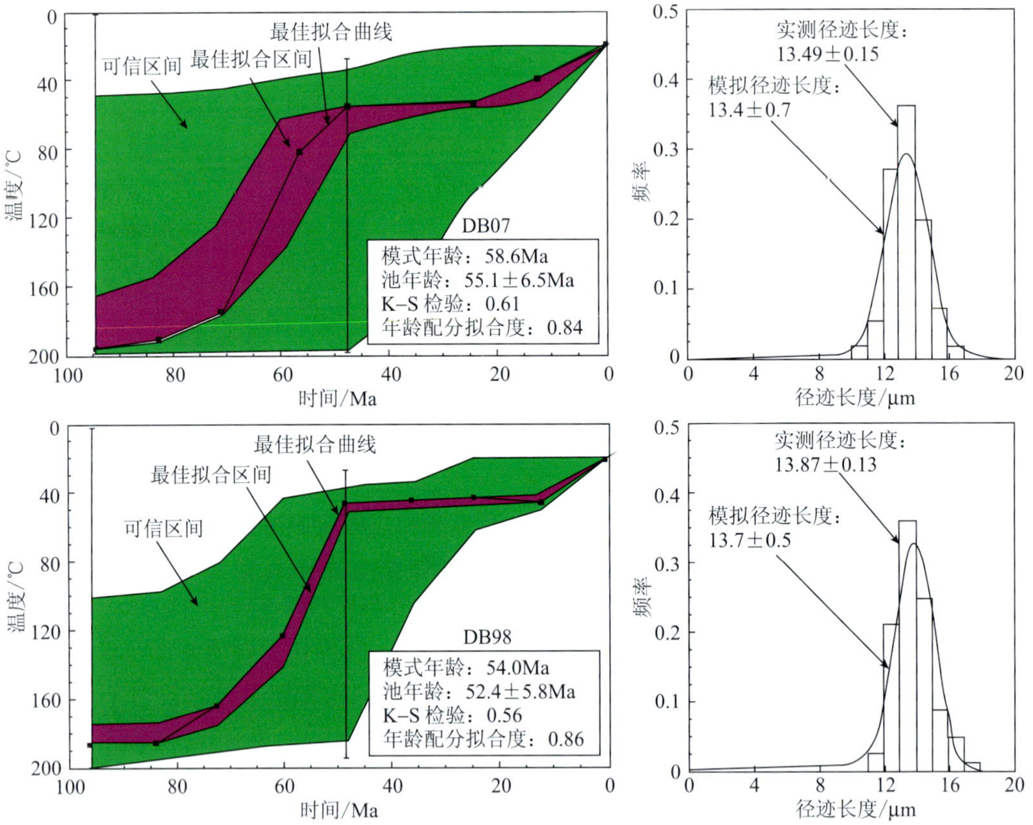

图2－47 闪长岩脉磷灰石裂变径迹热史模拟结果图

磷灰石裂变径迹的封闭温度为110℃（Gallgher，1995），多宝山地区的古地温梯度采用35℃/km（Li et al.，2011），依据热史模拟结果，晚白垩世—始新世，多宝山闪长岩脉由于抬升作用，样品快速冷却了137.1～137.2℃，抬升了3.91～3.92km，快速抬升对应时间间距为34.4～35.3Ma，平均抬升速率约为0.1125mm/a。

3. 更长花岗岩

根据矿区更长花岗岩样品热史模拟结果分析可知，更长花岗岩岩体在中－新生代同样经历了快速隆升剥蚀和缓慢剥蚀过程。从3个样品的模拟结果分析，岩体开始快速抬升时间发生在78.1Ma年左右，持续到62.8Ma左右转为缓慢抬升，如图2－48所示。之后所有样品温度均降低到磷灰石部分退火带外，且后期没有发生增温过程，模拟曲线表明岩体没有再次发生快速抬升事件。更长花岗岩岩体快速隆升也主要发生于晚白垩世。

磷灰石裂变径迹的封闭温度为110℃（Gallgher，1995），多宝山地区的古地温梯度采

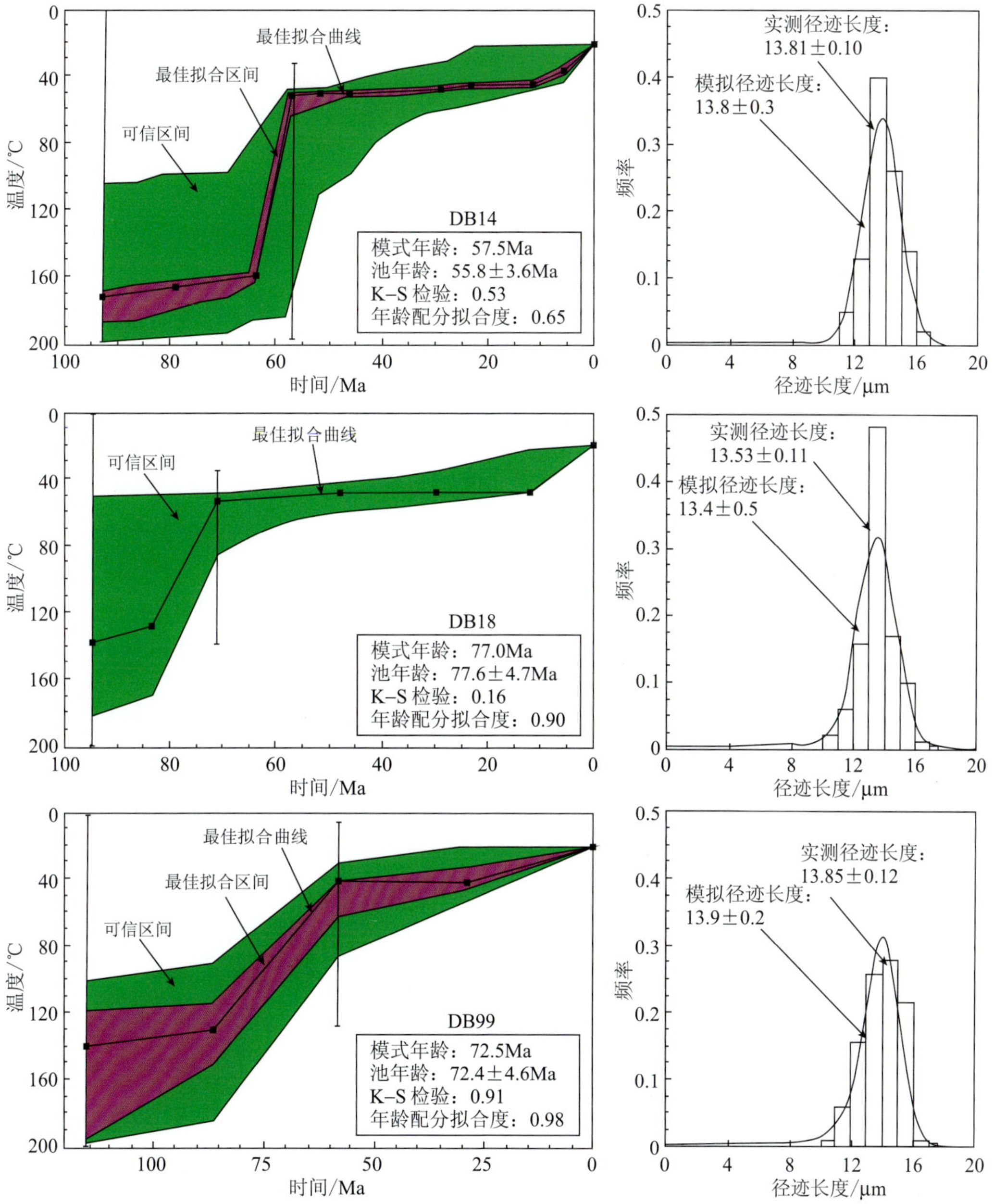

图 2-48 更长花岗岩磷灰石裂变径迹热史模拟结果图

用 35℃/km（Li et al.，2011），依据热史模拟结果，晚白垩世—始新世，多宝山更长花岗岩岩体由于抬升作用，矿体两侧围岩岩体的样品快速冷却了 80.2～102.8℃，抬升了 2.29～2.94km，快速抬升对应时间间距为 5.8～28.1Ma，平均抬升速率约为 0.2617mm/a。

（五）讨论

根据磷灰石裂变径迹年龄分析和热史模拟结果显示，晚白垩世以来岩体隆升冷却过程主要有 3 个阶段，北西向矿体两侧围岩岩体样品 82Ma 左右以前一段时间内岩体基本处于稳定阶段，82～72Ma 岩体处于快速隆升阶段，72Ma 左右至今处于缓慢抬升阶段；赋矿岩体样品 71.8Ma 左右以前一段时间内岩体基本处于稳定阶段，71.8～50.2Ma 岩体处于快速隆升阶段，50.2Ma 至今处于缓慢抬升阶段。由此可知，北西向赋矿岩体两侧围岩岩体开始快速抬升时间相对较早，北西向赋矿岩体的开始快速抬升时间相对较晚，但两期隆升基本是连续的，仅经历了一期次的部分退火作用，为矿体的保存提供了有利的地质条件。

全球中生代以前形成的斑岩铜钼矿床主要分布于中亚－兴蒙古生代造山带，多宝山斑岩铜钼矿床就是其中代表性矿床之一。根据崔根（2008）锆石 SHRIMP U－Pb 测年法对多宝山花岗闪长岩进行定年结果（479.5±4.6Ma，代表花岗闪长岩岩体的侵位时间），Zeng（2014）对铜（钼）矿床中的辉钼矿 Re－Os 同位素等时线定年结果（475.9±7.9Ma），二者年龄时间非常接近，说明成岩成矿几乎同步，为奥陶纪成矿。根据本书地质温压计研究研究结果显示，成岩时的压力为 $1.69 \sim 1.78 \times 10^8$Pa，温度为 650～710℃，岩体成岩成矿深度为 6.36～6.69km。由于岩石采样时是在地表，计算出的成岩深度即为成岩后至今的剥蚀深度，故多宝山花岗质杂岩整体平均剥蚀深度为 6.36～6.69km。

多宝山早古生代（570～409Ma）斑岩铜钼矿床的形成既与兴安地块和额尔古纳地块拼合有关，同时也和兴安地块与松嫩地块碰撞后隆起抬升有关（尹冰川和冉清昌，1997）。其中额尔古纳地块在早古生代早期（570～510Ma）已经转为稳定（葛文春等，2005；武广，2005），兴安地块在早古生代中期（510～439Ma）沿塔源－喜桂图断裂增生到额尔古纳地块之上，而松嫩地块在古生代晚期（409～250Ma）沿贺根山－嫩江断裂与上述联合块体拼贴。中生代初期（250Ma），由于晚印支运动，佳木斯地块沿牡丹江断裂与兴蒙造山带内已经联合的块体拼合（葛文春等，2007a），并入滨太平洋大陆边缘活动带而进入板内变形阶段使得该区发生褶皱。而中生代早期多宝山斑岩铜钼矿区受太平洋板块的俯冲作用影响，先期断裂活化，并有火山喷发和同源花岗岩侵入，形成了著名的大兴安岭中生代板内火山岩带（Wu et al.，2015）。侏罗－白垩纪以强烈的断裂变形及大规模的岩浆活动为特征，其中早－中侏罗世期间，本区抬升未有沉积，约在中侏罗世，可能接受嫩江深断裂活动影响，沿其东侧次级北北东及北北西向断裂有燕山期早期花岗闪长岩、石英二长闪长岩侵入。晚侏罗世—早白垩世中晚期，可能由于受库拉－太平洋板块与东亚大陆相互作用和地幔上隆的影响，矿区产生了北北东或北东向为主的断裂构造，到晚白垩世后本区以挤压抬升为主（赵一鸣和张德全，1997b；任战利等，2010），而这种挤压抬升作用引起了多宝山矿区的特殊隆升冷却事件。根据本书中磷灰石裂变径迹构造研究分析可知，晚白垩世—始新世，与成矿关系密切的花岗闪长岩岩体由于抬升矿体两侧围岩岩体的样品快速冷却了 81.7～108.9℃，平均抬升速率约为 0.2454mm/a；北西向赋矿岩体的样品快速冷却了 104.7～135.1℃，平均抬升速率约为 0.2201mm/a。揭示了两侧围岩岩体平均抬升速率较大，有利于矿床的保存，与实际地质情况吻合。

角闪石压力计数据显示多宝山成矿花岗闪长岩岩体侵位深度为 6.36～6.69km。本次流体包裹获得成矿压力从早阶段的 90MPa 降到晚阶段的 20MPa，换算各阶段脉体平均形成深度约为 4.9km（静水压力）。刘军等（2010）获得 A 型脉体的压力下限为 88MPa，对应的最小形成深度为 3.3km。魏浩等（2011）获得钾硅化阶段的形成深度为 4.0～5.8km。相对于斑岩铜矿来说，多宝山铜矿初始成矿深度还是较大的，可能在 6km 左右，成矿过程可能是在岩体快速隆升中完成的。

从区域地层分布来看，研究区从奥陶系—二叠系均为连续沉积。说明虽然多宝山铜矿形成于早古生代俯冲构造环境，有一定的隆升，但总体上矿区还处在沉积过程中。晚古生代末—三叠纪初，我国北方地区从天山到兴安带侵位一套颇具规模的碱性花岗岩带指示大规模伸展环境，研究区三叠纪大部分处于隆起、剥蚀状态而缺少三叠纪地层分布。结合裂变径迹研究结果可知，多宝山铜矿可能经历了三叠纪和白垩纪两次隆升事件抬升至地表附近。

（六）矿集区保存条件浅析

在多宝山矿集区约 $400km^2$ 的范围内现已发现的十余个矿床（点），包括有多宝山斑岩型铜钼矿床、铜山斑岩型铜钼矿床、争光浅成低温热液型金矿床、三矿沟矽卡岩型铁铜矿床、小多宝山矽卡岩型铜矿床、育宝山矽卡岩型铜铁矿床、花朵山隐爆角砾岩型矿化点、鸡冠山斑岩型铜矿点、大治热液型铁矿点以及关鸟河热液型钨矿化点等。这些矿床（点）主要分布在北西向弧形构造带上，并在空间上具有一定分布规律：南东段为浅成低温热液型金矿床（如争光）；中段为斑岩型铜钼矿床（如多宝山、铜山、鸡冠山、跃进）；北西段为矽卡岩型（铁）铜钼矿床（如三矿沟、育宝山、小多宝山）。矿集区存在北西端向南东端，成矿深部逐渐变小的趋势。

铜山矿床处于多宝山矿床的南东部位，两者成矿时代一致，成因相同，成矿条件相似。多宝山成矿岩体与主矿体均已出露地表，而铜山矿床只有Ⅰ号矿体出露地表，规模最大的Ⅲ号矿体为盲矿体，且成矿岩体尚未出露；而且铜山钻孔 1064 约 1000m 处仍存在非常可观的铜钼矿化，以上证据均表明多宝山比铜山剥蚀程度高。

争光矿区钻孔深部辉钼矿 Re－Os 年龄与多宝山、铜山成矿时代一致，暗示其深部可能存在“多宝山式”矿化，也反映出研究区北西方向比南东方向剥蚀程度高。总之，研究区北西段剥蚀程度高，成矿深度较浅的矿床（如浅成低温热液型矿床）很有可能已经被剥蚀，而研究区南东段（如争光矿区）由于剥蚀程度低，其深部有存在斑岩型－矽卡岩型矿体的可能。

主要参考文献

艾晓玲，马昌前．2000. 大别山同剥露刘家洼杂岩体角闪石、长石的矿物化学．矿物学报，20（3）：213－219.

白令安．2013. 大兴安岭中北部热液铜矿床的成矿机制与资源预测．长春：吉林大学．

陈刚，赵重远，李丕龙，等．2005. 合肥盆地构造热演化的裂变径迹证据．地球物理学报，48（6）：1366－1374.

陈光远，孙岱生，周珣若，等．1993. 胶东郭家岭花岗闪长岩成因矿物学与金矿化．武汉：中国地质大学出版社．

陈曼云．1985. 变质岩岩石学研究——第二讲 显微镜下变质矿物平衡共生及转变的研究．长春地质学院学报，4：103－109.

陈永清，黄静宁，卢英祥，等．2009. 中缅毗邻区金腊 Pb－Zn－Ag 多金属矿田元素、稳定同位素和流体包裹体地球化学．地球科学，34（4）：585－594.

崔根，王金益，张景仙，等．2008. 黑龙江多宝山花岗闪长岩的锆石 SHRIMP U－Pb 年龄及其地质意义．

世界地质，27（4）：387－394.
崔晓亮，苏尚国，孟维一，等. 2020. 河北武安地区斑状角闪二长岩中角闪石矿物学特征及其对矽卡岩铁矿成因的指示. 岩石学报，36（7）：2215－2231.
杜琦. 1980. 多宝山斑岩铜矿床蚀变与矿化特征. 地质学报，4：310－322.
杜琦，陈明秀. 1983. 多宝山斑岩铜矿床成因模式. 矿床地质，2（2）：42－48.
杜琦，赵玉明，卢秉刚，等. 1988. 多宝山斑岩铜矿床. 北京：地质出版社.
段登飞，蒋少涌. 2017. 鄂东南矿集区鸡冠嘴矽卡岩型金铜矿床含矿岩体中辉石和角闪石成分变化特征及其对岩浆演化和成矿的指示意义. 岩石学报，33（11）：3507－3517.
葛文春，吴福元，周长勇，等. 2005. 大兴安岭北部塔河花岗岩体的时代及对额尔古纳地块构造归属的制约. 科学通报，50（12）：1239－1247.
葛文春，隋振民，吴福元，等. 2007a. 大兴安岭东北部早古生代花岗岩锆石 U－Pb 年龄、Hf 同位素特征及地质意义. 岩石学报，23（2）：423－440.
葛文春，吴福元，周长勇，等. 2007b. 兴蒙造山带东段斑岩型 Cu，Mo 矿床成矿时代及其地球动力学意义. 科学通报，52（20）：2407－2417.
龚松林. 2004. 角闪石全铝压力计对黄陵岩体古隆升速率的研究. 东华理工学院学报，27（1）：52－58.
韩成满. 2007. 多宝山铜矿资源潜力. 北京：地质出版社.
韩振新，徐衍强，郑庆道. 2004. 黑龙江省重要金属和非金属矿床的成矿系列及其演化. 哈尔滨：黑龙江人民出版社：61－95.
郝宇杰. 2015. 黑龙江省多宝山矿集区成矿作用与成矿规律研究. 长春：吉林大学：1－199.
黄崇轲，白冶，朱裕生. 2001. 中国铜矿床. 北京：地质出版社：1－705.
季克俭. 1989. 热源矿床的矿源、水源和热源及矿床分布规律. 北京：北京科技出版社：1－131.
康铁笙，王世成. 1991. 地质热历史研究的裂变径迹法. 北京：科学出版社.
康志强，冯佐海，王睿. 2010. 角闪石黑云母全铝压力计的可靠性对比——以广西姑婆山－花山花岗岩为例. 桂林理工大学学报，30（4）：474－479.
雷敏，吴才来，高前明，等. 2010. 铜陵地区中酸性侵入岩及其包体的成因和矿物温压计的应用. 岩石矿物学杂志，29（03）：271－288.
李德荣. 2011. 黑龙江三矿沟铜多金属矿区（床）成矿规律及找矿方向. 北京：中国地质大学（北京）.
李晶，陈衍景，李强之，等. 2008. 甘肃阳山金矿碳氢氧同位素与成矿流体来源. 岩石学报，24（4）：817－826.
李胜荣，孙丽，张华锋. 2006. 西藏曲水碰撞花岗岩的混合成因：来自成因矿物学证据. 岩石学报，22（4）：84－94.
李武显，徐夕生，周新民. 1998. 庐山“星子杂岩”中绿帘石花岗岩的定年和成因. 地质论评，4（2）：143－148.
李晓峰，胡瑞忠，韦星林，等. 2012. 江西德兴地区主要矿床类型、成矿地质特征及其成因关系. 地质论评，58（1）：82－90.
李勇，陈宣华，董树文，等. 2012. 哈萨克斯坦阿克斗卡特大型斑岩铜矿床成矿时代与剥露历史研究. 地质学报，86（2）：295－306.
李永胜，吕志成，严光生，等. 2012. 西藏甲玛铜多金属矿床 S、Pb、H、O 同位素特征及其指示意义. 地学前缘，19（4）：72－81.
刘家军，郑明华，刘建明，等. 2000. 西秦岭寒武系金矿床中硫同位素组成及其地质意义. 长春科技大学学报，30（2）：150－156.
刘家军，何明勤，李志明，等. 2004. 云南白秧坪银铜多金属矿集区碳氧同位素组成及其意义. 矿床地质，23（1）：1－10.

刘家军，毛光剑，吴胜华，等．2010. 甘肃寨上金矿床成矿特征与形成机理．矿床地质，29（1）：85－100.
刘建辉，张培震，郑德文，等．2010. 秦岭太白山新生代隆升冷却历史的磷灰石裂变径迹分析．地球物理学报，53（10）：2405－2414.
刘建明，刘家军．1997. 滇黔桂金三角区微细浸染型金矿床的盆地流体成因模式．矿物学报，17（4）：448－456.
刘军，武广，钟伟，等．2010. 黑龙江省多宝山斑岩型（钼）矿床成矿流体特征及演化．岩石学报，26（5）：1450－1464.
卢焕章，范宏瑞，倪培，等．2004. 流体包裹体．北京：科学出版社．
骆文娟，张德会，孙剑．2010. 河北丰宁撒岱沟门钼矿区成矿岩体地球化学特征及其对矿床成因的约束．地质与勘探，46（3）：491－505.
马昌前，杨坤光，唐仲华，等．1994. 花岗岩类岩浆动力学理论方法及鄂东花岗岩类例析。武汉：中国地质大学出版社．
马昌前，杨坤光，唐仲华，等．1995. 华中大别超高压变质地体的形成和差异岩石隆升－剥露：来自火成岩的证据．地球科学：中国地质大学学报，20（5）：515－520.
马鸿文．1993. 结晶岩热力学概论．北京：地质出版：1－188.
潘小菲，宋宇财，王淑贤，等．2009. 德兴铜厂斑岩型铜金矿床热液演化过程．地质学报，83（12）：1930－1950.
任战利，崔军平，史政等．2010. 中国东北地区晚古生代构造演化及后期改造．石油与天然气地质，31（6）：734－742.
芮宗瑶，李荫清，王龙生，等．2003. 从流体包裹体研究探讨金属矿床成矿条件．矿床地质，22（1）：13－23.
佘宏全，李进文，向安平，等．2012. 大兴安岭中北段原岩锆石 U－Pb 测年及其与区域构造演化关系．岩石学报，28（2）：571－594.
申俊峰，李胜荣，徐渴鑫，等．2020. 辽西赤峰－朝阳金矿带早白垩世以来的隆升剥蚀及启示意义．地学前缘，27（5）：151－170.
孙燕，刘建明，曾庆栋．2012. 斑岩型铜（钼）矿床和斑岩型钼（铜）矿床的形成机制探讨：流体演化及构造背景的影响．地学前缘，19（6）：179－193.
孙岳，陈正乐，陈柏林，等．2014. 阿尔金北缘 EW 向山脉新生代隆升剥露的裂变径迹证据．地球学报，35（1）：67－75.
谭成印，王根厚，李永胜．2010. 黑龙江多宝山成矿区找矿新进展及其地质意义．地质通报，29（2－3）：436－445.
唐哲民，郭宪璞，乔秀夫．2011. 龙门山中、南段中－新生代隆升史：来自裂变径迹证据．岩石学报，27（11）：3471－3478.
唐智博，李理，时秀朋，等．2011. 鲁西隆起蒙山晚白垩世－新生代抬升的裂变径迹证据．中山大学学报（自然科学版），50（2）：0127－0133.
王翠云，李晓峰，肖荣，等．2012. 德兴铜厂斑岩铜矿脉体类型、分布规律及其对成矿的指示意义．矿床地质，31（1）：94－110.
王建平，翟裕生，刘家军，等．2008. 矿床变化与保存研究的裂变径迹新途径．自然科学进展，23（4）：421－427.
王莉娟．1998. 流体包裹体成分分析研究．地质论评，5（44）：496－501.
王式光，姜长义，王廷印，等．1982. 太行山北段某些燕山期花岗岩类岩石中黑云母和角闪石的化学特征．国际花岗岩地质和成矿关系论文集：21－37.

王喜臣，马德有，刘金英．1999．寻找中国超大型铜矿床——以多宝山铜矿田为例．地球学报，20（增刊）：222－226．

王喜臣，王训练，王琳，等．2007．黑龙江多宝山超大型斑岩铜矿的成矿作用和后期改造．地质科学，42（1）：124－133．

魏浩，徐九华，曾庆栋，等．2011．黑龙江省多宝山斑岩型铜（钼）矿床蚀变－矿化阶段及其流体演化．岩石学报，27（5）：1361－1374．

吴春明，黄志全．1997．1990～1996年标度的同位素地质温度计．世界地质，16（3）：24－29．

吴春明，潘裕生，王凯怡．1999．矿物温压计研究简述．地学前缘，6（1）：29．

吴春明，肖玲玲，倪善芹．2007．泥质变质岩系主要的矿物温度计与压力计．地学前缘，14（1）：144－150．

武广．2005．大兴安岭北部区域成矿背景与有色、贵金属矿床成矿作用．长春：吉林大学．

武广，刘军，钟伟，等．2009．黑龙江省铜山斑岩铜矿流体包裹体研究．岩石学报，25（11）：2995－3006．

肖庆辉，邓晋福，马大铨．2002．花岗岩研究思维与方法．北京：地质出版社．

尹冰川，冉清昌．1997．多宝山超大型铜矿床的成矿构造环境．矿物学报，17（2）：220－224．

曾令森，陈晶，陈振宇，等．2007．山东石岛花岗岩复合岩体的侵位深度与苏鲁超高压变质岩的快速折返机制及动力学效应．岩石学报，23（12）：3171－3179．

翟裕生．1999．论成矿系统．地学前缘，6（1）：13－27．

翟裕生，邓军，彭润民．2000．矿床变化与保存的研究内容和研究方法．地球科学——中国地质大学学报，25（4）：340－345．

张锦让，温汉捷，秦朝建，等．2011．兰坪盆地连城 Cu－Mo 多金属矿床流体包裹体和稳定同位素地球化学研究．岩石学报，28（5）：1373－1386．

张理刚，刘敬秀，周环波，等．1990．石英－水－盐体系氧同位素分馏作用．矿床地质，9（2）：158－165．

张立东，李成禄，徐国战．2011．黑龙江多宝山地区二长闪长岩元素地球化学 SHRIMP 锆石 U－Pb 年代学及构造背景研究．矿物学报，增刊：664－665．

张德会．1992．矿物包裹体液相成分特征及其矿床成因意义．地球科学：中国地质大学学报，17（6）：677－688．

张华锋，李胜荣，翟明国，等．2006．胶东半岛早白垩世地壳隆升剥蚀及其动力学意义．岩石学报，22（2）：285－295．

张拴宏，赵越，刘健，等．2007．华北地块北缘晚古生代－中生代花岗岩体侵位深度及其构造意义．岩石学报，23（03）：625－638．

赵焕利，刘旭光，刘海洋，等．2011．黑龙江多宝山古生代海盆闭合的岩石学证据．世界地质，30（1）：18－26．

赵焕利，朱春艳，刘海洋，等．2012．黑龙江多宝山铜矿床中花岗闪长岩锆石 SHRIMP U－Pb 测年及其构造意义．地质与资源，21（5）：421－424．

赵一鸣，毕承思，邹晓秋，等．1997a．黑龙江多宝山、铜山大型斑岩铜（钼）矿床中辉钼矿的铼－锇同位素年龄．地球学报，18（1）：61－67．

赵一鸣，张德全．1997b．大兴安岭及其邻区铜多金属矿床成矿规律与远景评价．北京：地震出版社：48－82．

赵元艺，赵广江．1995a．黑龙江多宝山铜矿田稀土元素地球化学特征及多宝山铜矿床成因模式．吉林地质，14（2）：71－78．

赵元艺，马志红，仲崇学．1995b．黑龙江铜山铜矿床地球化学及其找矿模型．地质与勘探，31（3）：

48 – 54.
赵元艺，马志红，冯本智．1997a. 黑龙江多宝山铜矿床地球化学找矿模型．桂林工学院学报，17（1）：48 – 54.
赵元艺，马志红，仲崇学，等．1997b. 多宝山铜矿床成矿作用地球化学研究．西安地质学院学报，19（1）：28 – 34.
赵元艺，王江朋，赵广江，等．2011. 黑龙江多宝山矿集区成矿规律与找矿方向．吉林大学学报（地球科学版），41（6）：1676 – 1688.
赵增霞，杨小男，徐兆文，等．2013. 河南新县地区早白垩世花岗岩矿物温压计研究．南京大学学报（自然科学版），49（6）：747 – 761.
赵忠海，曲晖，郭艳，等．2011. 黑龙江多宝山成矿区金矿成矿规律找矿方向．地质与资源，20（2）：89 – 95.
赵忠海，郑卫政，曲晖，等．2012. 黑龙江多宝山地区铜金成矿作用与成矿规律．矿床地质，31（3）：601 – 614.
郑永飞，陈江峰．2000. 稳定同位素地球化学．北京：科学出版社．
郑永飞．2001. 稳定同位素体系理论模式及其矿床地球化学应用．矿床地质，20（1）：57 – 70.
郑勇，余心起，袁万明，等．2011. 皖南黄山花岗岩体隆升时代的裂变径迹制约．地球科学，41（1）：40 – 51.
朱文斌，张志勇，舒良树，等．2007. 塔里木北缘前寒武基底隆升剥露史：来自磷灰石裂变径迹的证据．岩石学报，23（7）：1671 – 1682.
邹波，王国芝，邓江红．2014. 青藏高原东南缘中甸地区上新世快速隆升的磷灰石裂变径迹证据．成都理工大学学报（自然科学版），41（2）：227 – 236.
Anderson J L, Smith D R. 1995. The effects of temperature and f_{O_2} on the Al-in-hornblende barometer. American Mineralogist, 80: 549 – 559.
Banner J L, Hanson G N. 1990. Calculation of simutaneous isotopic and trace-element variations during water-rock interaction and with applications to carbonate diagenesis. Geochimica et Cosmochimica Acta, 54 (11): 3123 – 3137.
Batchelor R A, Bowden P. 1985. Petrogenetic interpretation of granitoid rock series using multicationic parameters. Chemical Geology, 48: 43 – 55.
Blundy J D, Holland T J B. 1990. Calcic amphibole equilibria and a new amphibole-plagioclase geothermometer. Contribution to Mineralogy and Petrology, 104: 208 – 224.
Bodnar R J. 1993. Revised equation and table for determining the freezing point depression of H_2O – NaCl solutions. Geochimica et Cosmochimica Acta, 57 (3): 683 – 684.
Chivas A R. 1981. Geochemical evidence for magmatic fluids in porphyry copper mineralization. Part 1: Matic silicate form the Koloula igneous complex. Contributions to Mineralogy and Petrology, 78: 389 – 403.
Clark I, Fritz P. 1997. Environmental isotopes in hydrogeology. New York: Lewis Publishers.
Clayton R N, O'neil J R, Mayeda T K. 1972. Oxygen isotope exchange between quartz and water. Journal of Geophysical Research, 77 (17): 3057 – 3067.
Cline J S, Bodnar R J. 1991. Can economic porphyry copper mineralization be generated by a typical calc-alkaline melt? Journal of Geophysical Research – Solid Earth, 96 (B5): 8113 – 8126.
Cook D R, Hollings P, Walshe J. 2005. Giant porphyry deposits: Characteristics, distribution and tectonic control. Economic Geology, 100 (5): 801 – 818.
Cunningham C G, Singer D A, Zappettini E Z. 2007. A preliminary quantitative mineral resource assessment of undiscovered porphyry copper resources in the Andes Mountains of South America. Society of Economic Geology

Newsletter (71): 8 – 13.

Donelick R A, O'Sullican P B, Ketcham R A. 2005. Apatite fission-track analysis. Rev Mineral Geochem, 58: 49 – 94.

Fleischer P L, Price P B. 1964. Technique for geological dating of minerals by chemical etching of fission fragment tracks. Geochim Cosmochim Acta, 28: 1705.

Galbraith R F. 1981. On statistical models for fission track counts. Mathematical Geology, 13: 471 – 488.

Galbraith R F, Laslett G M. 1993. Statistical models for mixed fission track ages. Nuclear Tracks and Radiation Measurements, 21: 459 – 470.

Gallagher K. 1995. Evolving temperature histories from apatite fission track data. Earth and Planetary Science Letter 113, 157 – 171.

Gleadow A J W, Duddy I R. 1981. A natural long-term track annealing experiment for apatite. Nucl. Tracks, 5: 169 – 74.

Gleadow A J W, Duddy I R, Green P F, et al. 1986a. Confined fission track lengths in apatite: a diagnostic tool for thermal history analysis. Contributions to Mineralogy and Petrology, 94: 405 – 415.

Gleadow A J W, Duddy I R, Green P F, et al. 1986b. Fission track lengths in the apatite annealing zone and the interpretation of mixed ages. Earth Planet Sci Lett, 78: 245 – 254.

Green P F, Duddy I R, Laslett G M, et al. 1989. Thermal annealing of fission tracks in apatite 4. Quantitative modeling techniques and extension to geological timescales. Chemical Geology, 79: 155 – 182.

Green P R. 1981. A new look at statistics in fission track dating. Neclear Tracks, 5 (1 – 2): 77 – 86.

Hall D L, Sterner S M, Bodnar R J. 1988. Freezing point depression of NaCl – KCl – H_2O solutions. Economic Geology, 83: 197 – 202.

Ham marstrom J M, Zen E. 1986. Aluminum in hornblende: an empirical igneous geobarometer. American Mineralogist, 71: 1297 – 1313.

Hao Y J, Ren Y S, Duan M X, et al. 2014. Metallogenic events and tectonic setting of the Duobaoshan ore field in Heilongjiang Province, NE China. Journal of Asian Earth Sciences, 97: 442 – 458.

Hoefs J. 1997. Stable isotope geochemistry. New York: Springer.

Hoefs J. 2004. Stable isotope geochemistry. Berlin: Springer – Verlag.

Holland T J B, Blundy J D. 1994. Non-ideal interactions in calcic amphiboles and their bearing on amphibole-plagioclase thermometry. Contributions to Mineralogy and Petrology, 116: 433 – 447.

Hollister L S, Grissom G C, Peters E K, et al. 1987. Confirmation of the empirical correlation of Al in hornblende with pressure of solidification of calc-alkaline plutons. American Mineralogist, 72: 231 – 239.

Hurford A J, Green P F. 1982. A users' guide to fission-track dating calibration. Earth Planet Science Letters, 59: 343 – 354.

Hurford A J, Green P F. 1983. The zeta age calibration of fission-track dating. Chemical Geology, 41: 285 – 317.

Hurford A J, Green P F. 1983. The Zetaage calibration of fission track dating. Isotope Geosciences, 65 (1): 285 – 317.

Johnson M C, Rutherford M J. 1989. Experimental calibration of the aluminum-in-hornblende geobarometer with application to Long Valley caldera (California) volcanic rocks. Geology, 17: 837 – 841.

Ketcham R A, Donelick R A, Carlson W D. 1999. Variability of apatite fission track annealing kinetics Ⅲ: Extrapolation to geological time scales. American Mineralogist, 84: 1235 – 1255.

Ketcham R A, Donelick R A, Donelick M B. 2000. AFT solve: A program for multi-kinetics modeling of apatite fission-track data. Geological Materials Research, 2 (1): 1 – 32.

Leake B E. 1968. A catalog of analyzed calciferous and subcalciferous amphiboles together with their nomenclature and associated minerals. Geological Society of America Special Papers: 98.

Leake B E. 1971. On aluminous and edenitic hornblendes. Mineralogical Magazine, 38: 389 - 407.

Leake B E. 1978. Nomenclature of amphibole. American Mineralogist, 63: 1023 - 1052.

Leake B E, Woolley A R, Arps C E S, et al. 1997. Nomenclature of amphiboles: Report of the subcommittee on amphiboles of the international mineralogical association, commission on new minerals and mineral names. Eur J Mineral, 9: 623 - 651.

Li J Y. 2006. Permian geodynamic setting of Northeast China and adjacent regions: Closure of the Paleo - Asian Ocean and subduction of the Paleo - Pacific Plate. Journal of Asian Earth Sciences, 26: 207 - 224.

Li X M, Yang X Y, Xia B, et al. 2011. Exhumation of the Dahinggan Mountains, NE China from the Late Mesozoic to the Cenozoic: New evidence from fission-track thermochronology. Journal of Asian Earth Sciences, 42: 123 - 133.

Liu J, Wu G, Li Y, et al. 2012. Re - Os sulfide (chalcopyrite, pyrite and molybdenite) systematics and fiuid inclusion study of the Duobaoshan porphyry Cu (Mo) deposit, Heilongjiang. Journal of Asian Earth Sciences, 49: 300 - 312.

Maniar P D, Piccoli P M. 1989. Tectonic discriminations of granitoids. Geological society of America Bulletin, 101: 635 - 643.

Mason G H. 1985. The mineralogy and textures of the Costal Batholith, Peru//Pitcher W S, et al. Magnarism at a Plate Edge. Blackie Halsted Press: 156 - 166.

Misra K C. 2005. Understanding Mineral Deposit. Dordrecht: Kluwer Academic Publisher: 397 - 418.

Morán - Zenteno D J, Corona - Chavez P, Tolson G. 1996. Uplift and subduction erosion in southwestern Mexico since the Oligocene: pluton geobarometry constraints. Earth Planetary Science Letter, 141: 51 - 65.

Naeser C W. 1979. Thermal history of sedimentary basins: Fission track dating of subsurface rocks. SEPM Special Publication, 26: 109 - 112.

Nash J T. 1976. Fluid-inclusion petrology-data from porphyry copper deposits and applications to exploration. Washington: U. S. Geological Survey Professional Paper: 907 - 916.

Ohmoto H. 1972. Systematics of sulfur and carbon isotopes in hydrothermal ore deposits. Economic Geology, 67 (5): 551 - 578.

Ohnoto H, Rye R O. 1979. Isotope of sulfur and carbon. Geochemistry of Hydrothermal Ore Deposits, 2: 509 - 567.

Ohmoto H. 1986. Stable isotope geochemistry of ore deposits. Reviews in Mineralogy and Geochemistry, 16: 491 - 559.

Otten M T. 1984. The origin of brown hornblende in the Artssjallet gabbros and dolerites. Contribution to Mineralogy and Petrology, 86: 185 - 199.

Pearce J A, Harris N B W, Tindle A G. 1984. Trace element discrimination diagrams for the tectonic interpretation of granitic rocks. Journal of petrology, 25 (4): 956 - 983.

Peccerillo A, Taylor S R. 1976. Geochemistry of Eocene calc-alkaline volcanic rocks from the Kastamonu Area, Northern Turkey. Contributions to Mineralogy and Petrology, 58 (1): 63 - 81.

Pitzer K S, Pabalan R T. 1986. Thermodynamics of NaCl in steam. Geochimica et Cosmochimica Acta, 50 (7): 1445 - 1454.

Richards J P. 2005. Cumulative factors in the generation of giant calc-alkaline porphyry Cu deposits: Super porphyry copper & gold deposits. PGC Publishing, 1: 7 - 25.

Roedder E. 1979. Fluid inclusion evidence on the environments of sedimentary diagenesis, a review. SEPM

(Society for Sedimentary Geology) Special Publication, 26: 89 - 107.

Roedder E, Bodnar R J. 1980. Geologica pressure determinations from fluid inclusion studies. Annual Review of Earth and Planetary Sciences, 8: 263 - 301.

Rollison H R. 1993. Using geochemical data: Evaluation, Presentation, interpretation. New York: Longman Scientific and Technical Co. published in the United States with Joho Wiley Sons, Inc.

Schmidt M W. 1992. Amphibole composition in tonalite as a function of pressure: an experimental calibration of the Al-in-hornblende barometer. Contributions to Mineralogy and Petrology, 110: 304 - 310.

Sengör A M C, Natal'in B A, Burtman V S. 1993. Evolution of the Altaid tectonic collage and Paleozoic crustal growth in Eurasia. Nature, 364: 299 - 307.

Shepherd T J, Rankin A H, Alderton D H M. 1985. A practical guide to fluid inclusion. Blackie: Chapman and Hall.

Sheppard S M F. 1986. Characterization and isotopic variations in natural waters. Reviews in Mineralogy and Geochemistry, 16: 165 - 183.

Sial A N, Toselli A J, Saavedra J, et al. 1999. Emplacement, petrological and magnetic susceptibility characteristics of diverse magmatic epidote-bearing granitoid rocks in Brazil, Argentina and Chile. Lithos, 46: 367 - 392.

Sillitoe R H. 1997. Characteristics and controls of the largest porphyry copper-gold and epithermal gold deposits in the Cirum - Pacific region. Australian Journal of Earth Sciences, 44: 373 - 388.

Sourirajan S, Kennedy G C. 1962. The system H_2O - NaCl at elevated temperatures and pressures. American Journal of Science, 260 (2): 115 - 141.

Staudigel H, Albarede F, Blichrt - Toft J, et al. 1998. Geochemical Earth Reference Model (GERM): description of the initiative. Chemical Geology, 145 (3 - 4): 153 - 489.

Stein C, Dietl C. 2001. Hornblende thermobarometry of granitoids from the central Odenwald (Germany) and their implications for the geotectonic development of the Odenwald. Mineral and Petrology, 72: 185 - 207.

Streckeisen A, Le Maitre R W. 1979. A chemical approximation to the modal QAPF classification of the igneous rocks. Neues Jahrb Mineral, Abh, 136 (2): 169 - 206.

Sun S S, McDonough W F. 1989. Chemical and isotopic systematics of oceanic basalts: Implications for mantle composition and process. Geological Society of London Special Publication, 42 (1): 313 - 345.

Taylor B E. 1986. Magmatic volatiles: Isotope variation of C, H and S reviews in mineralogy//Valley J W, Taylor H P, Clayton R N O, et al. Stable Isotopes in High Temperature Geological Process. America: Mineralogical Society of America, 16: 185 - 226.

Taylor S R, McLennan S M. 1985. The Continental crust: Its composition and evolution. Blackwell Scientific Pub.

Veizer J, Holser W T, Wilgus C K. 1980. Correlation of $^{13}C/^{12}C$ and $^{34}S/^{32}S$ secular variations. Geochimica et Cosmochimica Acta, 44: 579 - 587.

Vyhnal C R, Mcsween H Y J. 1990. Constraints on Alleghanian vertical displacements in the southern Appalachian Piedmont, based on aluminum-in-hornblende barometry. Geology, 18 (10): 938 - 941.

Wones D R. 1981. Mafic silicates as indicators of intensive variables in granitic magmas. Mining Geology, 31: 191 - 212.

Wright J B. 1969. A simple alkalinity ratio and its application to questions of non-orogenic granite genesis. Geological Magazine, 106 (4): 370 - 380.

Wu F Y, Sun D Y, Li H M, et al. 2002. A-type granites in NE China: Age and geochemical constraints on their petrogenesis. Chemical Geology, 187: 143 - 173.

Wu F Y, Sun D Y, Ge W C, et al. 2011. Geochronology of the Phanerozoic granitoids in northeastern China. Journal of Asian Earth Sciences, 41: 1 – 30.

Wu G, Chen Y C, Chen Y J, et al. 2012. Zircon U – Pb ages of the metamorphic supracrustal rocks of the Xinhudukou Group and granitic complexes in the Argun massif of the northern Greater Xing'an Mountains, NE China, and their tectonic implications. Journal of Asian Earth Science, 49, 214 – 233.

Wu G, Chen Y C, Sun F Y, et al. 2015. Geochronology, geochemistry, and Sr – Nd – Hf isotopes of the early Paleozoic igneous rocks in the Duobaoshan area, NE China, and their geological significance. Journal of Asian Earth Sciences, 97: 229 – 250.

Xiao W J, Windley B F, Hao J, et al. 2003. Accretion leading to collision and the Permian Solonker suture, Inner Mongolia, China: Termination of the central Asian orogenic belt. Tectonics, 22 (6): 1069 – 1088.

Zeng Q D, Chu S X, Wang Y B, et al. 2014. Re – Os and U – Pb geochronology of the Duobaoshan porphyry Cu – Mo – (Au) deposit, northeast China, and its geological significance. Journal of Asian Earth Sciences, 79 (2): 895 – 909.

Zhang S H, Zhao Y, Song B. 2006. Hornblende thermobarometry of the Carboniferous granitoids from the Inner Mongolia paleo-uplift: implications for the tectonic evolution of the northern margin of North China block. Mineralogy and Petrology, 87: 123 – 141.

第三章　得尔布干成矿带斑岩铜钼矿床成矿背景、过程及保存

得尔布干成矿带是中国北方矿产资源战略性找矿评价的重要区带（陈志广等，2006；毛景文等，2013）。其大地构造位置处于中亚造山带东部蒙古－鄂霍次克缝合带东南侧（图3－1）。本区构造作用强烈，岩浆活动频繁，发育多期成矿作用（图3－2），形成了砂宝斯、二十一站等金矿床，得耳布尔、二道河子、特格乌拉、额仁陶勒盖、甲乌拉、查干布拉根等铅锌银矿床，以及八大关、乌努格吐山、八八一、呼扎盖吐、太平川等铜、钼共生矿床（权恒等，2002；赵明玉等，2002；李进文等，2006；李德胜和王志峰，2007；聂凤军等，2013）。得尔布干成矿带已探明的铜钼矿床数量相对较少，前人研究成果聚集于乌努格吐山和太平川斑岩型矿床，获得了大量研究成果（陈志广，2010；宓奎峰等，2014），其余中小型矿床如八八一、八大关铜矿以及新发现的呼扎盖吐钼矿等研究工作投入相对较少（陈志广，2010；李春风等，2014；侯召硕，2014；康永建等，2014）。在当前内蒙古自治区大力找寻铜矿的背景之下，深入研究乌努格吐山、八大关铜钼矿等矿床特征、成矿过程和成矿规律，对于总结得尔布干成矿带成矿规律，进而指导周边铜矿的找矿勘查工作具有重要的理论指导作用。

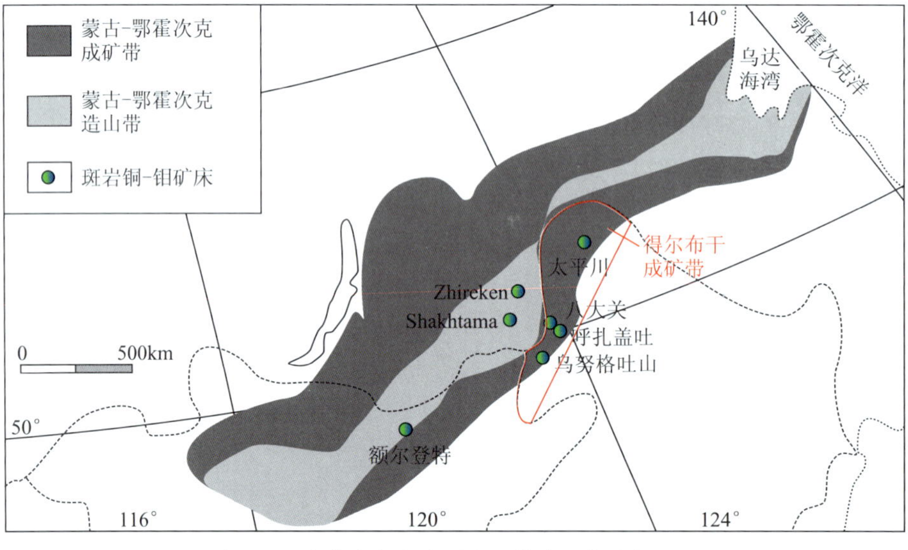

图3－1　内蒙古得尔布干成矿带大地构造位置图
（据Zorin et al.，2001，有修改）

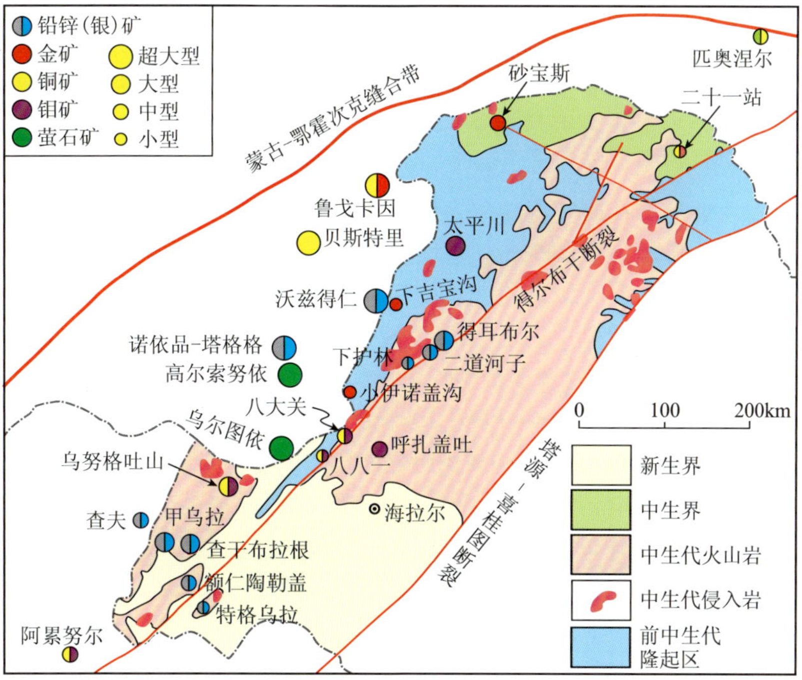

图 3－2　得尔布干成矿带主要矿床分布图

（据权恒等，2002，有修改）

第一节　区域成矿背景

区域内的地层主要包括由角闪岩相变质的兴华渡口群、绿片岩相变质的佳疙瘩群和少量新元古代花岗质岩石构成的结晶基底（表尚虎和何晓华，1999；Sun et al.，2002；Ge et al.，2015）。古生界包括寒武系、奥陶系、志留系、泥盆系、石炭系以及二叠系碎屑岩和碳酸盐岩，这些地层零星分布于额尔古纳地块之上。根据近年的研究，虽然对前寒武系地层时代进行了重新划分，但仍可以确定得尔布干成矿带存在前寒武系地质体；目前对研究区古生代地层研究较少，资料主要来源于《内蒙古自治区岩石地层》（内蒙古自治区地质矿产局，1996）和《内蒙古自治区区域地质志》（内蒙古自治区地质矿产局，1991）。而研究区中生代地层的研究程度相对较高。

一、区域地层

得尔布干成矿带前寒武系基底岩石发生了强烈的变质变形作用，构成了得尔布干成矿带的结晶基底，主要包括兴华渡口群和佳疙瘩组。古生代地层主要有奥陶系、志留系、泥盆系、石炭系，其中以奥陶系出露较多。

兴华渡口群： 本区出露的最老地层（表尚虎和何晓华，1999；Sun et al.，2002；Ge et al.，2015），主要分布在黑龙江漠河、塔河、呼玛、新林和内蒙古鄂伦春松岭及加格达奇等地区。孙广瑞等（2002）重新厘定后的兴华渡口群主要由一套花岗质片麻岩和变质基性、酸性火山岩及少量变质沉积岩组成。此外，在火山－沉积建造中还零星分布呈残块状的变质岩，岩石类型主要包括斜长角闪岩类、片麻岩类、变（浅）粒岩类、片岩类及大理岩等。前人依据区域变质程度、区域构造特征和含有条带状磁铁石英岩及磁铁矿层等标志将兴华渡口群归为古元古界（内蒙古自治区地质矿产局，1991，1996）。而 Ge et al.（2015）利用 LA－ICP－MS 锆石 U－Pb 法测得兴华渡口群的年龄为～850Ma，属新元古代。

佳疙瘩组：主要分布在研究区额尔古纳河流域，以额尔古纳右旗佳疙瘩附近的右安格列河两岸出露较全，厚度大于 2451m。岩性主要为一套以银灰色绢云母石英片岩和灰绿色石英片岩为主的变沉积岩－火山岩建造，变质程度达绿片岩相。现定义的佳疙瘩组是一套颜色较杂的各种片岩、浅粒岩、石英岩及少量变质砂岩等岩石组合（内蒙古自治区地质矿产局，1996），原岩为碎屑岩及少量酸性火山岩，前人根据地层接触关系将其时代确定为新元古代（内蒙古自治区地质矿产局，1991）。Zhao 等（2016）对佳疙瘩组中变质碎屑岩和火山岩进行锆石 U－Pb 测年，碎屑锆石峰期年龄主要有～764Ma、～790Ma、～850Ma、～890Ma 和～960Ma，表明佳疙瘩组标准剖面中的变质碎屑岩的形成时代为新元古代。

额尔古纳河组：主要分布在得尔布干成矿带隆起区的莫尔道嘎以北地区，在上黑龙江盆地、满洲里－克鲁伦火山盆地及中蒙边境地区也有零星分布，为一套浅海碎屑岩－碳酸盐岩组合。顶底界限不清，厚度大于 4200m。额尔古纳河组自下而上分为 3 个岩性段：①灰褐色变质长石石英砂岩、变粒岩、浅粒岩和斜长黑云片岩；②黑色含碳质粉砂质板岩、绢云母板岩、碳质结晶灰岩和变质粉砂岩；③白色白云质硅质大理岩和少量变质钙质长石石英砂岩。内蒙古自治区地质矿产局（1996）将额尔古纳河组时代置于新元古代。最新碎屑锆石 U－Pb 测年显示额尔古纳河组形成时代为 738～712Ma，属于新元古代（刘翠等，2014）。

多宝山组：仅在得尔布干成矿带中南部有少量出露，是一套海相中酸性火山岩夹页岩、板岩沉积组合，部分地区含腕足类化石，时代为早－中奥陶世（内蒙古自治区地质矿产局，1996）。

乌宾敖包组：主要分布在恩和村和八大关牧场，是一套浅海相沉积地层，主要是以各种板岩为主、夹少量粉砂岩及灰岩透镜体的岩石组合，含腕足类及三叶虫化石，前人将其时代归为早－中奥陶世（内蒙古自治区地质矿产局，1996）。刘翠等（2014）根据乌宾敖包组中砂岩碎屑锆石定年限定其形成时代为 466Ma，即晚志留世。

卧都河组：仅出露在得尔布干成矿带上五卡村东，是一套板岩及砂岩板岩互层组合。区域上与其下的额尔古纳河组或多宝山组呈断层接触，含大量 *Tuvaella* 化石，时代定为志留纪－早泥盆世（内蒙古自治区地质矿产局，1996）。Cui et al.（2015）利用 LA－ICP－MS 锆石 U－Pb 测得卧都河组碎屑锆石年龄为 429±4Ma，说明其形成于志留纪中晚期。

泥鳅河组：由原骆驼山组、鄂伦春组、霍龙门组、北矿组的岩石组成，主要分布在额尔古纳和上黑龙江盆地等地区，厚度为 1000～3000m。剖面自下而上主要分为 2 个岩性段：①灰绿色含砾石英砂岩、泥质粉砂岩、钙质粉砂岩、粉砂岩、泥灰岩和生物灰岩；②灰绿、灰黑色陆源碎屑岩、生物碎屑灰岩夹硅质岩、火山碎屑岩和含放射虫灰岩，以泥质、钙质粉砂岩为主，夹碳酸盐岩的滨海－浅海相沉积。内蒙古自治区地质矿产局（1996）将其时代归为早－中泥盆世，滨浅海相沉积环境（张海华等，2014）。Zhao 等（2014）测得泥鳅河组砂岩碎屑锆石 U－Pb 年龄峰值为 435Ma。

红水泉组：主要分布在额尔古纳右旗红水泉子、陈巴尔虎旗哈达图农场、牙克石市大南沟、鄂温克族自治旗的维纳河下游和布特哈旗的安清泰河一带，但露头连续性差，厚度约为1115m。红水泉组是一套正常海相碎屑岩、灰岩局部夹凝灰岩地层序列，含腕足类、珊瑚化石（内蒙古自治区地质矿产局，1996）。赵芝等（2012）获得三河镇地区红水泉组砂岩碎屑锆石U－Pb年龄集中于563～353Ma之间，认为红水泉组的沉积上限为早石炭世。

莫尔根河组：主要分布在得尔布干成矿带中部与兴安地块交界处，是早石炭世海相火山岩地层序列（内蒙古自治区地质矿产局，1996）。该组岩性主要为海底富钠火山岩，成分从基性、中性到酸性均有发育，部分地区伴有放射虫硅质岩、硅质粉砂岩、板岩及灰岩等，代表火山活动强烈。李宝民（2012）对嫩江地区莫尔根河组火山岩进行锆石U－Pb测年结果为353±2Ma，进一步说明该组形成于早石炭世。

伊根河组：分布于鄂伦春古生代增生带，属于陆相碎屑岩，厚度大于450m。岩性主要由灰黑色砾岩、砾岩夹粉砂岩、泥质岩、粉砂岩等组成。

万宝组：得尔布干成矿带中主要分布于中蒙边境一带，并向西延入蒙古国境内，厚度大于966m。万宝组岩性主要包括灰色复成分砾岩、粗粒岩屑砂岩、中细粒岩屑砂岩、褐黄色硅泥质粉砂岩，灰白色纹层状泥晶白云岩与灰黑色泥质白云岩不等厚互层夹含粉砂硅泥岩等（宝音乌力吉等，2011）。

塔木兰沟组：在得尔布干成矿带分布较为广泛，是大兴安岭北部地区层位最低的中、基性火山岩地层，以火山熔岩为主，还包括火山碎屑岩、火山－沉积碎屑岩和次火山岩类。岩性主要为橄榄玄武岩、玄武岩、玄武粗安岩、辉石安山岩、粗安岩、粗安质熔结凝灰岩、粗安质岩屑晶屑凝灰岩等。内蒙古自治区地质矿产局（1991，1996）根据地层接触关系将其归为中侏罗统，近年来前人测试的锆石U－Pb测年峰期年龄为160～145Ma（Zhang et al.，2008；孟恩等，2011；Xu et al.，2013；Li et al.，2015）进一步确定塔木兰沟组为中晚侏罗世火山岩。

南平组：主要分布在太平川和满洲里地区，岩性主要有砾岩、粗砂岩、细砂岩，夹泥岩薄层，局部夹流纹质火山岩。内蒙古自治区地质矿产局（1991）将其归为中侏罗统。

吉祥峰组：在得尔布干成矿带上自南至北均发育，出露面积较大，呈北东向带状展布。该组是一套以暗色富钠的流纹质火山熔岩和火山碎屑岩为主的火山岩地层，与下伏塔木兰沟组整合接触。内蒙古自治区地质矿产局（1991）将其归为上侏罗统，最新锆石测年结果为140～160Ma，限定其形成于晚侏罗世－早白垩世（Zhang et al.，2008；孟恩等，2011；徐美君等，2011；Xu et al.，2013；荀军，2013；许文良等，2013）。

上库力组：主要分布在满洲里－额尔古纳地区，是大兴安岭北部地区火山岩的主体。上库力组为一套流纹质－安山质火山熔岩及火山碎屑岩，地层厚度变化较大，最厚可达1421m。岩性主要由流纹质、英安质熔岩和火山碎屑岩组成，含双壳类、昆虫类和植物化石。内蒙古自治区地质矿产局（1991）将其归为上侏罗统，锆石U－Pb测年结果显示其形成于126～146Ma，归为早白垩世（孟恩等，2011；徐美君等，2011；Xu et al.，2013；荀军，2013）。

伊列克得组：以大兴安岭主峰为界，东西两侧分别称为伊列克得组和九峰山组（K_1j）－甘河组（K_1g）。本组岩性由安山质－玄武质火山熔岩、玄武岩、粗安岩、粗面岩等组成，局部可见沉积岩夹层。内蒙古自治区地质矿产局（1991）曾将其归为上侏罗统，现依据同位素测年数据（锆石 U－Pb 年龄 139～123Ma）将其时代归为早白垩世（孟恩等，2011；徐美君等，2011；Xu et al.，2013；苟军，2013）。伊列克得组与同时代上库力组共同构成了双峰式火山岩组合（唐杰，2016）。

大磨拐河组：仅分布在得尔布干成矿带南部满洲里地区和鄂伦春古生代增生带，为一套由粗变细的含煤碎屑岩系，岩性包括砾岩、砂岩、粉砂岩、凝灰岩、泥岩，含植物化石，厚度大于1000m。大磨拐河组与下伏伊列克得组火山岩呈平行不整合接触。内蒙古自治区地质矿产局（1991）将其归为下白垩统。

古近－新近系：含砂泥岩。在新巴尔虎右旗发育古近－新近系基性熔岩、安山玄武岩和安山岩，属喜马拉雅期构造活动产物。

第四系：以冲积物、沼泽淤泥为主，形成泥砾层、湖积层，冰碛－冰水堆积物及风积层等，分布在盆地地区和冲沟、河谷低地。

二、区域构造

得尔布干成矿带构造以断裂构造为主，北东向和近东西向断裂将该区分割成众多断块。北东向断裂一般规模较大，活动时间较长，并造成强烈的构造破碎或糜棱岩化带（内蒙古自治区地质矿产局，1991）。依据地球物理及遥感影像特征，区内断裂可划分为深大断裂、大型断裂和一般断裂（武广，2006）。深大断裂为北东向延伸的得尔布干断裂和近东西向的蒙古－鄂霍次克断裂，后者主要分布在俄罗斯、蒙古国区域内。大型断裂包括北东向额尔古纳－呼伦断裂、北西向开库康－新华－白桦山断裂和上黑龙江盆地南缘断裂；近东西向满归－西吉诺－塔河－十八站、老沟－二根河－双合站、塔源－四道沟、新林－兴隆－韩家园子韧性剪切带等。

得尔布干断裂（图3－2）经呼伦湖东岸、黑山头、得尔布尔河和金河河谷，向北东经金河镇、阿龙山镇延伸至盘古镇一带，长约900km（黑龙江省地质矿产局，1991；内蒙古自治区地质矿产局，1991）。断裂带向西南延入蒙古国，与蒙古境内的中蒙古深断裂相连（内蒙古自治区地质矿产局，1991）。遥感影像显示，该断裂从阿龙山镇附近演变成延伸方向与性质均不同的两条分支大断裂。其中一条呈北东向延伸，另一条呈北东东－北东向延伸（段鹏和方洪宾，2003）。目前普遍认为得尔布干断裂带是大陆内部造山带活动断裂（邵济安等，1999；张晓东等，2000；吴根耀，2006，2007；王成文等，2008）。内蒙古自治区地质矿产局（1991）认为得尔布干断裂活动起始于新元古代，一直持续到中生代；郑常青等（2009）通过对断裂带内的花岗岩进行黑云母和白云母$^{40}Ar/^{39}Ar$测年及SHRIMP锆石 U－Pb 测年，认为是早白垩世（110～130Ma）期间重大伸展构造变形的产物。

额尔古纳断裂带位于中俄边境，沿额尔古纳河和呼伦湖延伸。走向北东，倾向西，长度超过800km。该断裂带向南延伸进入蒙古国，与东戈壁省西部的东西向超基性岩相接；向东进入俄罗斯，与蒙古－鄂霍次克深大断裂相连（刘洪君和刘喜友，2007），沿断裂带岩石破碎强烈，形成宽约2.5km的破碎带（内蒙古自治区地质矿产局，1991）。到目前为止，对于额尔古纳断裂的构造属性还没有统一的认识，主要观点包括：左行走滑韧性剪切带（张宏等，1998；郝立波等，2001；武广等，2008）、先左行后右行的韧性剪切带（董树义等，2004）、右行伸展变形带（孙晓猛等，2011）、古生代压扭性断层（内蒙古自治区地质矿产局，1991）、右行伸展型韧性剪切带（王英德，2010；田景雄，2013；郑涵等，2015）。王英德（2010）和田景雄（2013）认为额尔古纳断裂形成于晚中生代，经历了华力西期、印支期和燕山期 3 个不同发展演化阶段，其中华力西期 – 印支期以挤压为主，燕山期以拉伸引张为主（陈志广，2010），并认为该断裂发育过程与蒙古 – 鄂霍次克洋闭合后的地幔底侵拆沉作用有关（王英德，2010；田景雄，2013）。但郑涵等（2015）测得额尔古纳韧性剪切带中黑云母$^{40}Ar/^{39}Ar$年龄为 110Ma 左右，早白垩世形成。

三、区域岩浆岩

得尔布干成矿带岩浆活动频繁，《内蒙古自治区区域地质志》（1991）认为该区岩浆活动以古元古代、新元古代和古生代为主，中生代岩浆作用相对较弱，时代主要为侏罗纪。然而，随着现代同位素测年技术的发展和精度的提高，发现得尔布干成矿带发育大量的中生代侵入岩。

古太古代：该期岩浆岩常与兴华渡口群同时产出，应当属于从兴华渡口群解体出的古老变质侵入体。这些岩体主要出露于大兴安岭北部韩家园 – 十八站一带。孙立新等（2013）利用锆石 SHRIMP 和 LA – ICP – MS 法测得其结晶年龄为 1837 ± 5Ma 和 1741 ± 30Ma，据此分析认为该期岩浆源于太古宙时期古老地壳物质的部分熔融。

新元古代：该期岩浆岩主要分布在得尔布干成矿带五卡 – 黄大地地区，在北部的满归、漠河等地也有少量出露。新元古代岩浆作用可进一步划分为 7 个阶段：~927Ma 的碱长花岗岩、~890Ma 的二长花岗岩、~850Ma 的正长花岗岩、~830Ma 的正长花岗岩和二长花岗岩、~790Ma 的双峰式岩浆岩（包括辉长岩、辉长闪长岩、碱长花岗岩、正长花岗岩和花岗闪长岩）、~762Ma 的花岗闪长岩、~737Ma 的正长花岗岩和二长花岗岩（Wu et al.，2011；佘宏全等，2012；孙立新等，2012；Gou et al.，2013；Tang et al.，2013；张丽等，2013；赵硕等，2016）。Tang et al.（2013）研究认为得尔布干成矿带新元古代岩浆活动产生于伸展构造环境下，与 Rodinia 超大陆解体有关。

早古生代：主要分布在得尔布干成矿带北段漠河 – 塔河一带和额尔古纳地区。近年来大量锆石 U – Pb 年代学分析表明这一期岩浆作用集中发生于 520 ~ 450Ma。漠河 – 塔河一带早古生代花岗岩主要为花岗闪长岩、二长花岗岩、碱长花岗岩，代表性岩体有塔河岩体（494 ~ 480Ma）、西门都里河岩体（502Ma）、洛河岩体（517 ~ 504Ma）、查拉班河岩体（481 ~ 465Ma）、十八站岩体（499Ma）、内河岩体（500Ma）、白银纳岩体（460Ma）、满归地区岩体（482 ~ 480Ma）、哈拉巴奇岩体（500 ~ 461Ma）等（岩体同位素年代学测试数据见葛文春等，2005；武广等，2005；隋振民等，2006；葛文春等，2007；秦秀峰等，2007；Wu et al.，2011）。额尔古纳地区主要有恩和地区的辉长岩（465Ma；Zhao et al.，2014）、阿龙山地区的二长花岗岩（455Ma；Zhao et al.，2014）、管护站的二长花岗岩（464Ma；Wu et al.，2011）。前人研究（葛文春等，2005；武广等，2005；Zhao et al.，2014）认为得尔布干成矿带早古生代岩浆岩主要形成于额尔古纳和兴安地块碰撞后阶段。

晚古生代：该期岩浆岩在得尔布干成矿带上零星发育，出露面积较小。该期岩浆事件可以划分为四期：

1）晚泥盆世（约 360Ma）：主要分布在额尔古纳地区，岩性以正长花岗岩为主，伴有少量辉长岩，构成了晚泥盆世双峰式岩浆岩组合。该期正长花岗岩属于 A 型花岗岩，形成于后碰撞伸展环境（Gou et al.，2013）。

2）早石炭世：主要分布在额尔古纳地块北段与兴安地块交界线附近，包括塔河辉长岩（周长勇等，2005）和331±4Ma的乌尔其汗花岗闪长岩（赵芝等，2010），构造背景形成于活动大陆边缘环境的弧后区（赵芝，2011）。

3）晚石炭世：该期岩浆事件包括塔源县318±4Ma的二长花岗岩和322±5Ma的辉长岩（Wu et al.，2011）、甘河镇304±5Ma的二长花岗岩（Wu et al.，2011）、额尔古纳地区319±4Ma的石英闪长岩（Gou et al.，2013），以及满洲里地区304±4Ma的二长花岗岩（Gou et al.，2013）。赵芝（2011）和Gou et al.（2013）均认为这一期的岩浆岩事件与额尔古纳-兴安地块与松嫩-张广才岭地块碰撞密切相关。

4）晚二叠世（257~251Ma）：该期岩浆岩主要分布在满洲里地区，岩性包括花岗闪长岩、二长花岗岩和正长花岗岩。Gou et al.（2013）认为岩浆作用产生于古亚洲洋闭合构造背景之下。

中生代：该期岩浆作用最为强烈，自北向南在得尔布干成矿带广泛出露，侵入岩和火山岩均有发育，岩浆活动时代从早三叠世早期一直持续到早白垩世晚期（Tang et al.，2016；Mi et al.，2017）。侵入岩主要以花岗质岩石为主，伴随少量中基性侵入岩（Wu et al.，2011；佘宏全等，2012；唐杰，2016），火山岩包括中侏罗世塔木兰沟组中基性火山岩、早白垩世早期吉祥峰组酸性火山岩、早白垩世晚期上库力组和伊列克得组双峰式火山岩组合（Zhang et al.，2008；孟恩等，2011；徐美君等，2011；Xu et al.，2013；苟军，2013）。唐杰（2016）将本区岩浆活动分为7期：~246Ma（晚二叠世—中三叠世早期）、~225Ma（中三叠世晚期—晚三叠世早期）、~205Ma（晚三叠世晚期—早侏罗世早期）、~185Ma（早侏罗世）~155Ma（晚侏罗世）、~137Ma（早白垩世早期）和~125Ma（早白垩世晚期）。下面介绍最主要的5期岩浆作用：

1）~246Ma（晚二叠世—中三叠世早期）：岩石组合主要为一套中酸性侵入岩，包括闪长岩、石英闪长岩、花岗闪长岩、二长花岗岩和正长花岗岩。这一期岩浆岩在得尔布干成矿带自北向南均有出露，岩体数量较多，代表性的岩基包括：得尔布干成矿带北部的八道卡岩体（254~248Ma；张炯飞等，2003；Sun et al.，2013）、七一牧场的正长花岗岩（Gou et al.，2013）、南部的查干布拉根银铅锌矿区岩体（257~251Ma；Gou et al.，2013）、蒙古国额尔登特斑岩铜钼矿区花岗闪长斑岩（242.4±3.1Ma；江思宏等，2010）以及八大关斑岩铜钼矿区的花岗岩体等。

2）~225Ma（中三叠世晚期—晚三叠世早期）：岩石组合包括辉长闪长岩、花岗闪长岩、正长花岗岩和石英闪长斑岩。岩体主要分布在得尔布干成矿带的中北部，分别是切穿新元古代花岗岩的辉长闪长岩脉（227±6Ma；唐杰，2016）以及八大关斑岩铜钼矿床的花岗闪长斑岩。

3）~205Ma（晚三叠世晚期—早侏罗世早期）：岩体主要分布在额尔古纳地块的中北部，另外在南部的满洲里地区也有少量出露。岩性主要为花岗闪长岩、二长花岗岩和正长花岗岩，并伴有少量的中基性侵入岩-闪长岩、辉长闪长岩和角闪辉长岩。代表性的岩体有太平川斑岩钼矿区202~194Ma花岗闪长斑岩和花岗斑岩（陈志广等，2010），以及乌努格吐山斑岩铜钼矿区204~198Ma的黑云母花岗岩。

4）~185Ma（早侏罗世）：岩石组合为一套中酸性侵入岩，岩性包括闪长岩、二长花岗岩、正长花岗岩、石英斑岩和花岗斑岩。该期岩浆事件主要分布在满洲里 - 新巴尔虎右旗和上护林地区，成矿带北部也有少量出露。其中新巴尔虎右旗甲乌拉地区（189 ±4Ma 闪长岩；Sun et al.，2013）、达石磨盆地内（179 ±1Ma 的二长花岗岩；王天豪等，2014）、额尔古纳地块北端盘古镇西南（182 ±1Ma 的二长花岗岩；Wu et al.，2011）以及乌努格吐山斑岩铜钼矿区 183 ~178Ma 的二长花岗斑岩、流纹斑岩和安山斑岩。

5）~155Ma（晚侏罗世）：包括侵入岩和火山岩系列。其中，侵入岩组合包括二长岩、石英二长岩、正长花岗岩、碱长花岗岩、石英斑岩、正长斑岩和花岗斑岩。岩体主要沿得尔布干成矿带西北缘分布，岩体出露面积不大，其中 Zhireken 斑岩钼矿（Berzina et al.，2015）和 Shakhtama 斑岩铜钼矿（Berzina et al.，2014）的成矿斑岩的锆石 U - Pb 年龄分别为 157.5 ±2.9Ma 和 163 ~159Ma。这一时期产出的火山岩主要包括分布在地块中南部的塔木兰沟组玄武质粗安岩、粗安岩、粗面岩，形成时代为 ~160Ma（孟恩等，2011；许文良等，2013；Xu et al.，2013）。

四、区域矿产

得尔布干成矿带矿产资源丰富，伴随多期的构造 - 岩浆活动，尤其是中生代岩浆侵入和火山活动，形成了众多银、铅、锌、铜、钼、沸石、叶蜡石、玛瑙等内生矿产（图 3 - 2）。据初步统计，得尔布干成矿带上共有大型矿床 13 处，中型矿床 16 处，小型矿床 36 处，矿点 77 处（朱群等，2001）。以往地质矿产调查工作已发现乌努格吐山斑岩铜钼矿床、八大关斑岩铜钼矿床、八八一斑岩铜钼矿床、甲乌拉浅成低温热液银铅锌多金属矿床、额仁陶勒盖浅成低温热液银矿床、查干布拉根浅成低温热液银铅锌矿床、哈拉胜格拉陶勒盖浅成低温热液铅锌矿床等金属矿床，另外还有黄花菜沟、垦山区铜钼矿、头道井 - 西山铜矿、长岭钼矿矿点等。

第二节 乌努格吐山铜钼矿成矿作用

一、矿床地质特征

乌努格吐山矿床位于得尔布干成矿带南端，构造特征受北东向的得尔布干断裂及额尔古纳断裂共同控制（图 3 - 2）。区域地层主要出露中泥盆统乌奴耳组结晶灰岩、砂板岩、安山岩以及上侏罗统安山岩 - 英安岩 - 流纹岩等中酸性陆相火山岩建造。岩浆活动主要发生于印支期和燕山期，其中以燕山期早期最具代表性。

矿区范围内地层基本不发育，岩浆岩大面积出露，主要包括黑云母二长花岗岩、二长花岗斑岩以及后期侵入的流纹斑岩、安山玢岩（表 3 - 1；图 3 - 3）。受到热液作用以及表生风化等影响，矿区内的岩浆岩普遍遭受硅化、钾化、伊利石化和绢云母化等（图 3 - 4）。受区域性北东向断裂的影响，矿区次级断裂构造十分发育，根据断裂的相互穿插关系可将矿区内断裂分为 2 类：一组为北东向、一组为北西向或北西西向。近东西向 F_7 断裂把矿区分割成南、北 2 个矿段（图 3 - 3），北西向 F_8 断裂破坏了矿体的连续性，使断层上下盘遭受了不同程度的剥蚀。

表 3－1　乌努格吐山铜钼矿区主要岩浆岩特征

岩石名称	代号	产状	结构	含矿性
安山玢岩	$\alpha\mu$	脉状	斑状结构	不含矿
英安质凝灰角砾岩	$\xi i\pi$		晶屑岩屑砂状结构	局部弱矿化
闪长玢岩	$\delta\mu$	脉状	斑状结构	含矿围岩
二长花岗斑岩	$\gamma i\pi$	岩株状	斑状结构	携矿围岩
流纹斑岩	$\lambda\pi$	脉状	斑状结构	不含矿
黑云母二长花岗岩	$\gamma\beta$	中深成相岩基	中粗粒花岗结构	含矿围岩

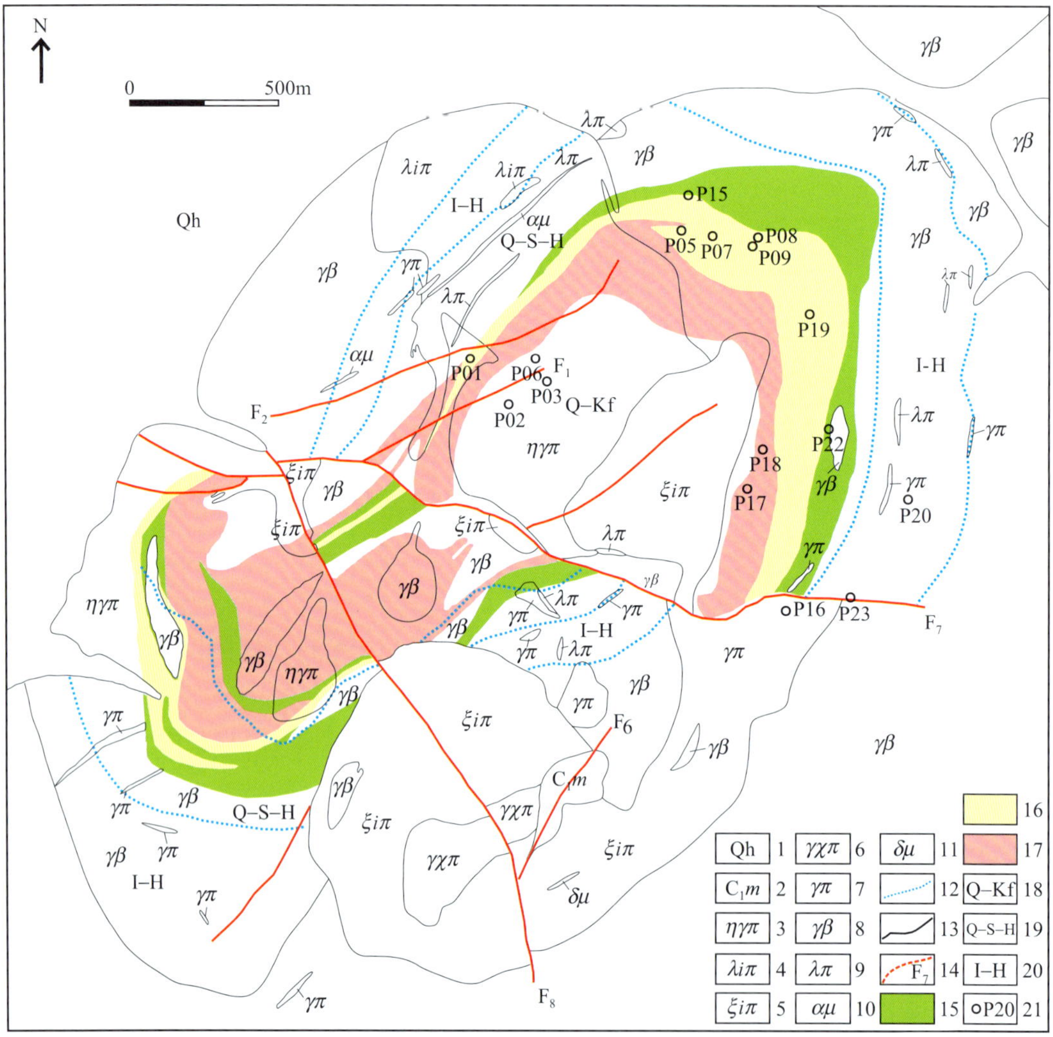

图 3－3　乌努格吐山铜钼矿区地质简图

（据中国黄金集团地质公司，2006，有修改）

1—第四系；2—下石炭统结晶灰岩；3—二长花岗斑岩；4—流纹质晶屑凝灰岩；5—英安质凝灰角砾岩；6—花斑岩；7—花岗斑岩；8—黑云母二长花岗岩；9—流纹斑岩；10—安山玢岩；11—闪长玢岩；12—蚀变界线；13—地质界线；14—断层；15—铜矿化区；16—铜钼矿化区；17—钼矿化区；18—石英钾长石化带；19—石英绢云母水白云母化带；20—伊利石水白云母化带；21—采样位置

乌努格吐山铜钼矿床的赋矿岩石为二长花岗斑岩岩体，呈筒状分布，部分二长花岗斑岩呈岩枝状侵入早期黑云母二长花岗岩中，铜钼成矿后又有流纹斑岩、安山玢岩等呈岩脉状侵入并切穿矿体。矿石中的矿物组成相对简单（图3－4），主要金属矿物包括黄铁矿、黄铜矿和辉钼矿，以及少量方铅矿、闪锌矿、辉铜矿、斑铜矿等。其中辉钼矿通常在石英脉中以细网脉状产出（图3－4c），或者呈浸染状、片状产于二长花岗斑岩等赋矿岩体的裂隙中，因表生氧化作用常见到黄色土状钼华产出。黄铜矿多呈浸染状、细脉状产出，与黄铁矿、斑铜矿等其他硫化物密切共生。因风化作用岩石表面可见孔雀石化（图3－4d）和蓝铜矿化发育。非金属矿物主要有石英、长石（斜长石、钾长石）、黑云母、角闪石等，此外还可见绢云母、绿泥石等，岩石裂隙中还可见少量的方解石、石膏等后期形成的矿物。

图3－4　乌努格吐山斑岩型铜钼矿围岩及矿石特征

a—流纹斑岩侵入早期二长花岗岩中；b—含石英细脉二长花岗斑岩，脉中含有辉钼矿（Mo）细脉；c—含网状石英脉（Q）二长花岗斑岩；d—孔雀石化二长花岗斑岩；e—安山玢岩沿断层侵入二长花岗斑岩；f—英安质凝灰角砾岩

根据标型蚀变矿物类型、组合特征、连续发育程度以及矿化的关系，乌努格吐山铜钼矿蚀变可划分为3个带（图3－3）：①石英－钾长石化带（Q－Kf），伴生产出伊利石、水白云母、绢云母和硬石膏，为钼矿体主要赋存部位，局部可见铜矿化；②石英－绢云母－水白云母化带（Q－S－H），是铜矿体主要赋存部位，局部见钼矿化；③伊利石－水白云母化带（I－H），其原岩结构残留或消失，黄铁矿脉发育，局部铜、铅、锌矿化和少量钼矿化。

二、矿床地球化学特征

（一）样品采集及分析方法

本次测试中所采集的样品覆盖了乌努格吐山矿区各类代表性岩矿石，主要包括黑云母二长花岗岩、铜钼矿化二长花岗斑岩和不含矿二长花岗斑岩、流纹斑岩、安山玢岩、英安质凝灰角砾岩以及闪长玢岩等共计31件，采样位置及岩性详见表3－2。

表3－2　乌努格吐山铜钼矿床元素地球化学样品特征及采样位置

样品编号	岩性	纬度	经度	海拔（H）/m
WS－01	铜钼矿化二长花岗斑岩	N49°25′40.42″	E117°17′31.58″	805
WS－02	绢云母化铜钼矿化二长花岗斑岩	N49°25′40.42″	E117°17′31.58″	805
WS－03	安山玢岩	N49°25′40.42″	E117°17′31.58″	805
WS－04	绢云母化二长花岗斑岩	N49°25′36.12″	E117°17′37.90″	799
WS－06	硅化铜钼矿化二长花岗斑岩	N49°25′40.42″	E117°17′31.58″	805
WS－07	绢云母化铜钼矿化二长花岗斑岩	N49°25′40.42″	E117°17′31.58″	805
WS－09	绢云母化铜钼矿化二长花岗斑岩	N49°25′38.25″	E117°17′44.20″	806
WS－11	安山玢岩	N49°25′38.25″	E117°17′44.20″	806
WS－18	硅化绢云母化二长花岗岩	N49°25′52.30″	E117°18′06.30″	825
WS－21	安山玢岩	N49°25′40.37″	E117°17′42.27″	820
WS－22	含石英脉绢云母化二长花岗斑岩	N49°25′40.37″	E117°17′42.27″	820
WS－25	绢云母化铜钼矿化二长花岗斑岩	N49°25′51.75″	E117°18′11.38″	819
WS－26	高岭土化二长花岗斑岩	N49°25′51.75″	E117°18′11.38″	819
WS－27	硅化二长花岗斑岩	N49°25′51.75″	E117°18′11.38″	819
WS－30	流纹斑岩	N49°25′51.59″	E117°18′18.83″	793
WS－31	流纹斑岩	N49°25′51.59″	E117°18′18.83″	793
WS－32	硅化绢云母化黑云母二长花岗岩	N49°25′51.59″	E117°18′18.83″	793
WS－34	安山玢岩	N49°25′50.82″	E117°18′17.92″	789
WS－35	流纹斑岩	N49°25′50.82″	E117°18′17.92″	789
WS－52	硅化含黄铁矿二长花岗岩	N49°25′55.62″	E117°18′07.45″	795
WS－56	硅化二长花岗岩	N49°25′16.88″	E117°18′23.11″	792
WS－58	含石英脉绢云母化铜钼矿化二长花岗斑岩	N49°25′28.23″	E117°18′16.93″	790
WS－59	英安质凝灰角砾岩	N49°25′31.91″	E117°18′19.43″	794
WS－63	硅化绢云母化二长花岗岩	N49°25′44.49″	E117°18′27.15″	787
WS－66	闪长玢岩	N49°25′27.20″	E117°18′43.05″	798
WS－67	黑云母二长花岗岩	N49°25′27.20″	E117°18′43.05″	798
WS－76	流纹斑岩	N49°25′42.00″	E117°18′37.97″	802
WS－79－1	绢云母化铜钼矿化二长花岗斑岩	N49°25′33.80″	E117°18′30.17″	820
WS－79－2	高岭土化铜钼矿化二长花岗斑岩	N49°25′33.80″	E117°18′30.17″	820
WS－87	含石英脉弱钾化花岗岩	N49°25′18.16″	E117°18′33.71″	802
WS－88	高岭土化二长花岗斑岩	N49°25′18.16″	E117°18′33.71″	802

本次所采集的31件样品经前期处理后进行主量、微量元素以及稀土元素分析。测试分析工作在澳实分析检测（广州）有限公司矿物实验室完成。其中，全岩主量元素分析结果见表3－3，采用硼酸锂/偏硼酸锂熔融，X射线－荧光光谱法分析，报13种构岩元素及烧失量（LOI），检测元素而后换算成氧化物，氧化物的检测限为1%～100%，其中Fe_2O_3数据指全铁含量，FeO单独分析，使用酸消解、重铬酸钾滴定测量。稀土、微量元

表 3－3 乌努格吐山铜钼矿岩石主量元素组成（w_B/%）

项目	WS－01	WS－02	WS－03	WS－04	WS－06	WS－07	WS－09	WS－11	WS－18	WS－21	WS－22	WS－25	WS－26	WS－27	WS－30	WS－31	WS－32	WS－34	WS－35	WS－52	WS－56	WS－58	WS－59	WS－63	WS－66	WS－67	WS－76	WS－79－1
SiO_2	73.94	66.5	64	74.32	85.4	72.8	70.4	65.42	81.82	62.69	76.07	70.4	62.6	73.23	76.91	77.88	79.45	64.89	79.51	74.89	76.19	78.6	67.93	73.2	51.8	73.7	79.5	75.78
TiO_2	0.37	0.77	0.79	0.4	0.21	0.44	0.37	0.7	0.04	0.82	0.25	0.44	0.52	0.42	0.06	0.06	0.04	0.65	0.11	0.22	0.16	0.17	0.22	0.22	0.91	0.15	0.05	0.2
Al_2O_3	14.42	18.1	19.01	13.45	7.25	15.8	15.5	16.88	10.82	20	13.48	15.2	23.6	14.71	13.72	13.18	10.93	17	12.31	13.21	12.45	11.65	13.76	14.7	19.3	13.2	12	12.46
Fe_2O_3	1.68	2.94	1.91	0.16	1.21	1.48	0.72	1.91	0.96	1.8	1.57	2.11	1.4	2.04	0.46	0.05	1.65	1.59	0.1	2.9	2.31	0.16	2.13	2.07	3.7	0.3	0.34	2.91
FeO	0.19	0.38	0.13	0.06	0.13	0.19	0.06	0.13	0.19	0.26	0.32	0.64	0.25	0.26	0.19	0.06	0.38	1.91	0.06	0.19	0.45	0.32	2.42	0.38	3.33	1.02	0.19	0.32
MnO	<0.01	<0.01	<0.01	<0.01	<0.01	<0.01	0.03	<0.01	<0.01	<0.01	<0.01	<0.01	<0.01	<0.01	0.01	<0.01	<0.01	0.08	<0.01	<0.01	<0.01	<0.01	1.09	<0.01	0.31	0.06	<0.01	<0.01
MgO	0.58	0.44	0.32	0.35	0.28	0.53	0.31	0.43	0.22	0.33	0.45	0.58	0.29	0.41	0.15	0.1	0.24	0.29	0.12	0.39	0.35	0.25	0.67	0.42	2.81	0.3	0.12	0.42
CaO	0.01	0.06	0.1	0.03	0.02	0.02	0.22	0.36	<0.01	0.25	0.02	<0.01	0.01	<0.01	<0.01	<0.01	<0.01	0.32	<0.01	<0.01	<0.01	<0.01	0.33	0.01	7.63	1.11	<0.01	0.01
Na_2O	0.21	0.11	0.48	0.48	0.12	0.15	1.91	3.15	0.17	1.03	0.18	0.24	0.09	0.22	0.07	0.1	0.16	2.59	0.11	0.19	0.19	0.43	0.13	0.22	3.75	3.62	0.57	0.14
K_2O	4.48	3.12	7.43	7.3	1.99	3.78	7.78	6.17	3.21	5.75	3.71	4.28	2.42	4.53	4.15	4.85	3.36	3.76	4.91	4.04	3.8	6.67	5.32	5.05	1.38	4.07	4.06	3.9
P_2O_5	0.07	0.12	0.15	0.06	0.09	0.1	0.13	0.22	0.03	0.08	0.07	0.06	0.07	0.04	0.03	0.02	0.03	0.14	0.04	0.04	0.05	0.06	0.1	0.08	0.19	0.05	0.03	0.05
LOI	2.96	6.51	5.3	1.63	2.21	4.17	2.06	3.56	2.24	6.78	3.51	4.08	8.12	3.22	3.75	3.4	2.51	6.36	2.83	3.64	3.28	1.55	5.5	3.59	4.37	2.06	3.06	3.4
总量	98.91	99	99.62	98.24	98.9	99.4	99.5	98.92	99.7	99.79	99.63	98	99.3	99.08	99.5	99.7	98.74	99.58	100.1	99.71	99.23	99.87	99.59	100	99.4	99.6	99.9	99.59
DI	85.83	77.2	84.98	93.34	91.9	83.7	93.3	89.83	90.24	81.86	86	82.6	73.2	85.37	88.78	91.37	88.61	81.1	92.26	85.44	86.11	94.35	76.95	85.7	42.3	89.6	91.8	85.51
SI	8.02	6.12	3.11	4.16	7.41	8.5	2.87	3.64	4.5	3.53	6.95	6.91	6.28	5.39	2.89	1.91	3.95	2.39	2.24	5.05	4.71	3.06	5.1	4.99	15.4	2.88	2.2	5.36
$\sigma 43$	0.7	0.42	2.83	1.91	0.11	0.51	3.39	3.73	0.29	2.18	0.45	0.73	0.3	0.74	0.52	0.7	0.34	1.77	0.69	0.55	0.48	1.41	1.16	0.91	2.83	1.92	0.58	0.49

素分析采用硼酸锂熔融、等离子质谱定量，报 31 种元素，即 Ce、Dy、Er、Eu、Gd、Ho、La、Lu、Nd、Pr、Sm、Tb、Th、Tm、U、Y、Yb、Cs、Ga、Hf、Nb、Rb、Sr、Tl、Ba、Cr、Sn、Ta、V、W、Zr。其余微量元素分析采用四酸消解，质谱/光谱仪综合分析，稀土和微量元素测试结果分别列于表 3－4 和表 3－5。

（二）岩石地球化学特征

1. 主量元素

主量元素测试结果见表 3－3。从分析结果来看，受矿化过程中硅化等蚀变作用的影响，矿区样品中 SiO_2 含量普遍偏高，其中流纹斑岩中含量最高（76.91%～79.5%）；二长花岗斑岩和黑云母二长花岗岩中为 62.6%～81.82%；安山玢岩中约 65%；闪长玢岩中仅为 51.8%。矿区岩石中 Al_2O_3 含量均在 10% 以上，其中二长花岗斑岩和黑云母二长花岗岩中平均含量分别为 15.9% 和 12.6%；而在安山玢岩和闪长玢岩中含量均大于 17%；矿区内岩石样品普遍发育绢云母化蚀变，导致其 Al_2O_3 含量平均 13.8%，铝饱和指数 A/CNK 变化范围为 1.06～8.48，>1，属铝饱和型（图 3－5）。Na_2O 含量分布区间较大，二长花岗斑岩和黑云母二长花岗岩中大都分布于 0.10%～0.40% 之间，另有个别样品大于 2%，最大为 3.62%；而各类侵入岩脉中 Na_2O 含量出现较大的差异，其中安山玢岩、流纹斑岩、凝灰质角砾岩中平均含量分别为 1.42%、0.25%、0.13%；闪长玢岩中含量较高，为 3.15%。矿区岩石中 K_2O 含量明显高于 Na_2O，二长花岗斑岩、黑云母二长花岗岩中为 4%～5%；安山玢岩和流纹斑岩中平均含量分别为 5.6% 和 1.35%，可以明显看出，矿区内岩石显示出高钾的特征，在 SiO_2-K_2O 岩石系列判别图中，样品投点于高钾钙碱性和钾玄岩系列（图 3－6）。矿区岩石中 CaO 含量极低，部分样品中含量未能检测出。MgO 的含量差异较大，其中二长花岗斑岩、黑云母二长花岗岩中含量为 0.2%～0.6%，流纹斑岩和安山玢岩中含量分别降低至 0.3% 和 0.12% 左右，但是凝灰质角砾岩和安山玢岩的含量分别为 0.67% 和 2.81%。总的来说，乌努格吐矿区内岩石具有富硅碱，贫钛、钙、镁，过铝质的特征。

2. 微量元素

稀土、微量元素分析结果分别见表 3－4 和表 3－5。由测试结果可见，黑云母二长花岗岩 ∑REE 分布于两个范围，分别为（67～77）$\times 10^{-6}$ 以及（106～117）$\times 10^{-6}$，∑REE 较小的黑云母二长花岗岩通常发育硅化蚀变，并且其 δEu 也仅仅是略微亏损，而较大 ∑REE 的黑云母二长花岗岩铕明显亏损。二者的 LREE/HREE 也略有差异，分别分布于 6 以及 7～14 这两个范围，说明在成矿过程中发生了 HREE 元素的相对带出。流纹斑岩的 ∑REE 分布于（48～94）$\times 10^{-6}$ 之间，其 δEu 在 0.45～0.64 之间，和矿区另一侵入岩安山玢岩存在显著性差异，安山玢岩的 ∑REE 在（158～175）$\times 10^{-6}$ 之间，其 δEu 为 0.78～0.95。根据野外各侵入岩之间的接触关系以及后叙中铕的相对元素得失量的计算可知，蚀变过程中随着铕元素不断带入，δEu 由内向外逐渐呈现递增的趋势。矿区各种侵入岩的 LREE/HREE 分布不均一，但均呈轻稀土富集型（图 3－7）。

矿区各类侵入岩具有相同的特征，其 Rb、Th、U、K 明显富集，La、Ce、Nd、Sm 等相对富集，Sr、P、Y 相对亏损。二长花岗斑岩及黑云母二长花岗岩中富集 Rb、K 等高场

表3-4 乌努格吐山铜钼矿岩石稀土元素组成（$w_B/10^{-6}$）

元素及参数	WS-01	WS-02	WS-03	WS-04	WS-06	WS-07	WS-09	WS-11	WS-18	WS-21	WS-22	WS-25	WS-26	WS-27	WS-30	WS-31	WS-32	WS-34	WS-35	WS-52	WS-56	WS-58	WS-59	WS-63	WS-66	WS-67	WS-76	WS-79-1
La	20.8	17.5	25.4	26.4	11.2	29.6	17.8	30.5	17.7	29.7	26.5	20.3	14.1	17.4	12.9	9.2	25.7	34.6	22.1	16.8	25	35	14.9	15.4	7.7	24	10.1	22.8
Ce	40.6	39.2	74	53.1	20.4	57	38.3	71.8	34.1	76.8	47.4	39.9	50.8	33.7	31.3	22.7	46.5	75.7	43.3	31.2	43.9	65	32.1	30.1	30.1	49.1	22.9	44.8
Pr	4.5	4.8	8	5.9	2.3	6.3	4.1	7.8	3.7	8.5	5	4.3	5.5	3.6	3.8	2.5	5	8.8	4.7	3.5	4.6	7	3.6	3.3	3.8	5.3	2.8	4.8
Nd	15.7	19.5	30.4	21.6	8.7	23.1	15.4	27.9	12.9	32.4	17.4	15.2	19.9	12.8	14.8	9	17	33.6	16.9	12.5	15.4	24.4	13.5	12.2	17	18.7	10.1	16.9
Sm	2.5	3.7	5.4	4.1	1.5	4.4	2.5	4.4	2.7	5.6	3.1	2.6	3	2.1	3.6	1.6	3.3	6.3	2.8	2.3	2.8	4.2	2.5	2	3.9	3.7	2.3	3.1
Eu	0.7	0.9	1.4	0.9	0.5	1	0.9	1.2	0.2	1.7	0.7	0.7	0.9	0.5	0.6	0.2	0.3	1.5	0.5	0.4	0.4	0.6	0.9	0.6	1.3	0.5	0.4	0.5
Gd	1.8	2.7	4.2	3.7	1.2	4.1	1.9	3.2	3	5.2	2.8	2.1	2	1.5	1.8	1	3.3	5.1	1.8	2	2.7	4.3	2.2	1.6	4.1	3.6	1.6	2.9
Tb	0.3	0.4	0.6	0.6	0.2	0.7	0.2	0.4	0.6	0.8	0.5	0.3	0.2	0.2	0.2	0.2	0.6	0.7	0.2	0.3	0.5	0.8	0.4	0.2	0.6	0.6	0.3	0.5
Dy	1.5	2.1	3.8	3.7	1.1	4.9	1.2	2.1	4.2	4.7	2.9	1.6	1.2	1.2	0.9	0.9	3.8	3.7	1	1.9	3.4	5	2	1.2	3.9	4.1	1.5	3.1
Ho	0.3	0.4	0.7	0.8	0.2	1.1	0.2	0.4	0.9	1.1	0.6	0.3	0.2	0.2	0.2	0.2	0.8	0.7	0.2	0.4	0.8	1.1	0.4	0.2	0.9	0.9	0.3	0.7
Er	0.9	1.2	2	2.3	0.6	3.3	0.6	1.1	2.9	3	1.7	0.9	0.6	0.6	0.5	0.5	2.6	1.9	0.5	1.2	2.4	3.4	1.2	0.5	2.3	2.8	0.8	2
Tm	0.1	0.2	0.3	0.4	0.1	0.5	0.1	0.2	0.5	0.4	0.3	0.1	0.1	0.1	0.1	0.1	0.4	0.3	0.1	0.2	0.4	0.6	0.2	0.1	0.3	0.5	0.1	0.3
Yb	0.9	1.1	1.8	2.4	0.5	3.5	0.5	0.9	3.3	2.5	1.8	0.9	0.6	0.8	0.5	0.5	3.1	1.8	0.5	1.5	2.9	3.7	1.2	0.4	2.3	3.3	0.8	2.4
Lu	0.1	0.2	0.3	0.4	0.1	0.5	0.1	0.2	0.5	0.4	0.3	0.1	0.1	0.1	0.1	0.1	0.5	0.3	0.1	0.2	0.5	0.6	0.2	0.1	0.3	0.5	0.1	0.4
Y	8.2	10.9	21	21.1	6.9	32.3	6.7	13.7	27.4	36.3	17.2	8.3	6.1	6.1	4.7	4.7	25.7	19.3	5.1	12.7	23.2	32.2	12.3	5.5	22.4	27.4	8.3	20
ΣREE	91.7	93.7	126.9	52.4	145	83.5	91.5	116	91.2	78.9	119.4	79.9	58.8	110.5	70.5	117.4	105.9	72.7	70.7	83.2	61.6	86.8	81.8	96.2	73.4	128	162	175.6
ΣLREE	85.8	85.4	112.6	48.4	126	78.7	75.6	105.1	84.9	74.2	104.3	72.2	27.7	96.9	66.2	101.1	93.6	63.7	64.9	79	57.1	76.5	76.8	82.8	69.8	101	144	161.1
ΣHREE	5.9	8.3	14.3	4	18.6	4.8	15.9	10.9	6.3	4.7	15.1	7.7	31.1	13.6	4.3	16.3	12.3	9	5.8	4.2	4.5	10.3	5	13.4	3.6	26.8	18.1	14.5
LREE/HREE	14.54	10.3	7.87	12.1	6.77	16.4	4.75	9.64	13.48	15.79	6.91	9.38	0.89	7.13	15.4	6.202	7.61	7.078	11.19	18.81	12.69	7.427	15.36	6.18	19.4	3.77	7.95	11.11
La_N/Yb_N	16.58	11.4	7.89	16.07	6.07	25.5	3.85	10.56	16.18	15.6	5.95	8.03	0.44	6.18	27.62	5.22	6.81	7.45	11.72	25.97	14.82	6.78	16.86	5	30.8	2.56	8.52	13.79
δEu	0.96	0.83	0.69	1.1	0.71	1.21	0.21	0.71	0.89	0.82	0.27	0.56	0.1	0.44	0.99	0.413	0.502	1.003	1.128	0.974	1.089	0.591	1.058	0.34	1.14	0.24	0.95	0.784
δCe	1.01	1.02	1.01	1.11	1.05	1.05	1.1	1.04	1.04	1.11	1.08	1.11	1.23	1.03	1.07	1.02	1.01	0.96	0.97	0.97	0.93	0.97	0.93	1.07	1.09	1.04	1	1.04

表 3–5　乌努格吐山铜钼矿岩石微量元素组成（$w_B/10^{-6}$）

元素	WS–01	WS–02	WS–03	WS–04	WS–06	WS–07	WS–09	WS–11	WS–18	WS–21	WS–22	WS–25	WS–26	WS–27
Ag	0.6	0.8	0.1	0.2	0.3	0.6	0.4	0	0.2	0	0.3	0.8	0.5	0.2
As	1.1	11.8	3.8	4.6	5.5	41.4	10.5	5.1	61.5	24	7.1	305	88.1	105.5
Ba	620	340	340	740	400	1190	880	300	360	790	480	440	360	490
Be	1.3	1.5	1.4	0.9	0.8	1.5	1.1	1.2	1.2	1.4	0.9	1.7	1.5	1.8
Bi	0.1	0.1	0.2	0.1	0.1	0.1	0.1	0.1	0.1	0.2	0.1	0.3	0	0.1
Cd	<0.5	0	<0.02	<0.02	<0.5	<0.5	0.1	<0.02	0	<0.02	<0.02	0.1	<0.02	0
Ce	41.6	39	55.2	53.7	24.2	61.5	38	65.4	38.4	65.9	52.4	41.8	33.4	37.8
Co	5	11.2	1	0.1	4.3	5.5	1.3	0.7	3.2	1	7.3	13.3	6.3	7.4
Cr	5	44	28	1	2	1	2	26	<1	27	6	5	5	3
Cs	1.4	3.4	6.2	2.4	0.4	1.5	4.3	4	0.3	5.1	0.9	0.7	1.8	0.5
Cu	486	4990	154.5	127.5	1435	3020	3900	1130	1500	163	926	5060	3200	564
Ga	17.2	25.2	20.3	12.8	9.6	18.9	15.4	20.5	11.9	22.7	16.5	17.2	18.3	19.2
Ge	0.1	0.1	0.1	0.1	0.1	0.1	0.1	0.2	0.1	0.1	0.1	0.1	0.1	0.1
Hf	2.2	3	4.6	1.2	0.8	1.9	0.9	4	2.4	4.8	1.6	1.8	1.5	2
In	0.1	0.1	0.1	0	0	0.1	0	0	0	0.1	0	0.1	0.1	0.1
Li	14.7	54.3	171.5	8.6	5.6	45.1	16.4	50.4	6.2	90.6	20.2	21.1	39.8	12.5
Mn	31	20	7	28	8	22	225	6	11	7	5	11	10	13
Mo	2660	18.4	16.8	16.7	2650	414	171	17.1	31.8	39.6	76.9	25	46.2	50.2
Nb	2.8	1.6	6.6	4	0.9	4	2.1	6.4	10.5	7	4.1	2	2.1	3.6

元素	WS–30	WS–31	WS–32	WS–34	WS–35	WS–52	WS–56	WS–58	WS–59	WS–63	WS–66	WS–67	WS–76	WS–79–1
Ag	<0.01	0	0.7	0	0	0.2	1.1	0.4	0.5	0.6	0.3	0.2	<0.01	0.2
As	15.1	2.5	102	9.4	6.5	36.8	52.9	6.5	43.7	67.1	8.2	2.6	5.5	30.3
Ba	1120	130	270	470	150	530	200	740	1620	670	300	590	330	420
Be	2	1.5	1.7	2.4	1.4	1.9	1.9	0.9	2.2	2.2	0.9	2.4	2.2	1.7
Bi	0.1	0.2	0.2	0.2	0.3	0.2	0.3	0.2	2.6	0.3	0.5	0.1	0.1	0.3
Cd	<0.02	<0.02	0.1	2	0	0	0.1	<0.5	2.2	0.1	0.3	0.4	<0.02	0
Ce	33.9	23.8	53	76.3	47.3	36.7	48.7	72.2	33.1	32.7	21.3	48.9	26.1	45.5
Co	0.3	0.5	4.9	17.1	0.4	4.8	12.1	0.5	5.5	4	13.8	1.2	0.2	6.7
Cr	<1	<1	<1	25	<1	1	1	<1	1	1	12	<1	<1	1
Cs	6.4	4.5	0.6	4.6	7.2	0.4	1.4	0.7	6.8	1.8	7	4	14.9	0.4
Cu	181	401	5140	527	573	838	5140	2560	513	3130	40.5	10.9	56.6	1960
Ga	17.8	15.1	15.8	19.9	15.5	18.1	16.7	11	16.6	17.6	18.5	14.3	16	15.2
Ge	0.1	0.1	0.2	0.2	0.2	0.2	0.2	0.2	0.2	0.2	0.2	0.2	0.2	0.2
Hf	2.2	2	2.4	3.5	2.1	2	1.6	3.2	1	1.1	1.4	1.8	2	1.6
In	0	0	0.1	0	0	0	0.1	0	0.1	0.1	0.2	0	0	0.1
Li	66.7	84.7	6.8	60.3	98.7	5.8	6.8	10.8	19.9	12.4	14.5	8.3	37.1	5.7
Mn	88	31	14	623	21	9	13	14	7570	13	2130	446	60	7
Mo	5.9	3.8	40.7	9.1	2.5	102.5	22.8	1290	8.2	11.7	1.2	0.6	1.4	196
Nb	7	7.3	8.5	5.7	6.1	5.3	6.9	7.2	4.4	3	4.5	10.4	6.1	5.6

续表

元素	WS－01	WS－02	WS－03	WS－04	WS－06	WS－07	WS－09	WS－11	WS－18	WS－21	WS－22	WS－25	WS－26	WS－27	WS－30	WS－31	WS－32	WS－34	WS－35	WS－52	WS－56	WS－58	WS－59	WS－63	WS－66	WS－67	WS－76	WS－79－1
Ni	2.2	12.6	5.9	0.7	1.4	0.9	2	4.7	0.4	4.8	2.6	4.4	3.5	0.9	<0.2	0.6	0.5	11.5	<0.2	1.3	0.9	0.3	1.3	1	9.3	<0.2	<0.2	0.5
Pb	3.9	5.3	19.8	12.8	2.1	8.9	13.9	15.5	2.4	24.9	3.8	6.4	9.9	2.2	22.1	15.8	3.2	22.7	23	1.8	8.2	12.1	17.1	11.4	19.3	23.4	22	3.2
Rb	76.2	70.2	123	77.8	34.1	71.4	67.5	95.6	62.7	119.5	67.4	91.3	41.1	108.5	85.3	93.6	72.5	82.6	97.2	74.2	81.2	73.5	143	82.4	20	138	104	77.1
Re	0.7	0	<0.002	<0.002	0.3	0.1	0	<0.002	0	0	0	0	0	0	<0.002	0	0	0	0	0	0	0.4	0	0	<0.002	<0.002	<0.002	0.1
Sb	0.5	1.7	0.8	1	0.2	9.1	0.3	0.8	1.7	3.1	0.7	5.3	2.6	1.6	0.2	0.3	4.3	0.4	0.5	1.2	6.5	0.1	0.8	1.4	1.5	0.1	0.5	0.8
Sc	3.8	6.5	8.3	5.8	1.8	6.8	2.7	5.3	2	5.9	4	4.3	2.6	2.3	1.5	1.2	2	7.8	1.4	2.7	3.6	4.5	2.5	2.4	13.4	3	1.7	3.6
Se	2	3	1	1	3	2	1	1	2	1	2	2	2	2	<1	1	3	1	1	2	4	2	1	2	1	1	<1	2
Sn	6.9	5.8	1.2	4.7	3.9	7.5	2.2	1.2	8.1	1.4	6.9	7.1	2.8	9.1	0.8	0.9	7.8	1	0.8	5.8	13.7	4.9	1	5.5	1	1.7	0.8	7
Sr	49.6	70.8	94.6	150	30.7	40.5	285	122.5	16.9	180	52.1	76.8	74.2	19.6	65.4	19.9	14.9	261	104	48	7.2	128	141.5	178	512	100	53	17.7
Ta	0.2	0.1	0.5	0.3	0.1	0.3	0.1	0.5	1.3	0.5	0.4	0.1	0.1	0.1	0.5	0.5	1	0.4	0.5	0.6	0.7	0.5	0.3	0.2	0.3	1.1	0.5	0.6
Te	0.5	0.1	<0.05	<0.05	0.5	0.2	0.1	<0.05	0.2	0.2	0.1	0.2	<0.05	0.1	<0.05	<0.05	0.1	<0.05	<0.05	0.2	0.3	0.3	0.7	0.7	0.3	0.1	<0.05	0.3
Th	4.4	2.8	12.2	10.3	3.1	12.7	2.4	12.3	8.8	12.8	8	3.6	3.9	3.2	10.4	7.9	13	38.7	7.8	9	13.5	11.3	4.6	3.4	1.8	17.9	6.5	15.8
Tl	0.5	0.9	2	0.7	0.3	0.6	0.5	1	0.5	1.6	0.5	1.5	1.2	0.7	1.7	1.8	0.6	1.8	2	0.5	0.9	0.6	1.4	0.9	0.4	0.7	0.8	0.4
U	1.2	2.3	2.1	0.8	0.8	1.6	0.9	1.4	1.4	1.4	1.7	2.4	2.4	2.2	0.8	2.6	2.7	3.5	1.6	1.6	2	1.9	1.5	2.3	0.5	3.2	0.9	2.9
V	45	82	76	52	35	51	32	74	17	59	39	39	39	29	2	2	9	69	4	30	21	28	16	19	155	10	1	23
W	11.9	49.5	14.8	10.5	7.2	15.5	6.4	7.2	8.6	8.2	12	24.5	12.5	29.7	3.7	4.2	8	3	3.2	8	16.1	10.1	11.7	10.1	2.3	5	0.8	11.8
Zn	3	8	27	5	3	25	43	23	18	15	4	162	74	45	19	13	168	268	25	9	30	3	615	32	235	117	23	13
Zr	75.4	107	176.5	31.5	26.4	50.3	25.8	147.5	52	173.5	44.8	67.6	41.8	71.7	41.5	42.9	56	128.5	52.2	57.3	39.5	97.3	29.3	30.2	50.1	41.4	42.5	41.7

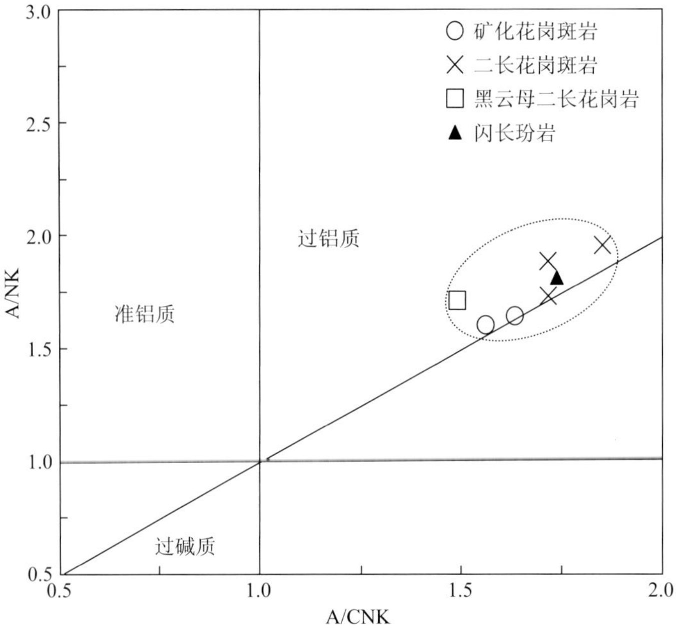

图3－5　乌努格吐山铜钼矿岩石 A/NK－A/CNK 判别图解

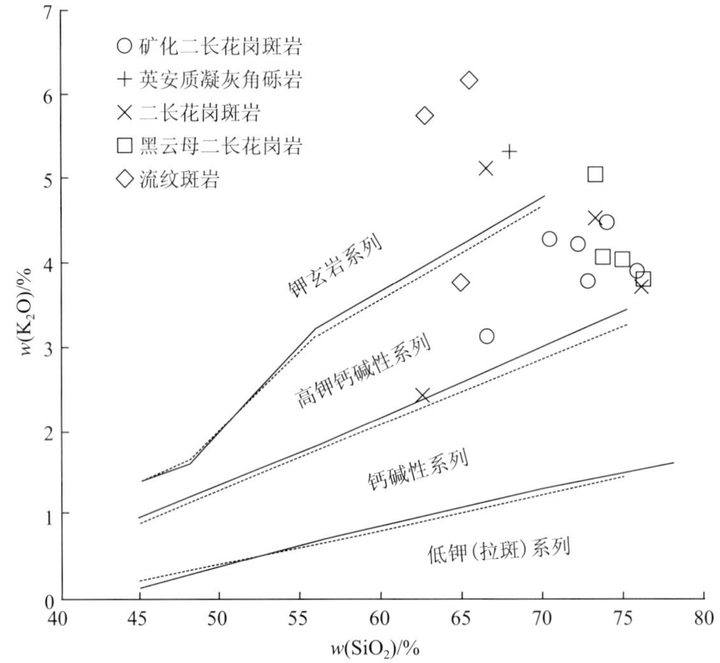

图3－6　乌努格吐山铜钼矿岩石 K_2O-SiO_2 岩浆系列判别图

（底图据 Middlemost，1994）

强元素（HFSE），亏损 Ti、Hf 等，这可能是由于花岗岩源自下地壳的部分熔融。在矿区岩石中，Sr 呈明显亏损的特征，这可能与斜长石的分离结晶作用有关。乌努格吐山矿区各侵入岩样品在稀土元素配分曲线图和微量元素蛛网图中都表现出非常好的一致性（图3－7）。

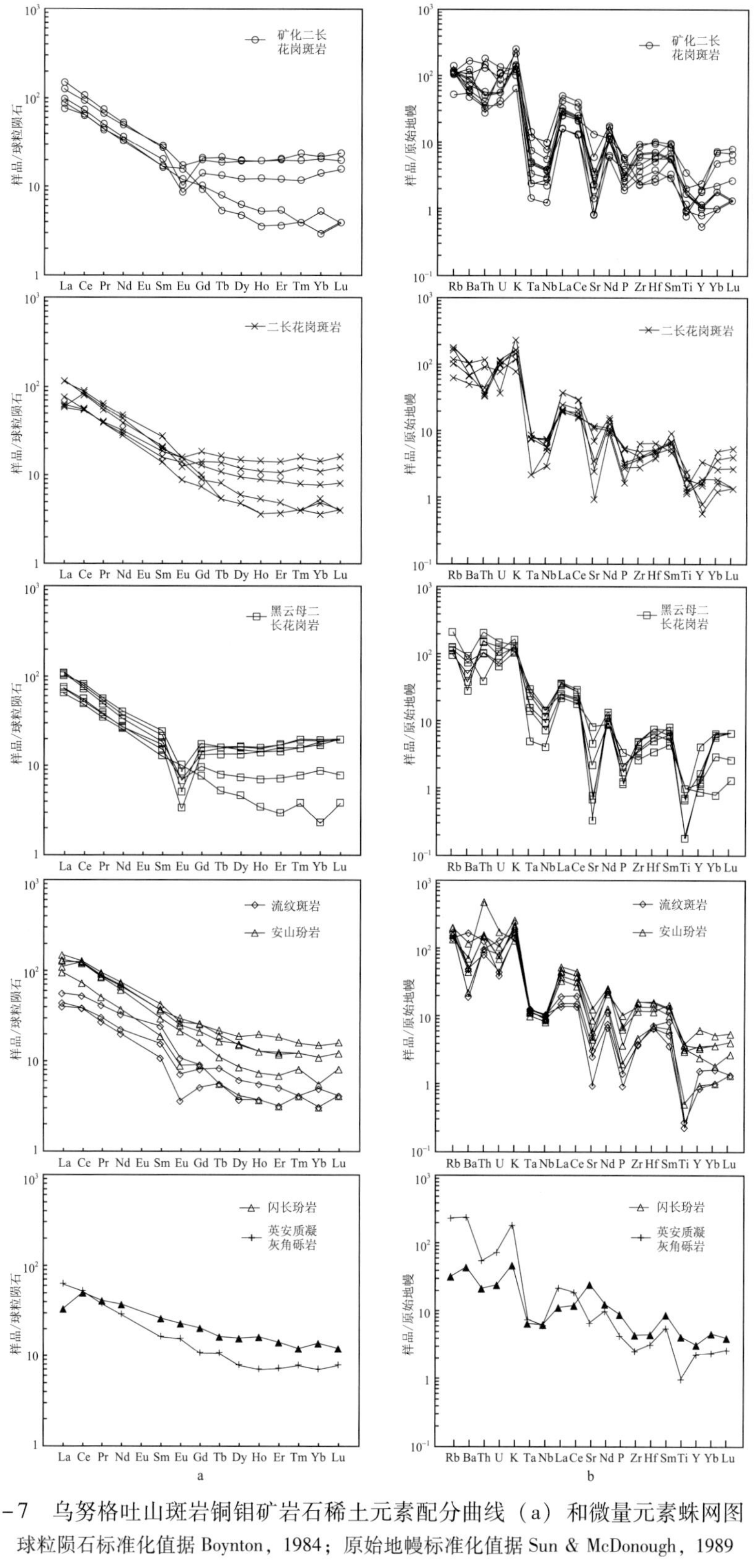

图 3－7　乌努格吐山斑岩铜钼矿岩石稀土元素配分曲线（a）和微量元素蛛网图（b）

球粒陨石标准化值据 Boynton，1984；原始地幔标准化值据 Sun & McDonough，1989

三、同位素地球化学特征

（一）样品和分析方法

本次用于同位素分析的测试样品采集范围主要位于乌努格吐山铜钼矿区北矿段内，少量样品采于南矿段以及岩芯中（表3－6）。岩性包括黑云母花岗岩（矿化黑云母花岗岩）、二长花岗斑岩（矿化二长花岗斑岩）、流纹斑岩以及安山斑岩等。

表3－6　乌努格吐山斑岩型铜钼矿床同位素分析样品特征及采样位置

样品编号	岩性	纬度	经度	高度/m
12－WS－02	二长花岗斑岩	N49°25′40.42″	E117°17′31.58″	805
12－WS－09	矿化黑云母花岗岩	N49°25′38.25″	E117°17′44.20″	806
12－WS－11	安山斑岩	N49°25′38.25″	E117°17′44.20″	806
12－WS－21	安山斑岩	N49°25′40.37″	E117°17′42.27″	820
12－WS－22	黑云母花岗岩	N49°25′40.37″	E117°17′42.27″	820
12－WS－25	矿化二长花岗斑岩	N49°25′51.75″	E117°18′11.38″	819
12－WS－31	流纹斑岩	N49°25′51.59″	E117°18′18.83″	793
12－WS－52	黑云母花岗岩	N49°25′55.62″	E117°18′07.45″	795
12－WS－59	流纹质晶屑凝灰熔岩	N49°25′31.91″	E117°18′19.43″	794
12－WS－63	二长花岗斑岩	N49°25′44.49″	E117°18′27.15″	787
12－WS－66	闪长玢岩	N49°25′27.20″	E117°18′43.05″	798
12－WS－76	流纹斑岩	N49°25′27.20″	E117°18′43.05″	798
12－WS－88	二长花岗斑岩	N49°25′42.00″	E117°18′37.97″	802
12－WS－Z－10	二长花岗斑岩	钻孔Z455		60m深
12－WS－Z－5	二长花岗斑岩	N49°25′18.16″	E117°18′33.71″	802
12－WS－Z－6	矿化黑云母花岗岩	钻孔Z455		240m深
13－WS－31	青磐岩	N49°24′59.59″	E117°17′10.85″	825
13－WS－39	二长花岗斑岩	N49°24′59.59″	E117°17′10.85″	825
13－WS－80	黑云母花岗岩	N49°25′42.15″	E117°17′26.86″	776
13－WS－Z－100	闪长玢岩	钻孔Z471		177m深
13－WS－Z－226	矿化二长花岗斑岩	钻孔Z505		270m深
13－WS－Z－31	黑云母花岗岩	钻孔Z471		878m深
14－WS－12	二长花岗斑岩	N49°25′39.60″	E117°17′44.19″	820
14－WS－9	黑云母花岗岩	N49°25′37.84″	E117°17′38.70″	820
14－WS－ZK－1	黑云母花岗岩	尾矿库		80m深

锆石单矿物分选在河北廊坊地质调查院完成。在双目镜下选择晶形好、矿物包裹体少的锆石，用环氧树脂制靶，将锆石靶依次在砂纸和抛光机上打磨抛光。阴极发光（CL）图像照射在北京中科科仪股份有限公司完成。

锆石定年工作在中国地质大学（北京）地质过程与矿产资源国家重点实验室完成，

分析仪器为由美国 New Wave Research 公司生产的激光剥蚀进样系统（UP193SS）和美国 AGILENT 公司生产的 Agilent 7500a 型号的四级杆等离子质谱仪组成的激光剥蚀等离子质谱仪，激光束斑直径为 36μm。详细实验原理和具体操作流程参照文献（Jackson et al.，2004）。通过锆石标准样品 91500、QINGHU、TEM 进行同位素校正，监视测试的重现性和仪器稳定性。质谱分析数据采用软件 Glitter 计算获得相应的同位素比值、年龄和误差范围，普通铅根据实测 ^{204}Pb 校正，单个测试点误差为 1σ，加权平均误差为 2σ。

Sr－Nd－Pb 同位素分离和上机测试工作在中国科学院广州地球化学研究所同位素地球化学国家重点实验室完成，分析测试流程详见 Chen et al.（2002）。其中 Sr－Nd 同位素采用 HF＋HNO_3 混合酸溶解并用阳离子交换的技术进行分离，分离的本底在同位素测量误差范围之内，上机测试是在 Neptune Plus 多接收电感耦合等离子体质谱仪（MC－ICP－MS）上完成，分析精度优于 0.002%，Nd 同位素标样 LRIG－Nd 测定的 $^{143}Nd/^{144}Nd = 0.512200 \pm 13$（2$\sigma$，$n=5$），BCR－2 测定的 $^{143}Nd/^{144}Nd = 0.512624 \pm 7$（2$\sigma$，$n=5$）；Pb 同位素的分离采用 AG50W－X12、200－400mesh 离子交换树脂，在 Nu Plasma 多接收等离子体质谱仪上完成测试，利用 NBS997Tl 溶液进行内部校正，选取 NBS981Pb 标准溶液进行质量监控，全流程中过程本底小于 0.05ng。

锆石 Hf 同位素 LA－MC－ICP－MS 分析是基于 U－Pb 定年同点或同等效位置在中科院广州地球化学研究所同位素地球化学国家重点实验室完成。实验运行条件斑束为 45μm，频率为 8Hz，推荐使用 $^{176}Hf/^{177}Hf = 0.282906 \pm 10$（2$\sigma$，$n=24$）的蓬莱锆石作为标样。

（二）锆石阴极发光和 U－Pb 年龄

乌努格吐山斑岩矿床中的锆石呈棱角状、无色透明，长 50～300μm，阴极发光图像中显示明显的震荡环带（图 3－8），具有典型的岩浆成因特征，未出现明显的增生结构和继承锆石。测试结果列于表 3－7，谐和年龄如图 3－9。样品 12－WS－11（安山斑岩）中 21 颗锆石的 $^{206}Pb/^{238}U$ 年龄为 172.0±2.3Ma（1σ，95% 置信区间），样品 12－WS－67（黑云母花岗岩）中 15 颗锆石的谐和年龄为 206.9±1.9Ma（1σ，95% 置信区间），样品 12－WS－67（流纹斑岩）中，7 颗锆石的谐和年龄为 180.4±4.5Ma（1σ，95% 置信区间），另外一组的谐和年龄为 215±12Ma（1σ，95% 置信区间）。

（三）Sr－Nd 同位素

样品中 $^{87}Sr/^{86}Sr$、$^{143}Nd/^{144}Nd$ 以及 T_{DM} 见表 3－8，并且根据岩石的锆石 U－Pb 年龄计算出了（$^{87}Sr/^{86}Sr)_i$ 以及 $\varepsilon_{Nd}(t)$，亏损地幔模式年龄计算利用 De Paolo（1981）的模型。

5 件花岗斑岩的初始 $^{87}Sr/^{86}Sr$ 为 0.705157～0.706358，样品的 $\varepsilon_{Nd}(t)$ 和 Nd 模式年龄分别为 0.34～1.33Ga 和 0.73～0.93Ga。3 件黑云母花岗岩的初始 $^{87}Sr/^{86}Sr$ 为 0.704105～0.704706，样品的 $\varepsilon_{Nd}(t)$ 和 Nd 模式年龄分别为 －0.67～－0.07Ga 和 0.96～1.04Ga。1 件安山斑岩和 1 件流纹斑岩的初始 $^{87}Sr/^{86}Sr$ 分别为 0.705284 和 0.702129；样品的 $\varepsilon_{Nd}(t)$、Nd 模式年龄分别为 0.82Ga、0.21Ga 和 0.81Ga、1.20Ga。

（四）锆石原位 Hf 同位素

选取锆石中年龄的有效点测试 Hf 同位素，结果见表 3－9。样品 12－WS－11（安山

表 3－7　乌努格吐山斑岩矿床安山斑岩（12－WS－11）、黑云母花岗岩（12－WS－67）、流纹斑岩（12－WS－67）锆石 U－Pb 年龄

测试点号	w(Pb)/10^{-6}	w(Th)/10^{-6}	w(U)/10^{-6}	Th/U	同位素比值						年龄/Ma					
					$^{207}Pb/^{206}Pb$		$^{207}Pb/^{235}U$		$^{206}Pb/^{238}U$		$^{207}Pb/^{206}Pb$		$^{207}Pb/^{235}U$		$^{206}Pb/^{238}U$	
					比值	1σ	比值	1σ	比值	1σ	比值	1σ	比值	1σ	比值	1σ
WS11－02	9.19	238.00	295.61	0.81	0.04947	0.00286	0.18322	0.01058	0.02686	0.00045	170	101	171	9	171	3
WS11－05	12.77	387.38	385.33	1.01	0.04965	0.00207	0.18567	0.00776	0.02712	0.00043	179	68	173	7	172	3
WS11－08	8.34	213.65	254.64	0.84	0.04955	0.00384	0.19143	0.01472	0.02801	0.00054	174	137	178	13	178	3
WS11－09	24.77	384.66	823.94	0.47	0.04931	0.00257	0.19037	0.00988	0.02799	0.00049	163	87	177	8	178	3
WS11－11	6.90	160.21	221.34	0.72	0.05394	0.00352	0.2003	0.01301	0.02693	0.00048	369	115	185	11	171	3
WS11－12	12.99	397.43	374.95	1.06	0.04984	0.00289	0.19435	0.01123	0.02828	0.00048	188	101	180	10	180	3
WS11－13	12.05	303.69	385.22	0.79	0.05124	0.00256	0.19191	0.00958	0.02716	0.00044	252	85	178	8	173	3
WS11－14	8.94	226.77	286.32	0.79	0.04951	0.00271	0.18366	0.01004	0.0269	0.00045	172	94	171	9	171	3
WS11－15	5.85	133.55	190.11	0.70	0.04958	0.00293	0.18451	0.01084	0.02699	0.00047	175	102	172	9	172	3
WS11－16	8.95	236.57	289.61	0.82	0.04945	0.00279	0.17813	0.01001	0.02612	0.00045	169	97	166	9	166	3
WS11－17	7.18	174.17	237.21	0.73	0.04966	0.00384	0.17981	0.01383	0.02626	0.00048	179	139	168	12	167	3
WS11－18	9.63	233.03	301.09	0.77	0.04928	0.00431	0.18841	0.01632	0.02772	0.00056	161	157	175	14	176	4
WS11－19	9.61	275.43	312.96	0.88	0.0522	0.00367	0.18407	0.01292	0.02557	0.00044	294	129	172	11	163	3
WS11－20	7.23	182.10	232.12	0.78	0.04954	0.00343	0.18327	0.01263	0.02683	0.00049	173	122	171	11	171	3
WS11－21	10.58	258.50	345.72	0.75	0.04958	0.004	0.18373	0.01464	0.02687	0.00057	175	140	171	13	171	4
WS11－22	13.36	380.95	427.85	0.89	0.04947	0.00238	0.17917	0.00862	0.02626	0.00043	170	81	167	7	167	3
WS11－23	8.83	217.59	288.62	0.75	0.04933	0.0035	0.18217	0.01286	0.02678	0.00047	164	126	170	11	170	3
WS11－24	16.83	613.89	454.65	1.35	0.04944	0.00253	0.19106	0.00975	0.02802	0.00046	169	88	178	8	178	3
WS11－25	17.15	526.94	525.74	1.00	0.04957	0.00253	0.18418	0.00942	0.02694	0.00043	175	89	172	8	171	3
WS11－26	14.85	578.19	412.79	1.40	0.04949	0.00321	0.18928	0.01219	0.02773	0.0005	171	113	176	10	176	3
WS11－27	14.68	537.46	403.73	1.33	0.0527	0.00308	0.20047	0.01168	0.02758	0.00047	316	102	186	10	175	3
WS67－04	18.97	267.99	539.17	0.50	0.05051	0.00218	0.2295	0.00995	0.03295	0.00053	219	70	210	8	209	3
WS67－08	14.70	175.67	422.94	0.42	0.05035	0.00223	0.23154	0.01028	0.03335	0.00054	211	73	211	8	211	3
WS67－09	19.73	251.44	560.57	0.45	0.0524	0.00215	0.241	0.00992	0.03335	0.00053	303	65	219	8	211	3
WS67－10	14.98	163.89	452.97	0.36	0.05506	0.00228	0.24086	0.01002	0.03172	0.00052	415	64	219	8	201	3

续表

测试点号	w(Pb)/10^{-6}	w(Th)/10^{-6}	w(U)/10^{-6}	Th/U	同位素比值						年龄/Ma					
					$^{207}Pb/^{206}Pb$		$^{207}Pb/^{235}U$		$^{206}Pb/^{238}U$		$^{207}Pb/^{206}Pb$		$^{207}Pb/^{235}U$		$^{206}Pb/^{238}U$	
					比值	1σ	比值	1σ	比值	1σ	比值	1σ	比值	1σ	比值	1σ
WS67－13	23.44	235.28	700.26	0.34	0.05052	0.00204	0.22637	0.00918	0.03249	0.00052	219	64	207	8	206	3
WS67－14	27.49	256.66	834.03	0.31	0.051	0.00222	0.22772	0.00995	0.03238	0.00052	241	71	208	8	205	3
WS67－15	23.87	280.43	702.64	0.40	0.05303	0.00221	0.23721	0.00993	0.03244	0.00053	330	65	216	8	206	3
WS67－16	10.37	119.66	310.84	0.38	0.0504	0.00312	0.22271	0.01371	0.03204	0.00056	213	109	204	11	203	3
WS67－17	25.42	211.81	775.91	0.27	0.05043	0.00236	0.22732	0.01066	0.03268	0.00053	215	78	208	9	207	3
WS67－18	20.05	236.37	582.60	0.41	0.05051	0.00217	0.23037	0.00991	0.03307	0.00054	219	69	211	8	210	3
WS67－20	36.77	538.49	1027.67	0.52	0.05035	0.00237	0.23253	0.01094	0.03348	0.00056	211	78	212	9	212	3
WS67－21	21.22	328.39	596.44	0.55	0.05025	0.00218	0.22842	0.00995	0.03296	0.00054	207	70	209	8	209	3
WS67－22	17.13	170.45	517.88	0.33	0.05257	0.00249	0.2349	0.01109	0.0324	0.00055	310	76	214	9	206	3
WS67－24	17.31	244.63	507.89	0.48	0.05027	0.00293	0.22116	0.0129	0.0319	0.00053	207	104	203	11	202	3
WS67－26	34.22	409.41	1005.67	0.41	0.05533	0.00208	0.24802	0.0094	0.0325	0.00051	426	56	225	8	206	3
WS76－01	8.80	150.40	262.47	0.57	0.04999	0.0031	0.21032	0.01304	0.0305	0.00051	195	111	194	11	194	3
WS76－03	13.08	166.62	366.36	0.45	0.05208	0.0022	0.24409	0.0104	0.03398	0.00053	289	69	222	8	215	3
WS76－07	20.10	475.70	635.23	0.75	0.05186	0.00166	0.20053	0.00655	0.02804	0.00042	279	47	186	6	178	3
WS76－08	10.03	399.06	282.80	1.41	0.05439	0.00269	0.19994	0.00987	0.02666	0.00044	387	81	185	8	170	3
WS76－09	17.89	276.15	481.60	0.57	0.05058	0.00157	0.2431	0.00773	0.03485	0.00052	222	46	221	6	221	3
WS76－11	18.26	457.50	557.20	0.82	0.04953	0.00154	0.19648	0.00624	0.02876	0.00043	173	46	182	5	183	3
WS76－12	17.22	262.58	479.25	0.55	0.05096	0.00177	0.23655	0.00833	0.03366	0.00051	239	53	216	7	213	3
WS76－14	9.52	325.98	270.65	1.20	0.05069	0.00239	0.19633	0.00927	0.02808	0.00046	227	79	182	8	179	3
WS76－16	15.63	206.62	415.61	0.50	0.05432	0.002	0.26676	0.00998	0.03561	0.00054	384	57	240	8	226	3
WS76－17	11.70	130.84	299.19	0.44	0.05281	0.00215	0.27227	0.01119	0.03738	0.00059	321	65	245	9	237	4
WS76－18	33.42	1224.74	919.09	1.33	0.04926	0.00155	0.19499	0.00626	0.0287	0.00043	160	47	181	5	182	3
WS76－20	23.41	620.75	685.72	0.91	0.04922	0.0017	0.20028	0.00703	0.02951	0.00045	158	54	185	6	187	3
WS76－21	17.74	458.53	528.70	0.87	0.04821	0.00206	0.19447	0.00836	0.02925	0.00046	110	69	180	7	186	3
WS76－23	44.08	1825.37	1162.07	1.57	0.04939	0.00153	0.19053	0.00604	0.02797	0.00042	166	46	177	5	178	3
WS76－25	22.64	296.29	650.14	0.46	0.05187	0.00219	0.23837	0.01011	0.03333	0.00053	280	68	217	8	211	3

表 3－8　乌努格吐山斑岩铜钼矿区不同类型岩浆岩 Sr－Nd 同位素测试结果

样品号	t/Ma	$w(Rb)/10^{-6}$	$w(Sr)/10^{-6}$	$^{87}Rb/^{86}Sr$	$^{87}Sr/^{86}Sr$	$\pm 2\sigma$	$(^{87}Sr/^{86}Sr)_i$	$w(Sm)/10^{-6}$	$w(Nd)/10^{-6}$	$^{147}Sm/^{144}Nd$	$^{143}Nd/^{144}Nd$	$\pm 2\sigma$	$(^{143}Nd/^{144}Nd)_i$	$\varepsilon_{Nd}(t)$	T_{DM}/Ga	$\varepsilon_{Sr}(t)$
12－WS－02	180	70. 2	70. 8	2. 871056	0. 713697	0. 000007	0. 706349	3. 7	19. 5	0. 115484	0. 512551	0. 000009	0. 512415	0. 17	0. 93	29. 22
12－WS－21	172	119. 5	180. 0	1. 922353	0. 709985	0. 000006	0. 705284	5. 6	32. 4	0. 105195	0. 512577	0. 000008	0. 512459	0. 82	0. 81	13. 97
12－WS－22	180	67. 4	52. 1	3. 745933	0. 715680	0. 000008	0. 706093	3. 1	17. 4	0. 108434	0. 512485	0. 000011	0. 512357	－0. 96	0. 96	25. 59
12－WS－52	206	74. 2	48. 0	4. 476107	0. 717601	0. 000008	0. 704488	2. 3	12. 5	0. 111988	0. 512490	0. 000009	0. 512339	－0. 66	0. 99	3. 23
12－WS－63	180	82. 4	177. 5	1. 344209	0. 709798	0. 000007	0. 706358	2	12. 2	0. 099775	0. 512585	0. 000009	0. 512467	1. 19	0. 76	29. 35
12－WS－76	180	103. 5	53. 0	5. 654605	0. 716600	0. 000007	0. 702129	2. 3	10. 1	0. 138599	0. 512559	0. 000005	0. 512395	－0. 21	1. 20	－30. 71
12－WS－88	180	118. 0	235	1. 453958	0. 709033	0. 000007	0. 705312	2. 4	13. 6	0. 107405	0. 512601	0. 000010	0. 512474	1. 33	0. 79	14. 50
14－WS－Z－1	206	188. 0	80. 7	6. 745624	0. 723866	0. 000020	0. 704105	4. 82	23. 7	0. 123780	0. 512536	0. 000008	0. 512369	－0. 07	1. 04	－2. 22
12－WS－Z－5	180	125. 0	134. 0	2. 701115	0. 712069	0. 000008	0. 705157	2. 2	12. 9	0. 103797	0. 512546	0. 000011	0. 512424	0. 34	0. 84	12. 29
12－WS－Z－10	180	102. 5	199. 0	1. 491450	0. 709253	0. 000006	0. 705436	2. 6	16. 8	0. 094193	0. 512582	0. 000009	0. 512471	1. 26	0. 73	16. 26

注：CHUR（$^{87}Rb/^{86}Sr = 0.0847$，$^{87}Sr/^{86}Sr = 0.7045$，$^{147}Sm/^{144}Nd = 0.1967$，$^{143}Nd/^{144}Nd = 0.512638$），$\lambda^{87}Rb = 1.42 \times 10^{-11} a^{-1}$（Steiger & Jäger，1977），$\lambda^{147}Sm = 6.54 \times 10^{-12} a^{-1}$（Lugmair & Marti，1978）。

表 3－9　乌努格吐山斑岩铜钼矿区岩浆岩（12－WS－11、12－WS－67 和 12－WS－76）锆石 Hf 同位素测试结果

测试点号	t/Ma	$^{176}Yb/^{177}Hf$	$^{176}Lu/^{177}Hf$	$^{176}Hf/^{177}Hf$	$^{176}Hf/^{177}Hf_{(corr)}$	2σ	$\varepsilon_{Hf}(0)$	$\varepsilon_{Hf}(t)$	2σ	$T_{DM1}(Hf)$/Ma	$T_{DM2}(Hf)$/Ma	$f_{Lu/Hf}$
WS11－02	171	0.019039	0.000437	0.282850	0.282848	0.000016	2.7	6.4	0.6	564	785	－0.99
WS11－05	172	0.028403	0.000676	0.282819	0.282817	0.000015	1.6	5.3	0.5	611	857	－0.98
WS11－08	178	0.030470	0.000715	0.282812	0.282810	0.000014	1.4	5.2	0.5	621	870	－0.98
WS11－09	178	0.026327	0.000611	0.282797	0.282795	0.000014	0.8	4.7	0.5	641	900	－0.98
WS11－11	171	0.023948	0.000514	0.282858	0.282856	0.000014	3.0	6.7	0.5	554	770	－0.98
WS11－12	180	0.031797	0.000724	0.282819	0.282817	0.000014	1.6	5.5	0.5	612	854	－0.98
WS11－13	173	0.048382	0.001063	0.282842	0.282840	0.000015	2.4	6.1	0.5	584	813	－0.97
WS11－14	171	0.025721	0.000584	0.282852	0.282850	0.000014	2.7	6.4	0.5	564	785	－0.98
WS11－15	172	0.020284	0.000460	0.282827	0.282825	0.000016	1.9	5.6	0.6	596	836	－0.99
WS11－16	166	0.026092	0.000602	0.282797	0.282795	0.000014	0.8	4.4	0.5	641	909	－0.98
WS11－17	167	0.028436	0.000587	0.282881	0.282879	0.000013	3.8	7.4	0.5	524	724	－0.98
WS11－18	176	0.023451	0.000530	0.282815	0.282813	0.000015	1.5	5.3	0.5	614	861	－0.98
WS11－19	163	0.042008	0.001027	0.282831	0.282829	0.000014	2.0	5.5	0.5	600	843	－0.97
WS11－20	171	0.038258	0.000877	0.282820	0.282818	0.000015	1.6	5.3	0.5	613	860	－0.97
WS11－21	171	0.032701	0.000753	0.282828	0.282826	0.000013	1.9	5.6	0.5	600	840	－0.98
WS11－22	167	0.036468	0.000872	0.282790	0.282788	0.000015	0.6	4.1	0.5	655	928	－0.97
WS11－23	170	0.021153	0.000505	0.282840	0.282838	0.000013	2.3	6.0	0.5	580	810	－0.98
WS11－24	178	0.075159	0.001579	0.282843	0.282841	0.000015	2.4	6.2	0.5	591	819	－0.95
WS11－25	171	0.034162	0.000776	0.282824	0.282822	0.000015	1.8	5.4	0.5	606	850	－0.98
WS11－26	176	0.035485	0.000846	0.282821	0.282819	0.000015	1.7	5.4	0.5	611	854	－0.97
WS11－27	175	0.035086	0.000797	0.282856	0.282854	0.000016	2.9	6.6	0.5	561	778	－0.98
WS67－04	210	0.096714	0.001852	0.282675	0.282673	0.000015	－3.5	0.9	0.5	839	1183	－0.94
WS67－08	215	0.087486	0.001983	0.282660	0.282658	0.000014	－4.0	0.4	0.5	863	1217	－0.94
WS67－09	214	0.097463	0.002208	0.282677	0.282675	0.000014	－3.4	1.0	0.5	844	1187	－0.93
WS67－10	200	0.070478	0.001614	0.282645	0.282643	0.000014	－4.6	－0.4	0.5	877	1250	－0.95

续表

测试点号	t/Ma	$^{176}Yb/^{177}Hf$	$^{176}Lu/^{177}Hf$	$^{176}Hf/^{177}Hf$	$^{176}Hf/^{177}Hf_{(corr)}$	2σ	$\varepsilon_{Hf}(0)$	$\varepsilon_{Hf}(t)$	2σ	T_{DM1}(Hf)/Ma	T_{DM2}(Hf)/Ma	$f_{Lu/Hf}$
WS67－13	205	0. 062134	0. 001451	0. 282653	0. 282651	0. 000014	－4. 3	0. 0	0. 5	861	1223	－0. 96
WS67－14	211	0. 072467	0. 001640	0. 282668	0. 282666	0. 000013	－3. 8	0. 6	0. 5	845	1193	－0. 95
WS67－15	207	0. 075396	0. 001682	0. 282699	0. 282697	0. 000014	－2. 7	1. 7	0. 5	801	1127	－0. 95
WS67－16	210	0. 067033	0. 001555	0. 282449	0. 282447	0. 000014	－11. 5	－7. 1	0. 5	1154	1674	－0. 95
WS67－17	212	0. 090708	0. 002076	0. 282696	0. 282694	0. 000014	－2. 8	1. 6	0. 5	814	1142	－0. 94
WS67－18	214	0. 077940	0. 001640	0. 282697	0. 282695	0. 000014	－2. 7	1. 8	0. 5	802	1126	－0. 95
WS67－20	203	0. 100646	0. 002293	0. 282671	0. 282669	0. 000012	－3. 7	0. 5	0. 4	856	1209	－0. 93
WS67－21	209	0. 092192	0. 001844	0. 282651	0. 282649	0. 000013	－4. 4	0. 0	0. 5	874	1238	－0. 94
WS67－22	208	0. 117183	0. 002518	0. 282735	0. 282733	0. 000015	－1. 4	2. 8	0. 5	766	1067	－0. 92
WS67－24	200	0. 088788	0. 001957	0. 282730	0. 282728	0. 000013	－1. 5	2. 6	0. 5	761	1068	－0. 94
WS67－26	211	0. 066922	0. 001593	0. 282707	0. 282705	0. 000015	－2. 4	2. 0	0. 5	788	1105	－0. 95
WS76－01	194	0. 046455	0. 001041	0. 282725	0. 282723	0. 000011	－1. 7	2. 4	0. 4	750	1060	－0. 97
WS76－03	215	0. 077505	0. 001733	0. 282634	0. 282632	0. 000013	－5. 0	－0. 5	0. 4	896	1269	－0. 95
WS76－07	178	0. 079972	0. 001762	0. 282783	0. 282781	0. 000014	0. 3	4. 0	0. 5	682	958	－0. 95
WS76－08	221	0. 104603	0. 002289	0. 282679	0. 282677	0. 000013	－3. 4	1. 1	0. 5	844	1181	－0. 93
WS76－09	170	0. 038921	0. 000838	0. 282782	0. 282780	0. 000013	0. 3	3. 9	0. 5	666	943	－0. 97
WS76－11	183	0. 154492	0. 003407	0. 282826	0. 282824	0. 000015	1. 8	5. 4	0. 5	649	894	－0. 90
WS76－12	213	0. 094319	0. 002069	0. 282698	0. 282696	0. 000014	－2. 7	1. 7	0. 5	810	1135	－0. 94
WS76－14	179	0. 081338	0. 001674	0. 282800	0. 282798	0. 000014	0. 9	4. 6	0. 5	656	918	－0. 95
WS76－16	226	0. 124700	0. 002636	0. 282701	0. 282699	0. 000014	－2. 6	2. 0	0. 5	818	1137	－0. 92
WS76－17	237	0. 132100	0. 002976	0. 282708	0. 282706	0. 000014	－2. 3	2. 4	0. 5	817	1126	－0. 91
WS76－18	182	0. 153608	0. 003038	0. 282871	0. 282869	0. 000013	3. 4	7. 1	0. 5	574	782	－0. 91
WS76－20	187	0. 124640	0. 002556	0. 282779	0. 282777	0. 000014	0. 2	4. 0	0. 5	703	981	－0. 92
WS76－21	186	0. 161793	0. 003254	0. 282869	0. 282867	0. 000013	3. 4	7. 0	0. 5	581	789	－0. 90
WS76－23	178	0. 151595	0. 002986	0. 282852	0. 282849	0. 000016	2. 7	6. 3	0. 6	602	828	－0. 91
WS76－25	211	0. 077896	0. 001702	0. 282655	0. 282653	0. 000013	－4. 2	0. 2	0. 4	864	1223	－0. 95

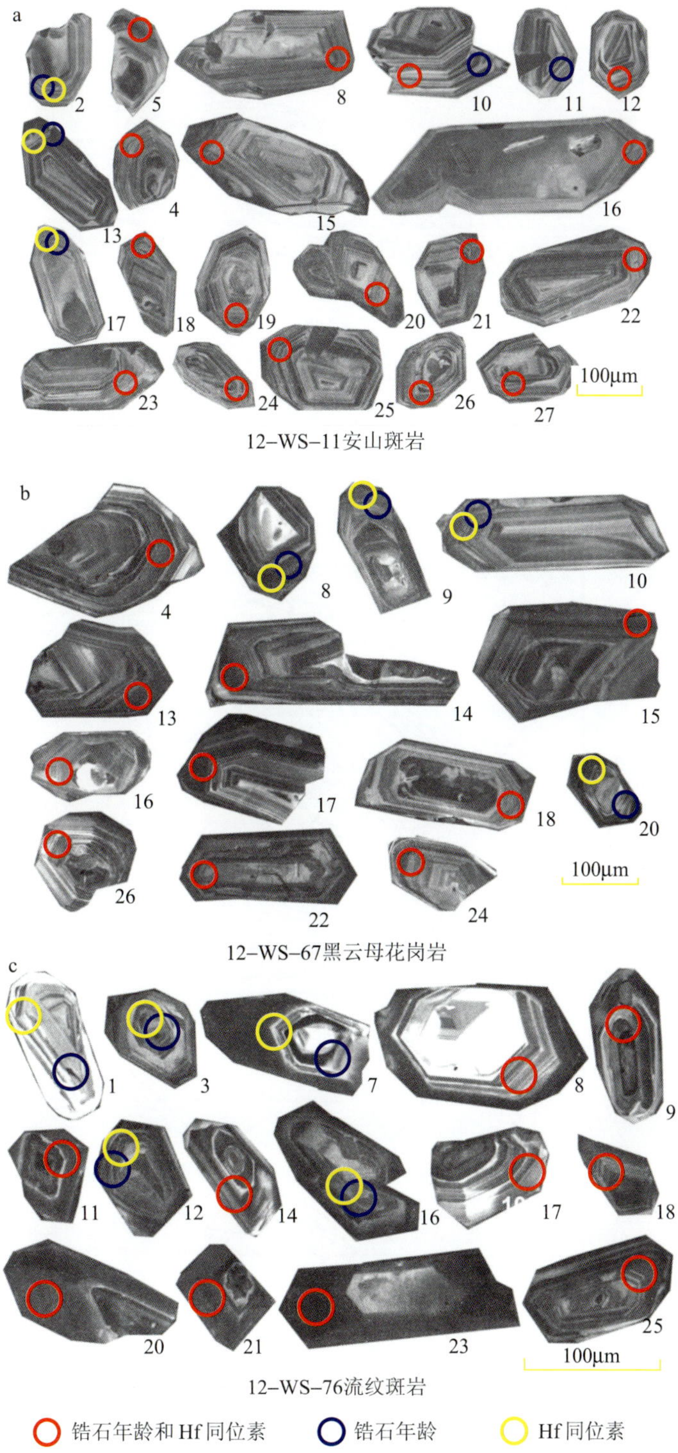

图 3-8　乌努格吐山斑岩铜钼矿区安山斑岩（a）、黑云母花岗岩（b）、流纹斑岩（c）锆石阴极发光照片

斑岩）中共测试 21 个有效点，其 $\varepsilon_{Hf}(t)$ 分布于 4.1～7.4 之间，二阶段模式年龄分布于 724～928Ma 之间，初始 $^{176}Hf/^{177}Hf$ 分布于 0.282790～0.282881 之间。12-WS-67（黑云

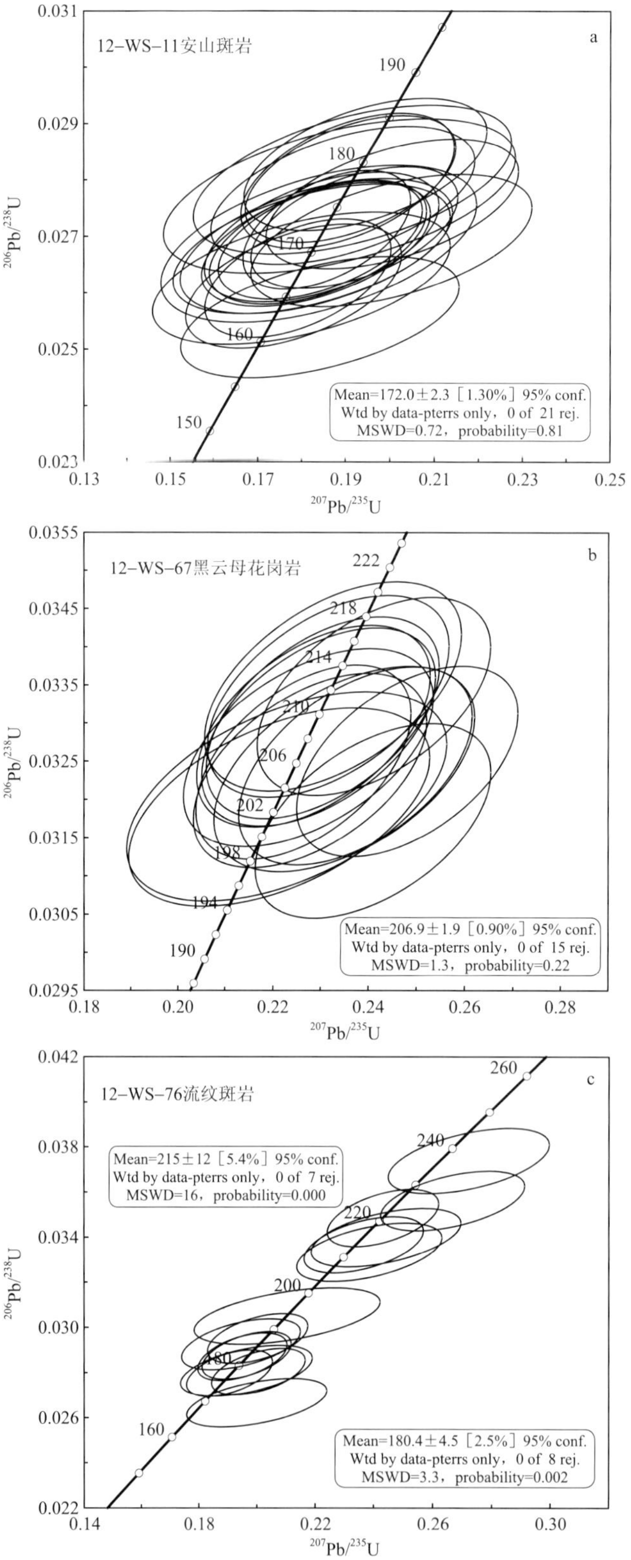

图 3－9　乌努格吐山斑岩铜钼矿安山斑岩（a）、黑云母花岗岩（b）、流纹斑岩（c）锆石谐和年龄

母花岗岩）中共有15个有效点，其 $\varepsilon_{Hf}(t)$ 分布于 -0.4 ~ -2.8 之间，去除一个异常值 -7.1，二阶段模式年龄分布于1067 ~ 1250Ma 之间，初始 $^{176}Hf/^{177}Hf$ 分布于0.282645 ~ 0.282735 之间。样品12 - WS - 76（流纹斑岩）中共计测试15个点，样品的 $\varepsilon_{Hf}(t)$ 共可分为两组，其中一组分布于3.9 ~ 7.1 之间，二阶段模式年龄分布于782 ~ 943Ma 之间，初始 $^{176}Hf/^{177}Hf$ 分布于0.282780 ~ 0.282869 之间；另外一组 $\varepsilon_{Hf}(t)$ 分布于 -0.5 ~ 2.4 之间，二阶段模式年龄分布于1060 ~ 1269Ma 之间，初始 $^{176}Hf/^{177}Hf$ 分布于0.282632 ~ 0.282723 之间。

四、流体地球化学特征

（一）岩相学观察

乌努格吐山斑岩型铜钼矿的黑云母花岗岩、花岗斑岩经历多期硅化蚀变作用，在石英斑晶以及各期次的石英脉中可以观察到丰富的包裹体类型（图3 - 10）。经显微岩相观察，结合前人研究成果，将包裹体类型概括为以下几类：

V 型：富气相包裹体（图3 - 10c、d、e），由气液两相组成，形态多呈近椭圆形、多边形或不规则形。该类包裹体占包裹体总数的40%左右，在石英斑晶和早、中阶段脉石英中常见，大小为6 ~ 35m，气相包裹体体积分数多集中在50% ~ 90%之间，气泡颜色较暗，气相成分除 H_2O 外，还有 CO_2，液相成分主要为 H_2O。

L 型：富液相包裹体（图3 - 10a、f、i、k），由气液两相组成，形态呈近圆形、多边形、不规则形或长条形，并可见负晶形。该类型包裹体主要存在于石英斑晶和各阶段的脉石英中。该类包裹体占包裹体总数的 ±65%，大小为5 ~ 50μm，气相包裹体体积分数为8% ~ 40%，液相成分以 H_2O 为主，气相成分除 H_2O 外，部分早、中阶段的包裹体还含有 CO_2、CH_4 等。在晚期形成的闪锌矿中也可见此类型包裹体，大小在5 ~ 15μm 之间，气液比在10%左右（图3 - 10g）。

S 型：含子矿物的多相包裹体（图3 - 10b、d、e、f、h、k），存在于石英斑晶和早、中阶段脉石英中，由气相 + 液相 + 子矿物组成。形态多呈椭圆形、负晶形不规则形，占包裹体总数的20%，大小为630μm，气相包裹体体积分数为5% ~ 50%不等。液相成分为盐水溶液，气相成分除 H_2O 外，可能还有少量的 CH_4 以及 CO_2。子矿物以石盐为主，可见不透明子矿物和少量红色的赤铁矿（谭刚，2011），偶见长方体状钾盐子晶，石盐子晶体积通常大于其他子矿物，以其无色透明、立方体晶形等特征而易于辨别；不透明子矿物为黄铜矿、黄铁矿等，该类型包裹体与 L 型、V 型包裹体共存，为流体沸腾作用形成的现象。在晚期形成的闪锌矿中也可见含不透明矿物的子晶（图3 - 10h），子晶呈不规则形，可能为黄铁矿或黄铜矿。

C 型：含 CO_2 三相包裹体（图3 - 10a、e、j、k）。主要存在于石英斑晶中，多呈椭圆形、长条形以及其他不规则形状分布。该类型包裹体约占总数的2%，大小为4 ~ 20μm 不等。其中气相 CO_2 为10% ~ 40%不等，液相 CO_2 比例不等，为5% ~ 30%。通常该类型的包裹体中会有石盐以及黄铜矿、黄铁矿的子晶同时出现（图3 - 10e、k），并与 V、L、S 型包裹体通常伴生在同一视域内，显示流体经历过沸腾作用。

PG 型：纯气相包裹体，呈灰色至灰黑色，多为圆形或椭圆形，存在于早、中期的脉

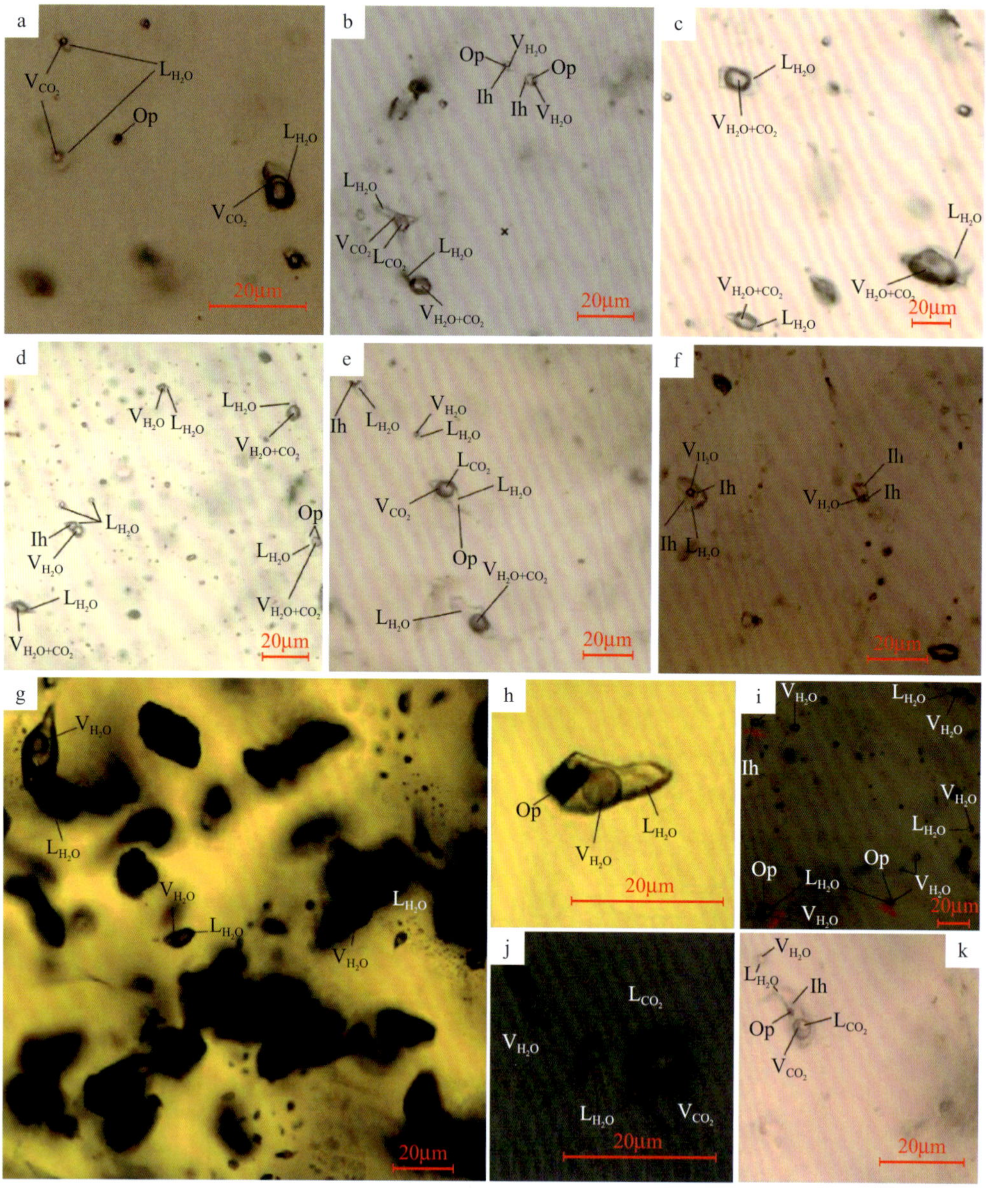

图 3－10　乌努格吐山铜钼矿床包裹体显微照片

a—V、L、C 型三种包裹体共存；b—石英斑晶中，含子晶的 S 型包裹体与 C 型、V 型包裹体共存；c—V 型包裹体；d—含子晶 S 型包裹体与 C 型、L 型包裹体共存；e—C 型包裹体与 L 型包裹体共存；f—含食盐子晶 S 型包裹体；g—闪锌矿中 L 型包裹体；h—闪锌矿中含不透明子晶 S 型包裹体；i—中期阶段，含子晶包裹体与 L 型包裹体共存；j—C 型包裹体；k—含子矿物的 C 型包裹体与 L 型包裹体共存；Ih—食盐；Op—不透明子矿物

石英中，占包裹体总数的 1%～3%，大小一般为 3～6μm，该类包裹体通常较小。常和 V 型、L 型包裹体同时出现。

（二）流体包裹体均一温度及盐度估算

和大多数斑岩型矿床一样，乌努格吐山铜钼矿床流体包裹体均一温度范围非常广，分布于 100 ~ 520℃之间（图 3 - 11）。由于实验设备条件所限，本次研究所测温度上限为 520℃，而有少数石英斑晶和早阶段石英包裹体在接近 580℃时仍未达到均一，同时包裹体也没有破裂，即认为其完全均一温度大于 580℃。据统计，这类包裹体占所研究流体包裹体总数的 8% 左右，上述 4 种类型的包裹体均有出现，且出现的频率相当，这可能说明在成矿作用的早期，存在着高温的携矿流体。本次研究共获得石英斑晶和石英脉中流体包裹体分布在 4 个区间：440 ~ 520℃、380 ~ 460℃、320 ~ 420℃和 200 ~ 320℃（图 3 - 11）。

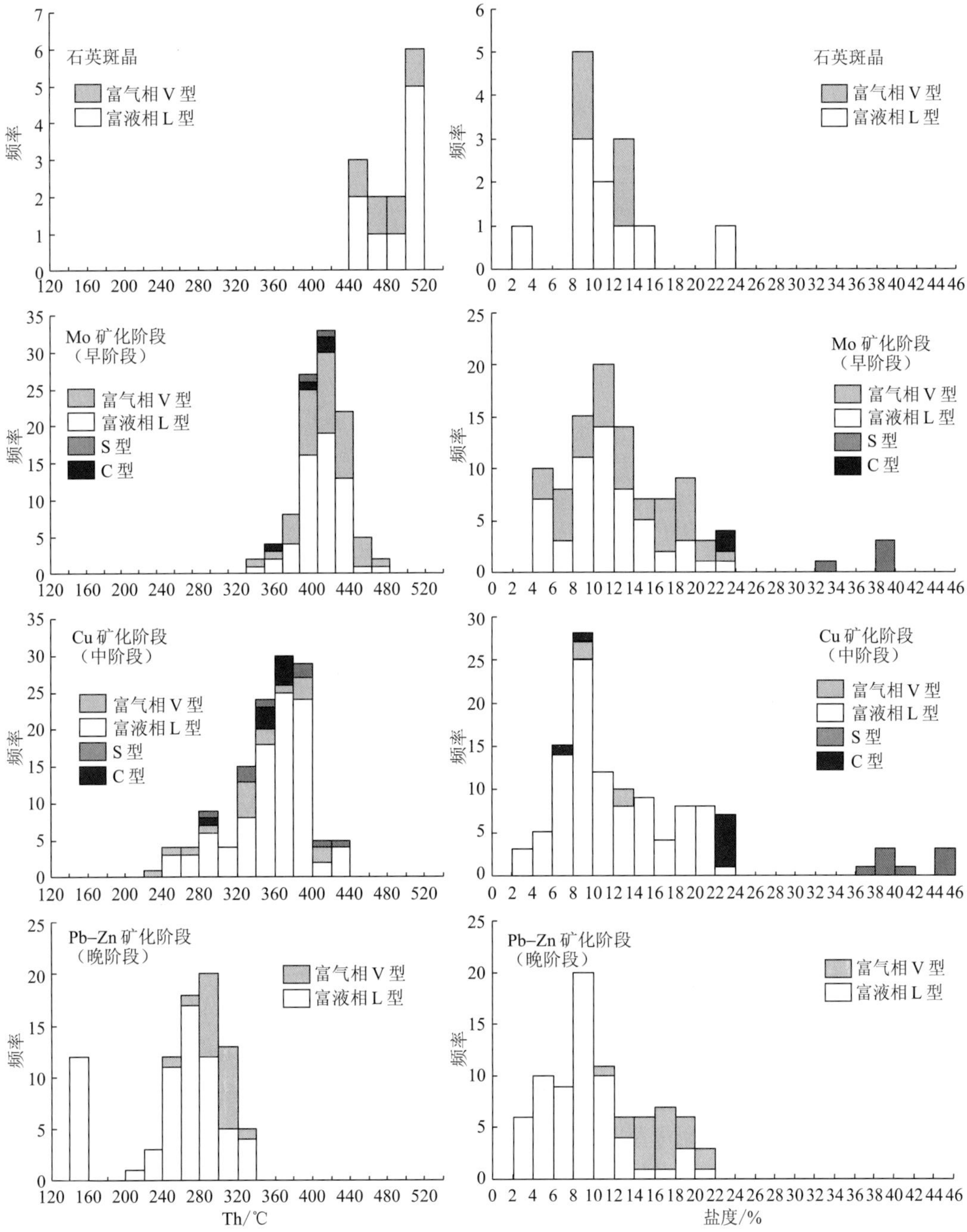

图 3 - 11　乌努格吐山铜钼矿床不同阶段流体包裹体均一温度、盐度分布直方图

（三）单个包裹体成分分析

对乌努格吐山铜钼矿床石英斑晶和早、中、晚阶段石英脉内 L 型、V 型和 S 型流体包裹体气、液、固三相做了详细的激光拉曼探针成分分析（图 3－12）。分析结果表明：斑晶石英中多数 V 型包裹体气相颜色为灰色—灰黑色，显示明显的 CO_2 峰（1389cm^{-1}和 1286.5cm^{-1}），液相中获得了 H_2O 峰，另外，根据前人研究在 S 型多相流体包裹体中，除了易辨别的立方体钠盐子晶、长方体钾盐子晶外，还检测到了红色的赤铁矿（Hem）子矿物峰（1319cm^{-1}）以及普遍存在的黄铜矿（Cpy）子矿物峰（291cm^{-1}），这表明初始流体为含 CO_2 的高盐度水溶液。

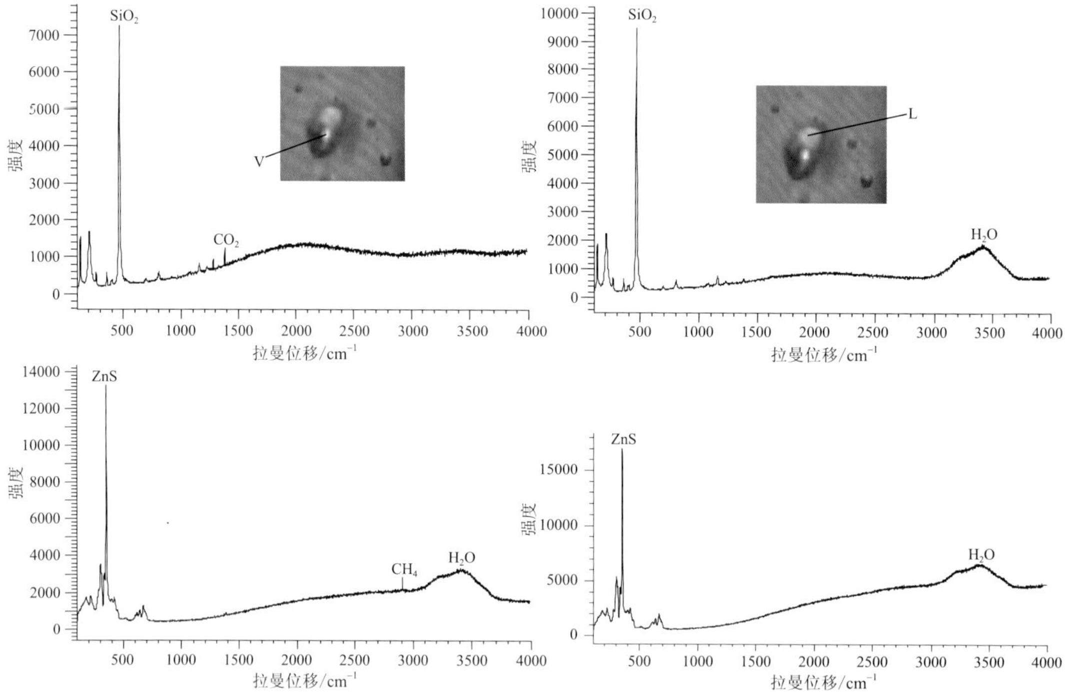

图 3－12　乌努格吐山斑岩铜钼矿床石英流体包裹体激光拉曼光谱

早阶段石英脉内 V 型和 S 型包裹体与石英斑晶中的类似，V 型包裹体多数具有 CO_2 峰；此外，前人在 S 型包裹体内可检测出含有赤铁矿（Hem）子矿物的峰（1319cm^{-1}）和黄铜矿（Cpy）子矿物的峰（291cm^{-1}）；多数 L 型包裹体气相和液相中仅有 H_2O 峰。

中阶段包裹体成分复杂，少部分 V 型包裹体能检测到 CO_2 峰（1389cm^{-1}），多数只有 H_2O 峰；L 型水溶液包裹体液相中一般只有 H_2O 峰。

晚阶段石英脉内包裹体类型单一，仅有 L 型水溶液包裹体，其气相和液相中只能检测到 H_2O 峰（3439cm^{-1}，3443cm^{-1}）。而在闪锌矿包裹体中分别检测到 H_2O 峰及 CH_4 峰。

（四）石英 H－O 同位素

石英 H－O 同位素测试在核工业北京地质研究院完成。测试仪器为 MAT－253 质谱仪，氢同位素分析采用锌还原法，检测方法依据《水中氢同位素的锌还原法测定》（DZ/

T 0184.19—1997)；氧同位素分析采用 BrF_5 法，检测方法依据《硅酸盐及氧化物矿物中氧同位素组成的五氟化溴法测定》(DZ/T 0184.13—1997)。本次所测的样品均来自采坑，样品属性和 H－O 同位素组成见表 3－10。

表 3－10　乌努格吐山铜钼矿石英 H－O 稳定同位素测试结果

样品编号	岩性描述	δD_{V-SMOW}/‰	$\delta^{18}O_{V-SMOW}$/‰	$\delta^{18}O_{H_2O}$/‰	温度/℃	数据来源
12－WS－16	辉钼矿化宽石英脉	－109.9	11.3	7.67	420	本书
12－WS－23	绢英岩化带内石英脉	－103.4	10.7	5.67	360	
12－WS－24	绢英岩化带内石英脉	－109.3	10	4.97	360	
12－WS－37	绢英岩化带内石英脉	－105.8	9.2	4.17	360	
12－WS－41	辉钼矿矿化宽石英脉	－93.8	10.6	6.97	420	
12－WS－43	辉钼矿矿化宽石英脉	－100.9	11.7	8.07	420	
12－WS－47	辉钼矿矿化宽石英脉	－105.3	11.4	7.77	420	
12－WS－69	含黄铁矿、黄铜矿蚀变斑岩	－115.6	10	4.41	340	
12－WS－72	含黄铜矿、黄铁矿石英脉	－111.8	9.5	3.91	340	
12－WS－74	无矿化宽石英脉	－102.5	16.7	14.14	480	
12－WS－78	含黄铁矿、黄铜矿蚀变斑岩	－129.1	10.9	5.31	340	
12－WS－81	含黄铁矿、黄铜矿蚀变斑岩	－101.6	10.8	5.21	340	
12－WS－84	含黄铁矿、黄铜矿蚀变斑岩	－96.3	11.4	5.81	340	
12－WS－85	辉钼矿矿化宽石英脉	－106.4	11.4	7.77	420	
WS008	辉钼矿矿化宽石英脉	－127	9.4	5.34	400	谭刚(2013)
WS016	含黄铁矿、黄铜矿蚀变斑岩	－119	8.9	2.01	300	
WS020	宽约 17cm 无矿石英脉	－116	9.3	4.27	360	
WS029	辉钼矿矿化石英脉	－128	8.9	4.38	380	
Z593－2	含少量辉钼矿石英脉	－124	8.9	3.31	340	
Z593－9	与钾化有关石英脉	－128	8.4	4.00	385	
Z476－9	与钾化有关石英脉	－124	9.2	5.03	395	
Z476－29	含黄铜矿、黄铁矿石英脉	－114	8.5	1.24	290	
Z594－2	宽 5cm 含辉钼矿石英脉	－126	8.3	3.90	385	
Z596－5	绢英岩化带内石英脉	－126	8.8	3.50	350	

从表中可以看出，所测石英样品 δD_{V-SMOW} 为－93.8‰～－129.1‰，极差 35.3‰，平均值－106.55‰；$\delta^{18}O_{V-SMOW}$ 介于 9.2‰～16.7‰之间，极差 7.5‰，平均值 11.1‰。参考流体包裹体的均一温度，采用 $1000\ln\alpha_{石英-水}=3.38\times10^6/T^2-3.4$，计算得到 $\delta^{18}O_{H_2O}$ 介于 3.91‰～14.14‰之间，极差 10.23‰，平均值 6.56‰。以上数据明显偏离正常岩浆水的范围（$\delta D_{岩浆水}$：－80‰～－40‰；$\delta^{18}O_{岩浆水}$：5.5‰～9.5‰）。

在 $\delta D_{H_2O}-\delta^{18}O_{H_2O}$ 图解（图 3－13）中，本文测得的 14 件样品以及前人测得的 10 件石英样品点均落在正常岩浆水正下方左侧，并由岩浆水向大气降水线靠近，表明成矿流体为岩浆水和大气降水的混合。

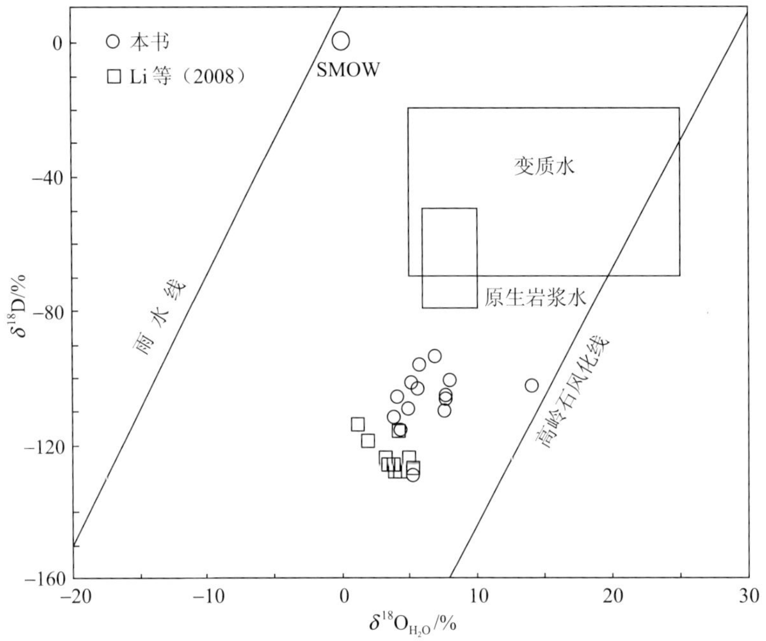

图 3－13　乌努格吐山斑岩铜钼矿床石英 $\delta D_{H_2O}-\delta^{18}O_{H_2O}$ 图解

五、矿床成因模式

（一）成岩成矿时代

基于不同类型岩石野外的交切关系，并结合岩石地球化学、同位素年代学数据综合分析，乌努格吐山矿区的岩浆活动划分为成矿前、成矿期及成矿后3个活动阶段。

成矿前岩浆岩主要是出露超过200km² 的黑云母花岗岩，锆石U－Pb年龄为206Ma，黑云母花岗岩产出于矿体周边，与铜、钼矿化作用无直接成因联系。中侏罗世复式杂岩体的侵入作用与铜－钼成矿密切相关，这套岩体主要包括斜长花岗斑岩以及流纹斑岩。成矿后阶段主要是安山斑岩。

乌努格吐山矿区的岩浆活动从207Ma持续到172Ma，和成矿密切相关的成岩作用主要在180Ma，根据其辉钼矿Re－Os年龄，乌努格吐山铜钼矿化集中于176～178Ma之间（Chen et al.，2011；Li et al.，2008；Wang et al.，2015）。

（二）岩浆作用与成矿物质来源

关于乌努格吐山斑岩铜钼矿区岩浆岩的成因研究成果较为丰富，有不同学者先后提出多种成因观点，综合归纳如下：①下地壳部分熔融并混入上地壳物质（Wang & Qin，1988）；②地幔和地壳的混合（陈志广，2010；Chen et al.，2011）；③增厚下地壳部分熔融并混有少量的地幔物质（Li et al.，2008）；④上地壳部分熔融（谭钢，2011）；⑤下地壳部分熔融，并有少量其他物质的加入（Wang et al.，2015）。以上这些认识无一例外都强调了成矿物质有下地壳的参与，并具有混合来源的特点。

针对乌努格吐山矿区不同的岩浆岩，包括黑云母花岗岩、斜长花岗斑岩、流纹斑岩和安山斑岩等在内开展 Sr－Nd－Hf 同位素分析，结果存在明显的差异（表 3－8，表 3－9）。3 件黑云母花岗岩（$^{87}Sr/^{86}Sr$）$_i$ 为 0.704105～0.704706，$\varepsilon_{Nd}(t)$ 为 2.61～－0.07，$\varepsilon_{Hf}(t)$ 为－11.5～－1.4；5 件斜长花岗斑岩（$^{87}Sr/^{86}Sr$）$_i$ 为 0.705157～0.706358，$\varepsilon_{Nd}(t)$ 为 0.34～－1.33，$\varepsilon_{Hf}(t)$ 为 0.4～8.1（Wang et al.，2015）；1 件流纹斑岩（$^{87}Sr/^{86}Sr$）$_i$ 为 0.705284，$\varepsilon_{Nd}(t)$ 为 0.82，$\varepsilon_{Hf}(t)$ 为－0.5～7.1；1 件安山斑岩（$^{87}Sr/^{86}Sr$）$_i$ 为 0.705284，$\varepsilon_{Nd}(t)$ 为 0.82，$\varepsilon_{Hf}(t)$ 为－0.5～7.1。依据形成时序来看，伴随着矿区内岩浆的不断演化，矿区内形成的岩浆岩其（$^{87}Sr/^{86}Sr$）$_i$、$\varepsilon_{Nd}(t)$、$\varepsilon_{Hf}(t)$ 等数值有着明显的不同与变化特征（图 3－14，图 3－15），说明这些侵入岩的物源也在不断变化。并且矿区内成矿前和成矿后的岩浆岩呈现出富集大离子亲石元素（LILE）Cs、Rb 和 Ba，亏损高场强元素（HFSE）Nb、Ti 和 P 等元素，这些特征均与弧岩浆一致（Hawkesworth et al.，1993；Pearce & Peate，1995）。黑云母花岗岩中的（$^{87}Sr/^{86}Sr$）$_i$ 为 0.704105～0.704706，Nd 二阶段模式年龄为 0.96～1.04Ga，Hf 模式年龄为 1067～1250Ma，Nd 同位素和

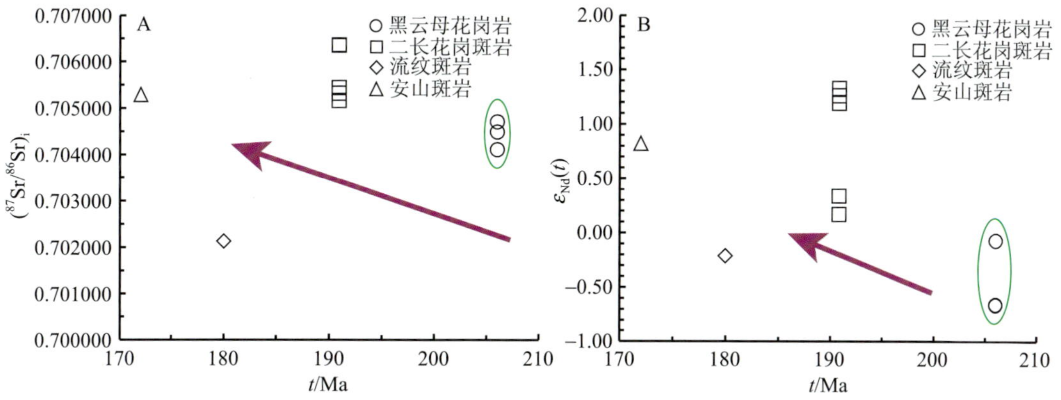

图 3－14　乌努格吐山铜钼矿区不同类型岩浆岩 t 和（$^{87}Sr/^{86}Sr$）$_i$、$\varepsilon_{Nd}(t)$ 分布特征

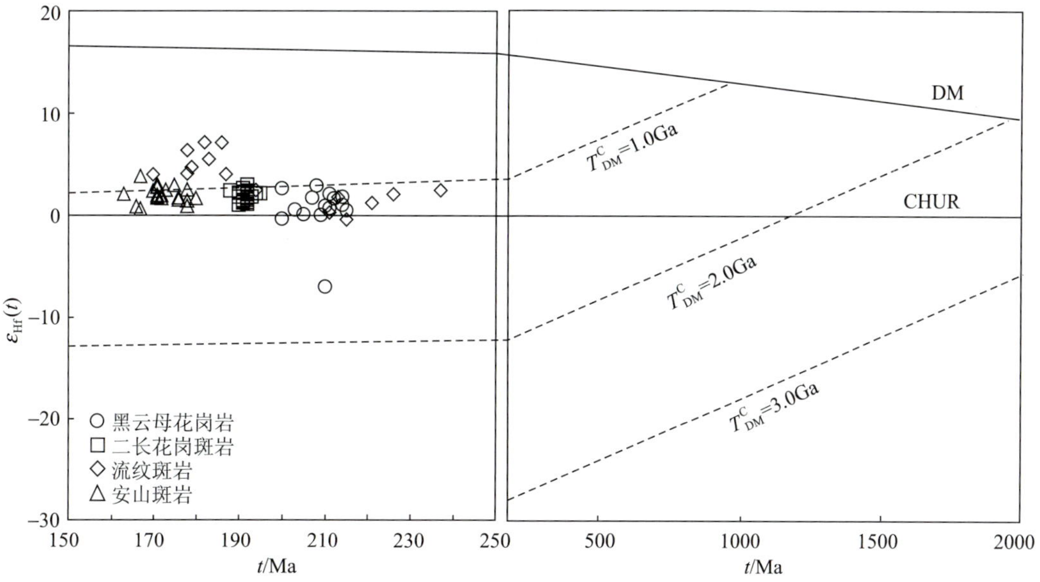

图 3－15　乌努格吐山铜钼矿区岩浆岩 U－Pb 年龄与 $\varepsilon_{Hf}(t)$ 分布示特征

$(^{87}Sr/^{86}Sr)_i$ 分布在 MORB 和下地壳演化线之间，同样表明花岗质岩浆的混合来源特征。黑云母花岗岩锆石的 $\varepsilon_{Hf}(t)$ 比亏损地幔的值略小，这些特征说明花岗岩的来源可能为新元古代新生下地壳的部分熔融。成矿后的安山斑岩 Sr 同位素比值较高，并且较低的 $\varepsilon_{Nd}(t)$ (-0.82) 和锆石 $\varepsilon_{Hf}(t)$ (4.1~7.4)，可能预示着成矿作用之后岩浆作用有更多地幔物质的参与。

含矿或者贫矿的斜长花岗斑岩呈现与岩浆弧相类似的地球化学特征，比如富集 LILE、亏损 HFSE。成矿阶段的流纹斑岩和斜长花岗斑岩中的 $(^{87}Sr/^{86}Sr)_i$ 和 $\varepsilon_{Nd}(t)$ 介于黑云母花岗岩和安山斑岩之间。斜长花岗斑岩中的 $\varepsilon_{Hf}(t)$ 和 T_{DM}^{C} 分别为 0.5~8.2 以及 704~1192Ma（图 3-15），说明这些斑岩可能源于增厚下地壳的部分熔融作用，并且有地幔物质的加入（Wang et al.，2015）。斜长花岗斑岩的 Nd 模式年龄和 Hf 模式年龄大约集中于 800Ma，同时代的花岗岩在额尔古纳地块中有出露。本次评估发现乌努格吐山矿床成矿过程中，成矿岩浆来源于新生下地壳的物质占 70%~80%（图 3-16）。

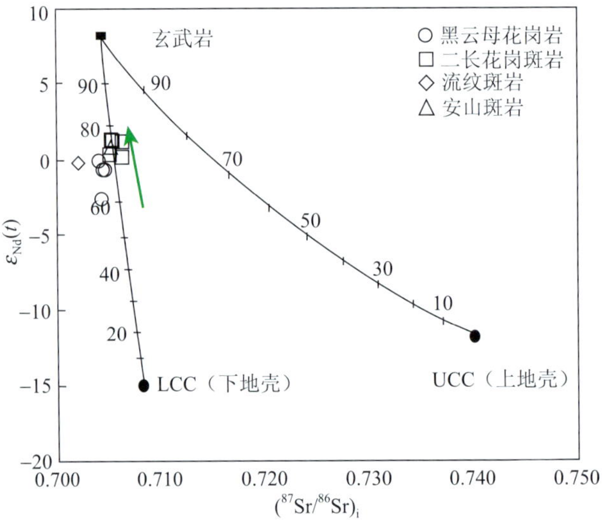

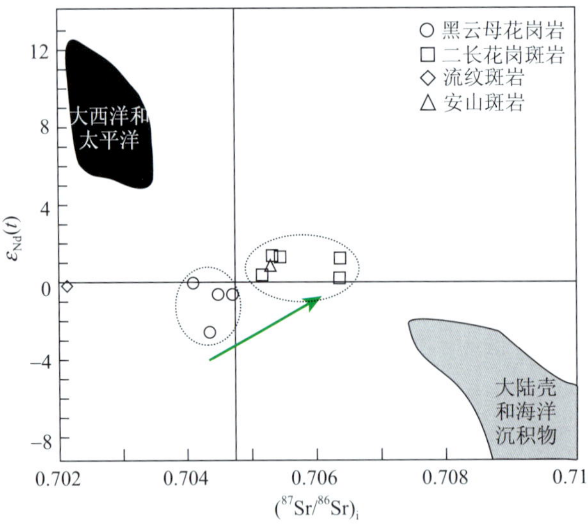

图 3-16　乌努格吐山铜钼矿区岩浆岩 $(^{87}Sr/^{86}Sr)_i$ 和 $\varepsilon_{Nd}(t)$ 示意图

（三）地质构造背景及意义

Chen et al.（2015）提出不同类型斑岩型矿床的地球化学上的差异，对比分析发现乌努格吐山斑岩型矿床更加贴近于俯冲型的斑岩型成矿系统，这和鄂霍次克洋构造带中210～200Ma期间岩浆岩的演化过程一致。花岗岩微量元素特征则进一步支持早侏罗世区域内处于俯冲的构造背景下这一演化特征。在Rb－Y＋Nb和Rb－Ta＋Yb，以及Ta－Yb构造环境判别图解中，斜长花岗斑岩和黑云母花岗岩都落于火山弧区域，而在Nb－Y图解中，均落于火山弧和同碰撞环境下。综上所述，乌努格吐山斑岩铜钼矿床的形成应该受控于鄂霍次克洋向额尔古纳地块俯冲的构造体制。

鄂霍次克造山带位于西伯利亚和中国北部克拉通之间，中生代时期，在欧亚大陆演化、古亚洲洋闭合等过程中扮演着重要作用（Parfenov et al.，2003；Xu et al.，2013；Zonenshain et al.，1990；Zorin，1999）。根据区域演化历史和同位素地球化学特征，认为鄂霍次克洋在晚三叠世至早侏罗世时期是双向俯冲，即向南俯冲于额尔古纳地块之下，而向北俯冲于西伯利亚板块之下。俯冲作用导致额尔古纳板块边缘新生下地壳发生部分熔融，产生的岩浆通过得尔布干断裂上升，侵位形成区域内的黑云母花岗岩；后来由于越来越多地幔物质的加入，大量的铜以及其他金属逐渐在岩浆房中聚集，最终形成了乌努格吐山斑岩铜钼矿床。

关于鄂霍次克洋的演化一直处于争论阶段，一些学者认为鄂霍次克洋在200～180Ma已经闭合完毕，并且西伯利亚板块和额尔古纳－中朝蒙古板块已经处于碰撞造山阶段（Chen et al.，2011；Li et al.，2008；佘宏全等，2012）。然而，最近许多学者也提出了蒙古鄂霍次克洋最终闭合于早－中侏罗世，并且在白垩纪受到了古太平洋板块的影响（Wang et al.，2015；Xu et al.，2013）。许多学者已经对与鄂霍次克洋相关的斑岩型矿床进行了研究，比如蒙古国中部的额尔登特斑岩铜钼矿床的辉钼矿年龄为241.0±3.1Ma（江思宏等，2010）。在我国内蒙古得尔布干成矿带上的太平川、八大关铜钼矿和呼扎盖吐钼矿成矿年龄分别为203Ma、226Ma和179Ma（陈志广，2010；康永建等，2014；Li et al.，2014）。除了与鄂霍次克洋俯冲背景相关的铜钼矿床之外，还存在有中晚侏罗世大型的斑岩型钼矿床，例如我国东北部的鹿鸣和大黑山矿床。这些矿床的成矿年龄上的差异是由于鄂霍次克由西向东呈剪刀式闭合的结果（图3－17）。

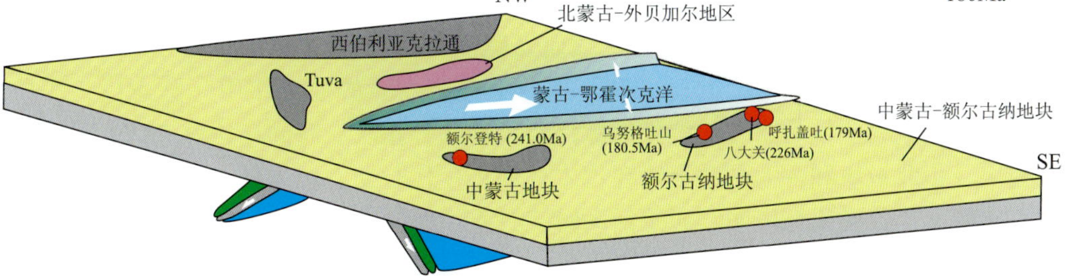

图3－17　乌努格吐山矿床形成构造演化示意图

（四）成矿过程探讨及成因模型

乌努格吐山矿床主量元素迁移结果显示，SiO_2、Al_2O_3、MgO、Fe_2O_3由内向外带出的程度逐渐增强。谭刚等（2013）对乌努格吐山矿床的流体包裹体进行研究，其结果表明：成矿早、中、晚3个阶段均一温度分别集中在340～460℃、240～360℃和120～240℃之间。并且其中–晚阶段成矿流体不断有天水的混入，出现了低温的特点。由于温度的不断变化，元素发生迁移并形成了不同的矿物，这与乌努格吐山蚀变分带特征矿物石英、钾长石、绢云母、水白云母的出现相一致。在成矿早阶段，Fe_2O_3 的含量的增加可能说明在此阶段氧化程度较高，通常形成磁铁矿（孟祥金等，2004）。SiO_2、Al_2O_3、K_2O、Rb和MgO显示微弱带出的特征，与石英–钾化带中再次由于发育绢云母化蚀变而导致的大规模的硅化作用的事实相一致。而在中阶段，Ca、Na、Sr逐渐显示带出与绢云母大量的形成相关，此蚀变过程中形成的 SiO_2 又形成硅化，从而形成了石英–绢云母化带。成矿晚阶段，由于后期天水以及风化作用的影响，绢云母等矿物通常蚀变为伊利石等黏土矿物，也有可能形成泥化蚀变分带。

成矿物质除Mo来自围岩外，W、Rb、Pt、Pd、B、Zr、Mn、Ni、Co也主要来自围岩，母岩主要提供Cu、Ag、Pb、Zn、Au、Ba、S、V及矿化剂元素，以及热源，而Ag有可能部分来自地层。乌努格吐山矿床成矿元素Mo、Cu、Pb、Zn、Ag等元素的质量迁移特征与矿化分带显示出一致的相关性，Cu、Mo的元素质量迁移指数较大，在石英–钾长石化带以及石英–绢云母–水白云母带中均超过了20000，而在伊利石–水白云母带中则快速降低，但也呈现极度带入的特征。就Mo的活化转移，王之田等认为在伊利石–水白云母化蚀变使REE遭受强烈淋滤后，导致Mo、Cu、Ag、Pb、Zn、Au活化。由于岩浆和围岩之间的温度、压力梯度，发生热液环流、上升、混合作用，环流体系中的高盐度溶液从正在冷却的岩体顶部和围岩中提取大量金属。随着天水增加，这种作用在石英–绢云母化蚀变阶段进一步发展。Mo的主要载体矿物为斜长石，伊利石–水白云母化蚀变使黑云母花岗岩中的斜长石被交代，由于 CO_3^{2-} 的络合作用Mo被析出转移到热液流体中去，然后发生迁移。就成矿晚阶段的Pb、Zn、Ag等成矿元素，在石英–钾长石化带以及石英–绢云母–水白云母带显示带出的特征，而在伊利石–水白云母带中则显示极度带入的特征，并且Pb、Zn在石英–钾长石化带比石英–绢云母–水白云母带出值更高，显示从内向外呈迁出的特征，最后在伊利石–水白云母带富集，形成了现今的矿化分带现象（图3–18）。

乌努格吐山矿区内矿石矿物的硫同位素 $\delta^{34}S$ 集中在0～4‰（陈志广，2010），分馏程度较低，与幔源硫的范围（0±3‰）分布一致，表明硫主要来源于深部岩浆，但部分硫化物 $\delta^{34}S$ 比幔源硫值稍大，这可能是少量地壳硫混入而导致。同时矿区内成矿斑岩主要源于受流体交代的地幔源区，同时受到了部分上地壳物质的混染作用（陈志广，2010）。蒙古–鄂霍次克缝合带从蒙古的杭爱山脉一直延伸到鄂霍次克海的乌达海湾，记录着西伯利亚板块、华北板块和古太平洋板块在古生代和中生代时期发展运动。鄂霍次克断裂两侧岩浆岩同位素年代学研究表明，岩浆活动时代具有由西向东逐渐变新的特征（图3–17），指示蒙古–鄂霍次克洋呈“剪刀”式闭合。佘宏全等（2012）综合大兴安岭中北段大量单颗粒锆石的同位素年代学、岩石组合和构造特征研究，认为蒙古–鄂霍次克洋在晚三叠世即已碰撞造山，大兴安岭中北段及额尔古纳地区发育大量与碰撞有关的花岗岩、混合岩及碰撞后伸展垮塌有关的构造和岩石产物。而前人也普遍认为乌努格吐山斑岩铜钼矿形成于鄂霍次克洋闭合后的碰撞环境中（Chen et al.，2011；陈志广，2010；Li et al.，2012；

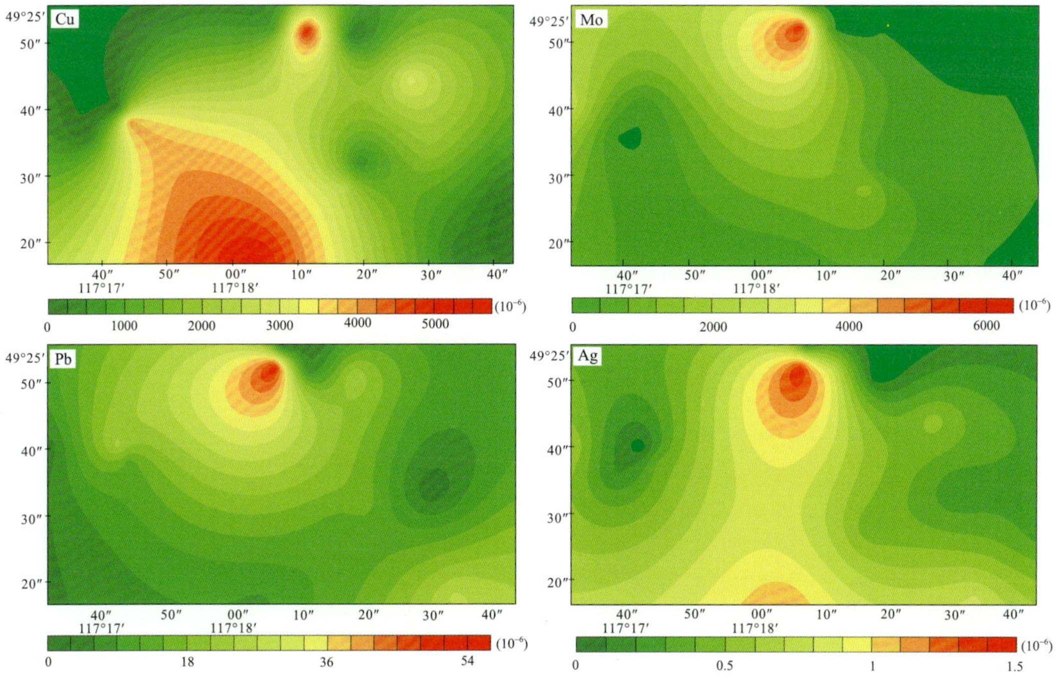

图 3－18　乌努格吐山铜钼矿北矿段元素平面分布示意图

余宏全等，2012），属大陆碰撞造山带中的造山型矿床，与晚侏罗世由于岩石圈减薄和陆壳重力塌陷而形成的岔路口钼矿存在显著差异（聂凤军等，2013；刘军等，2013；孟昭君等，2011）。

第三节　八大关铜钼矿成矿作用

一、矿床地质特征

八大关斑岩铜钼矿床位于呼伦贝尔市陈巴尔虎旗西北部中俄边界线附近，属于得尔布干成矿带中段代表性的斑岩型矿床之一。该区地质特征相对复杂，受成矿后岩浆侵位－构造活动的影响，矿体形态和矿石结构均受到不同程度的改造，与绢英岩化、青磐岩化等典型斑岩型矿床蚀变共存发育（图 3－19）。

（一）地质背景

1. 地层分布

矿区内地层出露相对简单，主要有上古生界和新生界（图 3－19），中生界的中酸性火山岩地层在矿区范围内未见出露。区内地层由老至新分别为上古生界中上泥盆统大民山组（$D_{2+3}d$）、石炭－二叠系（C_3－P）和新生界的第四系（Q）。

中上泥盆统大民山组（$D_{2+3}d$）：岩性为斜长角闪片岩、安山玢岩和酸性火山岩，原岩为海相中基性－酸性火山岩、火山碎屑岩，以及碎屑岩和碳酸盐岩、少量的硅质岩等，

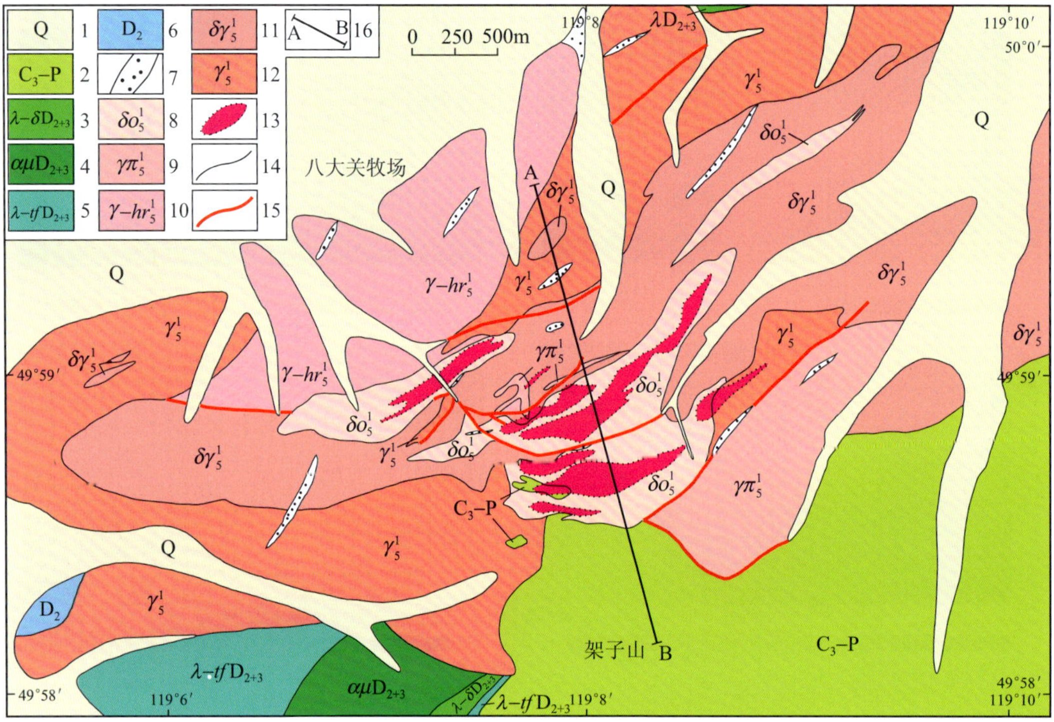

图 3－19　八大关铜钼矿床地质简图

（据黑龙江省有色金属地质勘查 706 队，2005，有修改）

1—第四系沉积物；2—中酸性火山岩；3—酸性火山岩；4—安山玢岩；5—流纹质凝灰岩；6—斜长角闪片岩；7—脉岩；8—石英闪长岩；9—花岗斑岩；10—片麻状花岗岩；11—花岗闪长岩；12—花岗岩、碎裂花岗岩；13—主要含矿体蚀变带；14—地质界线；15—断层；16—地质剖面编号

普遍遭受区域变质作用。主要分布于矿区西南部，在矿区北部也有零星出露。

石炭－二叠系（C_3－P）：主要为中酸性火山岩（图 3－20a），与下伏地层呈不整合接触，主要分布于矿区东南部，野外测得其产状约为 352°∠70°。岩石普遍遭受了变质作用和热液蚀变等，片理化和青磐岩化较为明显，与这一时期区域上强烈的岩浆－构造活动密切相关。

新生界：主要为第四系（Q）的冲积物和坡积物，包括沼泽淤泥、砂砾石、黏土及风积层等，广泛分布于矿区西部、北部和东部等低洼地带。

2. 岩浆岩

八大关矿区内主要出露印支期中酸性侵入岩，另外也可见大量后期闪长玢岩脉（图 3－20b）。根据野外调查和室内鉴定的研究工作，结合本书和前人（康永建等，2014）在矿区内定点采样测年的结果，认为岩体侵位先后顺序大致为花岗岩→花岗闪长岩→片麻状花岗岩→花岗斑岩→石英闪长岩。石英闪长岩形成较晚，呈带状侵入早期的岩体和地层中，主要分布于矿区中部，是八大关铜钼矿的成矿母岩。

矿区内与成矿关系最密切的岩体主要有花岗斑岩、花岗闪长岩和石英闪长岩，本次研究对其岩性特征和矿化蚀变做了较为深入的考察和研究，其地质特征主要表现为：

1）花岗斑岩：浅灰白色，中细粒似斑状结构、块状构造（图 3－20c）。主要由石英

图 3－20　八大关铜钼矿区主要岩石露头及手标本照片

a—上石炭统—二叠系中酸性火山岩地层野外露头；b—印支期石英闪长岩与后期闪长玢岩侵入接触带；c—印支期花岗岩手标本；d—印支期花岗闪长岩；e—成矿母岩石英闪长岩；f—石英闪长岩中黑云母遭受绿泥石化现象

（20%～40%）、钾长石（30%～50%）、斜长石（15%～30%）及少量黑云母、榍石、锆石等矿物组成，主要分布于矿床外围青磐岩化带中，多发育绿泥石化蚀变，也可见零星浸染状黄铁矿发育。受后期构造活动的改造，岩体中节理较发育，多可见片理、片麻理。

2）花岗闪长岩：灰白色，中细粒结构，块状构造，受后期剪切作用影响也可见千枚状－片状构造（图 3－20d）。主要由石英（20%～40%）、斜长石（35% 左右）、钾长石（25% 左右）组成，暗色矿物主要为黑云母（＜10%），少量角闪石，但暗色矿物多因蚀变作用而发生绿泥石化、绢云母化，岩体受后期构造作用的影响强烈，矿物多呈定向－半定向分布。

3）石英闪长岩：灰白色，中细粒结构为主，部分呈细粒变晶结构，偶见似斑状结构，块状构造、千枚状－片状构造为主，偶见片麻状构造（图3－20e、f）。主要矿物为石英（1～3mm，15%～20%）、斜长石（1～4mm，60%左右）、钾长石（1～3mm，15%左右）、黑云母（1～2mm，15%左右，但多因绿泥石化而不可见），含少量角闪石和辉石，面理上多发育绢云母化，常见浸染状矿化，是该矿床的成矿母岩。

3. 构造特征

八大关铜钼矿受构造控制特征明显（图3－21），在区域上主要为得尔布干深大断裂和额尔古纳断裂（图3－2）构造活动的影响。在这两大断裂的构造背景下，矿区内发育了众多次级小型断裂，岩体和地层中也发育大量节理和片理，产状介于10°～350°∠50°～70°（图3－21a、b、c）之间。矿区内的断裂活动具有多期次叠加作用的特征，可初步划分为成矿前和成矿后两期断裂作用。其中成矿之前的断裂活动切割了矿区内的主要岩体和地层，并为成矿物质提供了相对有利的空间，八大关铜钼矿矿体正是受成矿前断裂构造的控制而呈带状分布，而矿石矿物沿构造裂隙等薄弱面分布形成了一些网状脉不太发育的细脉状矿石（图3－21d）。

图3－21　八大关铜钼矿区露头尺度构造特征

a、b、c—发育多组节理的岩体露头；d—遭受至少两期构造变形的片理化矿石

成矿后断裂对矿床的保存主要为破坏作用，以脆性断裂为主的构造作用切割矿体，先期片理化、韧性变形的矿石再次被断裂切穿（图3－21d），但较为少见，反映了成矿后的

构造作用相对较弱。

（二）矿床地质特征

1. 矿体特征

八大关铜钼矿的矿体形态简单，主要为脉状或板状，与条带状蚀变带关系密切，主要分布于石英绢云母化带中（图3－22）。矿床中矿体走向北东东，主要倾向北西西，受北东向断裂控制明显（图3－19），规模中等。矿体分为伴生钼矿的铜矿体和伴生铜矿的钼矿体，两种矿体主要产于印支期的石英闪长岩和围岩的内接触带中，上部矿体比下部矿体铜矿化程度高，而钼矿化程度较低（图3－22）。该矿床矿化特征主要为细脉浸染状，此外还有稠密浸染状、块状、条带状、星点状矿化。矿体多受后期的岩脉或断裂切割，连续性较差。

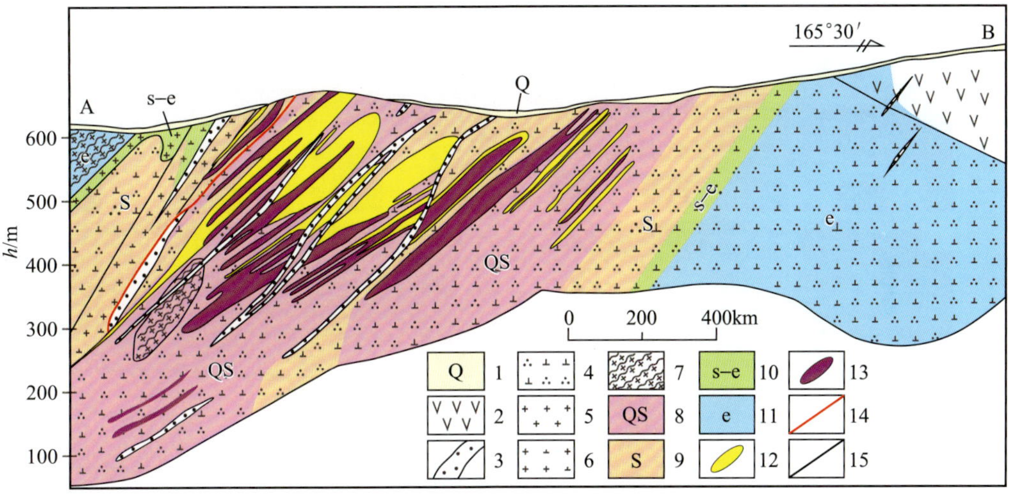

图3－22 八大关铜钼矿A－B勘探线剖面图

（据黑龙江省有色金属地质勘查706队，2005）

1—第四系沉积物；2—上石炭统－二叠系中酸性火山岩地层；3—后期脉岩；4—石英闪长岩；5—花岗岩；6—花岗闪长岩；7—片麻状花岗岩；8—石英绢云母化带；9—千枚状石英绢云母化带；10—过渡带；11—青磐岩化带；12—铜矿体；13—钼矿体；14—断层；15—地质界线

2. 矿石特征

八大关斑岩铜钼矿床的矿石均多遭受构造的影响，片理化现象发育，构造控矿明显。矿物组成较为简单，网状细脉不太发育，多为浸染状、细脉状矿化构造，以中细粒结构、交代结构、溶蚀结构为主。

（1）金属矿物

金属矿物主要为黄铜矿、辉钼矿、黄铁矿、磁铁矿、闪锌矿、方铅矿，另外本次研究中在镜下还发现了少量碲银矿，岩石表面有时发育褐铁矿化、孔雀石化等现象。

黄铜矿（图3－23b、d，图3－24b、e、f、g）：深黄铜黄色，金属光泽，多呈他形粒状，硬度 <5.5，表面多可见锖色。多以细脉状、浸染状的形式分布于赋矿岩体中，也可见以含矿石英脉的形式分布，近地表岩石常因黄铜矿遭受后期风化淋滤而发育孔雀石化。

图 3－23　八大关铜矿围岩及矿石典型手标本照片

a—成矿早阶段磁铁矿－黄铁矿矿石；b—含黄铜矿－黄铁矿石英脉；c—含辉钼矿－黄铁矿石英脉；d—沿片理分布的含黄铜矿－方铅矿－闪锌矿的石英脉；e—晚阶段方解石脉手标本；f—紫红色萤石沿节理面分布；g—青磐岩化带中后期石英脉穿切早期绿帘石脉；h—绿泥石化蚀变花岗岩。矿物代号：Mt—磁铁矿；Py—黄铁矿；Ccp—黄铜矿；Mot—辉钼矿；Sp—闪锌矿；Gn—方铅矿；Pl—斜长石；Qtz—石英；Ser—绢云母；Cal—方解石；Fl—萤石；Chl—绿泥石；Ep—绿帘石；Kf—钾长石

辉钼矿（图3-23c，图3-24c、d）：钢灰色，具金属光泽，硬度<2.5，易污手，具挠性，多与黄铁矿、黄铜矿共生。主要的产出形式有3种，即以薄膜状、他形细粒状分布于石英脉中和呈细脉状分布于石英脉边部，但均沿片理面分布。此外，还有部分含辉钼矿石英脉以切穿片理的形式产出，可能代表了主成矿期后的一次成矿作用。

黄铁矿（图3-23a、b，图3-24a、b、f、h）：浅铜黄色，多呈自形-半自形结构，硬度>5.5，晶面多可见纵纹，部分可见锖色。多呈浸染状、脉状或与石英脉共生的形式产出，有时甚至可达稠密浸染状或块状。多沿片理面分布，少数黄铁矿脉穿切片理面。不同成矿阶段均有发育，早阶段黄铁矿与磁铁矿共生，脉壁不平直且脉宽变化大；中阶段黄铁矿多与黄铜矿共生，辉钼矿脉中黄铁矿较少；晚阶段黄铁矿粒径较大、自形程度好。

磁铁矿（图3-23a，图3-24a）：铁黑色，半金属光泽，硬度>5.5，无解理，相对密度大，具强磁性。多呈厚脉状沿片理分布，常伴生黄铁矿（图3-24a）和少量的石英脉，为成矿早阶段的矿物。

方铅矿（图3-23d，图3-24e、f）：铅灰色，强金属光泽，具立方体完全解理，相对密度大，硬度小。含量相对较少，多分布于石英脉或碳酸盐脉中，属后期低温热液矿物，多与闪锌矿共生。

闪锌矿（图3-23d，图3-24e、f、g、h）：棕褐色，半金属光泽，硬度<5.5，三组不完全解理，半透明。常与方铅矿共生，多沿片理以石英脉、碳酸盐脉的形式分布。

（2）*非金属脉石矿物*

主要有石英、斜长石、钾长石、黑云母等，还可见绢云母、绿泥石、绿帘石等次生蚀变矿物，在岩石裂隙中还分布少量的萤石、方解石、石膏等后期矿物。

石英（图3-23b、c、d）：分为岩体中石英颗粒和石英脉两种，含矿岩体中石英颗粒多呈他形粒状，大小为1~3mm，无色透明；石英脉又可分为含矿石英脉（图3-23b、c、d）和不含矿石英脉（图3-23g），含矿石英脉多呈浅灰白色，主要沿片理分布，不含矿石英脉则多呈白色，主要为后期切穿片理的石英脉。

长石：主要为斜长石（图3-23a、c、h）和钾长石（图3-23h），斜长石多呈白色-浅灰白色，长板状，半自形为主，绢云母化蚀变较常见；钾长石呈浅肉红色，长板状，半自形-他形为主，绢云母化、伊利石化蚀变严重。

方解石（图3-23e）：白色-浅灰白色，玻璃光泽，三组菱面体完全解理，遇稀盐酸（HCl）剧烈起泡。主要分为含矿方解石脉和无矿方解石脉两种类型，含矿（主要为方铅矿、闪锌矿及少量黄铁矿）方解石脉多沿片理分布，结晶程度低，多为细粒（0.5~2mm）结构；无矿方解石脉主要为成矿期后的产物，结晶程度高，多以自形、巨晶形式产出。

萤石（图3-23f）：紫红色，玻璃光泽，硬度小于小刀，多分布于岩石裂隙面上，为成矿后期低温热液的产物。

绢云母（图3-23d）：灰白色，丝绢光泽，颗粒细小，为构造变形、围岩蚀变作用的产物，在粒状、柱状矿物间隙中定向分布。

绿泥石（图3-23g、h）：灰绿色，正交偏光下可见墨水蓝的异常干涉色，部分为黑云母等暗色矿物蚀变而来，大量分布于青磐岩化带和片理面上。

绿帘石（图3-23g）：草绿色，集合体呈放射状或簇状，玻璃光泽，晶面可见纵纹，

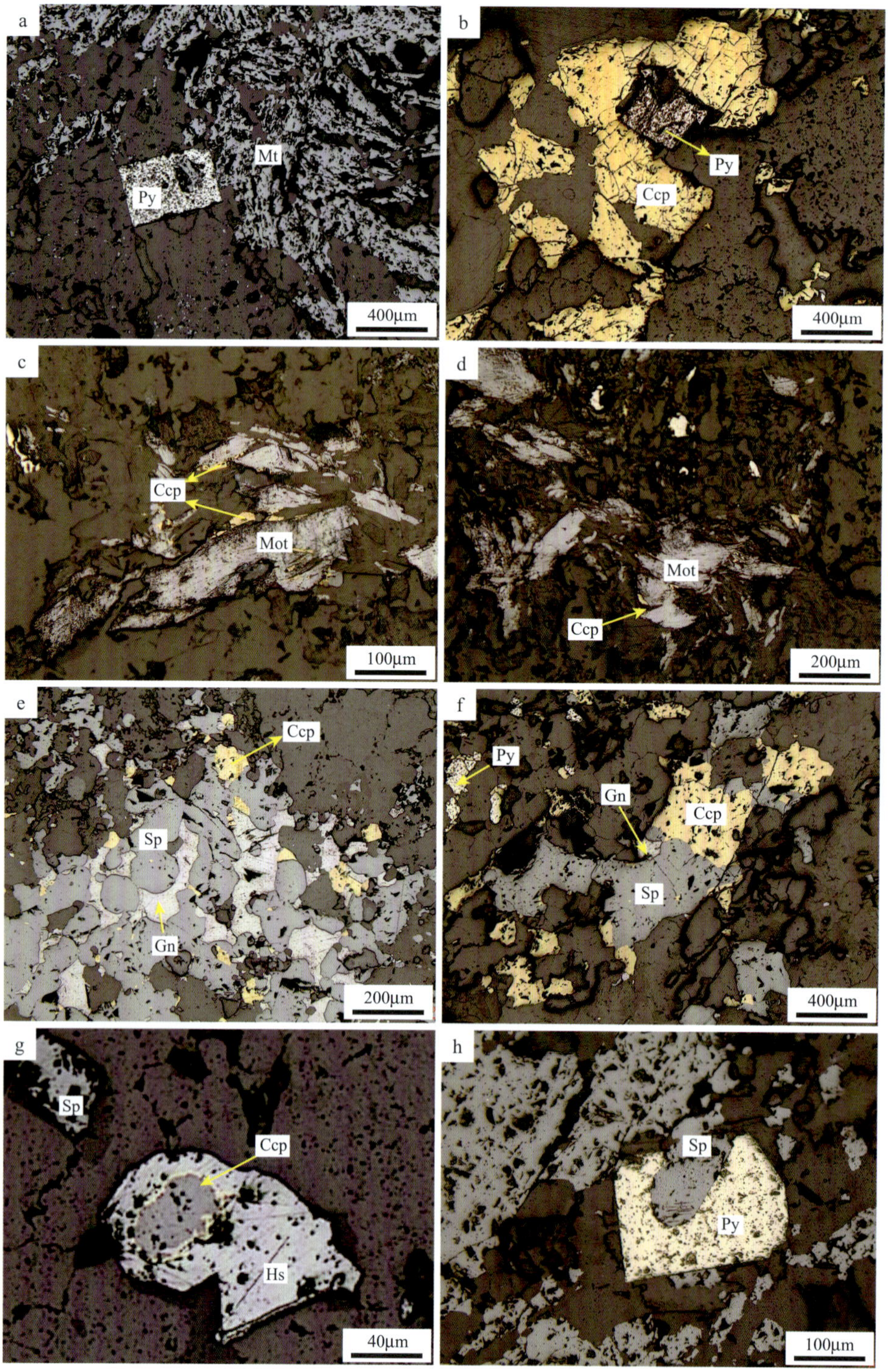

图3－24　八大关铜矿矿石主要金属矿物显微照片（反射单偏光）

a—早阶段磁铁矿和自形黄铁矿；b—中阶段黄铜矿包裹黄铁矿；c、d—中阶段束状辉钼矿与黄铜矿共生；e—晚阶段填隙结构方铅矿分布于闪锌矿中；f—晚阶段闪锌矿、方铅矿与黄铜矿、黄铁矿共生；g—晚阶段碲银矿包裹早期黄铜矿；h—晚阶段闪锌矿充填早期黄铁矿裂隙。矿物代号：Mt—磁铁矿；Py—黄铁矿；Ccp—黄铜矿；Mot—辉钼矿；Sp—闪锌矿；Gn—方铅矿；Hs—碲银矿多呈细脉状形式分布，为热液蚀变的产物。

（3）*矿石组构*

八大关矿床矿石矿物主要表现为中细粒自形－半自形结构。其中，黄铁矿、方铅矿自形程度较好（图3－23），粒度大小为0.5～2mm，个别青磐岩化带中的黄铁矿粒径可达5mm；黄铜矿、闪锌矿次之，粒径大小为0.5～1mm；磁铁矿、辉钼矿自形程度较差，多为他形－半自形结构，偶见自形结构，大小为0.1～1mm，交代溶蚀、固溶体分离结构、填隙结构（图3－24d）多见。脉石矿物结构多为中细粒半自形－他形结构，个别长石可为粗粒结构，云母的挠曲变形结构明显。

矿石构造主要为浸染状（黄铁矿、黄铜矿为主）、星点状、细脉状构造（图3－23），因构造变形片理发育的原因，网状脉不太发育。脉宽介于在1～30mm之间，其中早期磁铁矿脉较宽（1～3cm），后期黄铁矿脉变化最大（1～20mm）。矿石矿物颗粒呈网脉状、星点状分布于赋矿岩体中。另外，少部分矿石中金属矿物较多，呈稠密浸染状、团块状、条带状构造，可能是成矿后在构造等地质作用下再富集的结果。此外还可见强烈的变形，反映了成矿后复杂的构造作用。

3. 围岩蚀变分带

八大关铜钼矿床的围岩蚀变分带较为明显，包括石英绢云母化带、千枚状石英绢云母化带、过渡带、青磐岩化带共4个蚀变带（图3－25）。

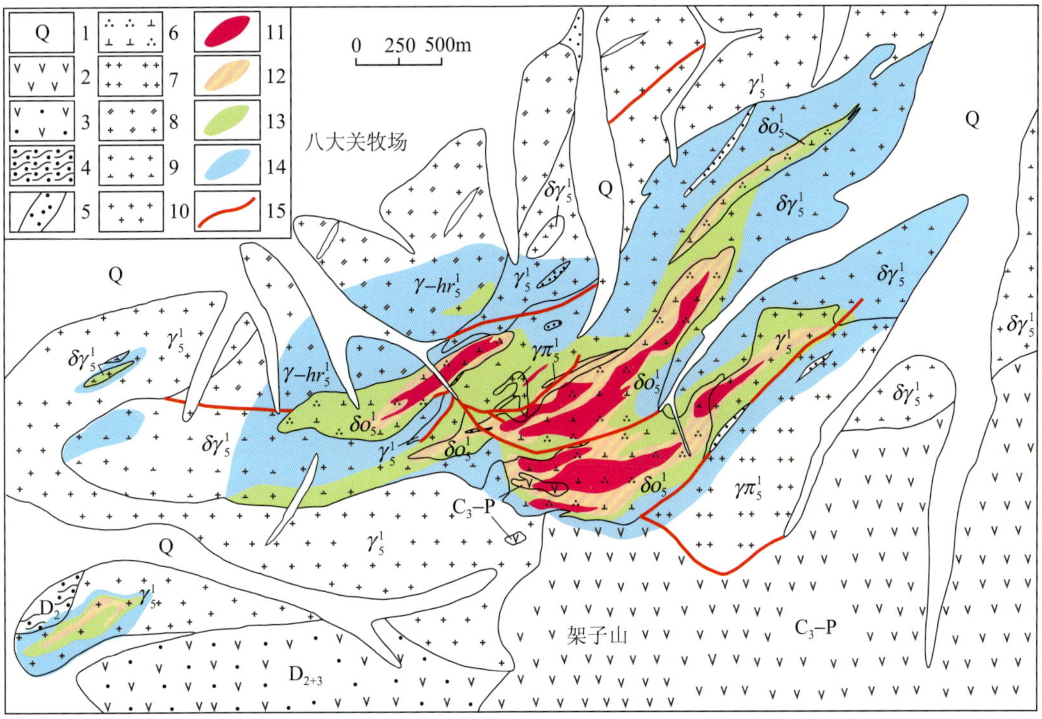

图3－25 八大关铜矿区蚀变分带图

（据黑龙江省有色金属地质勘查706队，2005，有修改）

1—第四系沉积物；2—上石炭统－二叠系中酸性火山岩；3—中上泥盆统酸性火山岩；4—中泥盆统斜长角闪岩；5—脉岩；6—石英闪长岩；7—花岗斑岩；8—片麻状花岗岩；9—花岗闪长岩；10—花岗岩；11—石英绢云母化带；12—千枚状石英绢云母化带；13—过渡带；14—青磐岩化带；15—断层

石英绢云母化带是主要的赋矿带，矿体多分布于此蚀变带中，岩性主要为绢云母石英岩，绢云母为该蚀变带的标型蚀变矿物。千枚状石英绢云母化带主要由石英绢云母片岩组成，赋存少量的矿体，主要蚀变矿物为绢云母和石英、黑云母、绿帘石等。过渡带是介于千枚状石英绢云母化带和青磐岩化带之间的蚀变带。青磐岩化带主要蚀变矿物为绿泥石，还有一部分绿帘石、方解石等，该蚀变带中未见矿体（黑龙江省有色金属地质勘查706队，2005）。

4. 成矿期次和阶段划分

根据八大关铜钼矿床中矿物的共生组合、矿石组构以及脉体相互穿插关系，可以将成矿过程分为岩浆热液期和表生期，而岩浆热液期可以初步划分为早、中、晚3个阶段。不同成矿期和阶段特征如下。

（1）岩浆热液期

成矿早阶段为岩体侵入后的热液活动初期，成矿温度较高，在成矿流体的作用下，形成了大量较粗大的热液磁铁矿脉，其中含少量黄铁矿和石英，此外还形成了充填于磁铁矿间隙中的热液黑云母、绿泥石等脉石矿物。

成矿中阶段温度有所降低，形成了大量的辉钼矿、黄铜矿，此外还有一些黄铁矿、石英等，多以浸染状、含矿石英脉等形式产出。这一阶段根据矿物共生组合特点又可划分为两个亚阶段：辉钼矿阶段和黄铜矿阶段，其中辉钼矿阶段形成了大量的辉钼矿和少量的黄铁矿；黄铜矿阶段有大量的黄铜矿和黄铁矿形成，部分黄铜矿沿早先形成的辉钼矿裂隙分布（图3－21c、d）或包裹早期的黄铁矿。这一阶段形成了矿床中主要的铜和钼，是八大关矿床形成的重要阶段。

成矿晚阶段在低温条件下形成了闪锌矿、方铅矿、黄铁矿和少量碲银矿等金属矿物，也形成了石英、方解石、萤石等脉石矿物。这一阶段的闪锌矿、方铅矿、碲银矿等矿物多以充填、交代、包裹早期矿物的形式存在。

（2）表生期

矿床在形成后在外界风化淋滤作用下，岩浆热液期形成的矿物被氧化，产生了一些次生矿物，如褐铁矿、孔雀石、蓝铜矿、黝铜矿等。

二、岩石地球化学特征

（一）元素地球化学

1. 样品特征和实验方法

为了全面了解八大关铜钼矿床成矿岩体和含矿岩体的地球化学特征，在野外和室内详细观察的基础上，尽量选取了蚀变、矿化程度低的赋矿岩体，主要是八大关矿床中的石英闪长岩、花岗闪长岩、花岗斑岩等岩石标本，先后对其完成了元素地球化学的测试分析。其中14－BDG－11、36、80、86和12－BDG－10为新鲜的石英闪长岩样品，14－BDG－45、76和12－BDG－1为花岗闪长岩，12－BDG－6、14为花岗斑岩，14－BDG－42和12－BDG－2为发生强烈构造变形和蚀变的花岗闪长岩，12－BDG－4、5、8、12为矿化的成矿岩体。

含矿岩体的主、微量元素的测试分析工作在澳实分析检测（广州）有限公司澳实矿物实验室完成。结合测试样品的不同特点，14 - BDG - 11、36、42、45、76、80、86 和 12 - BDG - 6、10、14 共 10 件样品的全岩主量元素分析采用使用硼酸锂/偏硼酸锂熔融，X 射线 - 荧光光谱法（方法代码：ME - XRF06），报告 13 种构岩元素及烧失量（LOI），检测元素并换算成氧化物，实验室使用 QC 样控制每个元素的数据质量，氧化物的检测限为 1% ~100%，使用酸消解、重铬酸钾滴定测量；微量元素分析采用硼酸锂熔融、等离子质谱定量（方法代码：ME - MS82）和四酸消解、质谱/光谱仪综合分析（方法代码：ME - MS61）方法测试。其余 7 件样品的主、微量元素采用偏硼酸锂 - 焦硼酸锂 - 硝酸钠熔融，X 荧光光谱定量法（方法代码：ME - XRF15bg）和硼酸锂熔融、等离子质谱定量法（方法代码：ME - MS81）分析。

2. 主量元素

八大关主要岩体的主量元素分析结果见表 3 - 11。从中可以看出，除个别岩石样品外，含矿斑岩整体上具有较高的 SiO_2（65.20% ~ 71.91%，平均 68.41%）、Al_2O_3（10.08% ~17.07%，平均 14.93%）和低 MgO（0.1% ~2.28%，平均 0.94%）的特征，Fe_2O_3 和 CaO 含量分别为 0.56% ~5.19% 和 0.36% ~6.47%，一般集中在 1.56% ~3.08% 和 1.28% ~3.80% 之间，而 K_2O 和 Na_2O 的含量一般集中在 1.08% ~3.10% 和 2.82% ~5.34% 之间。绝大部分样品的里特曼指数（σ43）小于 1.8，属钙性 - 钙碱性系列岩石。MgO 含量为 0.10 ~2.28，变化较大，$Mg^{\#}$ 为 7.45 ~47.06，主要集中于 28.09 ~47.06 之间，变化范围较大且整体偏低，反映了岩浆可能经历了较低程度的结晶分异作用。分异指数（DI）范围为 54.89 ~92.88，集中于 71.84 ~92.88 之间，固结指数（SI）范围为 1.42 ~15.22，集中于 5.68 ~15.22 之间，指示岩浆结晶分异程度较高。

在侵入岩的 TAS 图解上（图 3 - 26），大多数含矿岩石样品落在花岗闪长岩和花岗岩

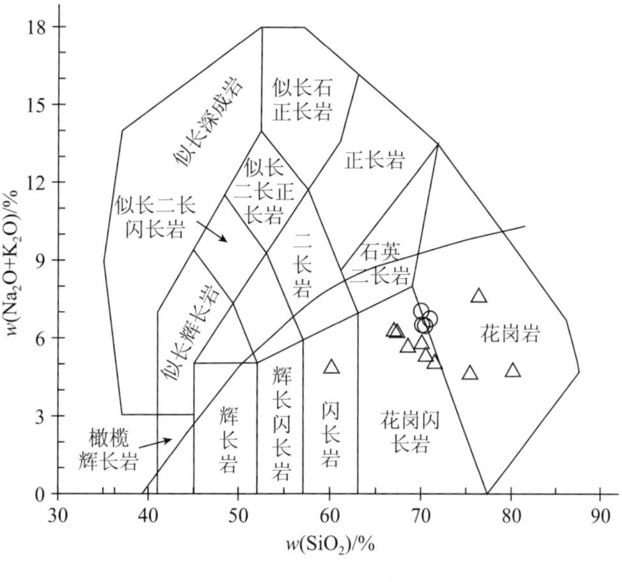

图 3 - 26 八大关铜钼矿床赋矿岩体侵入岩 TAS 分类图解

（底图据 Middlemost，1994）

图中三角所代表数据为本书所测；圆圈数据来自陈志广（2010），下同

表 3－11 八大关铜钼矿主要岩体主量元素分析结果（w_B/%）及相关参数

项目	14BDG－11	14BDG－36	14BDG－42	14BDG－45	14BDG－76	14BDG－80	14BDG－86	12BDG－6	12BDG－10	12BDG－14	09BDG－1*	09BDG－2*	09BDG－3*	09BDG－4*
SiO_2	67.30	65.20	79.00	68.80	75.20	65.40	65.40	57.79	71.91	67.15	69.36	68.58	68.18	68.45
Al_2O_3	14.80	15.95	10.80	15.15	14.05	15.90	15.90	14.31	13.28	17.07	15.13	15.41	15.68	15.60
Fe_2O_3	3.08	2.87	1.66	2.72	0.56	1.56	1.57	5.19	4.02	2.67	2.26	2.59	2.45	2.34
FeO	0.39	0.38	0.72	0.34	0.14	1.93	1.93	3.12	0.32	0.38	0.41	0.49	0.58	0.52
CaO	3.37	3.68	1.28	2.86	0.62	3.79	3.80	6.47	0.36	1.53	2.55	2.44	2.36	2.78
MgO	0.83	0.98	0.10	0.89	0.25	1.66	1.66	2.28	0.51	0.73	0.82	0.87	0.61	0.92
K_2O	1.93	1.72	1.08	2.00	3.10	1.10	1.10	1.70	4.20	5.20	1.58	2.15	1.52	1.49
Na_2O	3.11	3.64	3.56	2.82	4.36	4.92	4.94	2.94	0.19	0.33	5.01	4.16	5.34	4.87
TiO_2	0.37	0.42	0.20	0.37	0.10	0.56	0.55	1.51	0.33	0.47	0.36	0.39	0.37	0.41
P_2O_5	0.14	0.17	<0.01	0.14	0.01	0.19	0.19	0.50	0.15	0.19	0.14	0.17	0.15	0.13
MnO	0.02	0.06	0.10	0.03	0.01	0.08	0.08	0.16	<0.01	0.04	0.04	0.04	0.08	0.05
LOI	3.37	3.24	0.77	3.06	0.86	1.45	1.61	3.02	4.15	4.10	2.06	2.62	2.32	2.33
总计	98.71	98.31	99.28	99.18	99.26	98.54	98.73	98.99	99.43	99.86	99.72	99.91	99.64	99.89
DI	74.04	72.31	88.36	75.52	92.88	71.84	71.84	54.89	82.73	77.65	80.97	79.51	81.45	78.80
SI	9.07	10.41	1.42	10.34	2.98	14.90	14.86	15.22	5.68	7.98	8.23	8.60	5.88	9.19
AR	1.77	1.75	2.25	1.73	3.07	1.88	1.88	1.57	1.95	1.85	2.19	2.09	2.23	2.06
$\sigma43$	1.01	1.24	0.60	0.88	1.72	1.58	1.59	1.35	0.65	1.23	1.62	1.53	1.83	1.56
$Mg^{\#}$	31.90	37.11	7.45	36.26	40.76	47.06	46.99	34.29	18.76	31.87	37.43	35.48	28.09	38.45
A/CNK	1.110	1.097	1.155	1.262	1.205	0.983	0.980	0.776	2.409	1.907	1.037	1.132	1.065	1.063

* 数据引自陈志广（2010）。LOI—烧失量；DI—分异指数；SI—固结指数；AR—碱度率；$\sigma43$—里特曼指数。$Mg^{\#}=100\times Mg^{2+}/(Mg^{2+}+Fe^{T})_{原子摩尔数}$；$A/CNK=Al_2O_3/(CaO+Na_2O+K_2O)_{分子摩尔数}$。计算时低于检出限的数据取最大值。

区域内，一件样品落入闪长岩区域内，由于岩体硅化和长石绢云母化等蚀变作用，使通过主微量判别岩性时有所偏差。

含矿岩体的铝饱和指数 A/CNK 值主要集中于 0.776 ~ 1.907 之间，整体上属于过铝质向准铝质过渡的岩浆岩（图 3－27a）。在侵入岩的 SiO_2－K_2O 图解（图 3－27b）中可以看出，岩体主要属于中钾含量的钙碱性岩石系列，个别蚀变岩体钾含量较高，投在了高钾钙碱性或橄榄粗玄岩系列范围内。

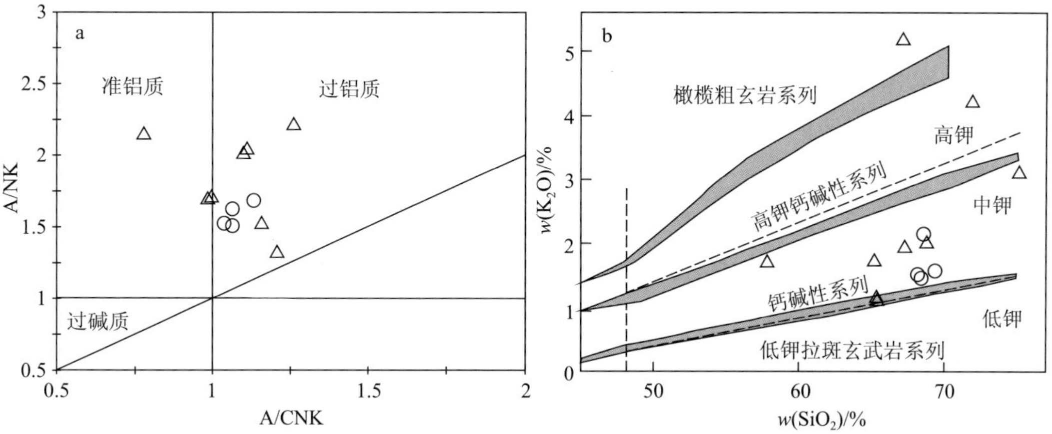

图 3－27 八大关铜钼矿含矿岩体 A/NK－A/CNK 判别图解（a）和 SiO_2－K_2O 图解（b）
（a 图底图据 Maniar & Piccoli，1989；b 图底图据 Le Maitre et al.，1989）

3. 微量、稀土元素

八大关主要赋矿岩体的微量和稀土元素组成分别见表 3－12 和表 3－13，从微量元素测试结果来看，所有样品中 Ba 含量变化较大，介于 30×10^{-6} ~ 970×10^{-6}之间；Rb 含量介于 4.7×10^{-6} ~ 124.0×10^{-6}之间，主要集中于 24.4×10^{-6} ~ 64.7×10^{-6}；Sr 含量变化范围大，介于 45.6×10^{-6} ~ 1040.0×10^{-6}，主要集中于 180.5×10^{-6} ~ 739×10^{-6}之间，Rb/Sr 低，主要集中于 0.03 ~ 0.70 之间，平均 0.32；Cr 含量低，除 1 件样品为 19×10^{-6}外，均小于 10×10^{-6}；Ni 含量主要集中于 1×10^{-6} ~ 5.6×10^{-6}；Ta 含量低，均小于 3×10^{-6}，平均 0.56×10^{-6}。

微量元素原始地幔标准化蛛网图（图 3－28）中显示，石英闪长岩中明显亏损 Ta、Zr、Hf、P 等高场强元素和 K，富集 Nb、Sr 等元素，反映岩浆可能是部分熔融后期的产物。花岗闪长岩中 Ta、K、Ti 含量相比花岗斑岩更低，花岗斑岩中 P 的亏损程度较石英闪长岩和花岗闪长岩弱。在矿化的成矿岩体中 Ta、K 含量进一步降低，而出现了亲硫性元素 Pb 的富集。相比其他样品，强烈构造变形的花岗闪长岩则呈现微量元素迥异的趋势，包括 Ta、Zr、Hf 的正异常、Nb 的负异常和 P 的强烈负异常，反映了在后期构造变形过程中原岩中元素的分异和迁移。

稀土元素分析结果显示，八大关矿床主要岩体的稀土元素含量较高，∑REE 主要为 81.13×10^{-6} ~ 295.62×10^{-6}，随着矿化作用进行，岩体中稀土含量逐渐降低，介于 21.18×10^{-6} ~ 144.36×10^{-6}之间。轻稀土相对重稀土富集，LREE 为 20.18×10^{-6} ~ 233.48×10^{-6}，平均 101.78×10^{-6}；HREE 变化较大，主要集中于 5.47×10^{-6} ~ 11.17×10^{-6}之间，

表 3－12　八大关铜钼矿主要岩体微量元素分析结果（$w_B/10^{-6}$）

元素及参数	14－BDG－							12－BDG－									
	11	36	42	45	76	80	86	1	2	3	4	5	8	6	10	12	14
Ba	450	420	260	380	970	230	240	637	560	230	116.5	116.5	240	60	470	30	820
Co	3.7	3.1	0.1	2.7	0.3	7.2	7.3	<100	5.3	<100	100	100	23.7	43.8	4.9	47.3	4.5
Cr	2	2	<1	2	<1	8	8	10	1	<10	10	<10	19	<1	1	<1	2
Cs	2.44	2.28	1.43	2.29	2.70	4.10	4.13	2.34	2.95	1.06	0.8	0.57	8.21	0.23	2.48	0.18	3.22
Ga	18.70	20.8	21.4	19.05	18.30	20.7	21.0	11.8	17.20	6.6	9.9	4.8	21	2.62	19	4.09	24.3
Hf	0.7	0.6	17.1	0.7	2.4	0.5	0.6	3	0.5	1.4	1	0.5	1.4	0.1	0.6	<0.1	0.8
Nb	4.0	3.0	45.4	2.6	7.2	5.8	5.8	5.4	4.5	3.8	2.1	1	14.2	1.4	4.9	0.3	7.5
Ni	1.6	1.7	0.2	1.4	1.4	5.7	5.6	20	1.0	50	10	50	13	2.6	0.9	2.2	1
Pb	11.5	44.2	53.2	48.0	9.3	25.8	26.3	<50	36.2	130	60	320	20.9	31.2	8.6	14.3	14.1
Rb	51.2	47.1	30.7	50.1	64.7	29.3	28.6	62.7	82.2	32.4	24.4	16.4	51.9	9.6	96.9	4.7	124.0
Sb	1.20	1.75	2.02	1.32	0.33	1.23	1.24	60	2.40	<50	50	<50	3.21	0.75	0.95	1.30	0.8
Sc	3.9	4.6	3.6	4.2	1.8	7.0	6.9	—	4.5	—	—	—	19.4	1.0	3.7	0.3	5
Se	1	1	2	1	<1	1	1	—	2	—	—	—	4	9	3	16	2
Sn	3.7	2.8	8.7	3.6	1.3	2.9	2.9	3	7.4	4	17	10	2.5	3.3	7.9	5.3	4.1
Sr	647.0	724.0	516.0	600.0	470.0	1010.0	1040.0	335.0	229.0	46.2	45.6	65.5	739.0	88.2	52.8	180.5	147.0
Ta	0.26	0.21	2.82	0.14	0.60	0.37	0.38	0.3	0.31	2.2	0.1	<0.1	0.75	<0.05	0.3	<0.05	0.44
Th	4.9	3.8	22.0	5.1	7.3	3.9	4.0	3.44	4.5	1.73	1.5	0.7	3.9	0.7	3.9	0.6	5
Tl	0.36	0.38	0.21	0.32	0.48	0.31	0.31	<0.5	0.57	<0.5	<0.5	<0.5	0.5	0.07	0.64	0.07	0.81
U	1.5	1.5	4.8	1.4	1.7	1.4	1.3	0.77	1.1	0.42	2.06	0.81	0.8	3.5	1.5	2.0	1.8
V	31	35	3	29	4	66	68	40	62	41	41	23	100	22	31	12	35
W	11.9	4.2	2.4	4.4	0.7	6.9	7.0	10	14.2	33	11	5	1.5	32.7	14.8	73.5	8
Zr	15.0	13.5	>500	18.2	60.2	13.6	14.1	103	11.2	51	32	20	60	1.7	15.1	1.4	18.3
Hf/Sm	0.19	0.13	1.18	0.20	0.86	0.11	0.14	1.19	0.14	1.23	0.36	0.40	0.37	0.01	0.20	0.18	0.20
Nb/La	0.18	0.13	1.06	0.10	0.37	0.21	0.22	0.29	0.16	0.41	0.16	0.11	0.40	0.03	0.25	0.05	0.31

注：“—”表示未检出，计算时低于检出限的数据取最大值。

表 3-13　八大关铜钼矿主要岩体稀土元素分析结果（$w_B/10^{-6}$）

元素及参数	14-BDG-							12-BDG-									
	11	36	42	45	76	80	86	1	2	3	4	5	8	6	10	12	14
La	21.90	23.00	42.80	25.50	19.50	27.20	26.80	18.70	27.50	9.20	12.90	9.20	35.80	43.90	19.90	5.50	24.1
Ce	45.60	49.10	110.00	50.10	35.50	56.40	55.40	36.80	54.30	17.60	26.10	18.30	68.40	95.90	39.90	9.80	48.9
Pr	4.94	5.51	13.20	5.08	4.20	6.22	6.10	3.69	5.36	1.72	2.88	1.91	6.48	11.2	4.4	0.96	5.4
Nd	19.50	22.20	51.90	19.10	14.80	24.30	24.10	13.30	19.40	6.20	11.50	7.30	22.40	46.7	16.7	3.2	20.7
Sm	3.77	4.62	14.50	3.46	2.78	4.57	4.43	2.53	3.62	1.14	2.75	1.51	3.80	9.2	3.0	0.55	4.0
Eu	0.91	1.07	1.08	0.88	0.56	1.40	1.34	0.64	0.75	0.23	1.1	0.51	1.22	2.3	0.9	0.17	1.0
Gd	2.73	3.09	13.30	2.29	1.75	3.81	3.56	1.83	2.72	0.73	3.16	1.31	2.54	8.6	2.3	0.32	3.2
Tb	0.39	0.42	2.49	0.33	0.24	0.50	0.53	0.27	0.37	0.11	0.55	0.21	0.34	1.3	0.3	0.06	0.5
Dy	2.15	2.38	16.30	1.70	1.44	2.74	2.54	1.39	2.09	0.49	3.2	1.1	1.65	7.5	1.6	0.23	2.4
Ho	0.41	0.41	3.54	0.31	0.25	0.51	0.50	0.27	0.43	0.11	0.63	0.23	0.30	1.5	0.3	0.05	0.5
Er	1.19	1.15	10.95	0.80	0.76	1.46	1.39	0.77	1.18	0.29	1.77	0.61	0.70	4.3	0.8	0.15	1.2
Tm	0.16	0.17	1.72	0.13	0.11	0.19	0.21	0.13	0.18	0.05	0.24	0.09	0.1	0.6	0.1	0.03	0.2
Yb	1.00	1.04	12.00	0.86	0.84	1.25	1.26	0.69	1.18	0.29	1.42	0.47	0.55	4.1	0.8	0.14	1.2
Lu	0.14	0.16	1.84	0.14	0.12	0.18	0.18	0.12	0.19	0.04	0.20	0.07	0.08	0.6	0.1	0.02	0.2
Y	12.20	12.10	101.00	9.20	7.80	15.00	14.90	8.50	13.00	3.70	19.00	7.00	9.50	40.5	8.6	2.00	13.0
ΣREE	104.79	114.32	295.62	110.68	82.85	130.73	128.34	81.13	119.27	38.20	68.40	42.82	144.36	237.70	91.10	21.18	113.50
LREE	96.62	105.50	233.48	104.12	77.34	120.09	118.17	75.66	110.93	36.09	57.23	38.73	138.10	209.20	84.80	20.18	104.10
HREE	8.17	8.82	62.14	6.56	5.51	10.64	10.17	5.47	8.34	2.11	11.17	4.09	6.26	28.50	6.30	1.00	9.40
LREE/HREE	11.83	11.96	3.76	15.87	14.04	11.29	11.62	13.83	13.30	17.10	5.12	9.47	22.06	7.34	13.46	20.18	11.07
La_N/Yb_N	15.71	15.86	2.56	21.27	16.65	15.61	15.26	19.44	16.72	22.76	6.52	14.04	46.69	7.68	17.84	28.18	14.41
δEu	0.83	0.82	0.23	0.90	0.72	1.00	1.00	0.87	0.70	0.72	1.14	1.08	1.13	0.78	1.01	1.14	0.83
δCe	1.03	1.03	1.12	1.02	0.92	1.02	1.02	1.02	1.03	1.01	1.01	1.01	1.02	1.03	1.00	0.96	1.01

注：计算时低于检出限的数据取最大值。

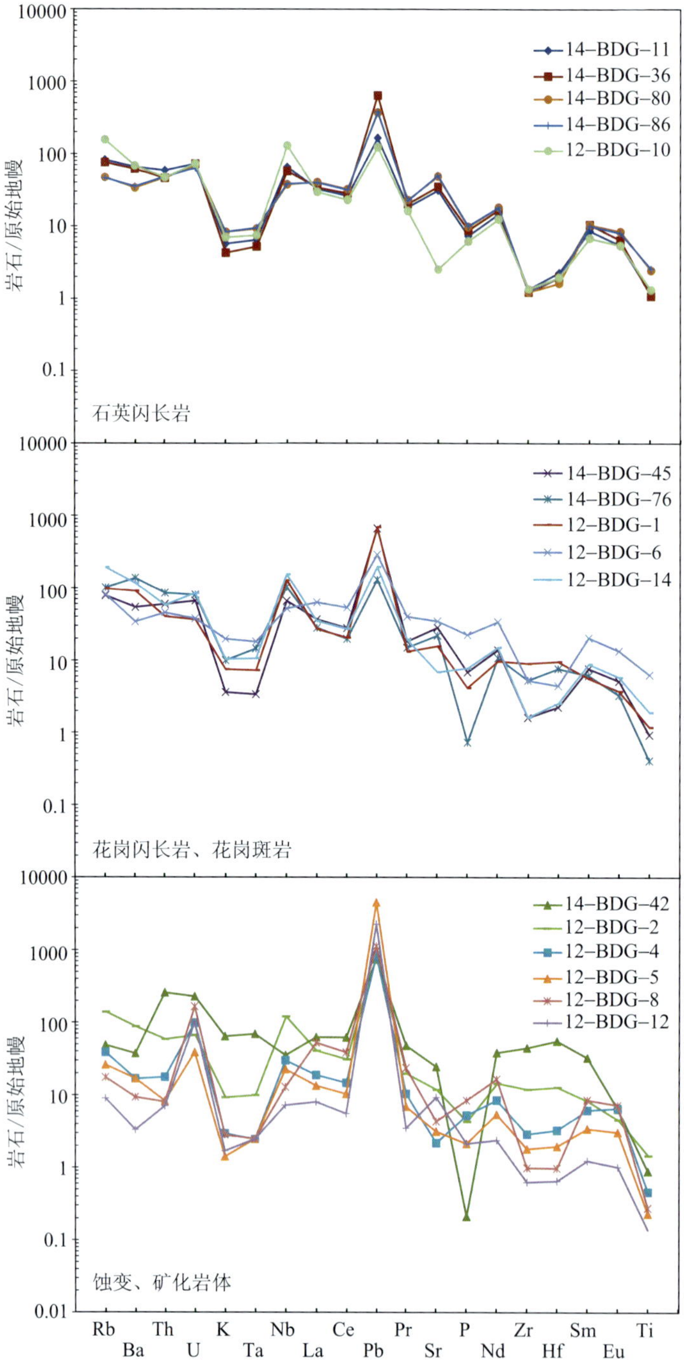

图 3－28　八大关铜钼矿主要岩体微量元素原始地幔标准化蛛网图
（原始地幔标准化值据 Sun & McDonough，1989）

平均 11.45×10^{-6}；Yb 含量较低，除 1 件构造变形强烈的样品偏高外，介于 0.14～4.1 之间，平均 1.71；Y 含量较低，主要集中于 $2.0\times10^{-6}\sim15.0\times10^{-6}$ 之间；LREE/HREE 为 3.76～22.06，平均 12.55；La_N/Yb_N 为 2.56～46.69，平均 17.48，轻重稀土有所分异；$Er_N/Lu_N=0.88\sim1.36$，平均 1.12，指示岩浆侵位和矿化过程中重稀土未发生明显分异；

δEu集中于0.72～1.14之间，平均0.88，δCe为0.92～1.12，平均1.02，指示岩体基本没有明显的铕和铈的异常；反映在部分熔融过程中源区没有或仅有少量斜长石的残留，几乎全部进入熔体相。

在稀土元素球粒陨石标准化配分模式（图3－29）上，整体呈缓右倾的平滑曲线，轻

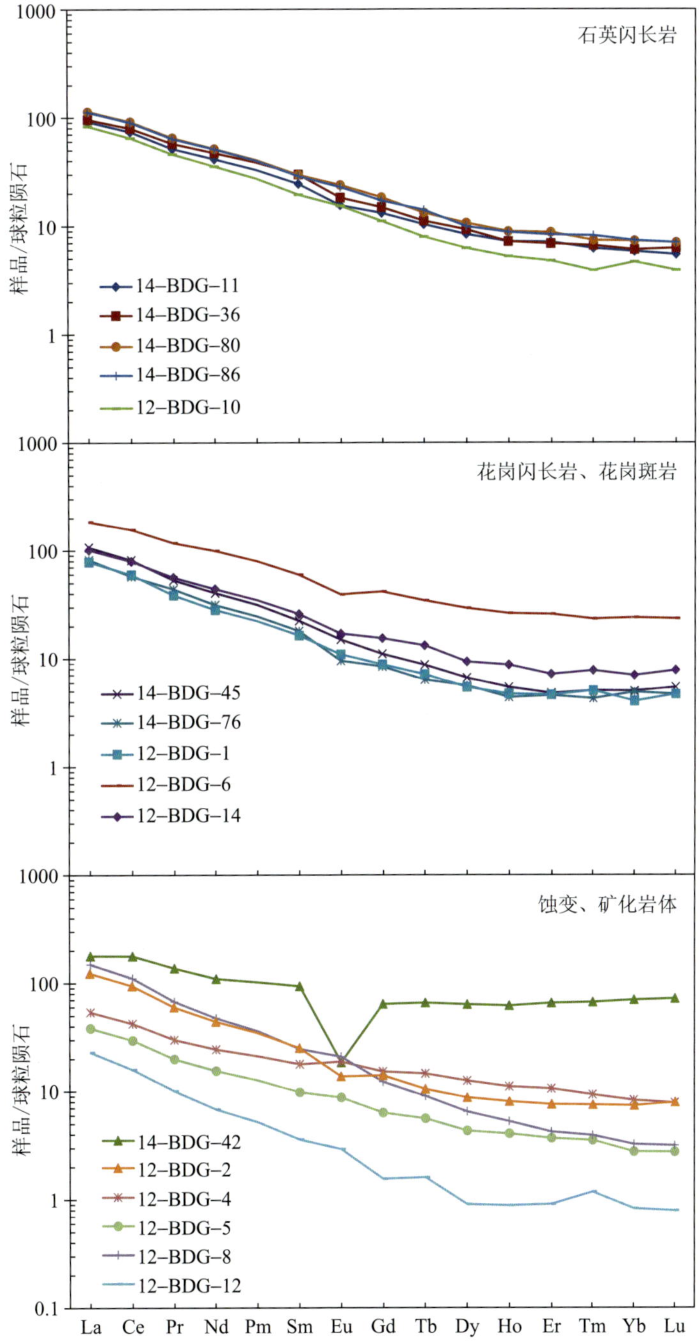

图3－29　八大关铜钼矿主要岩体稀土元素球粒陨石标准化配分图
（球粒陨石标准化值据Sun & McDonough，1989）

重稀土有一定程度的分异，部分岩体呈现轻微的负铕异常，而多件矿化的岩体稀土总量和轻重稀土分异程度降低，反映了随着成矿作用和蚀变的进行，岩体中稀土元素随流体迁移而含量降低的趋势。

（二）Sr－Nd－Pb 同位素地球化学

1. 样品特征和实验方法

八大关铜钼矿的成矿母岩为石英闪长岩，为研究其岩浆起源和演化过程，选取了3件蚀变程度较低的石英闪长岩样品（12－BDG－2、12－BDG－8、12－BDG－12）开展Sr－Nd－Pb同位素的研究。样品的Sr－Nd－Pb同位素分离和上机测试工作在中国科学院广州地球化学研究所同位素地球化学国家重点实验室完成，分析测试流程详见Chen et al.（2002）。测试流程与本章第二节中Sr－Nd－Pb实验方法一致。

2. 测试结果及分析

本次及前人研究的Sr－Nd－Pb测试结果见表3－14和表3－15，其中Rb、Sr、Sm和Nd的测试结果同表3－13，并根据同位素的相对丰度计算得出$^{87}Rb/^{86}Sr$、$^{147}Sm/^{144}Nd$值。前已述及，岩浆演化过程中，Sm/Nd值保持不变，指示二者在岩浆分离结晶过程中未发生分异。6件八大关铜钼矿石英闪长岩在Sr－Nd同位素组成上有所变化，6件样品的初始Sr（I_{Sr}）为0.704087～0.706096，相对一致，显示出幔源和壳幔混源的特征（图3－30a）；而样品的$\varepsilon_{Sr}(0)$为23.0725～206.1746，主要集中于23.0725～38.3134之间，$\varepsilon_{Sr}(t)$为－2.0578～26.4709，主要集中于17.6653～26.4709之间，2件矿化蚀变的样品具有偏高的$\varepsilon_{Sr}(0)$和偏低的$\varepsilon_{Sr}(t)$值。

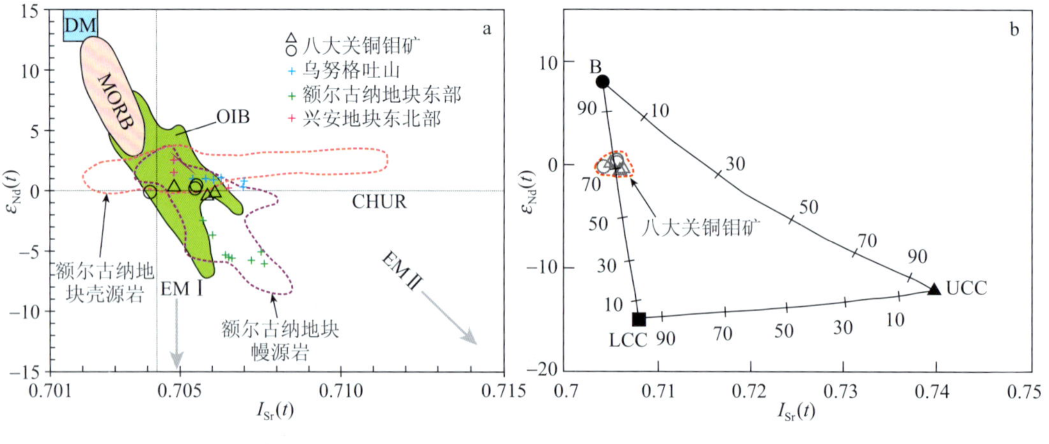

图3－30 八大关矿床及邻区花岗岩类岩石$\varepsilon_{Nd}(t)-I_{Sr}$图解（a）和石英闪长岩$\varepsilon_{Nd}(t)-I_{Sr}$图解（b）

a—三角所示八大关铜钼矿数据为本文所测，圆圈所示八大关铜钼矿数据和乌努格吐山数据引自陈志广（2010），额尔古纳地块东部和兴安地块东北部数据引自隋振民和徐学纯（2010），额尔古纳地块壳源岩和幔源岩数据引自Guo et al.（2010），DM，MORB，OIB，EMⅠ和EMⅡ数据引自Zindler & Hart（1986）；b—底图据张超等（2014），B—亏损新生组分的幔源基性岩石，LCC—下地壳组分，UCC—上地壳组分。数据引自Guo et al.（2010）

八大关铜钼矿6件岩体样品的$\varepsilon_{Nd}(0)$为－2.9651～－1.9312，$\varepsilon_{Nd}(t)$为－0.4149～0.4492，样品的$f_{Sm/Nd}$与大陆地壳相比有一定的偏差，反映了岩浆可能不是直接派生于亏损地幔的部分熔融，为减少岩体形成过程中的分异作用对模式年龄影响，本次研究采取花

表 3-14　八大关铜钼矿含矿岩体 Sr-Nd 同位素测试结果

样品	$w(Rb)/10^{-6}$	$w(Sr)/10^{-6}$	$^{87}Rb/^{86}Sr$	$^{87}Sr/^{86}Sr$	I_{Sr}	$\varepsilon_{Sr}(0)$	$\varepsilon_{Sr}(t)$	$w(Sm)/10^{-6}$	$w(Nd)/10^{-6}$	$^{147}Sm/^{144}Nd$	$^{143}Nd/^{144}Nd$	$\varepsilon_{Nd}(0)$	$\varepsilon_{Nd}(t)$	$f_{Sm/Nd}$	T_{DM}/Ga	T_{DM2}/Ga
12-BDG-2	86.8	246	0.9966	0.708052±5	0.704822	50.4244	8.3776	3.62	19.4	0.118388	0.512538±7	-1.9507	0.3281	-0.3981	0.98	0.98
12-BDG-8	11	91.3	0.3403	0.707199±5	0.706096	38.3134	26.4709	3.8	22.4	0.107631	0.512497±11	-2.7505	-0.159	-0.4528	0.94	1.02
12-BDG-12	5.7	195.5	0.0824	0.706125±6	0.705859	23.0725	23.0973	0.55	3.2	0.109047	0.512486±7	-2.9651	-0.4149	-0.4456	0.97	1.04
09BDG-1*	44.3	619	0.2021	0.706172±14	0.705517	23.7331	18.2444	4.17	23.69	0.111545	0.512534±11	-2.0287	0.4492	-0.4329	0.92	0.97
09BDG-2*	59.3	544	0.3079	0.706474±11	0.705476	28.0199	17.6653	3.26	16.72	0.123703	0.512539±12	-1.9312	0.1928	-0.3711	1.04	0.99
09BDG-3*	248	152	4.6085	0.719025±18	0.704087	206.1746	-2.0578	4.01	25.62	0.099304	0.512487±15	-2.9455	-0.1118	-0.4952	0.89	1.01

*数据引自陈志广（2010）。$t=227.9$Ma；$I_{Sr}=(^{87}Sr/^{86}Sr)_s-(^{87}Rb/^{86}Sr)_s\times(e^{\lambda t}-1)$；$\varepsilon_{Sr}(0)=[(^{87}Sr/^{86}Sr)_s/(^{87}Sr/^{86}Sr)_{U.R}-1]\times10^4$；$\varepsilon_{Sr}(t)=\{[(^{87}Sr/^{86}Sr)_s-(^{87}Rb/^{86}Sr)_s\times(e^{\lambda t}-1)]/[(^{87}Sr/^{86}Sr)_{U.R}-(^{87}Rb/^{86}Sr)_{U.R}\times(e^{\lambda t}-1)]-1\}\times10^4$，其中 $\lambda=1.42\times10^{-11}a^{-1}$，$(^{87}Sr/^{86}Sr)_{U.R}=0.7045$，$(^{87}Sr/^{86}Sr)_{U.R}=0.0827$；$\varepsilon_{Nd}(0)=[(^{143}Nd/^{144}Nd)_s/(^{143}Nd/^{144}Nd)_{CHUR}-1]\times10^4$；$\varepsilon_{Nd}(t)=\{[(^{143}Nd/^{144}Nd)_s-(^{147}Sm/^{144}Nd)_s\times(e^{\lambda t}-1)]/[(^{143}Nd/^{144}Nd)_{CHUR}-(^{147}Sm/^{144}Nd)_{CHUR}\times(e^{\lambda t}-1)]-1\}\times10^4$；$f_{Sm/Nd}=(^{147}Sm/^{144}Nd)_s/(^{147}Sm/^{144}Nd)_{CHUR}-1$，$T_{DM1}=1/\lambda\ln\{1+[(^{143}Nd/^{144}Nd)_{DM1}-(^{143}Nd/^{144}Nd)_s]/[(^{147}Sm/^{144}Nd)_{DM1}-(^{147}Sm/^{144}Nd)_s]\}$，$T_{DM2}=T_{DM}-(T_{DM}-t)\times[(f_{CC}-f_{Sm/Nd})/(f_{CC}-f_{DM})]$，其中 $(^{143}Nd/^{144}Nd)_{CHUR}=0.512638$，$(^{147}Sm/^{144}Nd)_{CHUR}=0.1967$，$\lambda=6.54\times10^{-12}a^{-1}$，$f_{CC}=-0.4$，$f_{DM}=0.08592$。（据 Keto et al.，1987）

表 3-15　八大关铜钼矿含矿岩体 Pb 同位素测试结果

样品	$^{206}Pb/^{204}Pb$	$^{207}Pb/^{204}Pb$	$^{208}Pb/^{204}Pb$	$w(U)/10^{-6}$	$w(Th)/10^{-6}$	$w(Pb)/10^{-6}$	$^{238}U/^{204}Pb$	$^{235}U/^{204}Pb$	$^{232}Th/^{204}Pb$	$^{206}Pb/^{204}Pb(t)$	$^{207}Pb/^{204}Pb(t)$	$^{208}Pb/^{204}Pb(t)$
12-BDG-2	18.3564±9	15.5685±1	38.2094±27	1.1	4.5	36.2	2.206177	0.01561	9.09128	18.34859	15.56457	37.1243011
12-BDG-8	18.4674±11	15.5832±11	38.1842±35	3.5	0.7	31.2	8.15579	0.057705	1.643088	18.43852	15.56868	37.9880875
12-BDG-12	18.5999±11	15.5784±12	38.2033±32	2	0.6	14.3	10.18864	0.072088	3.078948	18.56382	15.56026	37.835809

注：$t=227.9$Ma；$^{238}U/^{204}Pb$、$^{235}U/^{204}Pb$、$^{232}Th/^{204}Pb$ 通过全岩测试 U、Th、Pb 含量为（表 3-11）和自然界 U、Th 同位素丰度、样品中 Pb 同位素比值计算而来，$^{206}Pb/^{204}Pb(t)=(^{206}Pb/^{204}Pb)-(^{238}U/^{204}Pb)\times(e^{\lambda t}-1)$，$\lambda=1.55125\times10^{-11}a^{-1}$；$^{207}Pb/^{204}Pb(t)=(^{207}Pb/^{204}Pb)-(^{235}U/^{204}Pb)\times(e^{\lambda t}-1)$，$\lambda=9.8485\times10^{-10}a^{-1}$；$^{208}Pb/^{204}Pb(t)=(^{208}Pb/^{204}Pb)-(^{232}Th/^{204}Pb)\times(e^{\lambda t}-1)$，$\lambda=4.9475\times10^{-10}a^{-1}$。

岗岩两阶段模式年龄进行分析。对于八大关铜钼矿的石英闪长岩体的结晶年龄（t），采取本项目和前人（陈志广，2010；侯召硕，2014）测试结果的平均值（227.9Ma）参与计算 $\varepsilon_{Sr}(t)$、$\varepsilon_{Nd}(t)$ 和 T_{DM2}的值。Nd 的一阶段模式年龄（T_{DM}）为 0.89～1.04Ga，与二阶段模式年龄（T_{DM2}）0.97～1.04Ga 相近。

本次测试的 3 件石英闪长岩的 Pb 同位素组成见表 3－14。为了更准确地研究岩石初始 Pb 同位素组成，本书采用经时间校正后的初始 Pb 同位素比值进行同位素示踪。计算出的样品$^{206}Pb/^{204}Pb(t)$ 介于 18.34859～18.56382 之间，$^{207}Pb/^{204}Pb(t)$ 介于 15.56026～15.56868 之间，$^{208}Pb/^{204}Pb(t)$ 值介于 37.1243011～37.9880875 之间，在$^{207}Pb/^{204}Pb$－$^{206}Pb/^{204}Pb$ 图解（图 3－31a）上具有与额尔古纳地块岩体一致的特征，并且处于洋中脊玄武岩和下地壳的过渡区域，反映了其混合来源的特征；在$^{208}Pb/^{204}Pb$－$^{206}Pb/^{204}Pb$ 图解（图 3－31c）中除 1 件样品外，其他样品与额尔古纳地块岩体的同位素组成也表现出了相似的特征。

3. 小结

八大关矿床石英闪长岩 $\varepsilon_{Nd}(t)-I_{Sr}$图解及其与邻区花岗岩类岩石对比（图 3－30）可以看出，八大关铜钼矿的成矿岩体具有洋岛玄武岩（OIB）的 $\varepsilon_{Nd}(t)-I_{Sr}$组成特征，同时也落在了额尔古纳地块的幔源岩和壳源岩的重叠区域，显示了八大关铜钼矿的壳幔混源特征，而图 3－30b 显示了八大关成矿岩体包含较多的幔源组分和部分下地壳组分。此外，八大关矿床石英闪长岩的$^{207}Pb/^{204}Pb$ 和$^{206}Pb/^{204}Pb$ 的相关图（图 3－31a），也表明其混合有下地壳的组分，而在 $I_{Sr}(t)$ 和$^{206}Pb/^{204}Pb$、$\varepsilon_{Nd}(t)$ 和$^{206}Pb/^{204}Pb$ 相关图上（图 3－31b、d），成矿斑岩具有由洋中脊玄武岩（MORB）向Ⅱ型富集地幔（EMⅡ）变化的趋势，也显示了存在再循环的地壳物质对地幔源区的贡献，八大关 Nd 同位素的单阶段模式年龄（T_{DM}）为 0.89～1.04Ga，二阶段模式年龄（T_{DM2}）为 0.97～1.04Ga，其较低的 $I_{Sr}(t)$ 和 $\varepsilon_{Nd}(t)$ 以及较为年轻的 T_{DM2}模式年龄指示八大关矿床成矿岩体在形成过程中受到了中元古代晚期或新元古代早期增生物质的影响。

结合这一时期的大地构造背景，八大关成矿岩体可能是在蒙古－鄂霍次克洋俯冲背景下，在俯冲大洋地壳中流体的交代作用下，地幔楔发生部分熔融形成岩浆并混染了部分古老下地壳的物质，向上侵位到额尔古纳地块上而形成的。

（三）岩浆演化和构造背景

八大关矿床中主要岩体的 SiO_2 和其他主量元素、微量元素、微量元素比值的 Harker 图解（图 3－32）显示，绝大部分与 SiO_2 呈负相关的关系。MgO、Fe_2O_3 含量对 SiO_2 升高而下降可能与岩浆演化过程中镁铁质矿物的结晶分离作用有关，TiO_2 随 SiO_2 升高而下降反映了岩浆演化过程中金红石等含 Ti 矿物的结晶分离作用。主、微量元素随 SiO_2 变化的一致性暗示八大关地区岩体可能为同源异期多阶段侵位的复式岩体，而本次测得的石英闪长岩年龄（236.5±3.5Ma）与前人测试的花岗闪长岩和花岗斑岩的侵位年龄相近（陈志广，2010；侯召硕，2014；康永建等，2014）也印证了这一点。在岩浆源区部分熔融的过程中不同组分与 SiO_2 呈负相关的关系变化，Sm/Nd 值随 SiO_2 含量升高保持不变，指示二者在岩浆分离结晶的过程中没有发生分异。

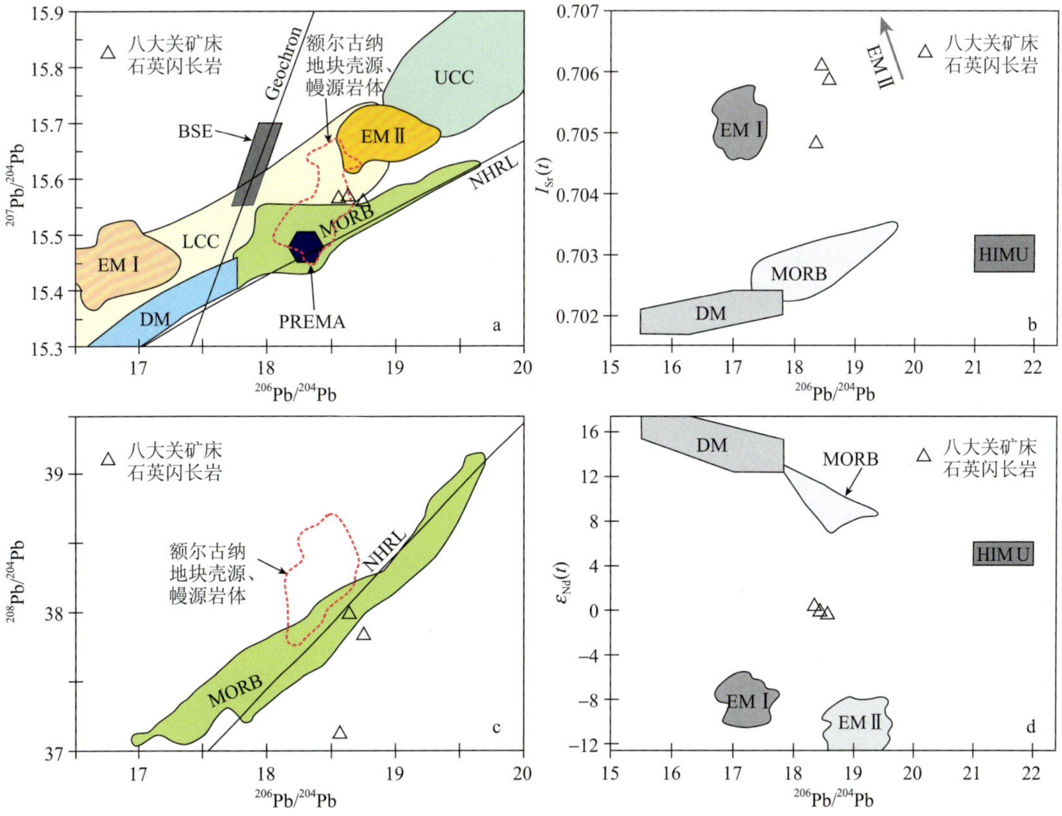

图 3-31 八大关矿床石英闪长岩 $^{207}Pb/^{204}Pb-^{206}Pb/^{204}Pb$（a）、$^{208}Pb/^{204}Pb-^{206}Pb/^{204}Pb$ 图解（c）和 $I_{Sr}(t)-^{206}Pb/^{204}Pb$、$\varepsilon_{Nd}(t)-^{206}Pb/^{204}Pb$ 图解（b 和 d）

（底图据 Zindler & Hart，1986）

BSE—全硅酸盐地球；HIMU—高 $^{238}U/^{204}Pb$ 值地幔

从成矿母岩的元素组成来看，其表现出一定的高 Sr 低 Yb、Y，无明显 Eu 亏损的埃达克岩（Defant et al.，1990）地球化学特征，但与典型的埃达克岩有许多不同，包括 Sr 正异常较弱，且重稀土配分曲线平滑，没有典型埃达克岩的倾斜重稀土配分模式，指示在岩浆演化过程中可能有少量斜长石的分离结晶或源区残留，而平坦的重稀土配分模式反映了源区残留相可能有大量的角闪石。

从元素地球化学特征来看，在 Th/Nb 图解（图 3-33a）上，矿区的岩浆岩微量元素组成具有向岛弧环境俯冲物漂移的特征。八大关铜钼矿床的含矿岩体属于消减活动板块边缘的 I 型花岗岩（图 3-33b、c）。另外岩体微量元素判别图解（图 3-33d）反映其主要为火山弧环境下形成的花岗岩。总体来说，来自成矿斑岩的主量和微量元素地球化学特征表明，八大关矿床的各类花岗岩体可能形成于板块俯冲时的火山弧环境下，是源区岩石部分熔融并夹带少量俯冲洋壳上沉积物而形成的 I 型花岗岩复式岩体。

通过对八大关矿床石英闪长岩 Sr-Nd-Pb 同位素组成的综合分析认为，八大关铜钼矿的成矿岩体具有 OIB 的 $\varepsilon_{Nd}(t)-I_{Sr}$ 组成特征，同时具有壳幔混源特征，并且可能包含了较多的幔源组分和部分下地壳组分，实验岩石学研究表明，地幔橄榄岩的部分熔融不能直接产生花岗质岩浆，只能形成玄武质岩浆（徐夕生等，2010）。所以，矿区内花岗岩的形

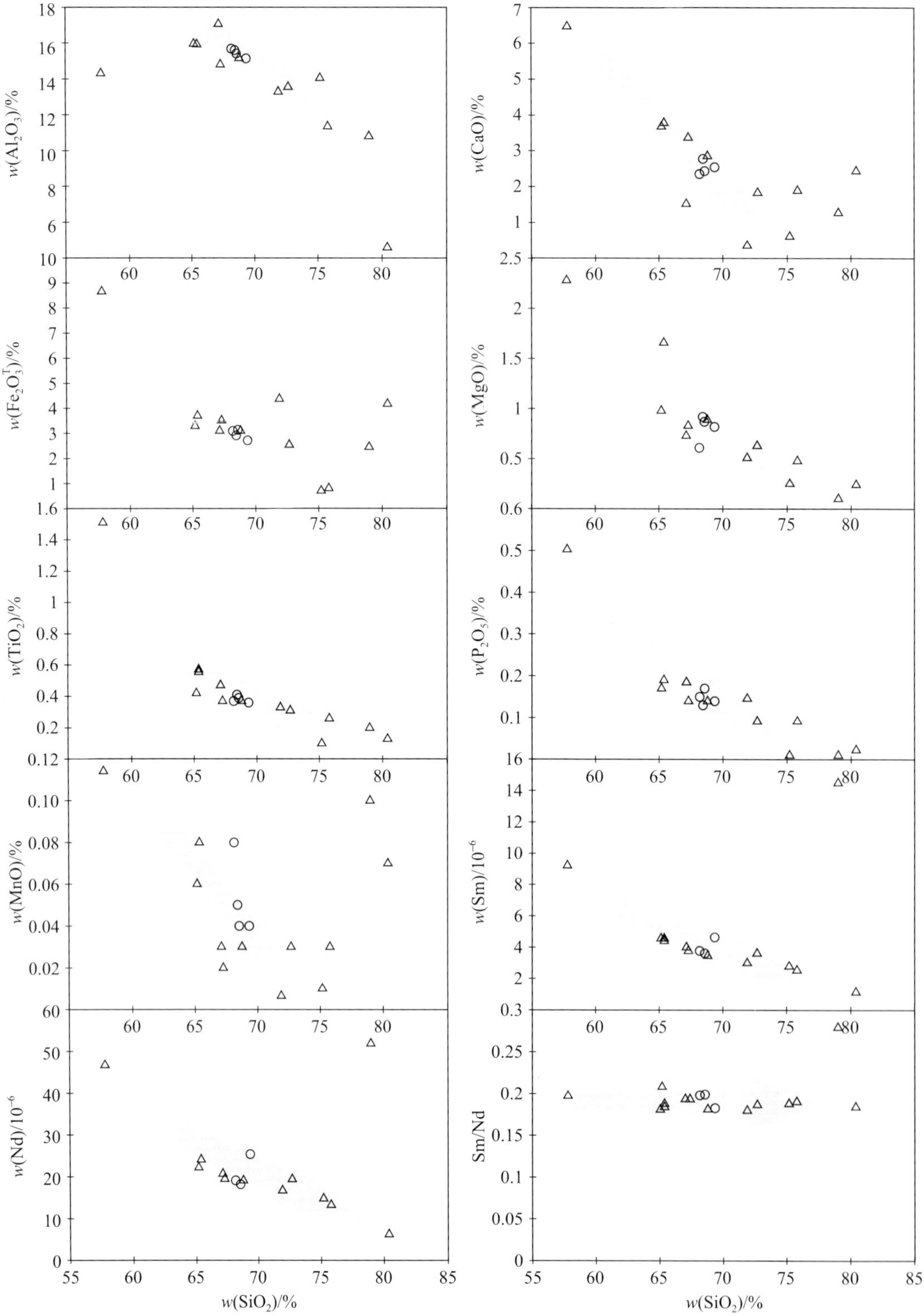

图 3－32　八大关矿床赋矿岩体 Harker 图解

图中三角所代表数据为本次所测；圆圈数据引自陈志广（2010）

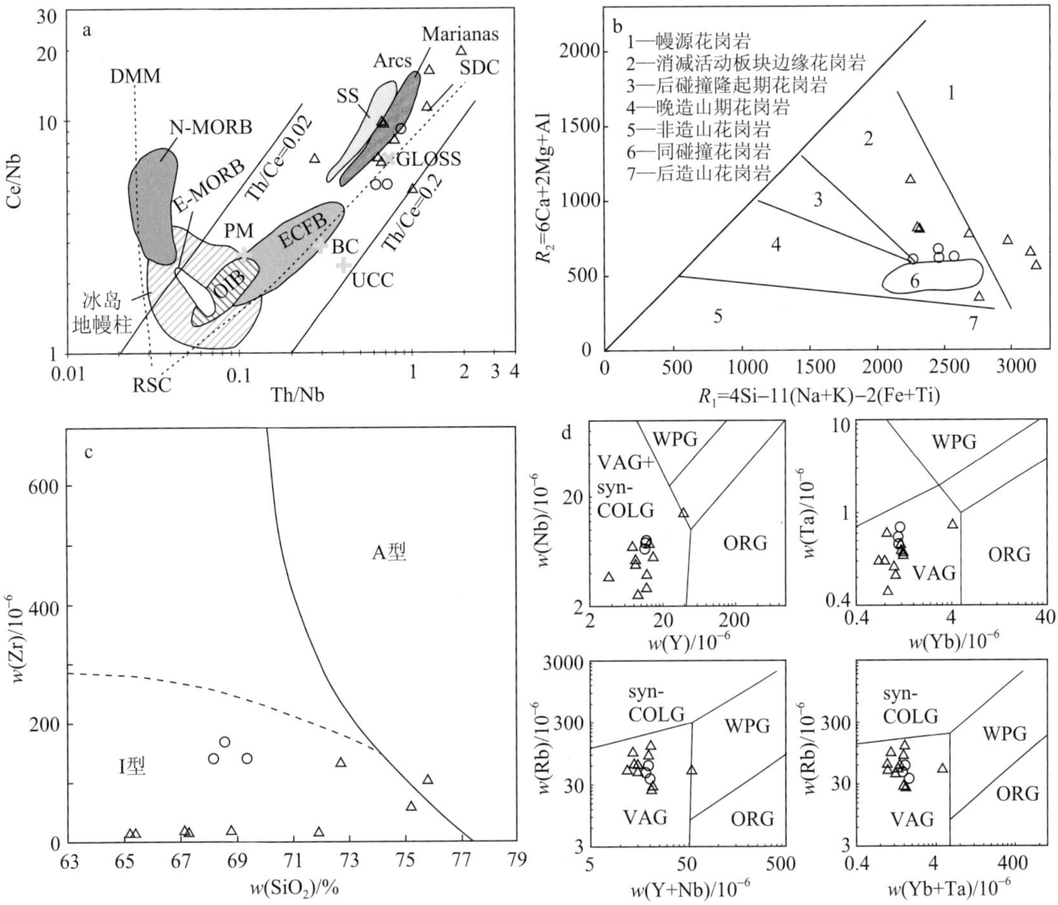

图 3－33 八大关矿床主要岩体 Th/Nb 图解（a）、R_1-R_2 构造判别图解（b）、SiO_2－Zr 判别图解（c）和花岗岩微量元素构造判别图解（d）

（a 图底图据 Song et al.，2004；b 图底图据 Civetta et al.，1998；c 图底图据 Collins et al.，1982；d 图底图据 Pearce et al.，1984）

DMM—亏损地幔；SDC—再循环俯冲组分；SS—岛弧环境俯冲沉积物；RSC—再循环残留板块组分；OIB—洋岛玄武岩；N－MORB—正常洋中脊玄武岩；E－MORB—富集型洋中脊玄武岩；PM—原始地幔；UCC—大陆上地壳；BC—大陆地壳；GLOSS—全球俯冲沉积物组分；ECFB—峨眉山大陆溢流玄武岩

成可能不是仅仅来自地幔楔的部分熔融，而应该是地幔楔先部分熔融形成玄武质岩浆后，又经历了一次结晶分异和部分熔融的过程，向上侵位过程中混合了古老下地壳的组分。Nd 的一阶段模式年龄（T_{DM}）为 0.89～1.04Ga，与二阶段模式年龄（T_{DM2}）为 0.97～1.04Ga 相近，也暗示了玄武质岩浆在形成之后，在较短时间内就再次部分熔融并形成了花岗质岩浆，这也表明岩浆不太可能起源于俯冲洋壳的部分熔融（陈志广，2010）。石英闪长岩的 Pb 同位素组成表明其混合有下地壳的组分，存在再循环的地壳物质对地幔源区的贡献，矿区内的岩体在形成过程中可能受到了中元古代晚期或新元古代早期增生物质的影响。

结合这一时期的大地构造背景，根据矿区内成矿岩体主、微量元素组成和 Sr－Nd－Pb 同位素组成特征，作者认为八大关成矿岩体可能是在蒙古－鄂霍次克洋俯冲背景下，俯冲洋壳上覆的地幔楔发生部分熔融形成玄武质岩浆后，新生地壳再次部分熔融形成花岗质岩浆并混染了部分古老下地壳的物质，并含有少量俯冲洋壳上覆沉积物，岩浆向上侵位到额尔古纳地块上而形成的I型花岗岩复式岩体。

三、流体地球化学特征

（一）样品特征和实验方法

本次研究的流体包裹体样品均采集于八大关矿床，样品较为新鲜，根据矿床中脉体的穿插关系和矿物共生组合特征，在野外采集了各个成矿阶段的石英脉，对其原生包裹体进行测温和激光拉曼光谱分析。

流体包裹体显微测温工作在中国地质大学（北京）矿产资源勘查实验室完成，进行流体包裹体显微测温所用仪器为英国 Linkam THMSG 600 型显微冷热台，本次流体包裹体显微测温的基本流程如下：①进行温度校正，用人造纯 H_2O 及 25% 的 H_2O-CO_2 包裹体（国际标样）进行系统校正；②将预先观察分割好的不同成矿阶段的样品置于冷热台上；③结合低倍镜和高倍镜，找到待测温的流体包裹体；④降至0℃以下时排气 1min 左右，继续冷却到 -120℃，回温时用冷冻法和均一法测定冰点和均一温度；⑤为确保测试结果的可靠性，每一包裹体片至少测 20 个包裹体，每一成矿阶段测试 2 个以上的样品。

流体包裹体的激光拉曼光谱分析是在中国地质大学（北京）矿产资源勘查实验室完成。测试仪器为英国生产的 Renishaw in Via 型显微共焦激光拉曼光谱仪，实验条件：温度为23℃，激光功率为20mW，激发波长为514.2nm，激光最小束斑直径为1μm，光谱的分辨率为 $1\sim2cm^{-1}$，扫描时间为20s，扫描次数为1次。每个阶段测试2个以上的样品。

（二）岩相学特征

八大关斑岩铜钼矿中流体包裹体大量存在于成矿期石英网脉和后期方解石脉中，在闪锌矿中也发育少量细小包裹体。其中石英脉中的流体包裹体发育最广泛，方解石中包裹体则因为后期构造作用导致大量包裹体破裂，无法观测，闪锌矿中流体包裹体较少且多小于4μm，较难观察且容易导致测试误差大，因此石英脉中流体包裹体是本次研究的主要对象。

1. 流体包裹体岩相学特征

通过大量的岩相学观察发现，八大关铜钼矿中的流体包裹体既包括与含矿脉同时形成的原生包裹体和后期沿石英颗粒裂隙形成的次生包裹体，也包括少量的假次生包裹体。本次研究的流体包裹体主要为与铜、钼成矿作用关系密切的原生包裹体。石英脉中原生包裹体一般成群或者以单个包裹体形式产出，形态多样，主要有不规则状、椭圆形、四边形，也有一部分呈负晶形，大小为2～20μm，主要集中在6～14μm范围内。

成矿早阶段的石英脉不太发育且遭受后期热液作用的叠加，内部的流体包裹体较复杂，原生包裹体数量少，但负晶形的包裹体较为多见；成矿中阶段石英脉分布广泛，这一阶段的流体包裹体数量较多且类型复杂多样；成矿晚阶段的石英脉和方解石脉中发育较多的包裹体，粒径相对较大，闪锌矿中流体包裹体粒径小且数量少（图3－34j），研究中仅见两例。

总体来说，八大关铜钼矿床中的流体包裹体类型丰富、形态多样（图3－34）。根据

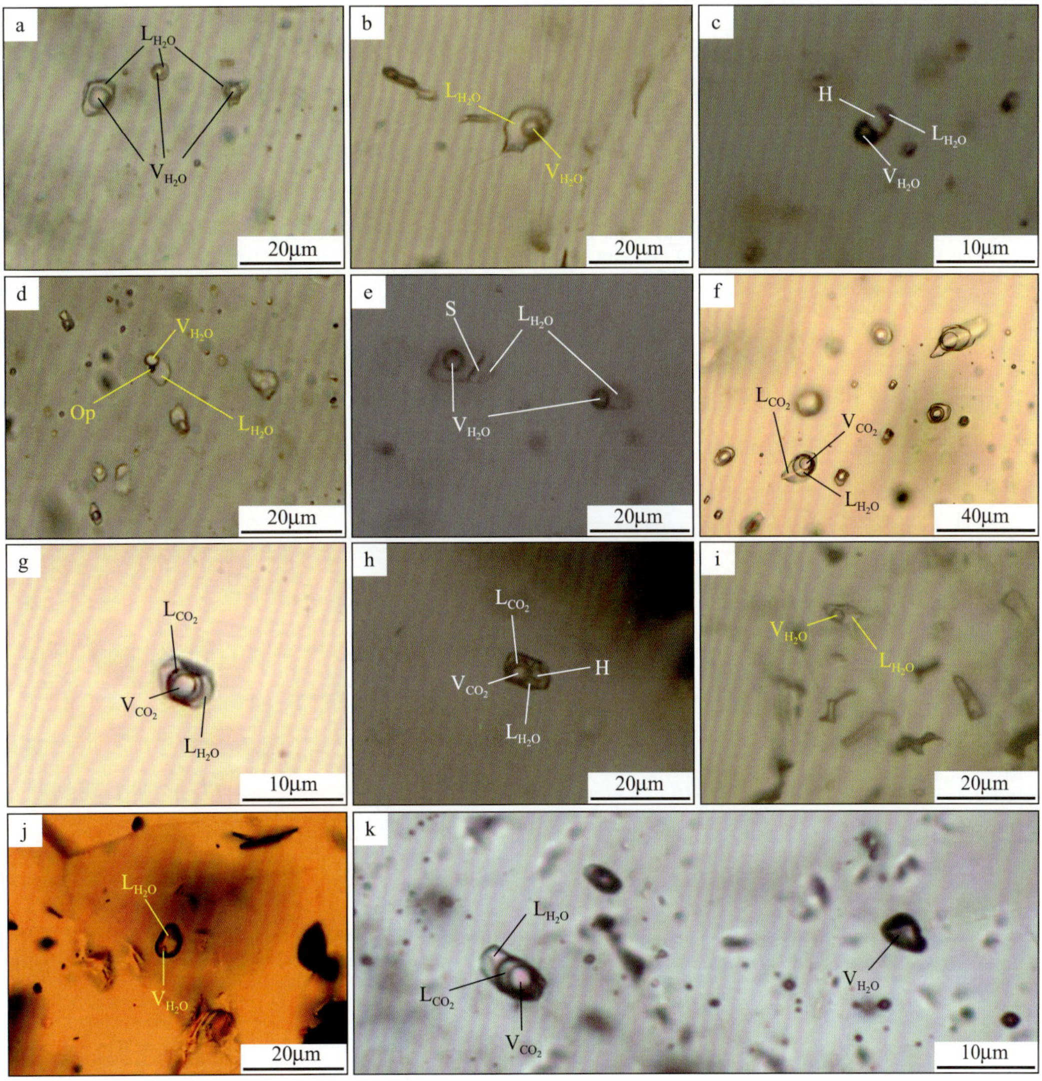

图 3－34 八大关铜钼矿床中不同类型的流体包裹体岩显微照片（透射单偏光）

a—石英脉中 W 型富气相流体包裹体；b—石英脉中不规则状 W 型富液相流体包裹体；c—石英脉中椭圆形含石盐子晶 S 型包裹体；d—石英脉中不规则状含不透明子晶 S 型流体包裹体；e—石英脉中含钾盐子晶 S 型包裹体和 W 型富液相包裹体；f—石英脉中 C 型包裹体；g—石英脉中负晶形 C 型包裹体；h—石英中含石盐子晶多相流体包裹体；i—方解石脉中不规则状 W 型包裹体；j—闪锌矿中椭圆形 W 型富液包裹体；k—不同相比的流体包裹体。子矿物代号：H—石盐；S—钾盐；Op—不透明子矿物

流体包裹体成分和相态组合特征，将流体包裹体划分为气液两相包裹体（W 型）、含子晶三相包裹体（S 型）、含 CO_2 三相包裹体（C 型）和纯 CO_2 两相包裹体（PC 型）四大类型，也可见少量含子晶和 CO_2 的多相包裹体。

（1）气液两相包裹体（W 型）

数量较多，约占包裹体总量的 30%，常温下呈气、液两相，由 $H_2O + NaCl$ 液相和 H_2O 气相组成（图 3－34a、b），根据气液相比的不同，这一类型的包裹体又可划分为富气相包裹体和富液相包裹体两种。富气相包裹体中气相所占比例 >20%，数量较少，大小一般为4～12μm，在成矿早、中阶段数量较多。富液相包裹体充填度较高且变化不大，气相所占比例<20%，一般为5%～10%，数量较多，在整个成矿期中均有出现，但在晚阶段数量较多。

（2）含子晶三相包裹体（S型）

含透明或不透明矿物子晶的三相包裹体（图3－34c、d、e），气相所占比例为5%～10%，数量较少，约占包裹体总量的5%，无色透明，大小为4～12μm，形态多为椭圆形，也可见负晶形包裹体，子晶大多为呈正方形的石盐、长方形的钾盐和不透明金属矿物。主要见于成矿期早、中阶段。

（3）含CO_2三相包裹体（C型）

含盐水溶液和CO_2液相的包裹体，在室温下呈三相（$V_{CO_2}+L_{CO_2}+L_{H_2O}$）包裹体（图3－34f、g），是矿床中分布最多、最常见的包裹体类型，约占包裹体总量的60%。CO_2气相所占比例为5%～20%，液相占10%～40%，变化较大。此类包裹体形态多为椭圆形、负晶形或不规则形等，包裹体一般较大，直径为8～20μm，多见于成矿期中阶段，晚阶段也有出现。

（4）纯CO_2两相包裹体（PC型）

纯CO_2两相包裹体含量较少、少见并与C型包裹体伴生，约占包裹体总量的1%，CO_2气相所占比例约为10%，均一温度为33.6～34.5℃，主要见于中阶段。

此外，矿床中也可见少量含子晶和CO_2液相的多相包裹体（图3－34h），约占包裹体总量的1%，CO_2气相所占比例约为5%，液相约占10%，子晶多为正方形或不规则状的石盐，形态多呈负晶形和椭圆状，少量为不规则状，主要见于成矿期中阶段。

2. 显微测温与盐度估算

本次研究着重对矿床中分布最广泛的C型包裹体和气液两相的W型包裹体进行了包裹体的显微测温研究，结合前人研究获得的相关计算公式，对流体包裹体盐度［$w(NaCl_{eq})/\%$］进行计算，从而了解成矿流体物理化学性质。

对于W型两相水溶液包裹体，盐度在0～23.3%的NaCl溶液常用的盐度计算公式为：$S=0.00+1.78\times T-0.0442\times T^2+0.000557\times T^3$。式中：$S$为盐度,%；$T$为冰点温度,℃（卢焕章等，2004）。

对于含CO_2三相的C型包裹体，Collins（1979）发现笼合物的熔化温度与盐的含量成正比地向$H_2O-NaCl-CO_2$共结点方向降低。而笼合物的熔化温度是水溶液相盐度的函数（Roedder，1984）：$w_{NaCl}=15.52022-1.02342\times T-0.05286\times T^2$。式中：$w_{NaCl}$为水溶液中NaCl的质量分数,%；$T$为笼合物的熔化温度（℃），$-9.6\leqslant T\leqslant +10$。

通过八大关斑岩铜钼矿床的不同类型包裹体的均一温度（T_h）和盐度的统计直方图（图3－35），可以总结出：

成矿早阶段的包裹体以W型的气液两相包裹体居多。总体来说，包裹体的均一温度为300～520℃，主要集中于340～400℃（图3－35a1），大多数均一至液相，极少部分临界均一。盐度主要集中于9%～14%，变化范围较大，且出现“双峰”的特点（图3－35a2），可能与早期流体较复杂和包裹体测试数量较少有关。整体上反映了这一阶段主要为中高温中等盐度的流体。

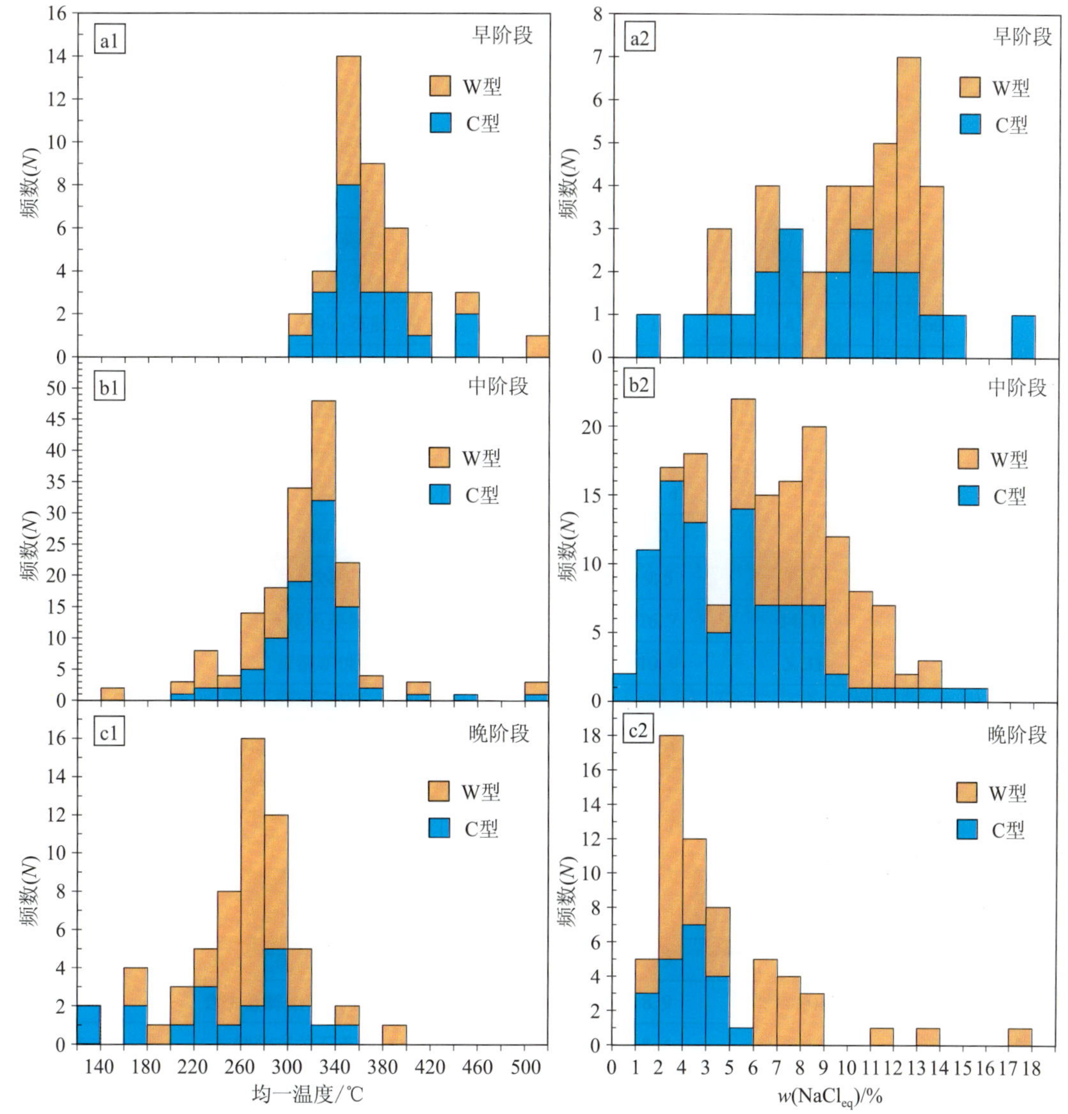

图 3－35　八大关铜矿中不同成矿阶段流体包裹体均一温度（T_h）和盐度直方图

成矿中阶段的包裹体主要为 W 型、C 型包裹体，少量的 S 型、PC 型包裹体未做统计。其均一温度为 140～520℃，主要集中在 300～360℃（图 3－35b1），大部分均一至液相，部分临界均一，部分包裹体在均一之前发生爆裂或渗漏。包裹体的盐度集中在 3%～9%之间，变化范围大。相比早阶段包裹体，中阶段的流体包裹体的均一温度和盐度均有所降低，值得一提的是，中阶段存在不同相比的 C 型包裹体和 W 型包裹体同时均一的情况，具有沸腾包裹体的特征。

成矿晚阶段石英脉中仅发育 W 型和少量 C 型包裹体，包裹体均一温度主要集中在 240～300℃（图 3－35c1）。盐度变化范围为 1%～18%，主要集中在 1%～5%（图 3－35c2），反映晚期成矿流体主要为低温、低盐度。

3. 激光拉曼光谱学特征

在测温工作之前，选取了八大关铜钼矿早、中、晚 3 个阶段的石英脉中流体包裹体进行详细的原位激光拉曼光谱分析，由于固相子晶较小，难以获得有效的分析结果，本次研究主要针对气相和液相成分进行了分析测试（图3－36）。

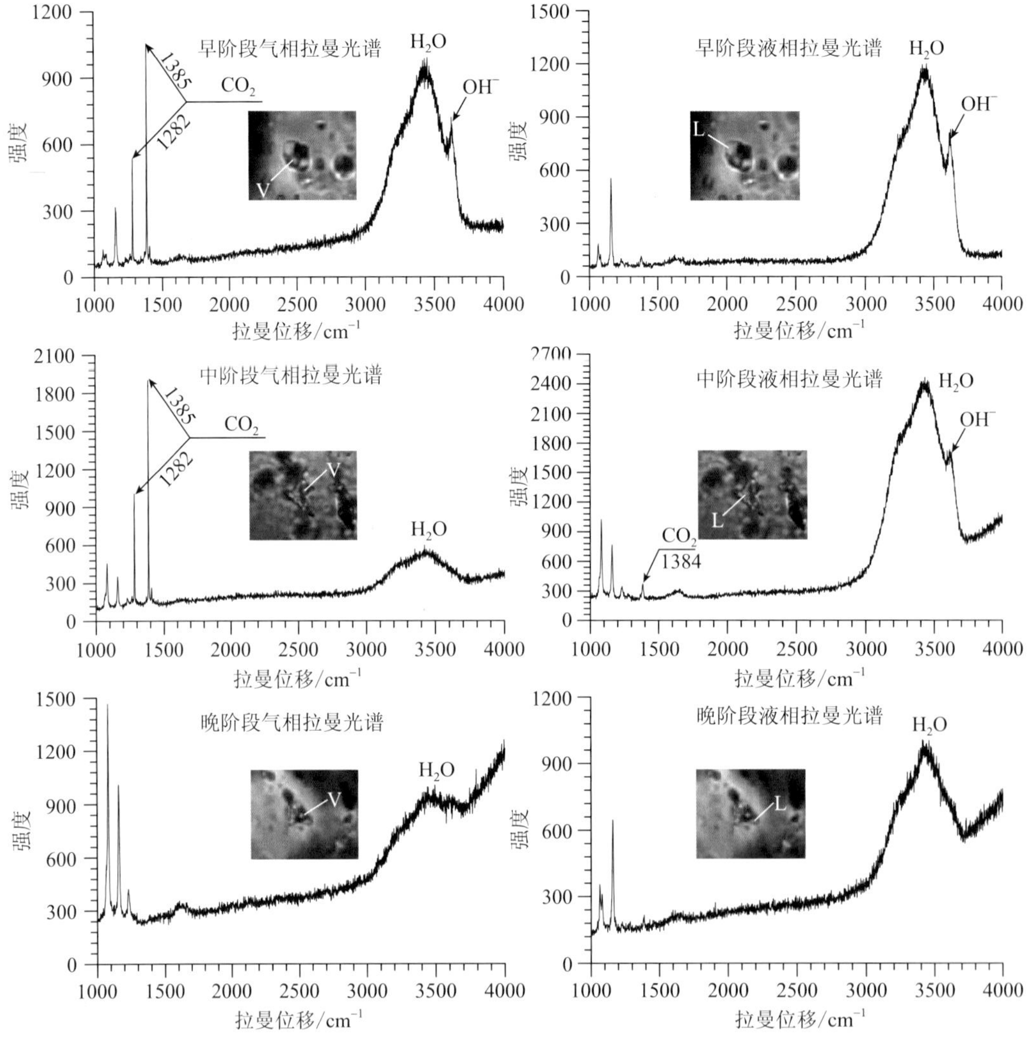

图3－36　八大关矿床不同成矿阶段单个流体包裹体成分激光拉曼光谱分析

早阶段的流体包裹体中，W型包裹体液相主要成分为水溶液，并且广泛存在OH^-特征拉曼谱峰，气相成分主要为CO_2（特征拉曼谱峰1282cm^{-1}和1385cm^{-1}）和气态H_2O；C型包裹体的液相由液态CO_2和水溶液组成，气相主要为CO_2；S型包裹体中的子晶较小而未能检测出理想的谱峰。中阶段的包裹体中，成分与早阶段基本相同，气相成分主要为气态H_2O和CO_2，还含有少量的还原性气体CH_4（侯召硕，2014）。晚阶段石英脉内包裹体类型单一，以W型水溶液包裹体为主，其气相和液相中只能检测到H_2O峰。指示在大量矿物沉淀之后，成矿晚阶段的流体趋于成分简单的低盐度水溶液。

4. 成矿流体的密度和压力

根据流体包裹体的均一温度和冰点数据，对成矿流体的密度和压力进行了计算。其中W型包裹体的计算根据段振豪研究小组在线程序（http：//calc. kl-edi. ac. cn/Pages/

H_2ONaCl. aspx）计算；C 型包裹体通过龚庆杰（2004）开发的 Geofluid 1.0 软件进行计算。

结果表明，W 型包裹体的密度较低，主要集中于 0.65 ~ 0.95g/cm^3 之间。C 型包裹体的密度主要集中于 0.64 ~ 1.013g/cm^3 之间，流体压力变化范围较大，早阶段成矿流体压力平均为 222.5MPa，中阶段成矿流体压力有所降低，平均为 175.4MPa，晚阶段的成矿流体压力进一步降低，平均为 136.5MPa，根据压强公式 $P=\rho gh$，可以初步估算成矿的最小深度，取中酸性岩体的静岩密度 2.7g/cm^3，通过计算可得早、中、晚阶段的流体静岩压力深度分别为 8.41km、6.63km、5.16km。

5. 小结

结合上述流体包裹体的均一温度、均一方式和盐度等特征，可初步判断在成矿作用过程中，随着早期高温岩浆的冷却结晶，产生了中高温、中高盐度的成矿流体，开始发生矿化。

在成矿早阶段，成矿流体温度较高，成矿热液为较高盐度的 $NaCl-H_2O-CO_2$ 体系的流体，主要集中于 340 ~ 400℃，盐度主要集中于 9% ~ 14%。成矿中阶段温度降低，成矿流体冷却至 300 ~ 360℃，流体的沸腾作用导致 Cu、Mo 等成矿物质大量沉淀析出，成矿流体盐度降低，主要为 3% ~ 9%，这一阶段的流体中可能还含有还原性气体 CH_4。随着中阶段矿物的析出和温度的降低，晚阶段的流体呈现出低温、低盐度的特征，温度主要集中在 240 ~ 300℃之间，盐度主要集中在 1% ~ 5%。成矿流体总体为 $NaCl-H_2O$ 体系的低密度流体，随流体的运移成矿深度逐渐减小，总体上为 5 ~ 8km。

（三）稳定同位素地球化学

1. 样品特征和实验方法

为研究八大关铜钼矿的成矿流体特征和成矿物质来源，本项目对不同成矿阶段石英脉、方解石脉以及硫化物开展了稳定同位素的测试分析。其中 3 件石英脉样品分别采自矿床早、中、晚 3 个阶段，3 件方解石脉为晚阶段样品，13 件硫化物采自早、中、晚 3 个阶段，包括辉钼矿、黄铜矿、黄铁矿、闪锌矿和方铅矿等。上述样品均按照实验室要求在廊坊宏信地质勘查技术服务公司挑选成单矿物，分析工作在核工业北京地质研究院分析测试研究中心完成。

石英和晚阶段方解石中 H－O 同位素的测试采用 MAT253 稳定同位素质谱仪，仪器编号 8633，测试方法参照相关行业标准（DZ/T 0184.19—1997）《水中氢同位素的锌还原法测定》和（DZ/T 0184.13—1997）《硅酸盐及氧化物矿物中氧同位素组成的五氟化溴法测定》，测量结果以 SMOW 为标准，记为 δD_{V-SMOW}（精度优于 ±1‰）和 $\delta^{18}O_{V-SMOW}$（精度优于 ±0.2‰）。

方解石中 C－O 同位素的测试工作参照行业标准（DZ/T 0184.17—1997）《碳酸盐矿物或岩石中碳、氧同位素组成的磷酸法测定》进行，采用仪器 MAT 253，仪器编号 8633，测量结果以 PDB 为标准，记为 $\delta^{13}C_{V-PDB}$（精度优于 ±0.1‰）和 $\delta^{18}O_{V-PDB}$（精度优于 ±0.2‰）。

硫化物样品的硫同位素测试采用的测试仪器为 Delta v plus，仪器编号 10056，测试方法参照相关行业标准（DZ/T 0184.14—1997）《硫化物中硫同位素组成的测定》，测量结果以 CDT 为标准，记为 $\delta^{34}S_{V-CDT}$，分析精度优于 ±0.2‰。

2. C－O 同位素特征

热液矿床中的 C－O 同位素组成是研究示踪热液来源与演化规律的重要手段之一，通过与储库 C－O 同位素的对比可以获得成矿热液来源的信息。八大关斑岩型铜钼矿床中方解石 C－O 同位素测试结果见表 3－16。

表 3－16　八大关斑岩铜钼矿中方解石 C－O 同位素组成

样品号	矿物	阶段	$\delta^{13}C_{V-PDB}$/‰	$\delta^{18}O_{V-PDB}$/‰	$\delta^{18}O_{V-SMOW}$/‰
12－BDG－13	方解石	晚阶段	－10.7	－29.3	0.7
14－BDG－12	方解石	晚阶段	－8.9	－29.5	0.5
14－BDG－66－1	方解石	晚阶段	－9.4	－24.4	5.8

测试结果显示，成矿晚阶段方解石中 $\delta^{13}C$ 为－8.9‰～－10.7‰，平均值为－9.67‰，极差为1.8‰，流体中 $\delta^{13}C$ 相对集中，C 同位素组成较为均一；而 $\delta^{18}O$ 变化范围较大，介于0.5‰～5.8‰之间，平均值为2.33‰，极差为5.3‰，显示了成矿晚阶段流体中 O 同位素的组成较为复杂，可能是存在不同流体的混合作用。

方解石 C－O 同位素图解（图 3－37）显示，成矿晚阶段热液方解石脉的 C－O 同位素组成落在了火成碳酸岩和地幔包体来源的流体范围内及受大气降水影响的范围中，整体具有幔源流体向大气降水范围漂移的趋势。指示了成矿作用晚期的流体，可能是在火成碳酸岩和地幔包体成分的基础上混合了部分大气降水的产物。综合来看，八大关矿床中的成矿流体具有地幔来源的特征，并且在成矿作用后期有大气降水的混入。

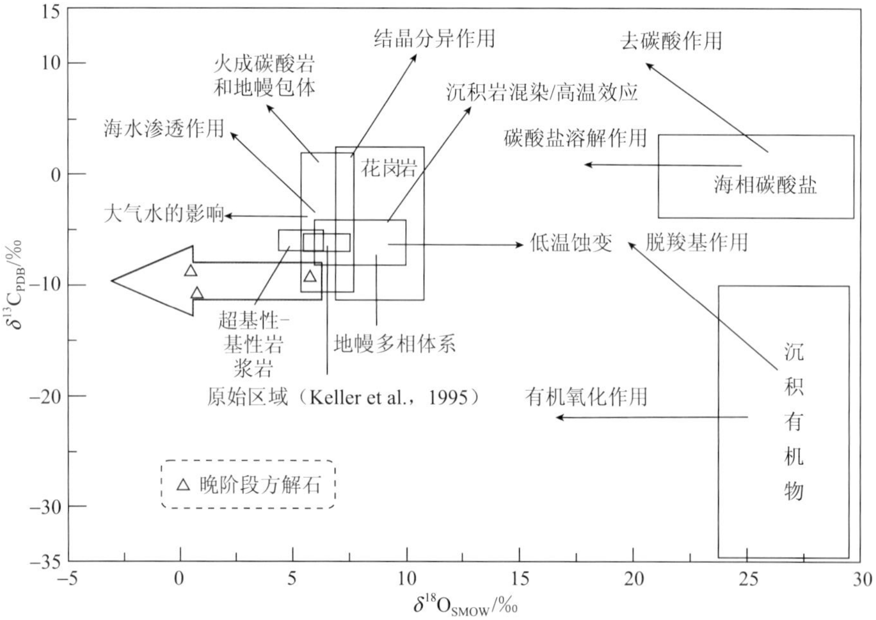

图 3－37　八大关斑岩铜矿方解石 C－O 同位素特征图
（底图据刘家军等，2004）

3. H－O 同位素特征

八大关矿床 2 件石英和 1 件方解石样品均采自未经后期变质和构造变形的部位，其

H－O 同位素的测试结果见表 3－17。

表 3－17 八大关矿床不同阶段矿物中 H－O 同位素组成

样品号	矿物	阶段	温度/℃	矿物测试值		计算流体值	
				δD_{V-SMOW}/‰	$\delta^{18}O_{V-SMOW}$/‰	δD_{V-SMOW}/‰	$\delta^{18}O_{V-SMOW}$/‰
12－BDG－3	石英	早	371.5	－121.3	6.2	－121.3	1.5
14－BDG－19	石英	早	371.5	－119.3	1.4	－119.3	－3.3
14－BDG－85	石英	早	371.5	－125.2	0.8	－125.2	－3.9
14－BDG－71	石英	中（Ⅰ）	319.2	－124.5	3.3	－124.5	－2.9
14－BDG－81	石英	中（Ⅰ）	319.2	－123.2	4	－123.2	－2.2
14－BDG－37	石英	中（Ⅱ）	319.2	－129.2	1.2	－129.2	－5.0
12－BDG－13	方解石	晚	264.8	－140.0	0.7	－140.0	－5.5

注：中（Ⅰ）为成矿中阶段的辉钼矿亚阶段；中（Ⅱ）为成矿中阶段的黄铜矿亚阶段。

可以看出，本次所测石英样品中 δD_{V-SMOW} 为 －129.2‰ ～ －119.3‰，极差为 9.9‰，平均值为 －123.8‰；测试结果中 $\delta^{18}O_{V-SMOW}$ 为 0.8‰ ～6.2‰，平均值为 2.8‰，极差为 5.4‰，变化范围较大，且从成矿早阶段到成矿晚阶段基本呈逐渐降低的趋势。方解石样品中 δD_{V-SMOW} 为 －140.0‰，$\delta^{18}O_{V-SMOW}$ 为 0.7‰。参考流体包裹体的均一温度，采用 $1000\ln\alpha_{石英-水}=3.38\times10^6/T^2-3.40$ 和 $1000\ln\alpha_{方解石-水}=2.78\times10^6/T^2-3.40$ 计算得到 $\delta^{18}O_{流体}$。

通过矿物中 H－O 同位素图解（图 3－38）可以看出，本次所测 7 组数据整体上比侯召硕（2014）的测试结果中 δD_{V-SMOW} 偏高，偏离正常岩浆水的程度较弱，可能更能反映成矿流体的特征。但总体来看，所有的测试结果均显示了岩浆水混合大气降水的特征，说明在成矿早阶段，成矿流体就可能混合了少量的大气降水，并且从早阶段到晚阶段，向大气降水漂移的趋势逐渐加重，暗示了随着成矿作用的进行，更多的大气降水混入了成矿流体中。

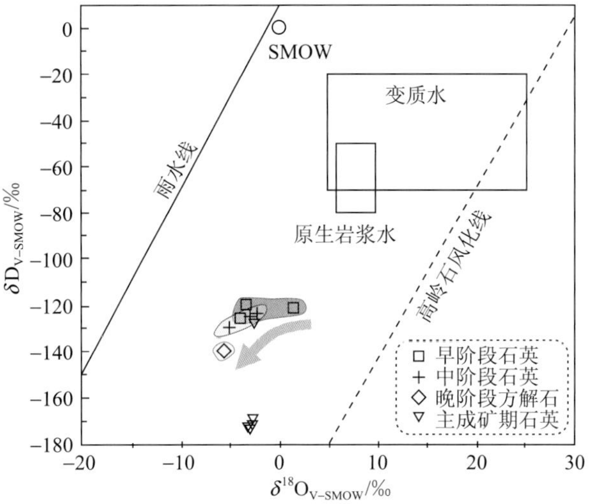

图 3－38 八大关铜钼矿床不同阶段矿物中 H－O 同位素图解

（底图据 Hoefs，2009；主成矿期石英数据自侯召硕，2014）

4. S 同位素特征

本次测试的 13 件黄铁矿等 5 种硫化物中硫同位素组成见表 3－18，可以看出，样品的 $\delta^{34}S$ 介于 －2.4‰ ~ ＋3.0‰之间（平均值为 ＋1.47‰），除方铅矿和闪锌矿为负值外，数据主要集中在 ＋1.1‰ ~ ＋3.0‰之间（平均值为 ＋2.11‰）。

表 3－18 八大关铜钼矿硫同位素组成

序号	样品号	矿物	$\delta^{34}S$/‰	序号	样品号	矿物	$\delta^{34}S$/‰
1	12－BDG－1	黄铁矿	＋2.3	21	关 15S17	黄铁矿	＋1.6
2	12－BDG－12	黄铁矿	＋3	22	关 15S18	黄铁矿	＋1.9
3	12－BDG－4	黄铁矿	＋2.6	23	关 15S19	黄铁矿	＋1.8
4	12－BDG－8	黄铁矿	＋2.7	24	关 15S20	黄铁矿	＋1.9
5	14－BDG－19	黄铁矿	＋2.1	25	关 7S10－2	黄铜矿	＋2.7
6	14－BDG－71	辉钼矿	＋2.8	26	关 7S13	黄铁矿	＋1.1
7	14－BDG－37	黄铁矿	＋1.9	27	关 7S14	黄铁矿	＋2.6
8	14－BDG－43	黄铁矿	＋1.7	28	关 7S2	黄铁矿	＋2.6
9	14－BDG－43	黄铜矿	＋1.4	29	关 7S3	黄铁矿	＋0.5
10	14－BDG－37	黄铜矿	＋1.6	30	关 7S4	黄铁矿	＋1.9
11	14－BDG－30	黄铜矿	＋1.1	31	关 7S5	黄铁矿	＋1.9
12	14－BDG－30	方铅矿	－2.4	32	关 7S6	黄铁矿	＋1.2
13	14－BDG－30	闪锌矿	－1.6	33	关 7S7	黄铁矿	＋2.2
14	M561－4－1	黄铁矿	＋2.0	34	关 7S8	黄铁矿	＋1.6
15	M561－4－2	黄铁矿	＋1.9	35	关 7S9－1	黄铁矿	＋1.5
16	M561－6－1	黄铁矿	＋1.5	36	关 7S9－2	辉钼矿	＋2.6
17	M561－6－2	黄铁矿	＋1.7	37	关 7S9－3	黄铁矿	＋1.1
18	M561－6－3	黄铁矿	＋1.9	38	1 件	黄铜矿	＋1.1
19	关 15S15	黄铁矿	＋2.6	39	1 件	辉钼矿	＋1.5
20	关 15S16	黄铁矿	＋3.0	40	13 件	黄铁矿	＋0.5 ~ ＋4.8

注：序号 1 ~ 13 为本次测试数据；13 ~ 18 引自侯召硕（2014）；19 ~ 37 引自黑龙江省有色金属地质勘查 706 队（2005）；38 ~ 40 引自杨竞红（1991）。

综合前人（侯召硕，2014；黑龙江省有色金属地质勘查 706 队，2005；杨竞红，1991）测得的数据来看，八大关矿床的硫同位素（$\delta^{34}S$）变化范围为 －2.4‰ ~ ＋4.8‰，在频率分布直方图上基本呈塔式分布，主要集中于 ＋1‰ ~ ＋3‰之间，具有幔源硫（Ohmoto，1986；Ripley，1986；Ohmoto & Goldhaber，1997）的特征。

根据矿床中硫化物的黄铁矿－辉钼矿－黄铜矿－方铅矿－闪锌矿等矿物组合，确定可以用矿床中的 $\delta^{34}S_{黄铁矿}$（＋0.5‰ ~ ＋4.8‰，平均为 ＋1.94‰）代表成矿流体的 $\delta^{34}S_{\Sigma S}$（Ohmoto & Goldhaber，1997；翟德高等，2013），也指示了成矿流体中硫的幔源特征。这与得尔布干成矿带上的多数矿床基本一致（图 3－39），反映了区域内成矿物源的一致性。

八大关矿床中硫化物的 $\delta^{34}S$ 不满足硫同位素平衡分馏状态下 $\delta^{34}S_{辉钼矿} > \delta^{34}S_{黄铁矿} > \delta^{34}S_{闪锌矿} > \delta^{34}S_{黄铜矿} > \delta^{34}S_{方铅矿}$ 的分配关系（韩吟文和马振东，2003），即便在同一样品中也不

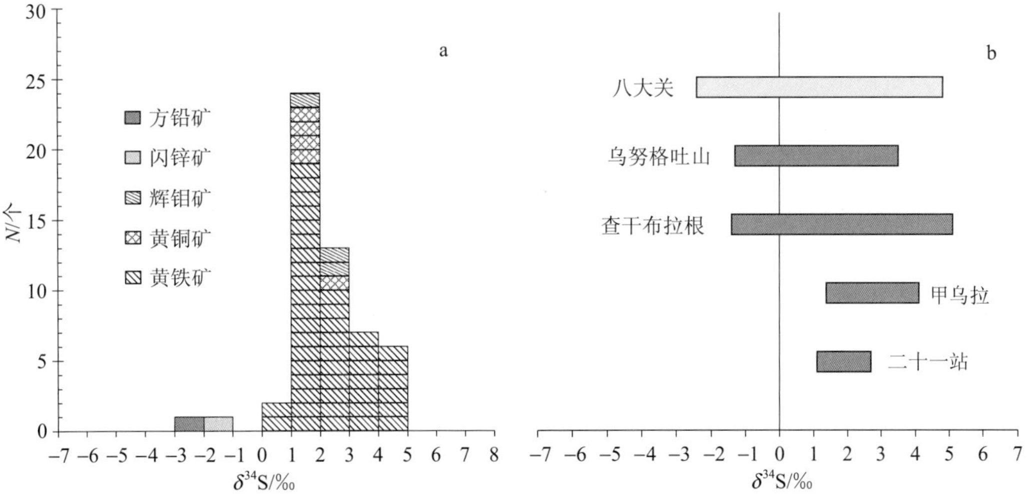

图 3－39　八大关铜钼矿床中硫化物硫同位素频率分布和与部分矿床对比图

数据来源：乌努格吐山数据引自席明杰等（2009）和张海心（2006）；查干布拉根数据引自赵一鸣和张德全（1997）；甲乌拉数据引自翟德高等（2013）和关继东等（2004）；二十一站数据引自武广（2006）

满足这一顺序，指示成矿过程中成矿共生矿物及成矿流体的硫同位素体系未达到平衡，可能与八大关矿床多期的构造活动和复杂的岩浆作用有关。

5. 小结

结合矿床中稳定同位素测试结果来看，成矿过程中热液流体具有岩浆水和大气降水混合的特征，反映成矿早期的流体可能就混合了部分雨水，随着成矿作用的进行，越来越多的大气降水混入成矿流体中，热液中的硫具有地幔来源的特征，指示了深部岩浆作用对于硫的贡献。在成矿流体的作用下，辉钼矿、黄铜矿等矿物相继结晶，但可能受岩浆－构造活动的影响，成矿热液体系未达到平衡。

四、成矿机制探讨

（一）岩浆活动和构造背景

1. 岩体特征和成岩时代

从本书和前人（陈志广，2010；张连昌等，2010）对赋矿岩体的元素地球化学特征的分析结果来看，八大关矿床中岩体属于消减活动板块边缘的 I 型花岗岩，并有向同碰撞花岗岩和幔源花岗岩过渡的趋势。微量元素的判别图解显示其主要为火山弧环境下的花岗岩，矿区的岩浆岩微量元素组成具有向岛弧环境俯冲物漂移的特征。来自成矿斑岩的 Sr－Nd 同位素数据和微量元素地球化学特征表明其可能为陆缘弧环境下，俯冲洋壳上部地幔楔部分熔融并夹带俯冲洋壳沉积物和下地壳组成的具有埃达克岩特点的岩浆岩。

成矿母岩的元素组成具有埃达克岩的部分地球化学特征，但与典型的埃达克岩有许多不同。岩体中 Sr 正异常较弱，且重稀土配分曲线平滑，没有典型埃达克岩的倾斜重稀土配分模式，指示在岩浆演化过程中可能有斜长石的分离结晶或源区少量残留；而平坦的重稀土配分模式反映了源区残留相可能有大量的角闪石，岩浆侵位和矿化过程中重稀土未发生明显分异；岩体基本没有明显的 Eu 和 Ce 的异常，反映在部分熔融过程中源区没有大量斜长石的残留。Harker 图解（图 3－32）中各类赋矿岩体的不同元素间显示良好的相关性，且各类岩体的结晶年龄相近，指示八大关地区岩体为同源异期多阶段侵位的复式岩体。

总体来说，来自成矿斑岩的主量和微量元素地球化学特征表明，八大关矿床的各类花岗岩体可能为板块俯冲时的火山弧环境下，源区岩石部分熔融并夹带少量俯冲洋壳上沉积物而形成的，属同源异期多阶段侵位的 I 型花岗岩复式岩体。

本书测得的石英闪长岩年龄为 236.5 ±3.5Ma，成矿母岩侵位于印支期，这一阶段也是八大关矿区内不同花岗岩体侵位的主要时期。康永建等（2014）对矿区中花岗闪长岩、花岗岩等不同岩性的岩体测年结果表明其形成时代为：231.63～243.87Ma，只有 1 件花岗岩样品的年龄分布于燕山期（188.12Ma）。本书与前人（陈志广，2010；侯召硕，2014）测试的石英闪长岩的侵位年龄相近，计算其锆石 U－Pb 同位素平均年龄为 227.9Ma，这一年龄可以大致代表成矿母岩的侵位结晶年龄。赵一鸣和张德全（1997）测得石英闪长岩的 K－Ar 年龄（166Ma）和李廷栋（1963）测得更早侵位的花岗岩的绝对年龄（95～105Ma）均小于八大关铜钼矿的形成时代，这可能与其测试的同位素体系封闭温度低，易受后期构造、热液蚀变影响有关，难以真实反映石英闪长岩的侵位年龄。故八大关铜钼矿床的含矿岩体形成于晚三叠世（227.9Ma 左右），是矿区花岗岩复式岩体岩浆活动晚期的产物。

2. 岩体产出构造背景

八大关地区处于额尔古纳地块西北部，其北西侧为蒙古－鄂霍次克缝合带，南东为中亚造山带的东段，东临滨太平洋构造域（图 3－1），所以矿区 I 型火山弧特征的花岗岩形成的大地构造背景不外乎受 3 种俯冲机制的影响，即可能受古亚洲洋向北俯冲作用、蒙古－鄂霍次克洋俯冲闭合作用和太平洋板块向西俯冲作用的影响等。

古亚洲洋是古生代期间发育于西伯利亚板块和华北板块之间的一个复杂的多岛洋，以广泛发育弧盆体系和陆缘增生为特征（陈衍景等，2012），古亚洲洋的俯冲、闭合与中亚造山带的形成关系密切，内蒙古索伦－林西缝合带被认为是华北和西伯利亚地块间古亚洲洋最后闭合的界线（李朋武等，2009）。来自古地磁、古生物的证据表明，古亚洲洋大多认为在二叠纪初期或早三叠世关闭（孙德有等，2005；李锦轶等，2006；李朋武等，2009；Shao et al.，2014；Eizenhofer et al.，2014），这意味着古亚洲洋的俯冲早于八大关岩浆活动。

中生代古太平洋板块开始向西俯冲到欧亚大陆板块下，研究区进入环太平洋构造演化阶段，但是大量研究证明，古太平洋的俯冲开始于早侏罗世早期或晚三叠世以后（孙德有等，2005；许文良等，2013；Wang et al.，2014），晚于八大关矿区岩浆演化时期。

故古亚洲洋向北俯冲和太平洋板块向西俯冲作用均不大可能与矿区岩浆活动有密切关系。而早中生代是蒙古－鄂霍次克洋俯冲、消减，最终碰撞闭合并向太平洋构造域转换的关键时期，在三叠纪以及其后蒙古－鄂霍次克洋存在向中－蒙联合板块方向的俯冲（Şengör et al.，1996；Badarch et al.，2002；Kelty et al.，2008；Sun et al.，2013；许文良等，2013；Wang et al.，2014）。此时该矿床所处的额尔古纳地块属于活动陆缘（李锦轶等，2009），与早期的含矿花岗岩的火山弧型构造环境相协调。从成岩年代和元素组成特征来看，八大关铜钼矿的石英闪长岩等含矿斑岩应该是晚三叠早期（227Ma）蒙古－鄂霍次克洋由北西向南东俯冲过程中，在额尔古纳地块上的火山弧环境下形成的。

（二）成矿时代与控矿因素

本书测得的辉钼矿 Re－Os 同位素年龄为 226.7±2.4Ma，指示矿床形成于晚三叠世早期。其他研究者（侯召硕，2014；康永建等，2014）获得的辉钼矿的 Re－Os 同位素年龄为 222.4～228.7Ma，也表明矿床形成于这一时期，在区域上乌努格吐山铜钼矿成矿时代为 178Ma（李诺等，2007），太平川钼矿辉钼矿 Re－Os 同位素年龄为 200±5Ma（Zhang et al.，2014），反映了这一时期是得尔布干成矿带成矿高峰期。

通过野外大量观察和室内测试分析，作者认为八大关铜钼矿的控矿因素主要为流体沸腾、氧逸度变化和构造活动三大因素。

在成矿母岩侵位结晶后，岩体在高温（700℃以上）状态冷却过程中，挥发分（H_2O、CO_2 等）逐渐富集并形成成矿流体，开始进入矿化蚀变阶段。在成矿早期，流体温度较高，成矿热液为较高盐度的 $NaCl-H_2O-CO_2$ 体系的流体，部分岩浆成因的磁铁矿在流体的作用下，再次富集形成较粗的热液磁铁矿脉，矿床中两种黑云母的成分特征也表明成岩后和成矿早期为高氧逸度的环境，后来硫化物的形成反映了氧逸度的降低，磁铁矿形成时对硫的还原作用（$6FeO+2SO_4^{2-}=2Fe_3O_4+2S^{2-}+3O_2\uparrow$）可能是形成黄铜矿、辉钼矿等硫化物的重要因素，八大关铜钼矿这一成矿过程可与西藏多不杂超大型富金斑岩铜矿类比（李光明等，2006，2007）。

成矿过程中流体温度逐渐降低，不同相比包裹体同时达到均一状态和铁绿泥石的存在，反映流体发生了沸腾，前人研究表明，流体的沸腾是造成矿质从含矿热液中快速沉淀的机制之一（张德会，1997），八大关矿床成矿期尤其是中阶段流体的沸腾导致了铜、钼等成矿物质大量沉淀析出。

区内频繁的构造活动是八大关铜钼矿形成的另一个重要因素，前中生代形成的得尔布干断裂或其次级断裂应该是八大关铜钼矿的主要控矿和导矿构造（李春风等，2014）。得尔布干断裂在中生代又强烈活动，控制了这一时期的火山喷发、岩浆侵入和铜多金属成矿作用（武广，2006），在蒙古－鄂霍次克洋板块的俯冲过程中，该断裂为八大关地区岩浆侵入和成矿流体的活动提供了重要通道。

八大关矿床中含矿岩体广泛遭受了构造变形，片理化、韧性变形明显，镜下也观察到大量片状矿物定向排列、长石碎裂或细粒化等现象，反映了在岩体侵位后至少发生了一次韧－脆性变形作用，这一期构造变形发生的时间为 226～228Ma。岩体中的构造裂隙为成矿流体的活动和成矿物质的沉淀、富集提供了有利的空间，在矿床尺度上表现为矿化蚀变和矿体形态沿构造裂隙（有利于流体的活动）延伸，在手标本和镜下则可观察到大量含矿石英脉多沿岩体裂隙分布，这些现象均反映了构造对于成矿的控制作用。而这些构造因素也导致矿床中网状脉体不太发育，矿体和蚀变带呈条带状，形成了具有非典型斑岩型矿床特征的八大关铜钼矿。成矿后也发育了一些构造活动，对矿床造成破坏，如矿体被切割导致的不连续分布、矿脉被后期无矿石英脉或方解石脉体穿插，对矿床的保存和后期开采造成了不利影响。

（三）元素迁移规律和成矿物质来源

在成矿作用过程中，岩石中元素的含量会在成矿流体等因素的作用下发生迁移和变化。通过分析八大关矿床中不同样品的主、微量元素的组成和矿物成分特征发现，随着蚀变作用的进行，岩体中的 Ca、Mg、Na、Ta、K 等元素含量明显下降，而 K_2O 和 SiO_2 含量有所升高，蚀变过程中形成了铁绿泥石，显示热液流体相对富 K、Si、Fe 而贫 Ca、Na。在热液蚀变过程中，稀土元素活化迁移，在不同环境中其分布模式发生相应的改变（包志伟和赵振华，1998）。八大关成矿斑岩、蚀变岩体和矿石中稀土元素含量具有逐步降低的特征，这与稀土元素的亲石性有关，矿化蚀变造成了 REE 明显的活化和迁移，其含量逐渐降低的同时硫化物相继形成，从而也出现了亲硫性元素 Pb 的逐渐富集。在矿石中 LREE 相对富集而亏损高场强元素（HFSE），Hf/Sm、Nb/La 和 Th/La 值均小于 1，反映了成矿流体中可能富含 Cl^-（毕献武等，2004），成矿元素以 Cl^- 配合物形式迁移，但此推测尚需进一步的研究。

矿石中 Co/Ni 值介于 1.25～10，指示成矿物质可能来自岩浆或火山热液（中国科学院矿床地球化学开放研究实验室，1997）。C－O 和 H－O 同位素的测试结果显示成矿过程中热液流体混合了部分大气降水，八大关铜钼矿床金属硫化物硫同位素具有幔源硫的特征，黄铁矿的 $\delta^{34}S$（+0.5‰～+4.8‰，平均为 +1.94‰）代表了成矿流体的 $\delta^{34}S_{\Sigma S}$，指示成矿流体中硫的深源性。矿床中碲银矿的发现，进一步说明了幔源物质对成矿的贡献。Re－Os 同位素组成可以指示成矿物质来源，反映成矿过程中不同来源物质的混合程度（Stein et al.，1998；Lambert et al.，1999）。前人经统计发现，从幔源、壳幔混合源到壳源的矿床中辉钼矿 Re 含量大致为 $n\times10^{-4}\rightarrow n\times10^{-5}\rightarrow n\times10^{-6}$，即呈依次降低一个数量级的趋势变化（Mao et al.，1999；Stein et al.，2001，2003）。本书测得辉钼矿单矿物中 Re 含量为 211.3×10^{-6}～355.2×10^{-6}，远高于壳源和壳幔混合源的矿床中 Re 含量，而与幔源类型矿床中 Re 含量相近，暗示了八大关铜钼矿床的成矿物质具有地幔源区的特征。

（四）矿床成因机制探讨

八大关铜钼矿床的含矿斑岩体是在火山弧的构造环境中形成同源异期多阶段侵位的复式岩体，属中钾钙碱性的 I 型花岗岩。根据前面的分析，推测在晚三叠世初蒙古－鄂霍次克洋板块由北西向南东俯冲到额尔古纳地块之下，岩浆向上侵位，伴有部分俯冲洋壳之上的沉积物，在额尔古纳地块边部形成陆缘弧，并在强烈的岩浆活动过程中发育了多期具有埃达克岩特征的浅成、超浅成斑岩体。

成矿母岩侵位一段时间之后发生矿化（226.7±2.4Ma），岩体在冷却过程中，挥发分（H_2O、CO_2 等）逐渐富集并形成成矿流体。岩体也在得尔布干断裂的强烈活动下发生变形，发育大量构造片理或裂隙，流体在静岩深度为 5～8km 的岩体中沿裂隙活动，矿床开始进入矿化蚀变阶段。

成矿早期流体温度和氧逸度较高，成矿热液为较高盐度的 $NaCl-H_2O-CO_2$ 体系，部分岩浆成因磁铁矿在流体作用下，再次富集形成热液磁铁矿脉，磁铁矿形成时对硫的还原为黄铁矿等硫化物形成提供了必要条件，成矿流体温度逐渐降低并发生沸腾，铜、钼等成矿物质从含矿热液中快速析出，与来自深部地幔的硫结合，先后生成了磁铁矿－黄铁矿－

黄铜矿-辉钼矿-闪锌矿等矿物，并形成了沿裂隙分布的含矿石英脉。矿化过程中稀土元素活化迁移而含量降低，成矿流体中金属元素逐渐迁移富集，并发育了绢英岩化、青磐岩化等斑岩型蚀变。

第四节　乌努格吐山斑岩铜钼矿床保存与评价

微、小陆块的软碰撞和多旋回缝合以及由此而产生的多旋回复合造山带和多旋回构造岩浆成矿作用是中国大陆重要的特征（秦克章等，2017）。中亚造山带以古生代多陆块拼合造山、中新生代陆内造山与山盆体系构成独特的地质构造格局。具有多块体、多缝合带镶嵌、山盆耦合的大地构造特征，并且经历了古生代地块拼合增生过程和中新生代陆内造山过程（秦克章等，2017）。另有研究认为中国东部中新生代构造应力场研究的结果表明，三叠世（250~208Ma）为北向挤压；侏罗世（208~135Ma）为北西西-南东东向挤压；白垩纪-始新世早期（135~52Ma）为北北东向挤压；始-渐新世（52~23.3Ma）为北西西向挤压（万天丰，1993）。

我国东北地区长期受古亚洲洋、蒙古-鄂霍次克洋和古太平洋构造体制的作用，长期活动，尤其是中生代以来活动频繁，这种构造环境对矿床的完整保存不大有利（秦克章等，2017）。古亚洲洋的最终闭合时间最晚可能发生在中三叠世，自此以后，该区进入环太平洋构造体系和蒙古-鄂霍次克构造体系的演化阶段（许文良等，2013）。鄂霍次克洋于早白垩世完成闭合，其闭合后区域内构造活动强烈，通过总结蒙古-鄂霍次克造山带两侧变质核杂岩和韧性剪切带年龄数据，结果显示额尔古纳断裂初始伸展时间为151~145Ma，并止于130Ma（在新生代还持续活动），这对矿床的保存产生了明显的破坏作用。此外环太平洋构造体系对欧亚大陆下的俯冲作用始于早侏罗世，中生代期间存在3次（早侏罗世、早白垩世晚期和晚白垩世）俯冲事件（许文良等，2013），这些构造背景并不利于矿床的后期保存。研究以乌努格吐山斑岩铜钼矿床为例，开展成矿后变化与保存评价工作。

一、成矿元素迁移评价

由于乌努格吐山矿床热液蚀变严重，根据样品采集的位置将样品归为石英-钾长石（Q-Kf)、石英-绢云母-水白云母（Q-S-H）以及伊利石-水白云母带（I-H）3类。对元素进行定量迁移，首先要确定不活动元素。不活动元素是指其本身在开放系统中没有增益和亏损，或者其增益和亏损相对系统自身和系统中其他活动元素而言可以忽略，因此能够用来监测系统在过程中的物质带入带出和体积变化（邓海琳等，1999）。确定蚀变过程中的不活动元素主要包括经验判断法、等浓度线法及坪台法等。本书拟采用坪台法以及等浓度线法两种方法对花岗质岩石（黑云母二长花岗岩、矿化二长花岗斑岩、二长花岗斑岩）中的成矿元素进行评价。

（一）等浓度线法

1. 确定不活动元素

依据龚庆杰等（2006）利用相关性分析的研究，选取 Al_2O_3、TiO_2、MnO、Nb、Hf、

Ta、Th、U、Zr 和 Y 等元素作为备选的不活动元素，选择 WS－19（黑云母二长花岗岩）、WS－79－1（绢云母化铜钼矿化二长花岗斑岩）和原点元素（各元素含量为0）做相关性分析，在显著性检验 $r=0.994$ 水平上确定出不活动元素群和协变元素群，见表3－19。由相关系数矩阵可见，元素群 Al_2O_3－U－Zr 显著相关，因此选择后以 Al_2O_3－U－Zr 作为不活动元素群。

表3－19　相关系数矩阵

	TiO_2	Al_2O_3	Mn	Nb	Hf	Ta	Th	U	Zr	Y
TiO_2	1									
Al_2O_3	0.958	1								
Mn	0.290	0.554	1							
Nb	0.751	0.909	0.850	1						
Hf	0.941	0.999	0.596	0.930	1					
Ta	0.756	0.913	0.846	1.000	0.932	1				
Th	0.939	0.998	0.601	0.932	1.000	0.935	1			
U	0.947	0.999	0.583	0.923	1.000	0.926	1.000	1		
Zr	0.972	0.998	0.506	0.884	0.994	0.888	0.994	0.996	1	
Y	0.874	0.977	0.718	0.977	0.987	0.979	0.988	0.984	0.964	1

2. 迁移计算结果

选择 Al_2O_3－U－Zr 作为不活动元素群，同时选择黑云母二长花岗岩样品 WS－67 作为原岩，对矿区内的主要岩石类型作 Isocon 图（制图过程中使用 excel2013 软件对 Hf－Ta－Zr 3 种元素进行方程拟合，相关系数 R^2 都在 0.98 以上）。

在 $C_i^A-C_i^O$ 图解（图3－40）中，活动性较弱或不活动的元素位于等浓度线附近，在等浓度线以上的元素表示相对原岩含量增高，在等浓度线以下的元素表示相对原岩含量降低。根据 Grant 方程可以算出元素质量迁移量 ΔC_i、元素质量变化百分率 $\Delta C_i/C_i^O$，元素质量迁移量（ΔC_i）为正值时表示该元素发生带入作用，即富集；元素质量迁移量（ΔC_i）为负值时表示该元素发生带出作用，即贫化（艾金彪等，2013）。

（二）坪台法

确定质量比率（MR）的过程如下：坪台法通常选取 Ta、Nb、U、La、Zr、Hf、Al、Th、Sc、Ti、Yb 和 Y 共 12 种元素计算质量比率（MR）（Gong et al.，2011），首先计算 3 类样品中 12 种元素的平均值，而后计算 Q－S－H/Q－Kf、I－H/Q－Kf、I－H/Q－S－H 的值，通过最终计算彼此比值的平均数来确定质量比率（MR），以期对元素迁移进行定量描述。

在蚀变过程中不活动元素蛛网图（图3－41）上：Ta 和 Nb 比较孤立，可以首先排除其作为不活动元素。由于 Zr、Hf 两元素相似的地球化学性质，可将其视为协变元素，也不做考虑。Yb、Y 这 2 种元素形成一坪台，坪台值（即不同类岩石某一元素平均含量的比值）的分别为 1.0811、1.0834，但与其他元素误差较大，也排除掉。U 和 La、Al 和

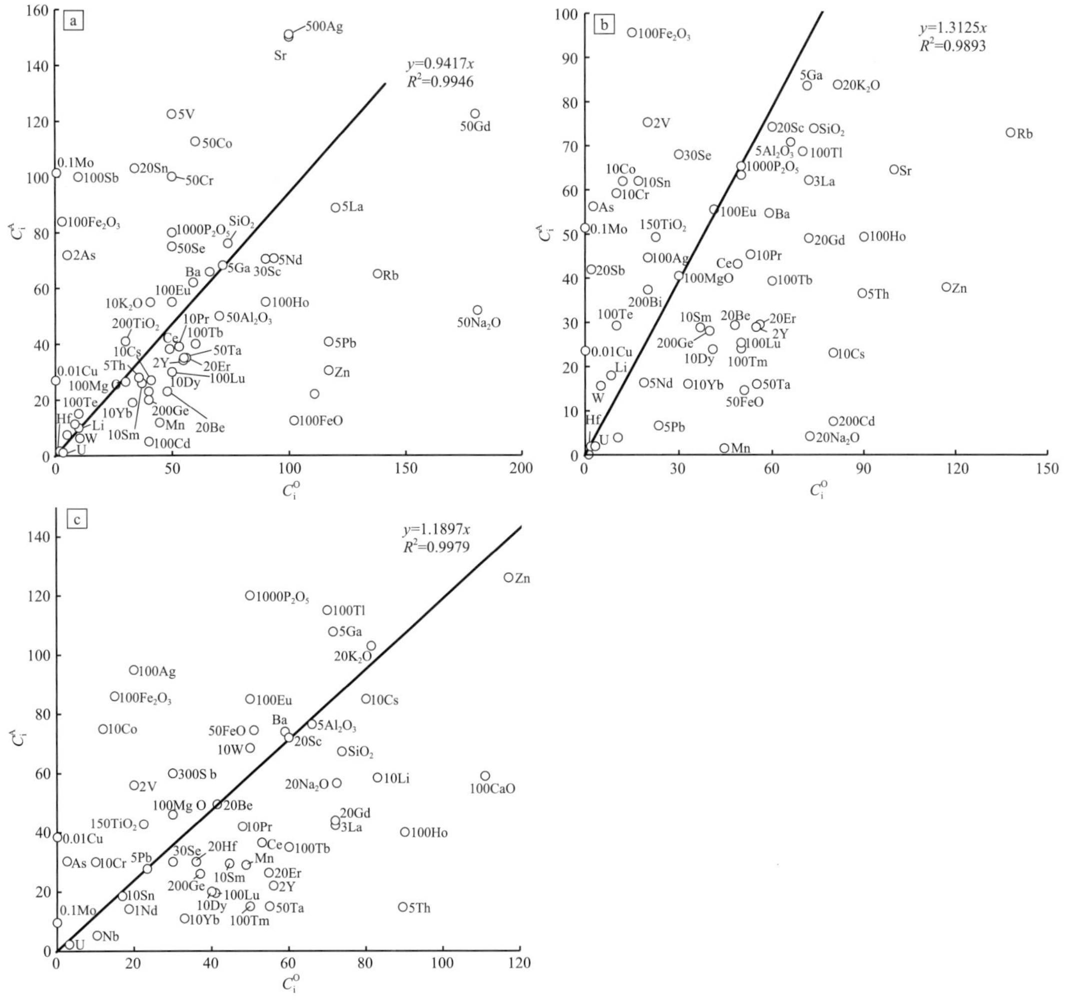

图 3-40 元素等浓度线 $C_i^A - C_i^O$ 图解

个别元素是按含量比例投点

Th、Sc 和 Ti、Yb 和 Y 这 4 组元素分别形成 4 个坪台，并且这 4 个坪台的中位值相差约 10%，在数据处理允许误差范围之内，可将 4 个坪台合并成 1 个坪台，8 个数据变化在 0.8481~1.0834 之间，中位值为 0.9542，其对应的蚀变岩与原岩的质量比率 MR（中位值的倒数）为 1.05。

（三）元素迁移特征

由于元素的地球化学特性以及成矿过程中温度、压力等其他环境的影响，元素在各个蚀变分带中呈现一定的规律性。从两种方法计算的结果来看，发生带入作用的元素主要是发生热液蚀变的元素、主成矿元素及其伴生元素。发生带出的元素既有常量元素，又有微量元素。

主量元素中，由内向外各种元素显示不同的演化规律。S 在石英-钾长石化带中表现出极度带入的特点，向外其质量迁移比率逐渐加大。而矿区 Fe_2O_3 的迁移也呈现由内向外

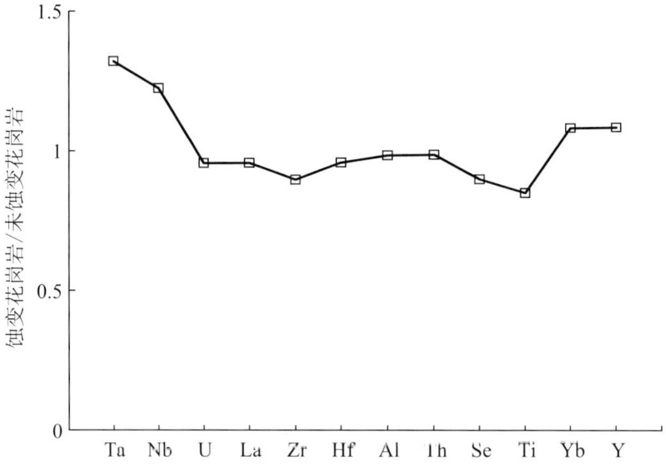

图3-41　坪台法确定蚀变过程中不活动元素的蛛网图

质量迁移比率逐渐增大的特征，并结合矿区出现的黄铁矿化分析，S的质量迁移不仅控制了试验区内主成矿元素Cu、Mo的迁移和沉淀，还控制了其他元素，例如Fe的迁移和沉淀以及黄铁矿化的形成（刘英俊等，1984）。SiO_2由内向外质量迁移比率变化显著，在内带和外带均被带出，在中间带则被带入，这与在绢云母化蚀变过程中形成了大量的SiO_2相关。Al_2O_3的质量迁移比率变化微弱，属稳定元素。MgO由内向外逐渐被带入，但其变化规模相对仍然较小。K_2O在内带中显示带入的特征，而在外带则被带出，这与钾化蚀变带的形成相关。

$$\underset{\text{正长石}}{3KAlSi_3O_8} + H_2O \rightarrow \underset{\text{绢云母}}{KAl_2[AlSi_3O_{10}](OH)_2} + 2K^+ + \underset{\text{石英}}{6SiO_2}$$

利用等浓度线法以及坪台法对稀土元素进行定量计算可以看出，Eu为带入元素，并且由内向外其带出量逐渐递增。其他稀土元素并无明显差异性变化，基本呈现由内向外逐渐带出，并且带出量微弱递增。

通过两种质量迁移方法的计算，Se从内向外的质量迁移比率逐渐递增，在最外带则显示为带出的特征。As从内向外的质量迁移比率均大于1000，呈现极度带入的特征。V从内向外也逐渐呈现带入的特征，并在石英-绢云母-水白云母（Q-S-H）的迁移比率最高。通过对其他微量元素的分析，迁移计算的结果呈现与王之田和秦克章（1988）相一致的微量元素分带特征，即石英-钾长石化带Mo-Cu-Ni-W-S-Se组合；石英-绢云母化带Cu-Mo-Co-V-F-Cl-As-Sb-Se组合；伊利石水白云母化带Ag-Zn-Pb-Cr-Rb-Sr-B-CO_2-As-Sb-Se组合微量元素分带。

二、成矿后变化与保存情况

区域内构造对矿床后期的变化与保存有重大的影响，乌努格吐山矿区位于中生代陆相火山盆地边缘的古隆起部位。处于两个不同构造单元——外贝加尔褶皱系与大兴安岭褶皱系的衔接处，外侧中生代火山岩带相对隆起。区域性北东向额尔古纳-呼伦深断裂在矿区东侧约25km处通过，受其影响，旁侧次一级断裂构造十分发育，矿区主要断裂构造为北东向、北西向/近东西向和火山环状断裂。根据断裂的相互穿插关系可将矿区内断裂分为两类（图3-42）：①北东向和火山环状断裂，为矿区成矿前或成矿期断裂；②北西向断裂，为成矿期后断裂，其中北西向的 F_8 断裂破坏了矿体的连续性，使断层上下盘遭受了不同程度的剥蚀；近东西向 F_7 断裂将矿区分割成南、北两个矿段（图3-3）。断裂带经过的部位，岩石发生强烈破碎，破碎后呈棱角状、次棱角状，磨圆度极差，岩石成分混杂，构成典型的角砾结构。

图3-42　乌努格吐山矿区 F_7 断层示意图及透镜体

北东向断裂（30°）：为矿区主要断裂，属压扭性，具长期继承发展特点。早期北东向断裂与北西向断裂交汇部位不仅控制火山机构的形成，而且为斜长花岗斑岩侵入提供了构造空间。

近东向断裂（90°）：为成矿期主要断裂，控制着北矿段矿体的走向，铜钼矿体沿此方向展布，并且后期侵入的流纹斑岩、安山岩脉在此方向断裂带上均有产出，该方向极有可能为岩浆上升通道，是矿体重要的控矿构造。

三、找矿规律与远景评价

（一）找矿规律

乌努格吐山铜钼矿属于受火山机构控制的陆相次火山斑岩型铜钼矿床。其主要成矿规律如下：

1）矿床处在区域性构造额尔古纳-呼伦深断裂西侧，中生代陆相火山岩带边缘相对隆起部位的北东向和北西向两组断裂构造的交汇处。

2）成矿作用与次斜长花岗斑岩有关，并受火山机构控制。

3）铜钼矿体主要赋存在以次斜长花岗岩岩体为中心的环状内外接触带中。

4）据硫同位素测定结果：9个黄铁矿样品 $\delta^{34}S$ 变化范围为 -0.2‰ ~ +2.6‰，极差为 +2.6‰，平均值为 +1.7‰；31个黄铜矿样品 $\delta^{34}S$ 变化范围为 +1.4‰ ~ +3.4‰，极差为 +2.0‰，平均值为 +2.46‰。说明硫同位素组成均一，且接近陨石型，成矿组分主要源于地壳深部。

5）矿区发育一套典型的 Si^{4+}、K^{+}、$(OH)^{-}$ 交代面状环形蚀变晕，蚀变分带明显，标型蚀变矿物连续发育，由内到外依次是石英－钾长石化带、石英－绢云母－水白云母化带、伊利石－水白云母化带。从蚀变中心到边缘，金属元素、矿物组合、矿石结构和构造均具有明显的环形分带性。

6）铜钼矿体矿石以细脉浸染状为主。矿床的形成温度介于290～550℃之间，其中辉钼矿形成温度为400～550℃（高温－气液阶段），黄铜矿形成温度为290～440℃（中－高温热液阶段），另外还有中－低温热液阶段（140～250℃），说明矿床具有从高温气液直到中低温热液成矿阶段多期次脉动式连续的成矿过程。

7）矿石矿物成分较简单，矿石品位低且较稳定，矿体埋藏浅、规模大、可选性好，属于易采易选型矿石。

（二）找矿远景评价

控制标高为200m，矿体厚150～200m，铜钼矿为特大型矿床。为了解深部矿化远景，在660、560、470号勘探线上各布设一个深孔，经钻探控制，矿体往下未封闭应有延深，估算远景资源量（334?）工业铜金属量为16.67×10^4t，工业钼金属量为15.7×10^4t。另外，在矿区420号勘探线南的南南区及800号勘探线一带的黄花菜沟区均具有矿化存在；在矿区周边有些物化探异常，有的正在验证中，本区外围也有一定的找矿前景。

主要参考文献

包志伟，赵振华．1998. 东坪金矿床成矿过程中稀土元素活动性．地球化学，27（1）：81－90.

宝音乌力吉，苏茂荣，谭强，等．2011. 内蒙古满洲里西中蒙边境一带中侏罗统万宝组的厘定．地质与资源，20（1）：12－15.

毕献武，胡瑞忠，彭建堂，等．2004. 黄铁矿微量元素地球化学特征及其对成矿流体性质的指示．矿物岩石地球化学通报，23（1）：1－4.

表尚虎，何晓华．1999. 黑龙江省塔河绿林林场一带兴华渡口群岩石地球化学特征．中国区域地质，18（1）：28－33.

陈衍景，张成，李诺，等．2012. 中国东北钼矿床地质．吉林大学学报，42（5）：1221－1268.

陈志广，张连昌，万博．2006. 兴安岭得尔布干多金属成矿带地质背景与成矿预测．矿床地质，25（S1）：11－14.

陈志广．2010. 中国东北得尔布干成矿带中生代构造－岩浆成矿作用及其地球动力学背景．北京：中国科学院地质与地球物理研究所：78－112.

陈志广，张连昌，卢百志，等．2010. 内蒙古太平川铜钼矿成矿斑岩时代、地球化学及地质意义．岩石学报，26（5）：1437－1449.

邓海琳，涂光炽，李朝阳，等．1999. 地球化学开放系统的质量平衡：1. 理论．矿物学报，19（2）：121－131.

董树义，钟康惠，唐菊兴，等．2004. 内蒙小伊诺盖沟金矿：后韧性剪切型金矿．矿物岩石（02）：46－52.

段鹏，方洪宾．2003. 关于得尔布干深大断裂北东段延伸去向问题的遥感分析．国土资源遥感（2）：1－4.

宓奎峰，柳振江，李春风，等．2014. 内蒙古乌努格吐山大型铜钼矿床元素迁移及成矿过程探讨．中国地质，41（4）：1270－1287.

葛文春，吴福元，周长勇，等．2005. 大兴安岭北部塔河花岗岩体的时代及对额尔古纳地块构造归属的制约．科学通报（12）：1239－1247.

葛文春，隋振民，吴福元，等．2007. 大兴安岭东北部早古生代花岗岩锆石 U－Pb 年龄、Hf 同位素特征及地质意义．岩石学报（02）：423－440.

龚庆杰，韩东昱，刘宁强．2006. 安徽铜陵冬瓜山铜矿矽卡岩形成过程中元素质量迁移——与凌其聪等同行探讨．矿床地质（S1）：119－122.

苟军．2013. 满洲里南部中生代火山岩的时代、成因及构造背景．长春：吉林大学．

关继东，柴晓红．2004. 内蒙古东北部四五牧场浅成低温热液型金矿地质特征及成因讨论．地质与勘探，40（2）：36－40.

郭志军，李进文，黄光杰，等．2014. 内蒙古红花尔基白钨矿矿床赋矿花岗岩 Sr－Nd－Pb－Hf 同位素特征．中国地质，41（4）：1226－1241.

韩吟文，马振东．2003. 地球化学．北京：地质出版社：254－259.

郝立波，李殿超，吕志成，等．2001. 内蒙古额尔古纳河韧性剪切带与金矿化．黄金（03）：7－10.

黑龙江省地质矿产局．1991. 黑龙江省区域地质志．北京：地质出版社．

黑龙江省有色金属地质勘查 706 队．2005. 内蒙古自治区陈巴尔虎旗八大关矿区铜钼矿资源储量核实报告．内蒙古呼伦贝尔市国土资源局：1－50.

侯召硕．2014. 内蒙古额尔古纳地区八大关铜钼矿床成因与构造背景．长春：吉林大学：1－54.

江思宏，聂凤军，苏永江，等．2010. 蒙古国额尔登特特大型铜－钼矿床年代学与成因研究．地球学报，31（3）：289－306.

康永建，王亚君，黄光杰，等．2014. 内蒙古八大关斑岩型铜钼矿床成岩成矿年代学研究．矿床地质，33（4）：795－806.

李宝民．2012. 黑龙江省嫩江地区莫尔根河组火山岩的岩石学、地球化学特征及其构造背景．长春：吉林大学．

李春风，柳振江，宓奎峰，等．2014. 内蒙古八大关斑岩型铜钼矿床形成时代与成因分析．中国地质，41（4）：1253－1269.

李德胜，王志峰．2007. 得尔布干成矿带南段矿床地质特征及找矿方向的探讨．矿产与地质，21（3）：293－297.

李光明，李金祥，秦克章，等．2006. 西藏多不杂超大型富金斑岩铜矿的蚀－矿化特征及高氧化成矿流体初步研究．矿床地质，25（S1）：411－414.

李光明，李金祥，秦克章，等．2007. 西藏班公湖带多不杂超大型富金斑岩铜矿的高温高盐高氧化成矿流体：流体包裹体证据．岩石学报，23（5）：935－952.

李锦轶，何国琦，徐新，等．2006. 新疆北部及邻区地壳构造格架及其形成过程的初步探讨．地质学报，80（1）：148－168.

李锦轶，张进，杨天南，等．2009. 北亚造山区南部及其毗邻地区地壳构造分区与构造演化．吉林大学学报，39（4）：584－605.

李进文，张德全，赵士宝，等．2006. 得尔布干成矿带西南段金属成矿规律及找矿方向．矿床地质，25：19－22.

李诺，孙亚莉，李晶，等．2007. 内蒙古乌努格吐山斑岩铜钼矿床辉钼矿铼锇等时线年龄及其成矿地球动力学背景．岩石学报，23（11）：2881－2888.

李诺，孙亚莉，李晶，等．2008. 内蒙古乌努格吐山斑岩铜钼矿床辉钼矿铼锇等时线年龄及其成矿地球动力学背景．岩石学报（11）：2881－2888.

李朋武，高锐，管烨，等．2009. 古亚洲洋和古特提斯洋的闭合时代——论二叠纪末生物灭绝事件的构造起因．吉林大学学报（地球科学版）（3）：521－527.

李廷栋．1963. 大兴安岭北部大地构造特征及其多旋迴发展过程．地质学报，43（4）：345－360.
刘翠，邓晋福，罗照华，等．2014. 岩基后成矿作用：来自小兴安岭鹿鸣超大型钼矿的证据．岩石学报，30（11）：3400－3418.
刘洪君，刘喜友．2007. 额尔古纳——呼伦深断裂带的形成发展及其对矿产的控制作用．黄金科学技术（01）：10－13.
刘家军，何明勤，李志明，等．2004. 云南白秧坪银铜多金属矿集区碳氧同位素组成及其意义．矿床地质，23（1）：1－10.
刘军，武广，王峰，等．2013. 黑龙江省岔路口斑岩钼矿床流体包裹体和稳定同位素特征．中国地质，40（4）：1231－1251.
刘英俊，曹励明，李兆麟，等．1984. 元素地球化学导论．北京：地质出版社：1－283.
卢焕章，范宏瑞，倪培，等．2004. 流体包裹体．北京：科学出版社：1－487.
毛景文，周振华，武广，等．2013. 内蒙古及邻区矿床成矿规律与成矿系列．矿床地质，32（4）：715－729.
孟恩，许文良，杨德彬，等．2011. 满洲里地区灵泉盆地中生代火山岩的锆石 U－Pb 年代学、地球化学及其地质意义．岩石学报，27（4）：1209－1226.
孟祥金，侯增谦，高永丰，等．2004. 碰撞造山型斑岩铜矿蚀变分带模式——以西藏冈底斯斑岩铜矿带为例．地学前缘，11（1）：201－214.
孟昭君，阚学胜，李宪臣，等．2011. 大兴安岭北东段森林覆盖区岔路口巨型斑岩钼多金属矿床的发现过程及意义．中国地质，38（6）：1504－1517.
内蒙古自治区地质矿产局．1991. 内蒙古自治区区域地质志．北京：地质出版社，
内蒙古自治区地质矿产局．1996. 内蒙古自治区岩石地层．武汉：中国地质大学出版社．
聂凤军，孙振江，刘翼飞，等．2013. 大兴安岭岔路口矿区中生代多期岩浆活动与钼成矿作用．中国地质，40（1）：273－286.
秦克章，翟明国，李光明，等．2017. 中国陆壳演化、多块体拼合造山与特色成矿的关系．岩石学报，33（2）：305－325.
秦秀峰，尹志刚，汪岩，等．2007. 大兴安岭北端漠河地区早古生代埃达克质岩特征及地质意义．岩石学报（06）：1501－1511.
权恒，张炯飞，武广，等．2002. 得尔布干有色、贵金属成矿区、带划分．地质与资源，11（1）：38－42.
邵济安，张履桥，牟保磊．1999. 大兴安岭中生代伸展造山过程中的岩浆作用．地学前缘，6（4）：339－346.
佘宏全，李进文，向安平，等．2012. 大兴安岭中北段原岩锆石 U－Pb 测年与区域构造演化关系．岩石学报，28（2）：571－594.
隋振民，葛文春，吴福元，等．2006. 大兴安岭东北部哈拉巴奇花岗岩体锆石 U－Pb 年龄及其成因．世界地质（03）：229－236.
隋振民，徐学纯．2010. 大兴安岭东北部侏罗纪花岗岩类 Sr－Nd 同位素特征及其地质意义．中国地质，37（1）：48－55.
孙德有，吴福元，高山，等．2005. 吉林中部晚三叠世和早侏罗世两期铝质 A 型花岗岩的厘定及对吉黑东部构造格局的制约．地学前缘，12（2）：263－275.
孙广瑞，李仰春，张昱．2002. 额尔古纳地块基底地质构造．地质与资源，11（3）：129－139.
孙立新，任邦方，赵凤清，等．2012. 额尔古纳地块太平川巨斑状花岗岩的锆石 U－Pb 年龄和 Hf 同位素特征．地学前缘，19（5）：114－122.
孙立新，任邦方，赵凤清，等．2013. 内蒙古额尔古纳地块古元古代末期的岩浆记录——来自花岗片麻

岩的锆石 U - Pb 年龄证据．地质通报（Z1）：341 - 352.
孙晓猛，刘财，朱德丰，等．2011. 大兴安岭西坡德尔布干断裂地球物理特征与构造属性．地球物理学报（02）：433 - 440.
谭钢．2011. 内蒙古乌奴格吐山斑岩铜钼矿床成矿作用研究．北京：中国地质科学院．
谭钢，佘宏全，印建平，等．2013. 内蒙古乌奴格吐山大型铜钼矿床成矿流体来源及演化：流体包裹体及氢氧同位素地球化学证据．世界地质，32（3）：463 - 482.
唐杰．2016. 额尔古纳地块中生代火成岩的年代学与地球化学：对蒙古—鄂霍茨克缝合带构造演化的制约．长春：吉林大学．
田景雄．2013. 额尔古纳断裂构造特征及其构造背景．长春：吉林大学：1 - 56.
万天丰．1993. 中国东部中 - 新生代板内变形构造应力场及其应用．北京：地质出版社．
王成文，金巍，张兴洲，等．2008. 东北及邻区晚古生代大地构造属性新认识．地层学杂志，32（2）：119 - 136.
王天豪，张书义，孙德有，等．2014. 满洲里南部中生代花岗岩的锆石 U - Pb 年龄及 Hf 同位素特征．世界地质，33（1）：26 - 38.
王英德．2010. 额尔古纳韧性剪切带与嵯岗构造片麻岩带构造特征及研究意义．长春：吉林大学．
王之田，秦克章．1988. 乌奴格吐山下壳源斑岩铜钼矿床地质地球化学特征与成矿物质来源．矿床地质，7（4）：3 - 15.
吴根耀．2006. 白垩纪：中国及邻区板块构造演化的一个重要变换期．中国地质（1）：68 - 81.
吴根耀．2007. 造山带古地理学 - 重建区域构造古地理的若干思考．古地理学报（6）：81 - 96.
武广，孙丰月，赵财胜，等．2005. 额尔古纳地块北缘早古生代后碰撞花岗岩的发现及其地质意义．科学通报（20）：96 - 106.
武广．2006. 大兴安岭北部区域成矿背景与有色、贵金属矿床成矿作用．长春：吉林大学．
武广，范传闻，李忠权，等．2008. 大兴安岭北部漠河韧性剪切带白云母 $^{40}Ar - ^{39}Ar$ 年龄及地质意义．成都理工大学学报（自然科学版）（03）：297 - 302.
席明杰，马生明，朱立新，等．2009. 硫同位素在地球化学异常成因研究中的应用．地质学报，83（5）：705 - 718.
徐美君，许文良，孟恩，等．2011. 内蒙古东北部额尔古纳地区上护林 - 向阳盆地中生代火山岩 LA - ICP - MS 锆石 U - Pb 年龄和地球化学特征．地质通报，31（9）：1321 - 1338.
许文良，王枫，裴福萍，等．2013. 中国东北中生代构造体制与区域成矿背景：来自中生代火山岩组合时空变化的制约．岩石学报，29（2）：339 - 353.
杨竞红．1991. 内蒙额尔古纳 - 呼伦多金属成矿带的稳定同位素研究．矿产与勘查，3：50 - 56.
翟德高，刘家军，王建平，等．2013. 内蒙古甲乌拉大型 Pb - Zn - Ag 矿床稳定同位素地球化学研究．地学前缘，20（2）：213 - 225.
张超，郭巍，徐仲元，等．2014. 吉林东部延边地区二长花岗岩年代学、岩石成因学及其构造意义研究．岩石学报，30（2）：512 - 526.
张德会．1997. 流体的沸腾和混合在热液成矿中的意义．地球科学进展，12（6）：546 - 552.
张海华，徐德斌，张扩．2014. 大兴安岭北段泥盆系泥鳅河组地球化学特征及沉积环境．地质与资源，23（4）：316 - 322.
张海心．2006. 内蒙古乌奴格吐山铜钼矿床地质特征及成矿模式．吉林：吉林大学．
张宏，权恒，张炯飞，等．1998. 额尔古纳地区中生代应力场演化及其与金铅锌矿的关系．贵金属地质（02）：25 - 34.
张炯飞，庞庆邦，朱群，等．2003. 内蒙古孟恩陶勒盖银铅锌矿床白云母 Ar - Ar 年龄及其意义．矿床地质，22（3）：253 - 256.

张丽，刘永江，李伟民，等．2013. 关于额尔古纳地块基底性质和东界的讨论．地质科学（01）：227－244.

张连昌，陈志广，吴华英，等．2010. 蒙古－鄂霍茨克造山带得尔布干多金属成矿带构造－岩浆成矿作用及动力学背景．矿床地质，29：125－126.

张鹏程，等．2006. 内蒙古自治区新巴儿虎右旗乌努格吐山矿区铜钼矿勘探报告．DOI：10. 35080/n01. c. 03651.

张晓东，余青，陈发景，等．2000. 松辽盆地变质核杂岩和伸展断陷的构造特征及成因．地学前缘，7（4）：411－419.

赵明玉，王大平，田世良，等．2002. 得尔布干成矿带中段八大关－新峰山成矿地质条件分析．矿产与地质，16（2）：70－73.

赵硕，许文良，唐杰，等．2016. 额尔古纳地块新元古代岩浆作用与微陆块构造属性：来自侵入岩锆石U－Pb年代学、地球化学和Hf同位素的制约．地球科学（11）：1803－1829.

赵一鸣，张德全．1997. 大兴安岭及其邻区铜多金属矿床成矿规律与远景评价．北京：地震出版社：5－13.

赵芝，迟效国，刘建峰，等．2010. 内蒙古牙克石地区晚古生代弧岩浆岩：年代学及地球化学证据．岩石学报（11）：3245－3258.

赵芝．2011. 大兴安岭北部晚古生代岩浆作用及其构造意义．长春：吉林大学．

赵芝，迟效国，赵秀羽，等．2012. 大兴安岭北部红水泉组碎屑锆石LA－ICP－MS U－Pb年代学及其地质意义．吉林大学学报（地球科学版），42（1）：126－135.

郑常青，周建波，金巍，等．2009. 大兴安岭地区德尔布干断裂带北段构造年代学研究．岩石学报（08）：1989－2000.

郑涵，孙晓猛，朱德丰，等．2015. 额尔古纳断裂特征、形成时代及构造属性．中国科学：地球科学（08）：1169－1182.

中国科学院矿床地球化学开放研究实验室．1997. 矿床地球化学．北京：地质出版社：92－93.

周长勇，吴福元，葛文春，等．2005. 大兴安岭北部塔河堆晶辉长岩体的形成时代、地球化学特征及其成因．岩石学报（03）：763－775.

朱群，武广，张炯飞，等．2001. 得尔布干成矿带成矿区划与勘查技术研究进展．中国地质，28（5）：19－27.

Badarch G, Dickson C W, Windley B F. 2002. A new terrane subdivision for Mongolia: Implications for the Phanerozoic crustal growth of Central Asia. Journal of Asian Earth Sciences, 21 (1): 87－110.

Berzina A P, Berzina A N, Gimon V O. 2014. Geochemical and Sr－Pb－Nd isotopic characteristics of the Shakhtama porphyry Mo－Cu system (Eastern Transbaikalia, Russia). Journal of Asian Earth Sciences, 79: 655－665.

Berzina A P, Berzina A N, Gimon V, et al. 2015. The Zhireken porphyry Mo ore-magmatic system (eastern Transbaikalia): U－Pb age, sources, and geodynamic setting. Russian Geology and Geophysics, 56 (3): 446－465.

Boynton W V. 1984. Cosmochemistry of the rare earth elements: Meteorite studies. Developments in geochemistry, 2: 63－114.

Chen F, Satir M, Ji J, et al. 2002. Nd－Sr－Pb isotopes of Tengchong Cenozoic volcanic rocks from western Yunnan, China: Evidence for an enriched-mantle source. Journal of Asian Earth Sciences, 21 (1): 39－45.

Chen J L, Xu J F, Wang B D, et al. 2015. Geochemical differences between subduction-and collision-related copper-bearing porphyries and implications for metallogenesis. Ore Geology Reviews, 70: 424－437.

Chen Z, Zhang L, Wan B, et al. 2011. Geochronology and geochemistry of the Wunugetushan porphyry Cu－Mo deposit in NE China, and their geological significance. Ore Geology Reviews, 43 (1): 92 – 105.

Civetta L, Massimo D A, Orsi G, et al. 1998. The geochemistry of volcanic rocks from Pantelleria Island, Sicily Channel: Petrogenesis and characteristics of the mantle source region. Journal of Petrology, 39 (8): 1453 – 1491.

Collins P L F. 1979. Gas hydrates in CO_2 – bearing fluid inclusions and the use of freezing data for estimation of salinity. Economic Geology, 74 (6): 1435 – 1444.

Collins W J, Beams S D, White A J R, et al. 1982. Nature and origin of A-type granites with particular reference to southeastern Australia. Contributions to Mineralogy and Petrology, 80 (2): 189 – 200.

Cui F, Zheng C, Xu X, et al. 2015. Detrital zircon ages of the Jiageda and Woduhe formations: Constrains on the tectonic attribute of the Xing'an terrane in the central Great Xing'an Range, NE China. Journal of Asian Earth Sciences, 113: 427 – 442.

De Paolo D J. 1981. Trace element and isotopic effects of combined wallrock assimilation and fractional crystallization. Earth and Planetary Science Letters, 53: 189 – 202.

Eizenhofer P R, Zhao G C, Zhang J, et al. 2014. Final closure of the Paleo – Asian Ocean along the Solonker Suture Zone: Constraints from geochronological and geochemical data of Permian volcanic and sedimentary rocks. Tectonics, 33 (4): 441 – 463.

Ge W C, Chen J S, Yang H, et al. 2015. Tectonic implications of new zircon U – Pb ages for the Xinghuadukou Complex, ErgunaMassif, northern Great Xing'an Range, NE China. Journal of Asian Earth Sciences, 106: 169 – 185.

Gong Q, Deng J, Yang L, et al. 2011. Behavior of major and trace elements during weathering of sericite-quartz schist. Journal of Asian Earth Sciences, 42 (1): 1 – 13.

Gou J, Sun D Y, Ren Y S, et al. 2013. Petrogenesis and geodynamic setting of Neoproterozoic and Late Paleozoic magmatism in the Manzhouli – Erguna area of Inner Mongolia, China: Geochronological, geochemical and Hf isotopic evidence. Journal of Asian Earth Sciences, 67: 114 – 137.

Guo F, Fan W, Gao X, et al. 2010. Sr – Nd – Pb isotope mapping of Mesozoic igneous rocks in NE China: Constraints on tectonic framework and Phanerozoic crustal growth. Lithos, 120 (3): 563 – 578.

Hawkesworth C, Gallagher K, Hergt J, et al. 1993. Mantle and slab contribution in arc magmas. Annual Review of Earth and Planetary Sciences, 21: 175 – 204.

Hoefs J. Stable isotope geochemistry. 2009. Berlin Heidelberg: Springer – Verlag: 45 – 54.

Jackson S E, Pearson N J, Griffin W L, et al. 2004. The application of laser ablation-inductively coupled plasma-mass spectrometry to in situ U – Pb zircon geochronology. Chemical Geology, 211 (1): 47 – 69.

Kelty T K, Yin A, Dash B, et al. 2008. Detrital-zircon geochronology of Paleozoic sedimentary rocks in the Hangay – Hentey basin, north-central Mongolia: Implications for the tectonic evolution of the Mongol – Okhotsk Ocean in central Asia. Tectonophysics, 451 (1): 290 – 311.

Lambert D D, Foster J G, Frick L R, et al. 1999. Re – Os isotopic systematics of the Voisey's Bay Ni – Cu – Co magmatic ore system, Labrador, Canada. Lithos, 47 (1): 69 – 88.

Le Maitre R W, Bateman P, Dudek A K, et al. 1989. A classification of igneous rocks and glossary of terms. Oxford: Blackwell.

Li N, Chen Y J, Ulrich T, et al. 2012. Fluid inclusion study of the Wunugetu Cu – Mo deposit, Inner Mongolia, China. Mineralium Deposita, 47 (5): 467 – 482.

Li S C, Liu Z H, Xu Z Y, et al. 2015. Age and tectonic setting of volcanic rocks of the Tamulangou Formation in the Great Xing'an Range, NE China. Journal of Asian Earth Sciences, 113: 471 – 480.

Li Z Z, Qin K Z, Li G M, et al. 2014. Formation of the giant Chalukou porphyry Mo deposit in northern Great

Xing'an Range, NE China: Partial melting of the juvenile lower crust in intra-plate extensional environment. Lithos, 202: 138－156.

Lugmair G W, Marti K. 1978. Lunar initial $^{143}Nd/^{144}Nd$: differential evolution of the lunar crust and mantle. Earth and Planetary Science Letters, 39 (3): 349－357.

Maniar P D, Piccoli P M. 1989. Tectonic discrimination of granitoids. Geological Society of America Bulletin, 101 (5): 635－643.

Mao J W, Zhang Z C, Zhang Z H, et al. 1999. Re－Os isotopic dating of molybdenites in the Xiaoliugou W (Mo) deposit in the northern Qilian mountains and its geological significance. Geochimica et Cosmochimica Acta, 63 (11): 1815－1818.

Mi K, Liu Z, Li C, et al. 2017. Origin of the Badaguan porphyry Cu－Mo deposit, Inner Mongolia, northeast China: Constraints from geology, isotope geochemistry and geochronology. Ore Geology Reviews, 81: 154－172.

Middlemost E A K. 1994. Naming materials in the magma/igneous rock system. Earth－Science Reviews, 37 (3): 215－224.

Ohmoto H. 1986. Stable isotope geochemistry of ore deposits. Reviews in Mineralogy and Geochemistry, 16 (1): 491－559.

Ohmoto H, Goldhaber M B. 1997. Sulfur and carbon isotopes//Barnes H L. Geochemistry of Hydrothermal Ore Deposits. 3rd ed. New York: Wiley and Sons: 517－611.

Parfenov L, Berzin N, Khanchuk A, et al. 2003. A model for the formation of orogenic belts in Central and Northeastern Asia. Tikhookean Geol, 22 (6): 7－41.

Pearce J A, Harris N B W, Tindle A G. 1984. Trace element discrimination diagrams for the tectonic interpretation of granitic rocks. Journal of Petrology, 25 (4): 956－983.

Pearce J, Peate D. 1995. Tectonic implications of the composition of volcanic arcmagmas. Annual Review of Earth and Planetary Sciences, 23: 251－286.

Ripley E M. 1986. Application of stable isotopic studies to problems of magmatic sulfide ore genesis with special reference to the Duluth Complex, Minnesota//Günther H Friedrich, Alexandr D Genkin, Anthony J Naldrett, et al. Geology and metallogeny of copper deposits. Berlin Heidelberg: Springer－Verlag: 25－42.

Roedder E. 1984. Fluid inclusions. Reviews in Mineralogy, 12: 1－644.

Şengör A M C, Natal'In B A. 1996. Paleotectonics of Asia: Fragments of a Synthesis//Yin A, Harrison M. The tectonic evolution of Asia. Cambridge: Cambridge University Press: 486－640.

Shao J A, Tang K D, He G Q. 2014. Early Permian tectono-palaeogeographic reconstruction of Inner Mongolia, China. Acta Petrologica Sinica, 30 (7): 1858－1866.

Song X Y, Zhou M F, Cao Z M, et al. 2004. Late Permian rifting of the South China Craton caused by the Emeishan mantle plume? Journal of the Geological Society, 161 (5): 773－781.

Steiger R H, Jäger E. 1977. Subcommission on geochronology: convention of the use of decay constants in geo- and cosmochronology. Earth Planet. Sci. Lett., 36: 359－362.

Stein H J, Sundblad K, Markey R J, et al. 1998. Re－Os ages for Archean molybdenite and pyrite, Kuittila－Kivisuo, Finland and Proterozoic molybdenite, Kabeliai, Lithuania: Testing the chronometer in a metamorphic and metasomatic setting. Mineralium Deposita, 33 (4): 329－345.

Stein H J, Markey R J, Morgan J W, et al. 2001. The remarkable Re－Os chronometer in molybdenite: How and why it works. Terra Nova, 13 (6): 479－486.

Stein H, Scherstén A, Hannah J, et al. 2003. Subgrain-scale decoupling of Re and ^{87}Os and assessment of laser ablation ICP－MS spot dating in molybdenite. Geochimica et Cosmochimica Acta, 67 (19): 3673－3686.

Sun D Y, Gou J, Wang T H, et al. 2013. Geochronological and geochemical constraints on the Erguna massif basement, NE China—Subduction history of the Mongol – Okhotsk oceanic crust. International Geology Review, 55 (14): 1801 – 1816.

Sun S S, McDonough W F. 1989. Chemical and isotopic systematics of oceanic basalts: Implications for mantle composition and processes//Saunders A D, Norry M J. Magmatism in the ocean basins. Geological Society, London, Special Publications, 42: 313 – 345.

Sun G, Li Y, Zhang Y. 2002. The basement tectonics of ErgunMassif. Geology and Resources, 11 (3): 129 – 139.

Tang J, Xu W L, Wang F, et al. 2013. Geochronology and geochemistry of Neoproterozoic magmatism in the Erguna Massif, NE China: Petrogenesis and implications for the breakup of the Rodinia supercontinent. Precambrian Research, 224: 597 – 611.

Tang J, Xu W L, Wang F, et al. 2016. Early Mesozoic southward subduction history of the Mongol – Okhotsk oceanic plate: Evidence from geochronology and geochemistry of Early Mesozoic intrusive rocks in the ErgunaMassif, NE China. Gondwana Research, 31: 218 – 240.

Wang F, Xu W L, Xu Y G, et al. 2014. Late Triassic bimodal igneous rocks in eastern Heilongjiang Province, NE China: Implications for the initiation of subduction of the Paleo – Pacific Plate beneath Eurasia. Journal of Asian Earth Sciences, 97 (SI): 406 – 423.

Wang Y H, Zhao C B, Zhang F F, et al. 2015. SIMS zircon U – Pb and molybdenite Re – Os geochronology, Hf isotope, and whole-rock geochemistry of the Wunugetushan porphyry Cu – Mo deposit and granitoids in NE China and their geological significance. Gondwana Research, 28 (3): 1228 – 1245.

Wang Z, Qin K. 1988. Geological-geochemical characteristics and metallogenic Material sources of the Wunugetushan lower crust porphyry copper-molybdenum deposit. Mineral Deposit, 7 (4): 3 – 15.

Wu F Y, Sun D Y, Ge W C, et al. 2011. Geochronology of the Phanerozoic granitoids in northeastern China. Journal of Asian Earth Sciences, 41 (1): 1 – 30.

Xu W L, Pei F P, Wang F, et al. 2013. Spatial-temporal relationships of Mesozoic volcanic rocks in NE China: Constraints on tectonic overprinting and transformations between multiple tectonic regimes. Journal of Asian Earth Sciences, 74: 167 – 193.

Zhang L C, Gao B Y, Li W J, et al. 2014. Early Mesozoic tectono-magmatic activity and mineralization in Northeast China: Evidence from Re – Os to U – Pb studies of the Taipingchuan porphyry Cu – Mo deposit in the Derbugan metallogenic belt. Geology Review, 56 (15): 1837 – 1851.

Zhang J H, Ge W C, Wu F Y, et al. 2008. Large-scale Early Cretaceous volcanic events in the northern Great Xing'an Range, northeastern China. Lithos, 102 (1): 138 – 157.

Zhao P, Fang J, Xu B, et al. 2014. Early Paleozoic tectonic evolution of the Xing – Meng Orogenic Belt: Constraints from detrital zircon geochronology of western Erguna – Xing'an Block, North China. Journal of Asian Earth Sciences, 95: 136 – 146.

Zhao S, Xu W, Wang W, et al. 2014. Geochronology and geochemistry of Middle – Late Ordovician granites and gabbros in the Erguna region, NE China: Implications for the tectonic evolution of the Erguna Massif. Journal of Earth Science, 25 (5): 841 – 853.

Zhao S, Xu W L, Tang J, et al. 2016. Timing of formation and tectonic nature of the purportedly Neoproterozoic Jiageda Formation of the Erguna Massif, NE China: Constraints from field geology and U – Pb geochronology of detrital and Magmatic zircons. Precambrian Research, 281: 585 – 601.

Zindler A, Hart S. 1986. Chemical geodynamics. Annual Review of Earth and Planetary Sciences, 14: 493 – 571.

Zonenshain L P, Kuzmin M I, Natapov L M, et al. 1990. East European Platform. Wiley Online Library.

Zorin D. 1999. Subdivision zoo. Subdivision for modeling and animation: 65 - 104.

Zorin Y A, Zorina L D, Spiridonov A, et al. 2001. Geodynamic setting of gold deposits in eastern and central Trans - Baikal (Chita region, Russia). Ore Geology Reviews, 17 (4): 215 - 232.

第四章　东天山地区大型斑岩矿床成矿背景及过程

中亚造山带是位于西伯利亚板块、东欧克拉通、卡拉库姆－塔里木－华北板块之间的增生型造山带（Allen et al.，1992；肖序常等，1992；Biske & Selttmann，2010；Jahn et al.，2000，2004；Windley et al.，2007），经历了复杂而漫长的增生造山过程（Xiao et al.，2013；高俊等，2019；Wang et al.，2015d，2018c，2020，2021b；Zhang et al.，2022）。东天山地处中亚造山带的南部边缘（图4－1），东西延伸约560km，南北宽约110km，面积62000km^2，地理坐标范围约东经89°00′~96°00′、北纬41°40′~42°40′。新疆东天山多金属成矿带是我国最重要的Au、Cu(Ni)、Fe、Mn、Cu、Mo、Au、Fe、Ni、Ag等矿产富集区之一，位于乌鲁木齐－库尔勒公路以东，吐哈盆地以南的天山地区准噶尔板块最南缘石炭纪增生拼贴岛弧带中，是全球显生宙构造岩浆事件以及陆壳增生最显著的地区。在区域板块构造中，东天山地处中亚造山带的南部边缘（图4－1）。通常将东天山自北向南依次划分为3个主要的构造－岩石单元，自北向南依次划分为博格达－哈尔里克构造带、觉罗塔格构造带和中天山地块（图4－2；Qin et al.，2011；Sun et al.，2021；Wang et al.，2021c；Zhang et al.，2021）。其中，觉罗塔格构造带又进一步划分为大南湖－头苏泉岛弧带、康古尔－黄山韧性剪切带和阿奇山－雅满苏岛弧带3个次级构造单元（图4－2）。新疆东天山土屋－延东铜矿田及东戈壁钼矿位于东天山觉罗塔格构造带中部，是东天山铜、钼、金等多金属成矿带的重要组成部分，也是我国研究大型斑岩矿床成矿系统的典型代表。

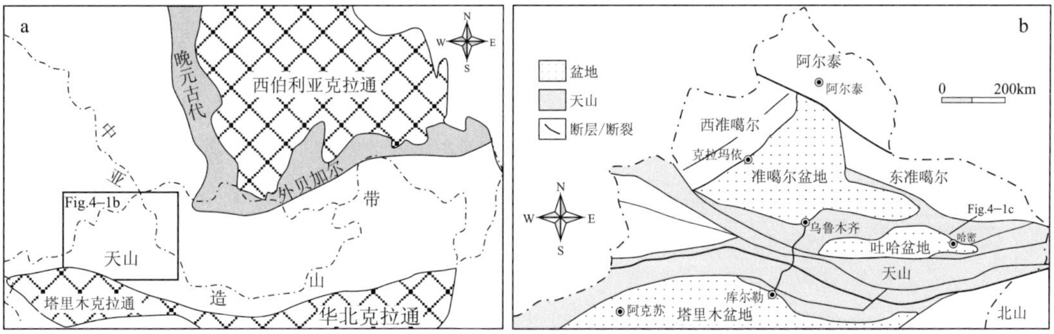

图4－1　中亚造山带简图（a）和新疆北部地质简图（b）

（a图据Zhang et al.，2009；b图据Chen et al.，2012）

第一节　区域成矿背景

一、成矿地质条件

（一）地层建造特征

东天山觉罗塔格构造带呈近东西向展布，出露地层主要为石炭系，少量中元古界、奥陶系－泥盆系、下二叠统及中新生界等（图4－2）。

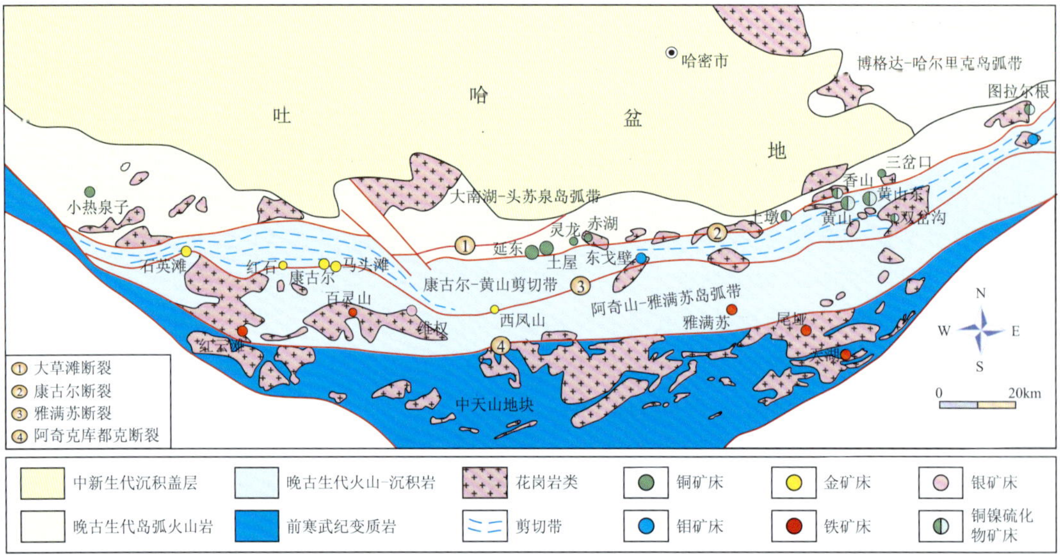

图4－2　东天山大地构造单元与主要金属矿床分布图
（据王银宏等，2014，有修改）

中元古界：分布于东天山东段的镜儿泉一带，出露长城系和蓟县系。

长城系星星峡群（Ch*X*）：主要岩性为角闪斜长变粒岩、二云斜长变粒岩、黑云母斜长变粒岩、角闪斜长片岩等，视厚度2902.2m。

蓟县系卡瓦布拉克群（Jx*K*）：与星星峡群为整合接触关系，主要由黑云石英片岩、含黑云母斜长片岩、绿泥石绢云母千枚岩、糜棱片岩、超糜棱岩、磁铁石英岩等，视厚度1542.7m。

奥陶系：中上奥陶统荒草坡群大柳沟组（$O_{1-2}d$），该套地层是近年根据同位素年龄及接触关系，从原泥盆系分离出来的。出露于康古尔地区，分布面积较小，未见底，与上覆地层中志留统白山包组不整合接触。岩性主要为一套海相凝灰岩夹安山岩，上部为中酸性熔岩夹凝灰岩，下部为中酸性凝灰岩夹安山岩、英安岩。

志留系：中志留统白山包组（S_2b），与下伏奥陶系大柳沟组呈不整合接触，分布于康古尔塔格地区，面积小。岩性主要为凝灰砂岩、凝灰砂砾岩及凝灰岩等，底部有砾岩。无化石，同位素年龄为428±18Ma。

泥盆系：分布于小热泉子、康古尔塔格、卡拉塔格一带。下、中、上三统均有发育。

下泥盆统大南湖组（D_1d）：主要分布于卡拉塔格和大草滩以南地区，未见底。岩性为一套火山岩－火山碎屑岩建造，下部玄武岩、安山岩夹少量砾岩，上部火山碎屑岩夹玄武岩、安山岩和少量英安岩。发育珊瑚等化石。

中泥盆统头苏泉组（D_2ts）：不整合于大南湖组之上，岩性为陆相玄武岩、安山岩、凝灰砾岩、凝灰岩、沉凝灰岩、凝灰质长石砂岩等。厚度可达500～6789m，产植物化石。

上泥盆统康古尔塔格组（D_3kg）：未见底，与上覆地层下石炭统小热泉子组不整合接触。岩性主要为凝灰岩、熔结凝灰岩夹中酸性火山熔岩，最大厚度大于2000m，产 *Lepidodendropsis* sp. 植物化石。

石炭系：在该区广泛分布，占该区地层出露面积的80%以上。

下石炭统小热泉子组（C_1x）：主要分布于东天山西段的小热泉子－恰特卡尔一带。与下伏地层上泥盆统康古尔塔格组呈角度不整合接触。未见底，岩性为一套火山岩－火山碎屑岩建造。碎屑岩中产 *Syringothryis* sp.，*Lepidodenropsis* sp. 等化石。Rb－Sr 等时线年龄为313～339Ma。

下石炭统干墩组（C_1gd）：分布于色尔特能塔格至黄尖包东西带状地段。该组岩性可分为两部分：下部为片理化长石岩屑杂砂岩、斜长流纹岩、凝灰岩、砂质千糜岩、放射虫硅质岩、泥质硅质岩等，原岩以成熟度较高的砂岩为主；中上部为千糜岩、糜棱岩、片理化凝灰质砂岩、凝灰岩等，原岩多为泥质硅质石英砂岩，局部夹细砾岩条带。该组地层普遍遭受后期变质变形作用，片理化、糜棱岩化作用极为强烈。该组具浊积岩类型特征，局部有海相复理石。

下石炭统雅满苏组（C_1y）：分布在苦水断裂－阿其克库都克断裂之间，出露面积大，呈东西向展布，贯通本区的大部分地区。本组为陆源碎屑岩和中酸性火山岩夹少量灰岩，与上覆地层上石炭统土古土布拉克组呈角度不整合接触。其下部主要为凝灰砂岩、凝灰岩、安山玢岩、安山岩、流纹岩夹霏细岩、凝灰角砾岩、灰岩透镜体，产大长身贝化石；上部主要为灰色含砾中粗粒长石杂砂岩、结晶灰岩及内碎屑灰岩、凝灰质砂岩夹凝灰岩、沉凝灰岩、粉砂质泥岩和硅质岩等。产 *Gigantoproductus* sp.，*Neospirisfer* sp.，*Arachnolasma* sp.，*Lithostrotion* sp.，*Carcinophyllum* sp.，*Palaeosmilis* sp. 等珊瑚、腕足类化石，总视厚度大于6000m。

上石炭统企鹅山群（C_2q）：对于该套地层命名争议较大，有的学者命名为企鹅山组，将地层中偏火山岩的部分划归到梧桐窝子组。该套地层主要分布于康古尔塔格构造带中，呈东西向展布，由3个时代不同的断片接触的非正式组构成，岩性主要是一套火山岩－火山碎屑岩建造。

上石炭统底坎儿组（C_2d）：主要分布在东天山西北部。未与企鹅山群直接接触，未见底，本组岩性上部为灰绿色中－粗粒砂岩夹灰岩透镜体和薄层粉砂岩；下部为黄褐色中－粗粒砂岩、粉砂岩。产腕足类化石 *Spirifer* sp.。

上石炭统梧桐窝子组（C_2wt）：主要分布在苦水断裂与康古尔断裂之间。该组与下伏干墩组呈断层接触关系，被侏罗系角度不整合覆盖。本组劈理、片理极为发育，多数地段已成为无序地层，主要岩性为糜棱凝灰岩、碎裂超糜棱火山角砾凝灰岩、糜棱凝灰砂岩、千糜岩、碎裂糜棱安山岩、初糜棱玄武质凝灰岩、蚀变安山岩、糜棱岩化杏仁状玄武岩，一般可见厚度5000m左右，最大厚度7000m。本组的东延部分，地层有序度相对增强，且常出现辉绿岩、细碧岩、玄武岩等以及安山玢岩、霏细岩、石英角斑岩、石英斑岩等，并有硅泥质岩石，明显呈现细碧角斑岩建造面貌。根据岩石组合、所处构造部位，认为本组具有蛇绿岩套上部组合特征。

上石炭统土古土布拉克组（C_2t）：仅见于该区的南侧，沿阿其克库都克－沙泉子大断裂北缘呈带状断续分布。与下伏地层雅满苏组呈角度不整合接触，与上覆下二叠统红柳河组为断层或不整合接触关系。岩性为中基性火山岩、碳酸盐岩，少量酸性火山岩，下部以中酸性火山碎屑岩为主，夹沉凝灰岩和灰岩透镜体，有底砾岩；中部以玄武岩为主，夹少量酸性凝灰岩；上部为中性火山碎屑岩夹灰岩透镜体。在灰岩透镜体中含有较多的生物化石：如 *Caninia* sp.，*Diphyphylum* sp.，以及蜓类化石如 *Eostaffella* sp.，*Fusulinella* sp.，*Profusulinella* sp.，视厚度 1210～2475m。

二叠系：主要出露于阿其克布拉克－大热泉子、恰特卡尔塔格－南湖戈壁以东，康古尔塔格以及大草滩以东地区。上、下二叠统出露齐全，主要有下二叠统阿其克布拉克组、阿尔巴萨依组、红柳河组，上二叠统大热泉子组等。

下二叠统阿其克布拉克组（P_1a）：沿阿其克库都克－沙泉子大断裂北侧零星出露，为一套磨拉石建造，以角度不整合覆于雅满苏组之上，未见上覆地层。主要岩性为薄层细砂岩、中细粒复成分砂岩、硬砂岩、砂砾岩、夹碳质粉砂岩，可视厚度 836m。

下二叠统阿尔巴萨依组（P_1aer）：主要出露在石英滩一带，靠近康古尔大断裂南侧，呈北东东向狭长带状展布。以角度不整合覆于雅满苏组或干墩组之上，形成面积约 120km^2 的石英滩火山岩盆地。其岩性下部主要为安山岩、玄武岩夹长石岩屑砂岩，可见底砾岩；中部为英安质岩屑凝灰岩、安山质角砾熔岩、安山岩、英安岩，偶夹砂岩、灰岩透镜体；上部为安山岩、英安岩夹透镜状矽卡岩。总厚度 2786.3m。在碎斑熔岩中测得锶同位素年龄为 281±10Ma。

下二叠统红柳河组（P_1h）：分布在库姆塔格沙垅以东地区，沿阿其克库都克－沙泉子大断裂北侧断续出露，与相邻地层多呈断层接触关系，局部地段以角度不整合覆于土古土布拉克组或雅满苏组之上，其上被古近－新近系覆盖。本组为一套海相双峰式火山岩和陆源碎屑岩，下部岩性为玄武玢岩、霏细岩和霏细斑岩、砾岩、砂砾岩、粉砂岩、铁质泥质灰岩互层；上部为玄武岩、玄武玢岩、辉绿玢岩、霏细岩、霏细斑岩、钠长斑岩、凝灰角砾岩、凝灰砂岩、沉凝灰岩夹砂岩和灰岩。向东陆源碎屑物质增多，多为细砂岩、复成分砂岩、泥岩、长石砂岩互层。火山岩以安山岩和酸性凝灰岩夹层为主。下部层位产蜓、腹足类及海百合茎化石。总厚度大于 5297m。

三叠系：区内三叠系发育不全，仅见下三叠统上苍房沟群，出露于东部大草滩一带，面积 8km^2 左右。该群不整合于上二叠统大热泉子组之上，其上被第四系覆盖。岩性为灰色、灰褐色砾岩、含砾粗砂岩、岩屑砂岩夹粉砂岩。

侏罗系：研究区侏罗系出露较为广泛，见下侏罗统和中侏罗统，可分为三工河组、西山窑组、头屯河组以及水西沟群，其中西山窑组分布面积最大。

（二）区域构造

区内的断裂主要分 3 组，中部为近东西向展布，西段为北西西向分布，东段呈北东东向分布，其中主要的大断裂有以下几条。

1. 克拉麦里 - 麦钦乌拉深大断裂

地质标志是一沿北西方向分布、规模宏大的含铬铁矿镁质蛇绿混杂岩带。宽约 10km，延伸长度数百千米。西起准噶尔盆地东缘的克拉麦里山，向东经六棵树，再向东继续出露在把里坤县塔格扎勒、黑山头和伊吾大黑山等地。该带岩石挤压破碎强烈。地层岩性以早石炭世和中泥盆世的花岗岩为主。

2. 康古尔 - 黄山强烈构造变形带

李锦轶等（2002）调查研究认为该带在地质上是一条强烈构造变形带，在地球物理上是航磁和重力异常的分界线，在卫星影像上其连续性和多期性构造变形明显，将其称为康古尔塔格 - 黄山强烈构造变形带。

康古尔塔格 - 黄山强烈构造变形带是天山地区一条重要的巨型深断裂，发育在觉罗塔格地区中部，西起却勒塔格，向东经色尔特能、秋格明塔什、卡特恰尔塔格、康古尔塔格、夹白山、土屋、雅满苏铁矿北、黄山、镜儿泉，一直延伸到甘肃北山北部，进入蒙古，延伸长度达 600km 以上，宽度 5 ~ 30km 不等。该带西端在东经 89°30′左右处被北西走向的干沟断裂向北逆冲掩覆，东端延出省外，总体近东西向延伸。走向近东西，略向南凸出；断面较陡直，多向南倾斜，最新的深部地球物理资料显示，该带深部是向北倾的，一直达地幔顶部。带内构造片岩、揉皱、劈理、拉伸线理、岩石中矿物颗粒、海百合茎、砾石的压扁拉长定向排列等现象十分发育，糜棱岩常见，以强烈挤压，走滑兼韧性剪切为特征。带内由于变形强烈，地层层序破坏严重，该带的无序地层可以分为两个岩组，分别称之为干墩岩组和梧桐窝子岩组。其具体特征如下：

下石炭统干墩岩组：未见底，断片状产出，全面卷入韧 - 脆性变形，分出 3 个岩性段。各段为断层接触，第一岩段：灰色、灰褐色砂质千糜岩、绢云千枚岩、片理化长石岩屑砂岩，玻屑凝灰岩。第二岩段：灰色、灰绿色砂质千枚岩，片理化岩屑砂岩，沉凝灰岩、片理化灰岩等。第三岩段：长石岩屑砂岩，含砾岩屑砂岩、沉凝灰岩、流纹质凝灰岩等。本地层为总体无序局部有序。视厚度万米以上。

上石炭统梧桐窝子岩组：与干墩岩组呈断层接触，卷入韧 - 脆性变形。主体为灰色、深绿色千糜岩、凝灰质糜棱岩、糜棱岩化灰岩等。另有一部分辉长岩、闪长岩、硅质岩碎块等呈构造透镜体产出。本地层基本为无序地层，视厚度 6000m 以上。

此外，在土屋一带，还划分出上石炭统土屋组。该组的岩层呈断片状产出，已发生低绿片岩相低温动力变质变形作用，主要岩性为褐色长石岩屑砂岩及灰色、灰绿色凝灰质砂岩、沉凝灰岩夹灰岩。

3. 阿奇克库都克深大断裂

位于觉罗塔格晚古生代地质体出露区和中天山前震旦纪地质体出露区之间，大体以东经 90°线为界，李锦轶等（2002）根据该断裂在不同地段（从艾比湖到沙泉子）所表现的不同几何学和组成特点及卫星影像特征，将此断裂以东经 90°和 94°线为界，分为东段沙泉子断裂、中段阿奇克库都克断裂、西段干沟断裂 3 个部分。

西段干沟断裂大体位于东经 90°线以西，呈北西走向并一直向南东延伸，连接到卡瓦布拉克断裂，沿线有蛇绿岩和基性超基性杂岩出露，在运动学上表现出比较清晰的向南倾斜向北逆冲的特征。在却勒塔格附近，该断裂带南侧为元古宙灰白色大理岩和灰黑色千枚岩，北侧为石炭纪火山沉积岩系；在干沟一带为奥陶纪和志留纪绿片岩。沿该断裂带在干沟和却勒塔格两地都有蛇绿岩出露。

中段阿奇克库都克断裂位于东经90°～94°间，该断裂近东西向展布，沿断裂带没有蛇绿岩或基性超基性杂岩出露。在卡拉塔格和尾亚等地的断裂带两侧，都发现了基本相同的早石炭世火山沉积岩系，基本没有遭受构造变形的改造，以南为浅变质的沉积岩。在土屋以南，断裂南侧出露一套灰黑色灰岩岩层向北缓－中等倾斜，其中发育比较密集的中基性岩墙，以北为石炭纪火山沉积岩系。

阿奇克库都克深大断裂位于中天山北缘，呈微向南突出的近东西向弧形断裂带，全长700km以上。断裂带南、北两侧的沉积建造、岩浆活动及变质作用等明显不同。南侧广泛出露前寒武系变质岩系；北侧石炭系十分发育。南侧除有加里东期酸性侵入岩外，华力西期中晚期中酸性－酸性侵入岩或S型花岗岩广泛发育；北侧则以发育晚古生代火山岩为其特征。南侧前寒武系变质岩相属角闪岩相，石炭系为绿片岩相，局部出现高绿片岩相；北侧石炭系变质甚浅，为葡萄石－绿纤石相。与此断裂构造带有关的矿产主要有矿浆贯入和喷溢型、热液交代型铁矿、铜矿、金矿及岩浆分异型钒钛磁铁矿矿床等。

地球物理场在断裂南北差异也很明显，南侧电阻率高达数万欧姆米，北侧仅数千欧姆米。南侧地壳结构为两层（缺闪长岩层），北侧三层。莫霍面有明显错断。航磁图上表现为大规模条带状异常，也是区域异常的分界线。重力图上西段表现为明显重力梯度带，东段为局部重力异常带。

4. 卡瓦布拉克断裂

近东西向展布在中天山隆起带的南部。西段碱泉一带，该断裂带由变质沉积岩（灰黑色变质砂岩、千枚岩）和变质辉长岩－闪长岩－蛇纹岩等强劈理化带构成，劈理走向与断裂带基本相同。断裂带南侧为灰白色（条带状）大理岩、变质沉积岩，少量基性以中酸性为主的岩浆岩侵入其中，显示与干沟断裂带相同的特征。北侧出露一系列呈飞来峰产出的蛇纹岩。向东100km，沿断裂带及其两侧的地质组成与构造变形都没有明显的变化。蛇纹岩和基性－酸性杂岩发育。

（三）岩浆岩

东天山地区岩浆岩广泛发育。侵入岩以中酸性岩类最多，其次为基性、超基性岩类。火山岩类以基性熔岩、中酸性熔岩及火山碎屑岩最为常见。侵入岩体和火山岩多呈东西、北西西和北东东向产出，而岩体群则做明显的带状展布，并受深断裂控制。岩浆活动与构造活动关系密切，具有多期性。活动时期可分为加里东期、华力西期和印支－燕山期。加里东期主要为酸性岩体，大多发育于南部尾亚－星星峡一带及北部哈密头道沟、恰干不拉克一带。前者以花岗岩侵入作用为主，后者以中基性火山活动为主。华力西期是东天山地区的主要岩浆活动时期，主要分为早、中、晚3期，始于泥盆纪，石炭纪形成高潮，二叠纪又处于低潮。印支－燕山期多属于构造后阶段产物，分布局限。不同的火山岩系列、岩浆岩岩石共生组合反映了不同的岩浆成因和岩浆演化，总体上主要受深大断裂构造的时空演化制约。

二、区域地球物理特征

（一）区域重力场特征

布格重力异常可以反映现今地壳深部结构，对于研究当今该地区地壳深部结构特征具有重要意义。东天山地区布格重力异常显示，场值皆为负值，总体表现为西高东低，中部呈近东西向脊状，两侧分别为斜坡或槽形。从北向南可划分为博格达重力高值区、吐哈重力低值区、康古尔塔格重力高值区、库鲁克塔格－觉罗塔格重力高值区。

从布格重力异常图可以看出，区内布格重力场以近东西向重力异常为主，全区布格重力值皆为负值，总体表现西高东低，区内中部呈近东西向高值带，南北两侧为低值带。根据区内重力异常特点，研究区可划分为近东西延伸的4个区带：吐哈南缘重力异常梯级带、康古尔塔格北－烟墩重力高异常区、康古尔塔格－镜儿泉重力异常梯级带、阿奇山－雅满苏异常区（图4－3）。

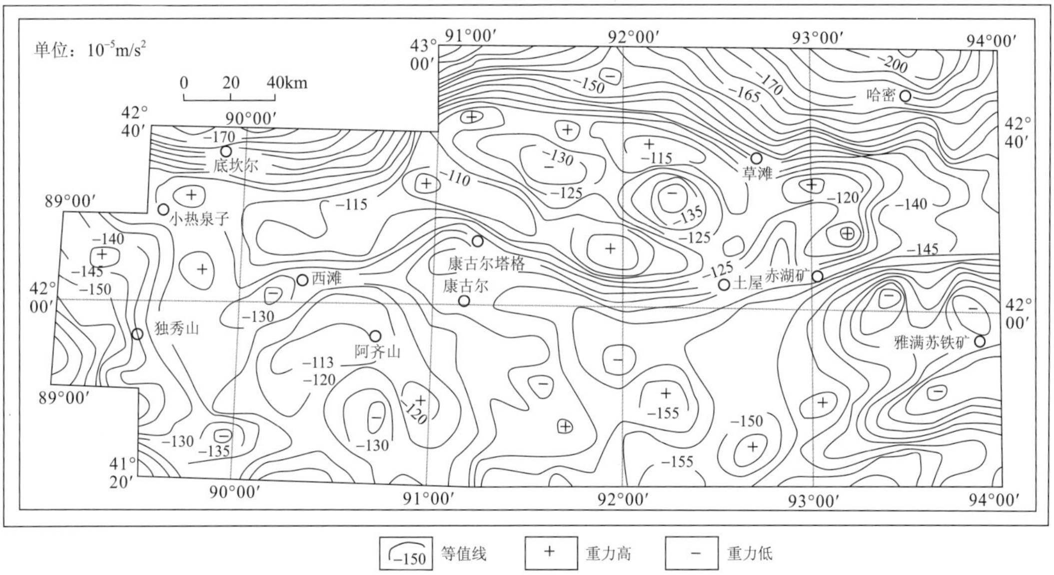

图4－3　东天山地区布格重力异常平面图

（据邓振球，2002）

（二）区域磁力异常特征

航空磁力异常是地壳表面及深部具有磁性地质体引起的，不仅提供深部物质组成差异方面的信息，也提供研究区构造分区方面的信息，为分析当今各区带内的地壳表面及深部构造格架与构造样式提供基础。江远达（1985）、汪振文（1986）、邓振球等（2001）等对其进行了专门的研究，发表了一系列研究成果。从航空磁力异常图及前人的研究资料可以看到，磁异常几乎皆呈近东西向线状正负异常相间特点成带展布特点，从北向南可划分出以下磁力异常带：博格达－哈尔力克正异常区、吐哈盆地及其南缘正异常带、雅满苏－阿奇山负异常区、中天山正异常区、南天山负异常带、库鲁克塔格南部正异常区、卡瓦布拉克－星星峡南部正异常区等（图4－4）。其异常引起的原因各不相同，邓振球等

（2001）研究认为，吐哈正异常是由浅部磁性体（晚古生代泥盆纪和石炭纪火山沉积岩系中火山岩和侵入其中的深成岩）和深部磁性体（前寒武纪变质岩系）共同引起；库鲁克塔格南部正异常区由深部古老变质岩残块引起，康古尔塔格地区由深部前震旦纪变质比较深的结晶岩引起，局部由浅成基性火山岩和中酸性深成岩引起。李锦轶等通过对地质资料与航磁异常的比较研究，发现这些异常带的边界大体与该区的一些主要断裂相吻合，在吐哈盆地南缘和中天山地区，它们与中基性和基性超基性杂岩的出露位置大体吻合；同时，也存在特殊情况，在北山，同样发育中基性和基性超基性杂岩，但没有明显的正异常。因此，异常产生的原因不能一概而论。通过上面的资料分析及区域岩石的物理特性，东天山地区异常带产生的原因可以归结为以下几个方面：①深部古老变质岩引起的正航磁异常（吐哈盆地）；②深部前震旦纪变质比较深的结晶岩为主引起的正航磁异常（库鲁克塔格南部地区）；③中基性和基性超基性杂岩并发生铜镍金矿化的岩体引起正航磁异常（十哈南缘及康古尔塔格－黄山地区）。

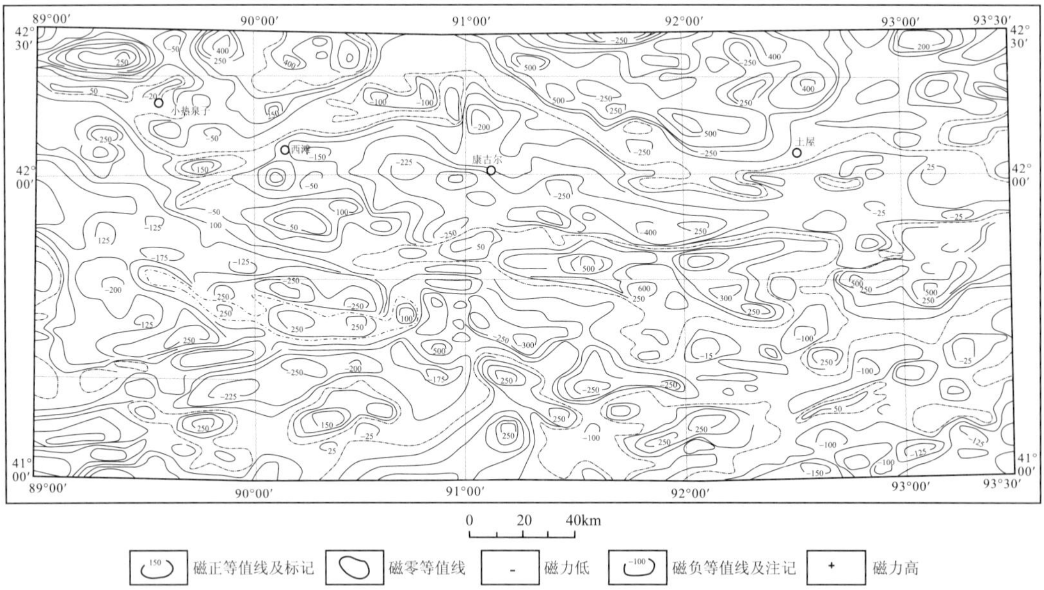

图4－4　东天山部分地区航磁异常平面等值线图
（据邓振球，2002）

三、区域地球化学特征

（一）地壳不同介质背景丰度值

根据该区K－46－ⅩⅥ、K－46－ⅩⅦ、K－46－ⅩⅧ、K－46－ⅩⅫ、K－46－ⅩⅩⅣ等幅区域化探扫面的资料，以及K－46－ⅩⅢ、K－46－ⅩⅣ、K－46－ⅩⅤ、K－46－ⅩⅩ等幅重力密度标本光谱分析资料可知：①与地壳克拉克值比较，Au、Cu的平均化学成分低于地壳克拉克值，趋于相对贫化；②从反映元素分布均匀程度的变化系数看，Au、Cu在该区岩石中变化系数大于1，说明元素分布很不均匀；③与水系沉积物中的元素平均值相差不大。Au、Cu在水系沉积物中的变化系数均小于岩石中的变化系数。说明水系沉积物中元素含量趋于相对均匀化（表4－1）。

表 4－1　新疆地壳岩石元素丰度与东天山地壳丰度偏差衬值

元素	东天山地壳元素丰度	新疆地壳元素丰度	偏差衬值
Au	0.69	0.58	1.190
Cu	22.05	22.34	0.987
Ni	16.56	13.48	1.228
Pb	16.18	12.60	1.284
Zn	57.54	62.95	0.914

由表 4－1 中可以看出，东天山地壳元素丰度与新疆地壳元素丰度值比较，Au、Ni、Pb 为强富集元素，Cu、Zn 为贫化元素。据东天山地壳岩石岩屑丰度显示：Au 为 1.11ng，Cu 为 18.14μg。

（二）各时代地层区域地球化学背景场特征

东天山地层从古老的太古宙到年轻的第四纪，地层发育较为齐全，矿产品种多样。区内 Au、Cu 两种元素的丰度及富集系数见表 4－2。

表 4－2　东天山地区地层相关元素岩屑样品丰度及富集系数

地层		AR	PT	Z	€	€－O	O	S－O	S	D	C	P	J	T	Q
Au	地层岩屑丰度	1.14	1.23	1.29	1.33	1.19	1.32	0.89	1.04	1.04	1.31	1.38	2.62	0.67	0.65
	富集系数	1.65	1.78	1.87	1.93	1.72	1.91	1.29	1.51	1.51	1.9	2	3.8	0.97	0.94
Cu	地层岩屑丰度	18.4	16	15.7	19.44	19.3	17.07	23.69	21.85	29.0	28.18	22.7	11.4	14.7	14.03
	富集系数	0.83	0.73	0.71	0.88	0.88	0.77	1.07	0.99	1.32	1.28	1.03	0.52	0.67	0.64

注：Au 丰度单位为 ng，Cu 丰度单位为 μg；富集系数 = 地层元素岩屑丰度/东天山地壳丰度。

由表 4－2 可以看出，Au 在各个地层单元中的富集序次由大到小为侏罗系、二叠系、寒武系、奥陶系、石炭系、震旦系、下元古界、寒武－奥陶系、太古宇、志留系、泥盆系、志留－奥陶系，亏损地层为第四系、古近－新近系（侏罗系和二叠系的样品数量少）。Cu 相对富集的地质单元为泥盆系、石炭系、志留系等。

（三）岩浆岩地球化学背景场特征

东天山岩浆岩分布广、种类多。超基性、基性、中性、中酸性、酸性各类岩浆岩发育齐全，并且有以花岗岩为主的岩浆岩大面积产出。岩浆岩类岩屑样品相关元素丰度及富集系数统计见表 4－3。

表 4－3　东天山华力西期岩体相关元素岩屑样品丰度值富集系数

岩体名		早期酸性侵入岩	中期酸性侵入岩	晚期中性侵入岩	晚期基性侵入岩	晚期酸性侵入岩
Au	丰度	0.64	0.63	0.78	0.76	0.69
	富集系数	0.93	0.91	1.13	1.10	1.00
Cu	丰度	7.58	21.30	26.43	20.32	18.29
	富集系数	0.34	0.97	1.19	0.92	0.83

续表

岩体名		早期酸性侵入岩	中期酸性侵入岩	晚期中性侵入岩	晚期基性侵入岩	晚期酸性侵入岩
Ni	丰度	6.55	22.16	37.3	28.96	20.21
	富集系数	0.4	1.34	2.25	1.75	1.22
Pb	丰度	21.35	12.84	8.56	5.46	14.37
	富集系数	1.32	0.78	0.53	0.34	0.89

注：Au 丰度单位为 ng，Cu 丰度单位为 μg；富集系数＝侵入岩岩体元素丰度/东天山地壳丰度；（杜佩轩，1995）。

由表 4－3 可以看出，Au 在华力西期晚期岩体中为富集元素，在华力西期中期和早期酸性岩体中为亏损元素，而在华力西期晚期中性岩体中尤为富集。Cu 在华力西期晚期中性岩体中为富集元素，在其他岩体中均为亏损元素。

该区不同时代地层和不同时代、不同类型的岩浆岩各自富集、分散的元素不尽相同。Au 在震旦系、寒武系、侏罗系、古近－新近系和加里东期的眼球状花岗岩、华力西期早期的超基性岩中相对区域丰度较为富集（即找矿靶区）；Cu 在寒武系、泥盆系、石炭系和加里东期的辉长岩、华力西期早期辉绿玢岩、华力西期中期的辉长岩和辉石闪长岩以及华力西期晚期的闪长岩、苏长辉长岩中相对区域丰度较为富集（即找矿靶区）。

（四）主要地球化学异常区分布特征

1. 土壤地球化学异常

新疆维吾尔自治区地质矿产勘查开发局在该区进行 1∶20 万区域地质调查和矿产普查工作时，开展了土壤地球化学测量，共圈出地球化学异常 66 个，其中 Cu 异常 15 个，Au 异常 1 个。

Cu 异常主要分布在梧桐沟、卡瓦布拉克－阿拉塔格、沙泉子、镜儿泉地区。

2. 水系沉积物地球化学异常

根据 1∶20 万区域化探扫面结果，该区共圈定 Cu 异常 171 个，Au 异常 123 个。

3. 主要异常带及其特征

根据前人资料及该区地球化学异常的分布和异常所处的地质背景可划分出 9 个异常区（表 4－4）。各异常区根据其地球化学异常特征（异常强度、规模、元素共生组合等）和成矿地质条件是否有利，对其找矿前景做出初步评价。各异常区按找矿前景的优劣划分为 3 个级别：最有利、较有利和有利。

（Ⅰ）恰舒阿山－沙尔湖－大南湖异常区，主成矿元素为 Sn、Cu、Au、Ag、Co、V、Ti。Au、Cu 是区内较有利的找矿类型。

（Ⅱ）红山－赤湖－三岔口异常区，主成矿元素为 Cu、Zn、Cd、Au、Sb、Ni、Co、Mo。最有利找矿元素是 Cu，较有利元素是 Au。

（Ⅲ）康古尔－黄山－镜儿泉异常区，主成矿元素为 Au、Cu、Ni、Co、Pb、Zn、As、S、V、Ti。最有利找矿元素是 Au、Cu。

（Ⅳ）阿奇山－雅满苏异常区，主成矿元素为 Au、Ag、Cu、Pb、Zn、Ni、Co、As、Sb、Sn、P、V。最有利找矿元素是 Au，其次是 Cu。

表4-4 东天山 Cu、Au 元素异常表

地区		恰舒阿山-沙尔湖-大南湖	红山-赤湖-三岔口	康古尔-黄山-镜儿泉	阿奇山-雅满苏	卡瓦布拉克	玉西-铅炉子	红柳河-金窝子	灰山梁-卡瓦布拉克	帕尔岗
Au	最高值	26	18	190	320		15	14.2		
	平均值	6.47	6	4.3	8.19		2.48	2.57		
	异常数	13	15	20	65		5	5		
Cu	最高值	250	1000	400	400	850	600	68	500	350
	平均值	88.76	37.5	41.7	34.5	23	30.05	40.71	23	22.9
	异常数	27	28	33	65	1	7	7	2	1

注：Au 丰度单位为 ng，Cu 丰度单位为 μg。

（Ⅴ）卡瓦布拉克异常区，主成矿元素为 Cu、U。

（Ⅵ）玉西-铅炉子异常区，主成矿元素为 Cu、Pb、Zn、Ag、Au、Cd、Sn、Mo、Mn。较有利找矿元素是 Cu。

（Ⅶ）红柳河-金窝子异常区，主成矿元素为 Au、Pb、V、Ti。较有利找矿元素是 Au。

（Ⅷ）灰山梁-卡瓦布拉克异常区，主成矿元素为 Cu。

（Ⅸ）帕尔岗异常区，主成矿元素为 Cu、V。

第二节 土屋-延东铜矿成矿作用过程

一、矿床地质特征

（一）土屋铜矿床

土屋铜矿是东天山多金属成矿带典型的斑岩型铜矿床，包括土屋和土屋东矿区（图4-5）。赋矿地层为下石炭统企鹅山群（C_1q），主要划分为3个岩性段：第一岩性段（紧邻康古尔断裂分布）由陆内碎屑岩、沉凝灰岩组成；第二岩性段为玄武岩、安山岩等，夹英安岩和玄武安山岩；第三岩性段为砂岩、复成分砾岩及少量凝灰岩、安山岩等（王福同等，2001；王银宏等，2014；Shen et al.，2014b；Wang et al.，2015a）。地层总体走向为北东东，倾向南，倾角43°~63°。侏罗系西山窑组（Jx）出露于矿区北部，岩性主要为砂岩、粉砂岩、泥岩及砾岩等。

矿区内岩浆侵入作用强烈，发育浅成、超浅成中酸性岩体，多呈岩株、岩脉状侵位于石炭系企鹅山群的玄武岩和安山岩中。岩性主要为闪长玢岩及斜长花岗斑岩（图4-5）。闪长玢岩沿北东东向呈不规则状展布，出露面积大于4km^2，大部分被中新生代沉积物覆盖，岩体特征与中基性火山岩相似，应属火山喷发末期浅火山（或浅成）岩浆上侵产物。斜长花岗斑岩呈不规则透镜状产出，走向近东西，剖面上为多个岩脉，出露面积小于0.03km^2（王福同等，2001；王银宏等，2014）。闪长玢岩和斜长花岗斑岩是主要的含矿岩体。矿区内东西向断裂发育，还有部分南北向、北西向断裂。

土屋矿区由Ⅰ、Ⅱ、Ⅲ号3个矿体组成（图4-5，图4-6）。Ⅰ号矿体（土屋东矿

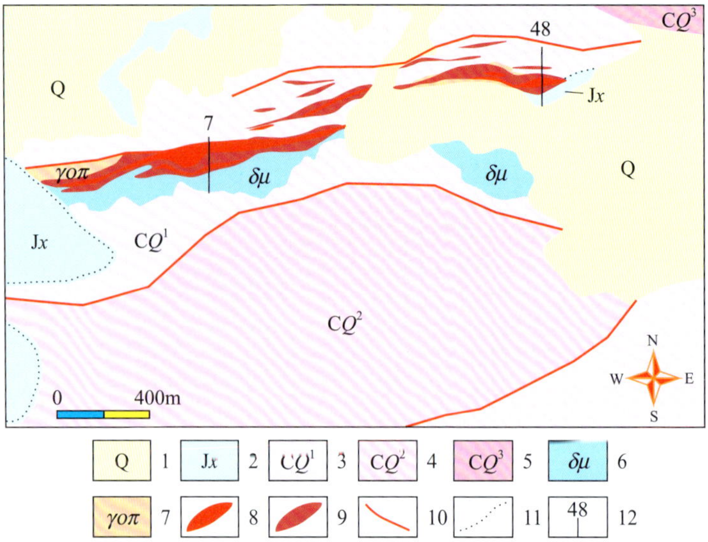

图 4-5 土屋铜矿床矿区地质图

（据潘鸿迪等，2013，有修改）

1—第四系；2—侏罗系西山窑组；3—石炭系企鹅山群第一段；4—石炭系企鹅山群第二段；5—石炭系企鹅山群第三段；6—闪长玢岩；7—斜长花岗斑岩；8—矿体（铜品位 >0.5%）；9—矿体（铜品位 =0.2% ~0.5%）；10—断层；11—角度不整合界线；12—矿体编号

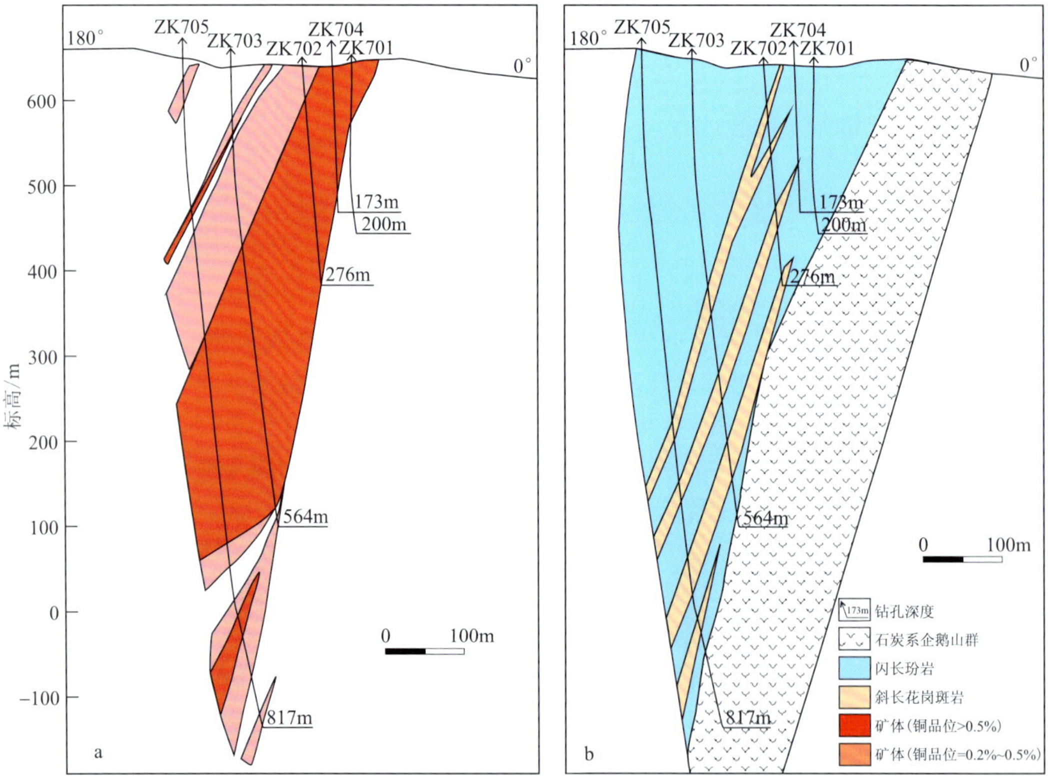

图 4-6 土屋斑岩铜矿床 7 号勘探线矿体（a）和岩性（b）剖面图

（据王银宏等，2014）

床）基本上产于斜长花岗斑岩、闪长玢岩之中。以0.2%为边界品位圈定的铜矿化体，长1300m，宽8~87m，地表铜平均品位为0.3%，钻孔平均品位为0.35%。Ⅱ号矿体（土屋矿床）位于Ⅰ号矿体西段南侧，向西延伸，矿化见于玄武岩、玄武质凝灰岩、闪长玢岩（图4-7a）及斜长花岗斑岩（图4-7b、c、d）中，以0.2%为边界品位圈定的地表铜矿化体，长约1400m，宽7.6~125m，已控制矿体延深>600m，富矿体最高品位为2.87%，平均品位为1.03%（王银宏等，2014；Zhang et al.，2019）。Ⅲ号矿体呈平行状位于Ⅱ号矿体西南侧，并与Ⅱ、Ⅰ号矿体总体构成轴向近东西的右行斜列式产出，呈透镜状，总体走向92°，倾向182°，倾角73°。控制矿体长约380m，宽7.2~54m，铜品位主

图4-7　土屋斑岩铜矿区、手标本及显微镜下照片

a—地表闪长玢岩、安山岩；b—地表斜长花岗斑岩；c—斜长花岗斑岩；d—斜长花岗斑岩，具斑状结构，斑晶主要为石英（Q）、斜长石（Pl），可见绢云母化、碳酸盐化（正交偏光）；e—浸染状黄铜矿；f—黄铁矿（Py）与黄铜矿（Ccp）。Ser—绢云母

要分布在0.2%～0.7%之间，最高1.69%。

土屋铜矿床上部均为氧化性矿石，深度可达80～120m，倾角60°～80°，下部均为原生矿石，最大斜深可达755m，倾角70°～83°（新疆地质矿产局第一地质大队，2012）。金属矿物以黄铜矿、黄铁矿为主（图4－7e，f），偶见少量斑铜矿、铜蓝和辉钼矿。黄铁矿主要发育在矿体顶底板，与铜矿物呈负相关关系，在主矿体中基本无黄铁矿存在。脉石矿物主要为石英、绢云母、绿泥石、绿帘石和黑云母。矿石结构属中－细粒半自形至他形粒状结构（王福同等，2001；王银宏等，2014）。矿石构造为浸染状、肠状、细脉状、鳞片状及星点－稀疏浸染状，具有较为典型的斑岩成因特征。

土屋铜矿床围岩蚀变发育，类型齐全，蚀变分带明显，主要蚀变为青磐岩化、绢云母化、硅化和黑云母化。自中心向两侧出现较明显的对称蚀变分带，依次划分为强硅化带、黑云母化带、石英－绢云母化带、泥化带、青磐岩化带（王福同等，2001）。在蚀变带中，硅化、绢云母化、绿泥石化和黑云母化与铜矿化关系密切，青磐岩化是成矿的前提，对铜的活化、迁移起着重要的作用（Han et al.，2006；Shen et al.，2014b）。黑云母化和硅化蚀变强烈叠加处铜明显富集。

（二）延东铜矿床

延东铜矿床位于土屋铜矿床西约6km处，是东天山大南湖－头苏泉岛弧带中具有重要经济价值的斑岩型铜矿。延东地区出露地层为下石炭统企鹅山群第一至第三岩性段以及侏罗系西山窑组（图4－8）。石炭系企鹅山群第一岩性段主要为碎屑岩和凝灰岩，第二岩性段主要为玄武岩、安山岩和英安岩，第三岩性段主要为复成分砾岩；侏罗系西山窑组岩性主要为砂岩、粉砂岩、泥岩、砾岩等（芮宗瑶等，2002；申萍等，2012；Shen et al.，2014a）。延东地区岩浆岩出露面积约0.9km^2，发育浅成脉岩，侵位于石炭系玄武岩和安山岩中，岩性主要为斜长花岗斑岩和闪长玢岩。勘探资料表明，侏罗系之下也发育斜长花岗斑岩和闪长玢岩岩脉（图4－9），这些岩脉普遍发生糜棱岩化（Wang et al.，2015b）。

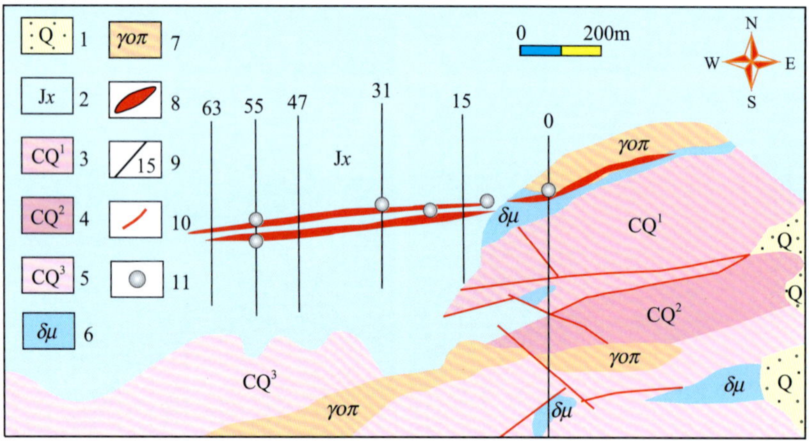

图4－8 延东斑岩铜矿床地质简图

（据申萍等，2012，有修改）

1—第四系；2—中侏罗统西山窑组；3—石炭系企鹅山群第一段；4—石炭系企鹅山群第二段；5—石炭系企鹅山群第三段；6—闪长玢岩；7—斜长花岗斑岩；8—铜矿体；9—勘探线及编号；10—断裂；11—采样位置

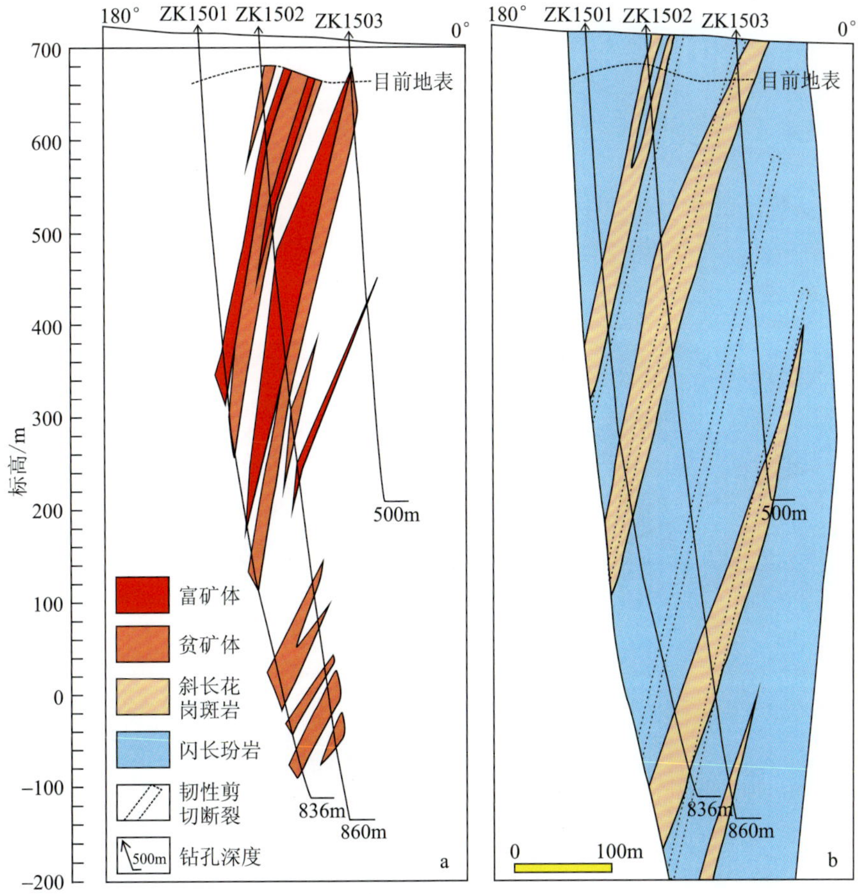

图 4－9 延东斑岩铜矿床 15 号勘探线矿体（a）、岩性（b）剖面图

（据申萍等，2012）

矿体主要赋存于斜长花岗斑岩中，少部分在玄武质熔岩及凝灰岩围岩中，矿体在地表局部地段出露，东西两侧均被侏罗系覆盖。经钻孔验证，矿体总体走向近东西，倾向南，倾角 43°～80°，已控制矿体长约 3200m，宽 26m。矿体为巨厚板状，单钻孔见矿厚度 2～183m，平均约 60m，矿体延深 800m 以上，铜品位为 0.2%～2.70%，平均品位为 0.63%（申萍等，2012；Wang et al.，2015b）。矿石构造以稀疏浸染状为主，细脉状和团块状次之。矿石矿物有黄铜矿、斑铜矿、辉钼矿和黄铁矿等，脉石矿物有石英、绢云母、高岭石和长石等。矿床围岩蚀变具一定的分带性，自矿体向外依次为石英－黑云母－绢云母硬石膏带、石英－绢云母化带（绢英岩化带）和青磐岩化带（Shen et al.，2014b；Wang et al.，2017）。目前圈出了 3 个矿体，规模最大的一个矿体呈厚板状，东西长约 3631m，平均埋深 445～9920m，矿体总体向西侧伏，矿体形态较为规则，呈似层状、似板状（张征等，2010）。矿体平均厚度约 33m（姜立丰等，2003）。

矿区内岩浆作用强烈，发育浅成脉岩，侵位于下石炭统企鹅山群各岩性段的玄武岩和安山岩中，地表出露石英闪长岩、花岗闪长岩和花岗斑岩等岩脉（图 4－9，图 4－10）。

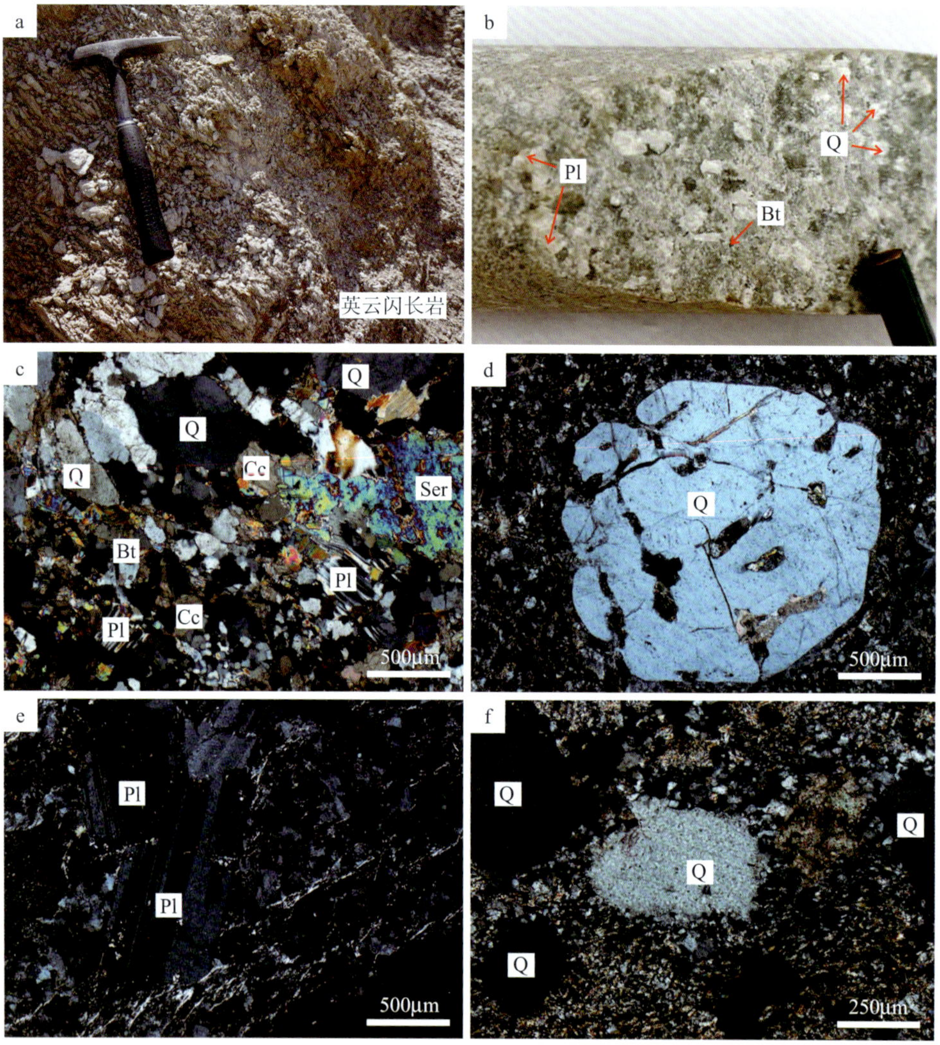

图 4－10　延东斑岩铜矿区、手标本及显微镜下照片

Bt—黑云母；Cc—方解石；Pl—斜长石；Q—石英；Ser—绢云母

二、成矿岩体特征

（一）岩体地质

土屋铜矿区岩安山岩、闪长玢岩及斜长花岗斑岩如图 4－7 所示。安山岩为灰绿色和紫红色，斑状结构，斑晶为斜长石和少量辉石，基质为细晶斜长石和少量石英，岩石发生了硅化、绿帘石化、绢云母化和孔雀石化等蚀变。闪长玢岩呈灰绿色，斑状结构，斑晶主要为斜长石（An＝41～45），斜长石呈自形－半自形柱状板状，粒径在 0.2～1.5mm 之间，有钠长石双晶现象，基质主要为细晶斜长石和少量隐晶质成分；蚀变类型有绿泥石化、绢云母化、硅化、碳酸盐化等。斜长花岗斑岩具斑状结构，块状构造，斑晶为中长石（An＝30～40）、石英及少量的黑云母；基质为花岗结构，由斜长石、石英及少量黑云母组成；次生变化为绢云母化和碳酸盐化；矿石矿物主要含黄铜矿，呈浸染状分布。在土屋矿区，斜长

花岗斑岩为浅成侵入岩，穿切闪长玢岩岩株（王银宏等，2014；Wang et al.，2015a）。

延东铜矿区斜长花岗斑岩呈浅灰色、灰白色（图4-10b），为弱片麻状构造，中细粒不等粒结构，主要由斜长石（约55%）、石英（约35%）和黑云母（约10%）组成（图4-10c，d，e），副矿物为锆石、磷灰石及不透明铁质物等。斜长石为中粒半自形板状，主要为中长石（An=30~40），边缘及表面弱绢云母化；石英为中细粒他形粒状，亚颗粒化明显，部分颗粒微破裂发育，常见明显的熔蚀现象和次生加大边结构；黑云母主要呈黄色—褐色，半自形—他形片状、碎片状。

（二）岩体地球化学特征

1. 主量元素

土屋斑岩铜矿的安山岩、闪长玢岩和斜长花岗斑岩的主量、微量和稀土元素分析数据见表4-5。安山岩 SiO_2 含量为53.90%~54.04%，Al_2O_3 含量为17.42%~17.72%，K_2O 与 Na_2O 含量分别为0.71%~1.14%和2.92%~3.90%。闪长玢岩 SiO_2 含量为56.28%~56.98%，Al_2O_3 含量为16.41%~16.70%，K_2O 与 Na_2O 含量分别为0.58%~0.83%和2.60%~4.15%。斜长花岗斑岩 SiO_2 含量为64.58%~67.35%，Al_2O_3 含量为14.42%~19.03，K_2O 与 Na_2O 含量分别为0.87%~3.09%和1.67%~4.33%（王银宏等，2014）。土屋斑岩铜矿床岩石样品全碱（Na_2O+K_2O）含量为3.18%~6.22%，在TAS图解中，安山岩和闪长玢岩样品落入玄武安山岩-安山岩区域内，斜长花岗斑岩样品全部落入英安岩区域内（图4-11a）；K_2O-SiO_2 图解显示样品均属于钙碱性到高钾钙碱性系列岩石（图4-11b）。土屋斑岩铜矿床岩石样品的铝饱和指数（A/CNK）为0.90~2.84，指示为偏铝质到过铝质岩石（图4-11c）。样品的 SiO_2 与 P_2O_5、MnO、TFe_2O_3、MgO、CaO、Al_2O_3 等都呈良好的线性关系（图4-12）。延东矿床6件斜长花岗斑岩样品 SiO_2 含量为65.21%~74.40%，Al_2O_3 为12.57%~16.32%（表4-6）；在TAS图解中，6件样品全部落入英安岩区域内，即与侵入岩对应的花岗闪长（斑）岩区域（图4-13a）；样品铝饱和指数［$A/CNK=Al_2O_3/(CaO+Na_2O+K_2O)$，摩尔比］为0.91~2.70，属偏铝质至过铝质花岗岩（图4-13b）。所有岩石样品均为亚碱性系列（图4-13a）和高钾钙碱性系列（图4-14）。样品的 SiO_2 与 K_2O、P_2O_5、TiO_2、Al_2O_3、TFe_2O_3、MgO、Na_2O、CaO等都呈良好的线性关系（图4-15）。

表4-5 东天山土屋地区岩浆岩全岩地球化学数据

项目	TW4803-5（安山岩）	TW4803-6（安山岩）	TW-8（闪长玢岩）	TW-4（闪长玢岩）	TW-702（斜长花岗斑岩）	TW4803-14（斜长花岗斑岩）	TW32（斜长花岗斑岩）
SiO_2	53.90	54.04	56.28	56.98	67.35	65.71	64.58
TiO_2	0.89	0.95	0.92	0.94	0.44	0.30	1.02
Al_2O_3	17.42	17.72	16.70	16.41	14.42	15.24	19.03
TFe_2O_3	7.70	7.80	9.07	7.18	2.50	5.99	2.43
MnO	0.09	0.09	0.03	0.07	0.03	0.04	0.03
MgO	5.57	4.52	5.18	4.53	1.50	1.33	3.90
CaO	5.32	7.53	3.58	5.79	3.14	1.80	0.69

续表

项目	TW4803－5（安山岩）	TW4803－6（安山岩）	TW－8（闪长玢岩）	TW－4（闪长玢岩）	TW－702（斜长花岗斑岩）	TW4803－14（斜长花岗斑岩）	TW32（斜长花岗斑岩）
Na_2O	3.90	2.92	2.60	4.15	4.33	1.67	2.75
K_2O	0.71	1.14	0.58	0.83	1.89	3.09	0.87
P_2O_5	0.24	0.30	0.23	0.30	0.15	0.15	0.29
LOI	3.92	2.74	4.64	2.77	4.05	4.33	4.25
总量	99.65	99.74	99.81	99.95	99.80	99.65	99.84
A/CNK	1.03	0.90	1.46	0.90	0.97	1.62	2.83
A/NK	2.43	2.93	3.40	2.12	1.57	2.50	3.48
$Mg^{\#}$	59	54	53	56	55	31	76
FeO	4.79	4.52	6.71	3.65	1.00	0.98	1.88
Li	13.50	11.10	9.66	7.41	4.39	7.49	16.30
Be	0.89	1.17	0.75	0.84	0.53	1.35	0.99
Sc	19.90	24.60	19.50	24.30	7.18	5.19	19.30
V	183.00	200.00	194.00	186.00	60.30	31.80	165.00
Cr	114.00	80.60	115.00	64.60	4.59	6.60	132.00
Co	32.70	25.80	28.30	18.60	5.92	23.00	5.33
Ni	122.00	80.10	98.60	52.80	17.10	6.97	64.70
Cu	1240.00	540.00	384.00	13.60	7437.00	116.00	659.00
Zn	61.50	41.10	42.40	55.20	35.20	35.70	37.30
Ga	16.30	18.90	18.90	16.20	11.70	14.40	14.40
Rb	17.60	33.00	13.30	21.40	33.20	69.80	19.40
Sr	562.00	898.00	339.00	965.00	290.00	416.00	381.00
Y	15.90	24.40	12.70	18.40	7.73	8.70	13.40
Zr	81.70	156.00	102.00	157.00	33.40	44.90	88.70
Nb	2.91	4.67	2.60	3.70	1.98	2.30	3.27
Cs	2.84	3.88	1.72	3.32	2.03	4.25	1.31
Ba	108.00	180.00	74.00	96.00	82.80	553.00	55.10
La	8.66	19.40	7.58	8.74	7.83	11.80	7.19
Ce	19.60	44.00	16.50	21.60	16.90	23.30	17.20
Pr	2.75	5.97	2.39	3.24	2.26	2.86	2.59
Nd	12.50	26.10	11.80	15.30	9.66	11.80	11.70
Sm	2.97	5.27	2.76	3.63	2.02	2.15	2.68
Eu	0.95	1.55	0.85	1.32	0.70	0.71	0.74
Gd	2.86	4.91	2.34	3.60	1.77	1.85	2.60
Tb	0.51	0.82	0.43	0.65	0.30	0.30	0.46
Dy	3.11	4.74	2.25	3.85	1.61	1.66	2.57

续表

项目	TW4803－5（安山岩）	TW4803－6（安山岩）	TW－8（闪长玢岩）	TW－4（闪长玢岩）	TW－702（斜长花岗斑岩）	TW4803－14（斜长花岗斑岩）	TW32（斜长花岗斑岩）
Ho	0.60	0.91	0.46	0.70	0.29	0.29	0.51
Er	1.75	2.66	1.18	1.90	0.79	0.93	1.41
Tm	0.26	0.38	0.20	0.29	0.12	0.13	0.23
Yb	1.63	2.49	1.18	1.72	0.75	0.91	1.53
Lu	0.24	0.36	0.17	0.24	0.12	0.14	0.23
Hf	2.23	4.01	2.48	4.21	0.94	1.59	2.48
Ta	0.20	0.32	0.19	0.51	0.23	0.21	0.24
Pb	8.95	1.88	5.77	3.74	4.59	14.20	3.87
Th	0.87	2.00	0.56	1.50	0.68	1.28	0.99
U	1.29	1.75	0.77	0.81	0.21	0.75	11.50

注：氧化物质量分数以“%”表示，微量元素质量分数以“10^{-6}”表示。

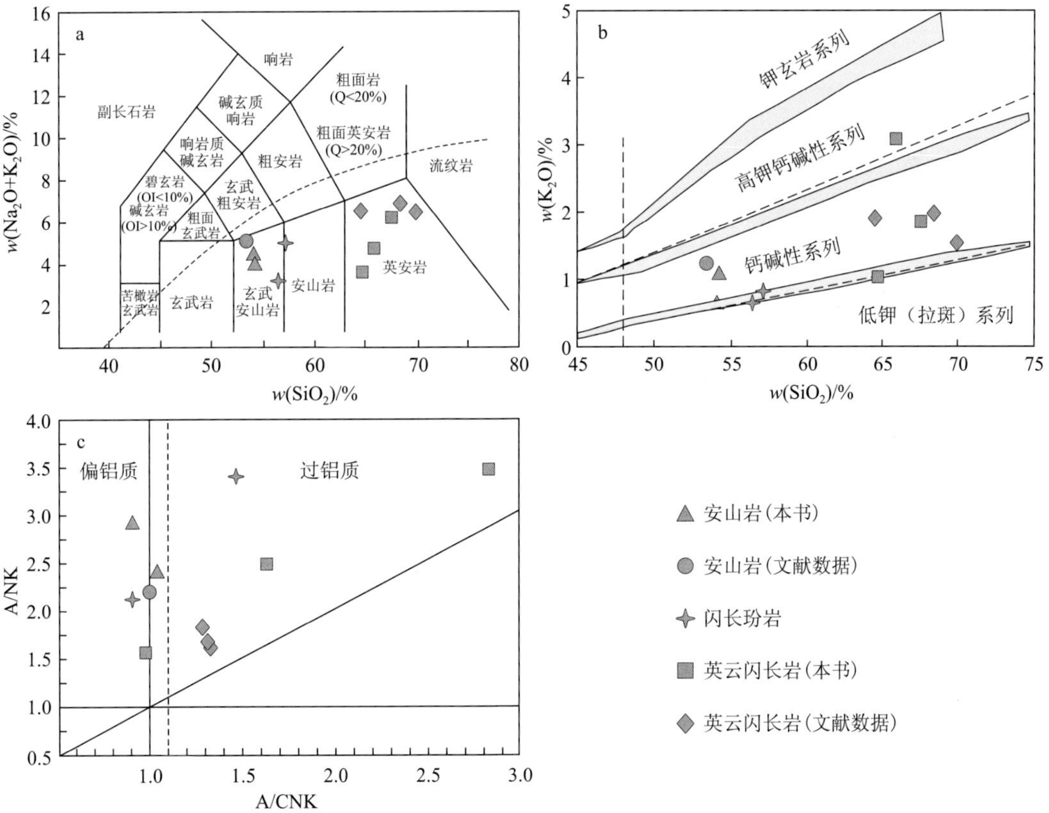

图 4－11　土屋主要岩石类型和系列划分图解

a—TAS 图解（据 Le Maitre，2002）；b—K_2O-SiO_2 图解（据 Rollinson，1993）；c—A/NK－A/CNK 图解（据 Maniar & Piccoli，1989）。安山岩数据引自赵泽南等（2014），斜长花岗斑岩数据引自李文明等（2002）和张连昌等（2004）

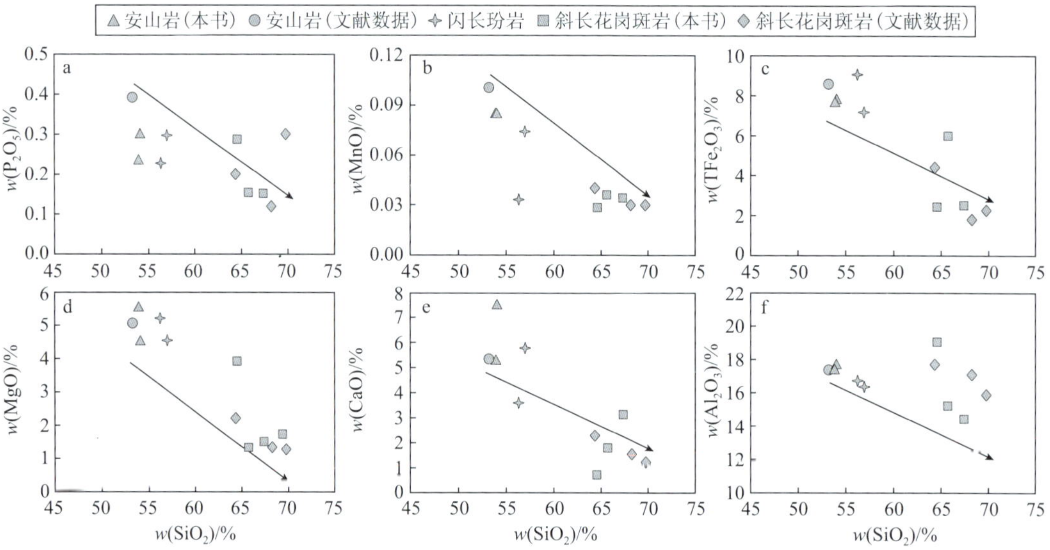

图 4－12　土屋火山岩及斜长花岗斑岩哈克图解

安山岩及英斜长花岗斑岩数据来源同图 4－11

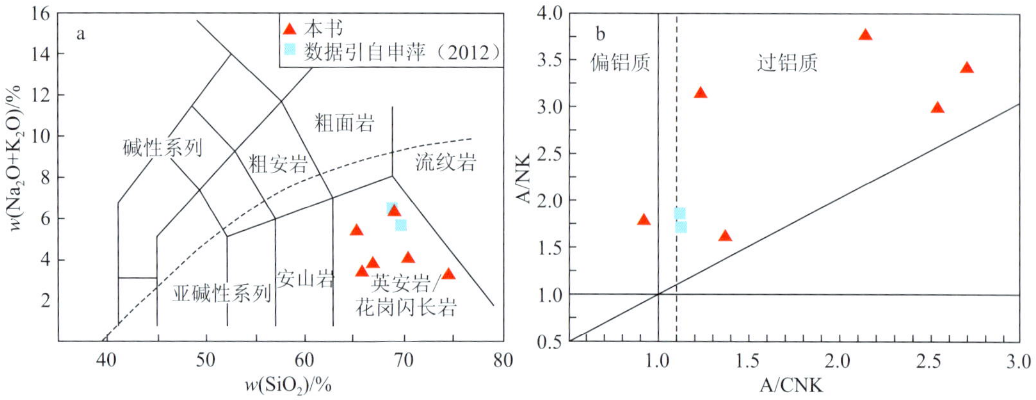

图 4－13　延东岩浆岩岩石类型和系列划分图解

表 4－6　东天山延东地区岩浆岩全岩地球化学数据

项目	YD－6	YD－7	YD005－968	YD3104－244	YD5501－98	YD5504－99
SiO_2	65. 21	69. 00	74. 40	70. 38	66. 79	65. 74
TiO_2	0. 30	0. 30	0. 18	0. 19	0. 37	0. 38
Al_2O_3	14. 51	15. 48	12. 57	14. 49	16. 32	16. 32
TFe_2O_3	3. 25	3. 14	1. 97	5. 53	5. 60	4. 50
MnO	0. 11	0. 07	0. 03	0. 01	0. 02	0. 05
MgO	1. 49	1. 36	0. 84	0. 30	0. 52	1. 42
CaO	4. 22	0. 93	3. 41	0. 46	0. 68	1. 81
Na_2O	3. 73	4. 58	0. 40	0. 43	0. 62	0. 74
K_2O	1. 89	1. 97	3. 10	3. 86	3. 49	2. 89
P_2O_5	0. 11	0. 12	0. 11	0. 07	0. 14	0. 12

续表

项目	YD -6	YD -7	YD005 -968	YD3104 -244	YD5501 -98	YD5504 -99
LOI	4.86	2.98	2.76	4.16	4.87	6.01
总量	99.69	99.93	99.77	99.88	99.41	99.98
A/CNK	0.91	1.36	1.23	2.53	2.70	2.14
A/NK	1.77	1.60	3.12	2.96	3.40	3.76
FeO	1.95	1.25	0.65	0.55	0.62	1.10
Li	12.80	11.00	37.00	5.65	9.70	31.60
Be	0.94	0.87	1.18	0.52	0.86	0.92
Sc	7	7.84	3.36	5.12	8.37	10.6
V	59.8	60	16.4	27.3	84.4	86.9
Cr	10.7	7.97	3.53	4.36	13.7	12.7
Co	8.48	7.87	6.39	21.8	16.7	10.6
Ni	9.5	7.52	3.26	4.16	10.3	9.54
Cu	15.6	36.1	3930	454	1839	456
Zn	131	240	30.3	4.82	21.8	53.1
Ga	14.5	14.8	11.1	11.9	19.1	17.4
Rb	39.7	38.8	45.3	57	61.8	55.8
Sr	352	285	582	129	184	283
Y	8.31	6.8	3.68	4.71	9.36	13.5
Zr	76.9	83.7	29.6	39.3	83.2	92.9
Nb	2.58	2.71	3.25	2.19	2.81	2.54
Cs	3.92	2.87	2.48	1.23	2.18	1.91
Ba	371	423	536	614	423	388
La	11	8.35	10.4	7.66	14.1	14.4
Ce	23	18.3	20	15.3	26.8	31.4
Pr	2.93	2.36	2.34	1.85	3.48	4.12
Nd	11.6	9.47	8.6	7.4	14.7	17.7
Sm	2.27	1.86	1.48	1.32	2.77	3.99
Eu	0.659	0.461	0.432	0.408	0.682	1.24
Gd	1.92	1.55	0.999	1.01	2.06	3.58
Tb	0.283	0.234	0.14	0.157	0.339	0.574
Dy	1.65	1.39	0.778	0.905	1.54	2.87
Ho	0.288	0.248	0.137	0.173	0.306	0.486
Er	0.807	0.759	0.383	0.464	0.888	1.26
Tm	0.128	0.129	0.06	0.085	0.151	0.194
Yb	0.807	0.768	0.44	0.562	0.963	1.18
Lu	0.125	0.13	0.072	0.091	0.143	0.17

续表

项目	YD-6	YD-7	YD005-968	YD3104-244	YD5501-98	YD5504-99
Hf	2.11	2.22	0.937	1.22	2.44	2.57
Ta	0.339	0.426	0.229	0.285	0.242	0.308
Pb	8.91	7.96	2.90	1.40	5.03	4.53
Th	1.31	1.39	1.06	1.19	2.03	2.56
U	0.554	0.589	0.396	0.541	1.28	1.06
T_{Zr}/℃	707	752	675	730	793	791

注：氧化物质量分数以“%”表示，微量元素质量分数以“10^{-6}”表示。

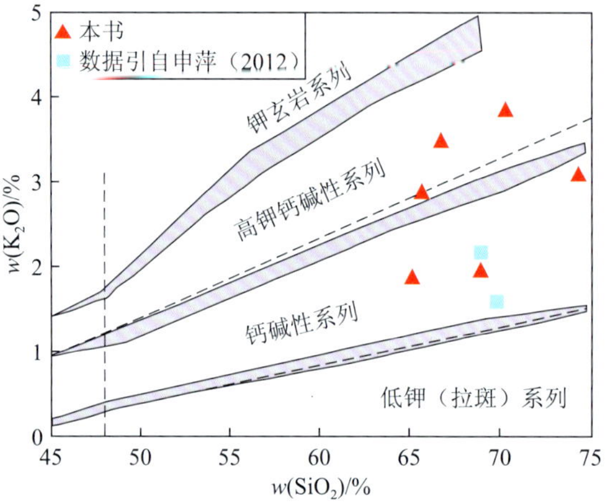

图4-14 延东岩浆岩 K_2O-SiO_2 岩石系列划分图解

（据 Rollinson，1993）

2. 微量、稀土元素地球化学特征

土屋安山岩的稀土总量均值为 88.97×10^{-6}，闪长玢岩的稀土总量均值为 58.43×10^{-6}，斜长花岗斑岩的稀土总量均值为 51.87×10^{-6}。在稀土元素球粒陨石标准化配分图中，所有样品均表现轻稀土富集，重稀土亏损［$Yb=(0.75\sim2.49)\times10^{-6}$］，轻重稀土分异明显（图4-16a），其中斜长花岗斑岩较安山岩及闪长玢岩分异更明显。所有岩石样品轻重稀土比值（LREE/HREE）为6.15～12.48，均值为8.26；La_N/Yb_N 变化范围在3.37～9.34之间，均值为5.40。除安山岩样品TW4803-6及斜长花岗斑岩样品TW32外，其余样品均显示弱的正Eu异常（$\delta Eu=1.00\sim1.14$）。在微量元素原始地幔标准化蛛网图中，安山岩、闪长玢岩及斜长花岗斑岩样品均显示相似的特征，均富集K、Rb、Sr、Ba等大离子亲石元素（LILE），相对亏损Nb、Ta、Ti、Th等高场强元素（HFSE），明显富集U和Pb（图4-16b）。

延东斜长花岗斑岩稀土元素球粒陨石标准化配分图（图4-17a）为右倾型，轻稀土富集（LREE）、重稀土（HREE）相对亏损（$La_N/Yb_N=7.80\sim16.95$），Eu负异常明显，具有岛弧岩浆岩的特点（Pearce，1996）。原始地幔标准化微量元素蛛网图（图4-17b）中，全部样品显示K、Rb、Ba等大离子亲石元素富集，Nb、Ta、P、Ti、Th等高场强元素相对亏损（Wang et al.，2015b）。

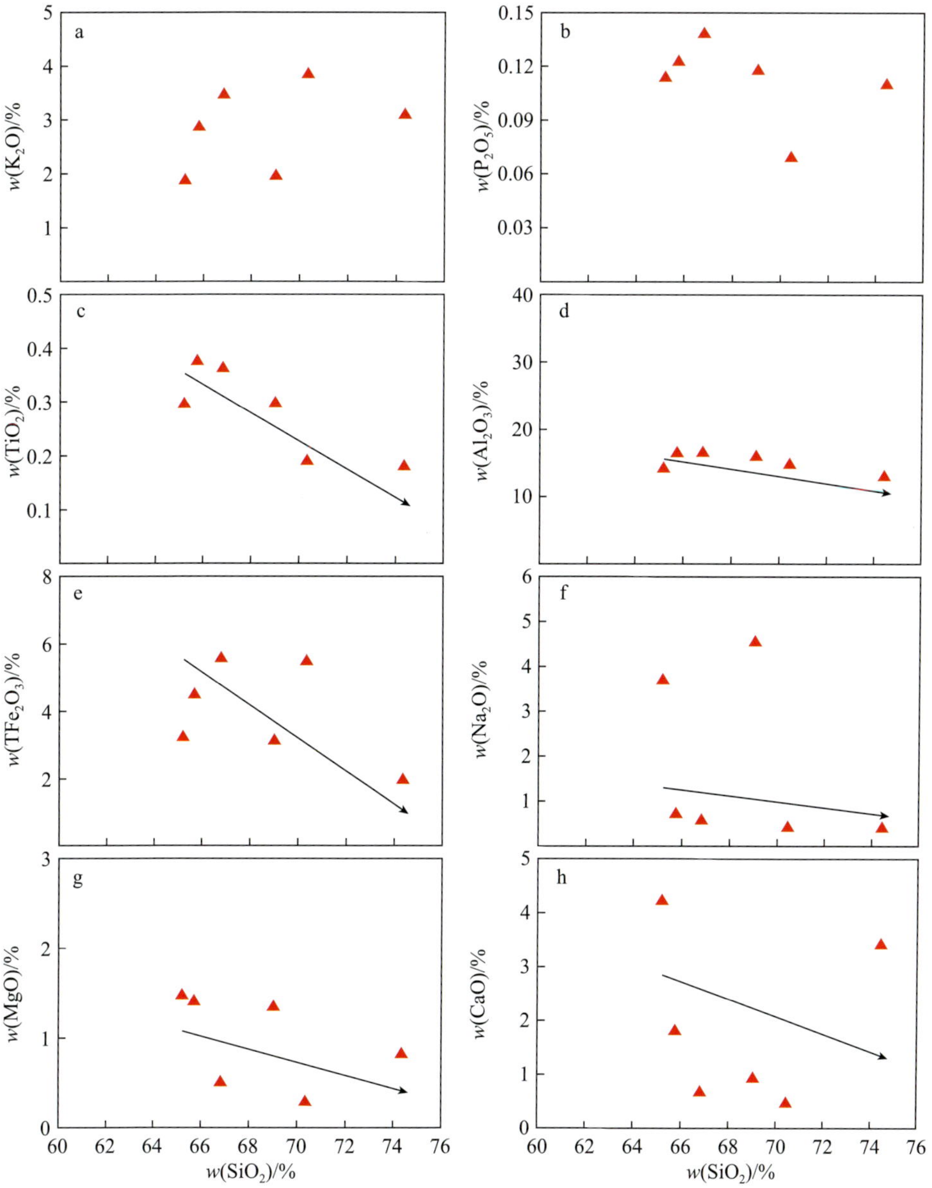

图 4-15 延东岩浆岩哈克图解

（三）同位素年代地球化学

土屋斜长花岗斑岩的锆石矿物颗粒标型内部结构研究表明，其锆石颗粒较大，晶形完好，成分单一，具有典型的岩浆型锆石韵律环带结构（图 4-18a），说明锆石是在岩浆系统中结晶形成。本次获得土屋斜长花岗斑岩的 SIMS 锆石 U-Pb 年龄为 334.7 ± 3.0Ma（表 4-7；图 4-18b），代表了土屋斜长花岗斑岩岩浆结晶年代，说明土屋地区斜长花岗斑岩形成时代为早石炭世。该结论与刘德权等（2003）、陈富文等（2005）、郭谦谦等（2010）和王银宏等（2014）获得的土屋-延东铜矿床含矿斜长花岗斑岩的成岩年代（340～330Ma）一致。

表 4－7　东天山土屋地区岩浆岩 SIMS 锆石 U－Pb 定年数据

测点号	$^{206}Pb_c$ / %	$w(U)$ / 10^{-6}	$w(Th)$ / 10^{-6}	Th/U	$w(^{206}Pb^*)$ / 10^{-6}	同位素比值								$^{206}Pb/^{238}U$	±1σ
						$^{238}U/^{206}Pb^*$	±1σ	$^{207}Pb^*/^{206}Pb^*$	±1σ	$^{207}Pb^*/^{235}U$	±1σ	$^{206}Pb^*/^{238}U$	±1σ		
TW－005：斜长花岗斑岩，11 各测点（不包括第 3、4、6、9 测点），加权平均年龄：334.7 ±3.0Ma（MSWD =0.18）															
TW－005@01	0.91	74	38	0.51	4.69	18.9374	1.5283	0.0522	4.0276	0.3799	4.3078	0.0528	1.5283	331.7	4.9
TW－005@02	0.58	125	58	0.46	7.82	18.8015	1.5070	0.0509	2.6977	0.3730	3.0901	0.0532	1.5070	334.1	4.9
TW－005@03	1.43	143	86	0.60	9.03	19.3224	1.5008	0.0525	3.2602	0.3749	3.5890	0.0518	1.5008	325.3	4.8
TW－005@04	3.81	54	21	0.40	3.24	18.6594	1.5312	0.0396	12.0447	0.2924	12.1416	0.0536	1.5312	336.5	5.0
TW－005@05	1.04	71	35	0.50	4.57	18.6471	1.5276	0.0516	4.1034	0.3812	4.3785	0.0536	1.5276	336.8	5.0
TW－005@06	1.09	65	29	0.44	4.36	17.8705	1.8491	0.0509	3.6180	0.3929	4.0631	0.0560	1.8491	351.0	6.3
TW－005@07	0.59	113	80	0.70	7.55	18.9456	1.5038	0.0526	3.2636	0.3826	3.5934	0.0528	1.5038	331.6	4.9
TW－005@08	0.13	208	134	0.65	14.14	18.4694	1.5001	0.0541	1.5891	0.4037	2.1853	0.0541	1.5001	339.9	5.0
TW－005@09	0.14	75	30	0.39	4.24	20.6769	1.5074	0.0533	1.6189	0.3555	2.2121	0.0484	1.5074	304.5	4.5
TW－005@10	0.38	102	55	0.54	6.62	18.7474	1.5074	0.0519	2.1821	0.3820	2.6522	0.0533	1.5074	335.0	4.9
TW－005@11	0.28	91	33	0.36	5.64	18.9238	1.5083	0.0529	3.0403	0.3854	3.3939	0.0528	1.5083	332.0	4.9
TW－005@12	0.20	116	75	0.65	7.79	18.7514	1.5094	0.0535	1.6873	0.3932	2.2639	0.0533	1.5094	334.9	4.9
TW－005@13	0.23	76	40	0.53	4.93	18.7592	1.5167	0.0535	2.2037	0.3935	2.6752	0.0533	1.5167	334.8	5.0
TW－005@14	0.28	71	46	0.64	4.79	18.5787	1.5053	0.0544	2.2168	0.4036	2.5796	0.0538	1.5053	338.0	5.0
TW－005@15	0.21	103	57	0.55	6.71	18.7718	1.5392	0.0523	1.7823	0.3843	2.3550	0.0533	1.5392	334.6	5.0

注：$^{206}Pb_c$（%）指普通 ^{206}Pb 占全部 ^{206}Pb 中的比例；$^{206}Pb^*$ 指放射性成因铅；普通铅用 ^{204}Pb 校正。

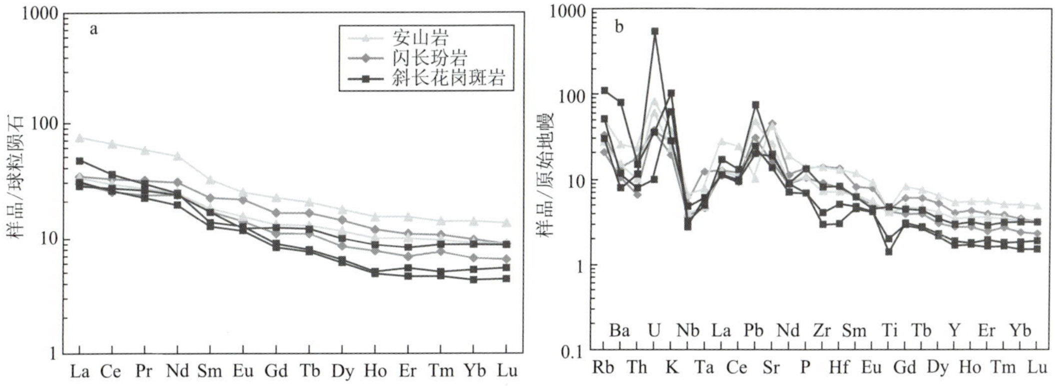

图 4－16　土屋斜长花岗斑岩稀土元素球粒陨石标准化配分图（a）和微量元素原始地幔标准化蛛网图（b）

球粒陨石数据据 Bovnton，1984；原始地幔数据据 Sun & McDonough，1989

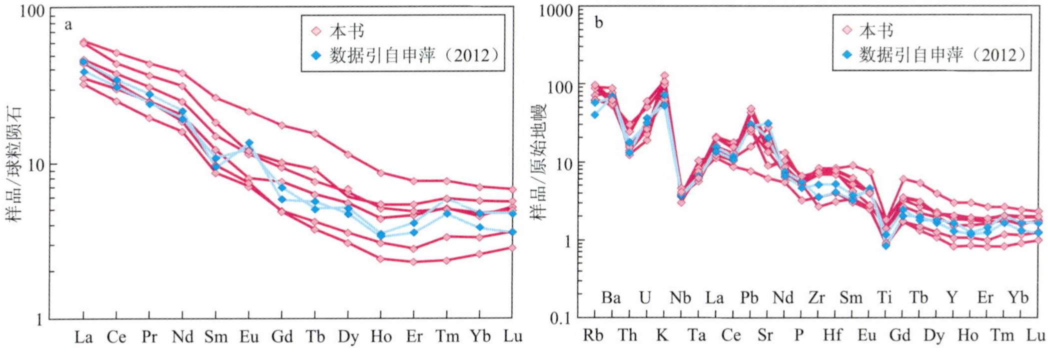

图 4－17　延东岩浆岩稀土元素球粒陨石标准化配分图（a）和微量元素原始地幔标准化蛛网图（b）

球粒陨石数据据 Boynton，1984；原始地幔数据据 Sun & McDonough，1989

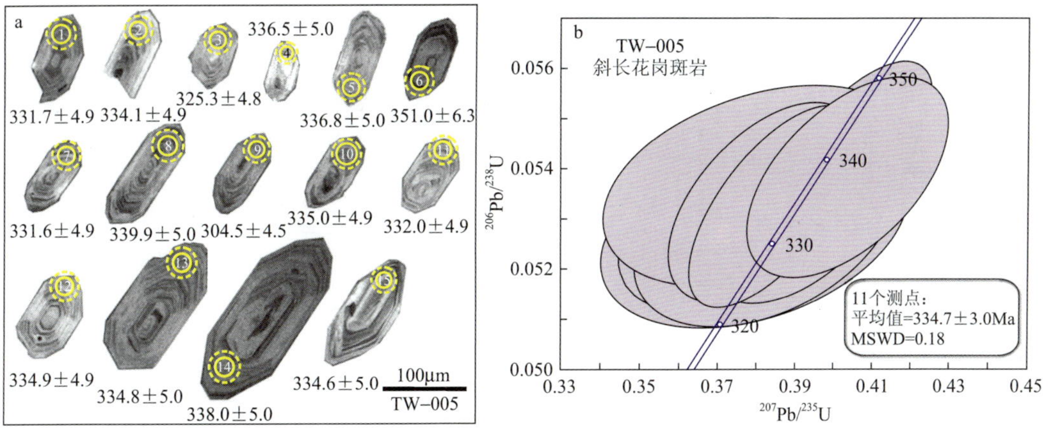

图 4－18　土屋地区斜长花岗斑岩锆石阴极发光（CL）图像（a）和锆石 U－Pb 年龄谐和图（b）

延东斜长花岗斑岩的锆石矿物颗粒标型内部结构研究表明，其锆石颗粒较大，晶形完好，成分单一，具有典型的岩浆型锆石韵律环带结构（图 4－19a），说明锆石是在岩浆系统中结晶形成。本次获得延东斜长花岗斑岩的 SHRIMP 锆石 U－Pb 年龄为 335.0 ± 3.7Ma（表 4－8；图 4－19b），代表了延东斜长花岗斑岩岩浆结晶年代，说明延东地区斜长花岗

表 4－8　东天山延东地区岩浆岩 SIMS 锆石 U－Pb 定年数据

分析号	$^{206}Pb_c$/%	$w(U)/10^{-6}$	$w(Th)/10^{-6}$	Th/U	$w(^{206}Pb^*)/10^{-6}$	同位素比值								$^{206}Pb/^{238}U$	±1σ
						$^{238}U/^{206}Pb^*$	±1σ	$^{207}Pb^*/^{206}Pb^*$	±1σ	$^{207}Pb^*/^{235}U$	±1σ	$^{206}Pb^*/^{238}U$	±1σ		
YD－10，14 个测点（不包括第 1 测点）加权平均年龄：(335.0 ±3.7) Ma，MSWD＝0.97															
YD－10－1.1	0.10	307	55	0.19	14.85	17.7875	0.0198	0.0528	0.0182	0.4095	0.0269	0.0562	0.0198	352.6	6.8
YD－10－2.1	0.77	201	46	0.24	9.25	18.7900	0.0259	0.0479	0.0470	0.3517	0.0537	0.0532	0.0259	334.3	8.4
YD－10－3.1	0.76	189	49	0.27	8.63	18.9228	0.0208	0.0505	0.0393	0.3683	0.0444	0.0528	0.0208	332.0	6.7
YD－10－4.1	0.35	366	130	0.37	17.13	18.4132	0.0198	0.0520	0.0256	0.3896	0.0323	0.0543	0.0198	340.9	6.6
YD－10－5.1	1.48	110	27	0.26	5.09	18.8618	0.0217	0.0433	0.1075	0.3163	0.1097	0.0530	0.0217	333.0	7.0
YD－10－6.1	0.14	366	65	0.18	17.33	18.1882	0.0197	0.0547	0.0167	0.4143	0.0258	0.0550	0.0197	345.0	6.6
YD－10－7.1	0.53	157	109	0.72	7.15	18.9547	0.0245	0.0501	0.0467	0.3648	0.0528	0.0528	0.0245	331.4	7.9
YD－10－8.1	0.85	369	140	0.39	16.93	18.8897	0.0205	0.0721	0.1001	0.5265	0.1021	0.0529	0.0205	332.5	6.6
YD－10－9.1	0.18	498	205	0.43	23.44	18.2841	0.0195	0.0517	0.0195	0.3900	0.0276	0.0547	0.0195	343.3	6.5
YD－10－10.1	2.23	57	22	0.40	2.63	19.0397	0.0259	0.0408	0.2228	0.2952	0.2243	0.0525	0.0259	330.0	8.3
YD－10－11.1	0.34	100	53	0.54	4.54	19.0634	0.0212	0.0533	0.0320	0.3858	0.0384	0.0525	0.0212	329.6	6.8
YD－10－12.1	0.46	120	55	0.47	5.57	18.5551	0.0209	0.0520	0.0368	0.3865	0.0423	0.0539	0.0209	338.4	6.9
YD－10－13.1	1.05	85	29	0.35	3.81	19.3734	0.0225	0.0523	0.0489	0.3724	0.0539	0.0516	0.0225	324.4	7.1
YD－10－14.1	0.60	224	61	0.28	10.63	18.2034	0.0202	0.0483	0.0425	0.3662	0.0470	0.0549	0.0202	344.7	6.8
YD－10－15.1	0.33	364	97	0.28	16.29	19.2434	0.0200	0.0503	0.0167	0.3601	0.0260	0.0520	0.0200	326.6	6.4

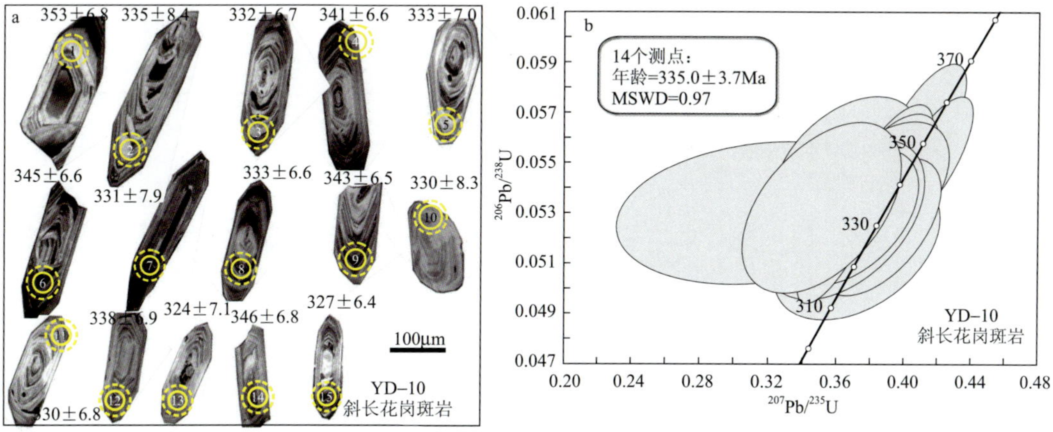

图 4-19　延东斜长花岗斑岩锆石阴极发光（CL）图像（a）和锆石 U-Pb 年龄谐和图（b）

斑岩形成时代为早石炭世。

对于成矿时代，芮宗瑶等（2002）获得了土屋-延东铜矿床 323Ma 的辉钼矿 Re-Os 年龄，张连昌等（2004）测得延东矿区细脉浸染状的辉钼矿 Re-Os 年龄为 343Ma，秦克章等（2002）测得土屋-延东矿区内蚀变绢云母 K-Ar 年龄为 341Ma，张达玉等（2010）测得延西铜矿床辉钼矿 Re-Os 年龄为 326Ma，Wang et al.（2018b）测得延东辉钼矿 Re-Os 年龄为 331.8 ±2.1Ma，Wang et al.（2021a）测得土屋矿床辉钼矿 Re-Os 年龄为 332.5 +4.4Ma。根据已有的同位素年代学数据可知，土屋-延东铜矿床成矿年代为 340～320Ma，土屋-延东铜矿床成矿时代与成岩时代基本一致或稍晚。

土屋斜长花岗斑岩锆石 Hf 同位素测试是在 U-Pb 定年的基础上进行的，样品 TW-005 的 15 个锆石测点的数据结果列于表 4-9，不考虑测点 TW-005@03、TW-005@04、TW-005@06 和 TW-005@09，剩余 11 个锆石测点的 $^{176}Hf/^{177}Hf$ 变化在 0.282757～0.283035 之间，对应的 $\varepsilon_{Hf}(t)$ 值为 6.3～16.1，位于亏损地幔演化线附近，指示斜长花岗斑岩的岩浆源区可能来自俯冲板片的部分熔融（Chung et al.，2003；熊小林等，2005；罗照华等，2010；He et al.，2011；Guan et al.，2011）。样品的 Hf 同位素亏损地幔模式年龄平均为 498Ma，这比锆石的平均 U-Pb 年龄（335Ma）略大，进一步说明岩浆物质可能源于俯冲板片的部分熔融（王银宏等，2014）。

延东地区花岗岩中锆石 Lu-Hf 同位素共分析测点 15 个，测点号与表 4-10 对应，测点位置与 U-Pb 定年点位于同一岩浆震荡环带，Lu-Hf 同位素组成和相关参数计算结果列于表 4-10。不考虑离群锆石（353Ma），斜长花岗斑岩的 $^{176}Hf/^{177}Hf$ 值变化范围为 0.282842～0.283040，$\varepsilon_{Hf}(t)$ 为 9.4～15.8，二阶段 Hf 同位素地壳模式年龄（T_{DM}^{C}）为 334～750Ma。

三、岩石成因及源区性质

埃达克岩是指具有高 Sr、低 Y 等特定地球化学特征的一套中酸性火山岩和侵入岩组合（Kay et al.，1978）。埃达克岩地球化学特征为：$SiO_2 > 56\%$，$Al_2O_3 > 15\%$，$MgO < 3\%$，高 Sr（$>400\times10^{-6}$），贫 Y 和 Yb（$Y<18\times10^{-6}$，$Yb<1.9\times10^{-6}$），HREE 明显亏损，Eu 正异常（Defant & Drummond，1990）。数据显示土屋、延东矿床的斜长花岗斑岩具有与

表 4－9　东天山土屋地区岩浆岩锆石 Hf 同位素数据

测点号	年龄/Ma	$^{176}Yb/^{177}Hf$	$^{176}Hf/^{177}Hf$	$\pm 2\sigma$	$^{176}Lu/^{177}Hf$	$^{176}Hf/^{177}Hf\ (t)$	$^{176}Hf/^{177}Hf$ CHUR（T）	$\varepsilon_{Hf}(0)$	$\varepsilon_{Hf}(t)$	T_{DM}/Ma	T_{DM}^{C}/Ma	$f_{Lu/Hf}$
TW－005：斜长花岗斑岩，334.7±3.0Ma（MSWD＝0.18）（11 各测点，不包括第 3、4、6、9 测点），$\varepsilon_{Hf}(t)$＝6.3～16.1												
TW－005－01	331.7	0.083310	0.282792	0.000063	0.002515	0.282776	0.282566	0.7	7.4	680	865	－0.92
TW－005－02	334.1	0.081412	0.282981	0.000037	0.002188	0.282967	0.282564	7.4	14.3	396	431	－0.93
TW－005－03	325.3	0.107147	0.282902	0.000052	0.002411	0.282887	0.282570	4.6	11.2	516	619	－0.93
TW－005－04	336.5	0.090940	0.283222	0.000122	0.003311	0.283201	0.282563	15.9	22.6	42	104	－0.90
TW－005－05	336.8	0.066610	0.282853	0.000035	0.002157	0.282839	0.282563	2.9	9.8	584	719	－0.94
TW－005－06	351.0	0.130745	0.283020	0.000042	0.004249	0.282992	0.282554	8.8	15.5	360	364	－0.87
TW－005－07	331.6	0.073937	0.282922	0.000045	0.002257	0.282908	0.282566	5.3	12.1	484	566	－0.93
TW－005－08	339.9	0.072102	0.282865	0.000036	0.002110	0.282852	0.282561	3.3	10.3	565	689	－0.94
TW－005－09	304.5	0.073916	0.282815	0.000046	0.001963	0.282804	0.282583	1.5	7.8	636	820	－0.94
TW－005－10	335.0	0.062855	0.282822	0.000032	0.001921	0.282810	0.282564	1.8	8.7	624	786	－0.94
TW－005－11	332.0	0.077830	0.283035	0.000035	0.002167	0.283022	0.282566	9.3	16.1	317	308	－0.93
TW－005－12	334.9	0.062525	0.282757	0.000057	0.002177	0.282743	0.282564	－0.5	6.3	725	938	－0.93
TW－005－13	334.8	0.066622	0.283017	0.000040	0.002029	0.283004	0.282564	3.7	15.6	342	346	－0.94
TW－005－14	338.0	0.068293	0.283022	0.000038	0.002090	0.283009	0.282562	8.8	15.8	336	334	－0.94
TW－005－15	334.6	0.045253	0.282876	0.000037	0.001534	0.282866	0.282564	3.7	10.7	541	660	－0.95

表 4 - 10　东天山延东地区岩浆岩锆石 **Hf** 同位素数据

编号	年龄/Ma	$^{176}Yb/^{177}Hf$	$^{176}Hf/^{177}Hf$	$\pm 2\sigma$	$^{176}Lu/^{177}Hf$	$^{176}Hf/^{177}Hf\ (t)$	$^{176}Hf/^{177}Hf$ CHUR (T)	$\varepsilon_{Hf}(0)$	$\varepsilon_{Hf}(t)$	T_{DM}/Ma	T_{DM}^{C}/Ma	$f_{Lu/Hf}$
YD - 10，斜长花岗斑岩，335. 0 ± 3. 7Ma，$\varepsilon_{Hf}(t)$ = 9. 4 ~ 15. 8（14 个测点，不包括第 1 测点）												
YD - 10 - 1. 1	353	0. 135441	0. 283001	0. 000026	0. 002167	0. 282987	0. 282553	8. 1	15. 4	367	375	- 0. 93
YD - 10 - 2. 1	334	0. 165288	0. 283009	0. 000023	0. 002603	0. 282993	0. 282564	8. 4	15. 2	359	372	- 0. 92
YD - 10 - 3. 1	332	0. 145960	0. 282943	0. 000024	0. 002510	0. 282927	0. 282566	6. 1	12. 8	456	522	- 0. 92
YD - 10 - 4. 1	341	0. 164177	0. 282980	0. 000027	0. 002761	0. 282963	0. 282560	7. 4	14. 2	404	437	- 0. 92
YD - 10 - 5. 1	333	0. 188134	0. 282986	0. 000023	0. 003645	0. 282963	0. 282565	7. 6	14. 1	405	441	- 0. 89
YD - 10 - 6. 1	345	0. 175497	0. 282842	0. 000032	0. 002828	0. 282823	0. 282557	2. 5	9. 4	611	750	- 0. 91
YD - 10 - 7. 1	331	0. 241981	0. 283016	0. 000026	0. 004668	0. 282987	0. 282566	8. 6	14. 9	371	388	- 0. 86
YD - 10 - 8. 1	333	0. 160006	0. 283028	0. 000024	0. 002841	0. 283010	0. 282565	9. 1	15. 8	333	334	- 0. 91
YD - 10 - 9. 1	343	0. 161865	0. 283015	0. 000023	0. 002905	0. 282997	0. 282559	8. 6	15. 5	353	358	- 0. 91
YD - 10 - 10. 1	330	0. 096833	0. 282951	0. 000021	0. 001895	0. 282939	0. 282567	6. 3	13. 2	438	498	- 0. 94
YD - 10 - 11. 1	330	0. 145248	0. 282982	0. 000027	0. 002434	0. 282967	0. 282567	7. 4	14. 2	397	433	- 0. 93
YD - 10 - 12. 1	338	0. 162725	0. 282953	0. 000029	0. 003599	0. 282930	0. 282562	6. 4	13. 0	455	512	- 0. 89
YD - 10 - 13. 1	324	0. 141374	0. 282973	0. 000033	0. 002375	0. 282958	0. 282570	7. 1	13. 7	411	458	- 0. 93
YD - 10 - 14. 1	345	0. 155443	0. 282873	0. 000030	0. 003396	0. 282851	0. 282558	3. 6	10. 4	575	688	- 0. 90
YD - 10 - 15. 1	327	0. 561190	0. 283040	0. 000053	0. 011466	0. 282970	0. 282569	9. 5	14. 2	416	430	- 0. 65

埃达克岩相似的特征，如：高 Si、Al 和 Sr，低 Y 和 Yb 及弱的正 Eu 异常。另外，在 La_N/Yb_N-Yb_N 图解中（图 4－20），样品落在埃达克岩区域；在 Sr/Y－Y 图解中，样品同样落在埃达克岩区域，并同南美智利含矿斑岩的分布范围一致（王银宏等，2014；Wang et al.，2015a，b）。因此，土屋－延东矿床的斜长花岗斑岩均属于埃达克质岩石，可以直接用埃达克岩的成因模型来解释斜长花岗斑岩体的形成。

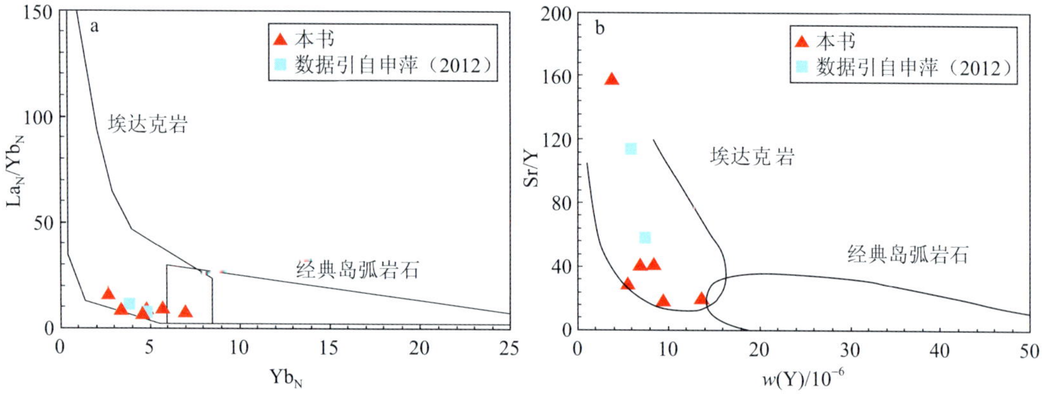

图 4－20　延东地区岩浆岩 La_N/Yb_N-Yb_N 图解（a）和 Sr/Y－Y 图解（b）

（据 Defant & Drummond，1990）

埃达克质岩石的成因模型可以包括：①俯冲洋壳的部分熔融（Defant & Drummond，1990）；②增厚下地壳或拆沉下地壳熔融（Hou et al.，2004；He et al.，2011）；③镁铁质岩浆分离结晶作用（Richards，2009，2011）；④地幔岩浆与地壳岩浆的混合作用等（Streck et al.，2007）。延东斜长花岗斑岩的地球化学特征表明，其最可能源于俯冲洋壳的部分熔融，证据在于：①除 2 件强蚀变的样品具有较低的 $Mg^{\#}$ 外，其余埃达克质岩石具有较高的 $Mg^{\#}$（40－48），指示其可能由俯冲洋壳熔融产生，并经历了与地幔楔橄榄岩的相互作用；②低 Y 和 Yb 含量［$Y=(5\sim14)\times10^{-6}$ 和 $Yb=(0.4\sim1.2)\times10^{-6}$］，在 Sr/Y－Y 图解中，埃达克质岩石样品投点沿 MORB 演化线分布；在 La/Yb－La 图解中（图 4－21），埃达克质岩石样品投点沿部分熔融线分布，说明埃达克岩的洋壳熔融成因；③无明显至弱 Eu 正异常（$\delta Eu=0.83\sim1.09$）及正锆石 $\varepsilon_{Hf}(t)$（9.4～15.8），表明具有与俯冲洋壳相似的特

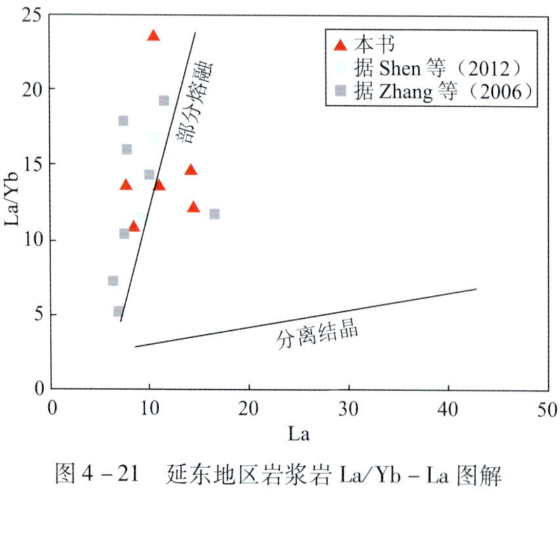

图 4－21　延东地区岩浆岩 La/Yb－La 图解

征；④正的 $\varepsilon_{Nd}(t)$（5.0～9.4）和较低的（$^{87}Sr/^{86}Sr$）$_i$（0.70316～0.70378），表明其 Sr－Nd 同位素组成接近 MORB 值，岩浆起源于洋脊玄武质岩石的部分熔融（芮宗瑶等，2004；Zhang et al.，2006）；⑤斜长花岗斑岩中锆石 $\delta^{18}O$ 与地幔的 $\delta^{18}O$（5.3±0.3‰）相近而远小于下地壳和 S 型花岗岩的 $\delta^{18}O$（7.0‰和 8.4‰～11.3‰），说明有地幔物质的加入。另外，延东斜长花岗斑岩的 $^{206}Pb/^{204}Pb$ 为 17.838～18.964，$^{207}Pb/^{204}Pb$ 为 15.409～15.518，$^{208}Pb/^{204}Pb$ 为 37.344～38.010，数据指示为深部岩浆 Pb 来源（Wang et al.，2018b）。因此，延东斜长花岗斑岩是俯冲玄武质洋壳部分熔融形成的，并与地幔橄榄岩发生较弱的交代作用。

土屋岩体样品的地球化学特征表明，斜长花岗斑岩最可能源于俯冲洋壳的部分熔融，证据在于：①相对较高的 MgO 含量（1.28～3.90）或 $Mg^{\#}$（50～76），表明其可能由俯冲洋壳熔融产生，并经历了与地幔楔橄榄岩的相互作用（Drummond et al.，1996；Defant et al.，2002）；②在 Ce/Yb－Ce 图解（图 4－22）中，土屋埃达克质岩石样品投点沿部分熔融线分布，说明埃达克岩的洋壳熔融成因，与 Zhang et al.（2006）分析结果一致；③无明显负 Eu 正异常（δEu＝0.86～1.14）及锆石 $\varepsilon_{Hf}(t)$ 为正值（6.3～16.1），表明具有与俯冲洋壳相似的特征（莫宣学等，2005；Zhu et al.，2009）；④正的 $\varepsilon_{Nd}(t)$（5.0～9.4）和较低的（$^{87}Sr/^{86}Sr$）$_i$（0.70316～0.70378）（芮宗瑶等，2004；Zhang et al.，2006），表明其 Sr－Nd 同位素组成接近 MORB 值，岩浆起源于洋脊玄武质岩石的部分熔融。由此可见，土屋斜长花岗斑岩是俯冲玄武质洋壳部分熔融形成的，埃达克岩熔体形成后与地幔橄榄岩发生较弱的交代作用。土屋斑岩铜矿床的赋矿围岩安山岩和闪长玢岩均属于钙碱性系列岩石，具有相似的微量元素及稀土元素配分模式，指示二者可能具有同源性。此外，在 Sr/Y－Y 图解（图 4－23a）和 La_N/Yb_N－Yb_N 图解（图 4－23b）中，样品均落在岛弧岩石范围内，表明具有岛弧火山岩的特点，不同于斜长花岗斑岩的埃达克质特征。

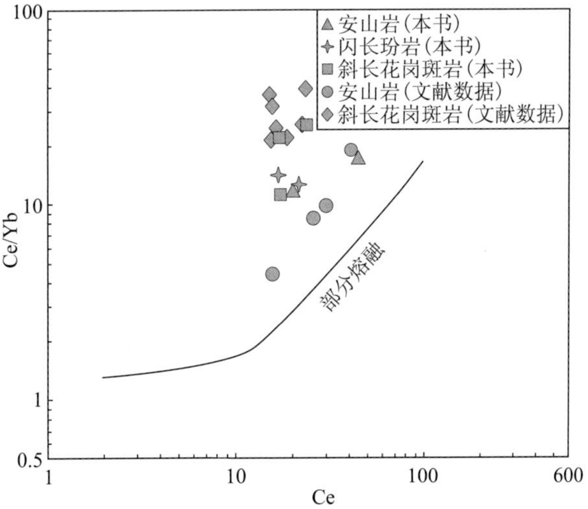

图 4－22　土屋火山岩及斜长花岗斑岩 Ce/Yb－Ce 图解

安山岩数据引自 Zhang 等（2006），Shen 等（2014a），赵泽南等（2014）

因此，土屋斑岩铜矿床斜长花岗斑岩、安山岩及闪长玢岩的地球化学特征表明，与成矿相关的斜长花岗斑岩具有埃达克岩的特征，而赋矿围岩安山岩及闪长玢岩具有同源岛弧

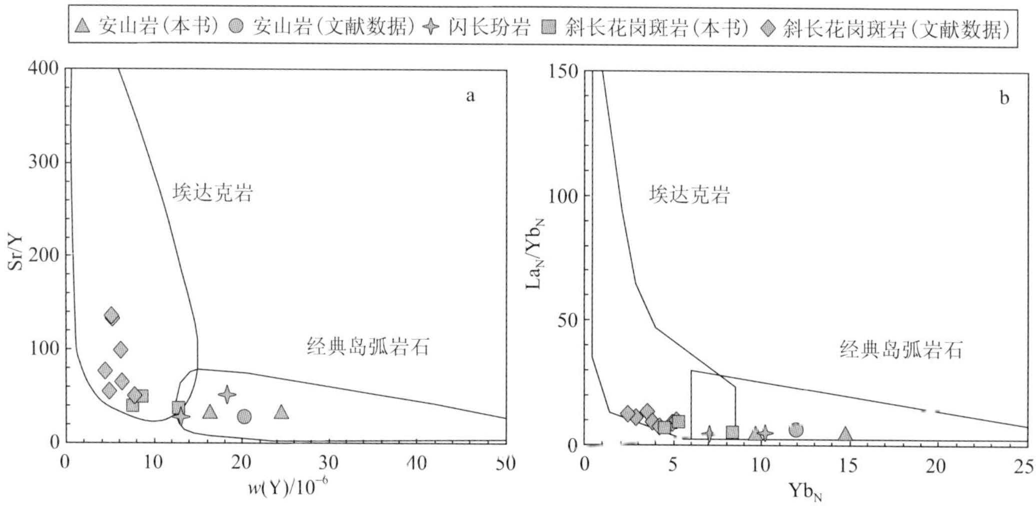

图4－23　土屋火山岩及斜长花岗斑岩 Sr/Y－Y 图解（a）和 $La_N/Yb_N－Yb_N$ 图解（b）
（据 Defant & Drummond，1990）

火山岩的特点，二者的地球化学特征有显著的差异，指示为不同期岩浆作用的产物。实验岩石学表明，符合埃达克岩地球化学特征的岩浆形成压力至少在 1.5GPa（熊小林等，2005；罗照华等，2010），即土屋斑岩铜矿区深部斑岩体的源区熔融深度可能在 50km 以上（王银宏等，2014）。

四、成矿流体演化

土屋延东矿区的成矿阶段、流体演化过程及金属沉淀机制备受研究者关注，且取得了很大进展。在成矿阶段研究方面，Han et al.（2006）识别出 3 个蚀变带（绢英岩化带、绿泥石－绢云母化带和青磐岩化带），划分了 6 个成矿阶段。Shen et al.（2014b）认为与闪长玢岩有关的蚀变有 Ca－Na 硅酸盐化、钾化、绿泥石－绢云母化、绢英岩化、青磐岩化和泥化，与斜长花岗斑岩相关的蚀变有钾化、绿泥石－绢云母化和绢英岩化，提出铜矿化与黑云母、绿泥石－钠长石和石英－绢云母的蚀变矿物组合密切相关。Wang et al.（2018a）将土屋成矿过程划分为早期青磐岩化、斑岩矿化、叠加矿化和后矿化 4 个成矿阶段，其中，斑岩矿化阶段又分为 3 个次级成矿阶段（碱性蚀变、青磐岩化和绢英岩化），铜矿化与绢英岩化蚀变关系密切。Zhang et al.（2019）根据脉体穿切关系和矿物共生组合将土屋成矿过程划分为 4 个阶段（阶段Ⅰ为石英－磁铁矿－钾长石－钠长石－黄铁矿脉；阶段Ⅱ为石英－黄铜矿±斑铜矿－绿泥石－绿帘石－黄铁矿；阶段Ⅲ为石英－辉钼矿－黄铁矿－黄铜矿－绿泥石－绿帘石－方解石；阶段Ⅳ为石英－方解石－绿泥石－绿帘石－硬石膏），认为铜矿化主要与钾化和绢英岩化密切相关。Shen et al.（2014a）将延东斑岩铜矿的成矿过程划分为与钾化相关的黄铁矿－黄铜矿、与绿泥石－绢云母化相关的黄铁矿－黄铜矿和与绢英岩化相关的黄铁矿－黄铜矿±辉钼矿 3 个阶段，其中阶段Ⅲ形成了延东 70% 的铜矿化。Wang et al.（2017）认为其经历了 4 个成矿阶段（阶段Ⅰ为石英－磁铁矿－黄铁矿；阶段Ⅱ为石英－黄铜矿－黄铁矿；阶段Ⅲ为石英－黄铜矿－黄铁矿－辉钼矿；阶段Ⅳ为石英－方解石），阶段Ⅱ和Ⅲ为主成矿阶段。综上所述，土屋、延东铜矿的矿化蚀变特征和典型的与钙碱性岩浆相关的斑岩型铜成矿系统的蚀变特征相似（Seedorff et al.，2005；Sillitoe，2010）。

流体演化特征方面，前人主要是通过流体包裹体显微测温和激光拉曼等技术来反演流体的演化过程。Zhang et al.（2019）利用流体包裹体组合（FIA）的方法，选取了土屋矿区不同脉体中的4期石英（$Qz_{Ⅰ}$、$Qz_{Ⅱ}$、$Qz_{Ⅲ}$及$Qz_{Ⅳ}$）代表4个热液成矿阶段，开展了流体包裹体地球化学研究。根据室温条件包裹体相成分及加热过程中相态变化，共识别4种包裹体类型：L_0（富液两相），V_0（富气两相），V_1（富气三相，含不透明矿物）及B_0（富盐多相，含或不含不透明矿物）（图4-24）。成矿早阶段石英中发育含石盐子晶包裹体（石盐子晶溶解和气泡消失温度分别是428～515℃和356～457℃，盐度［$w(NaCl+CaCl_2)_{eq}$］为50.3%～62.1%，密度为1.17～1.23g/cm³）和富液相包裹体（均一温度为306～458℃，冰点为-20～-3.9℃，盐度为6.5%～22.6%，密度为0.52～0.80g/cm³），估算该阶段的捕获压力为300bar（1bar=100kPa），形成深度为0.6～1.6km（假设为静岩条件）或者1.7～4.5km（假设为静水条件）。成矿阶段Ⅱ石英发育富液相流体包裹体（均一温度为238～345℃，冰点为-4.6～-1.7℃，盐度为2.9%～7.5%，密度为0.69～0.85g/cm³），估算该阶段的捕获压力为90bar，形成深度为0.9km。成矿阶段Ⅲ主要是富液相的流体包裹体（均一温度为201～253℃，冰点为-3.9～-1.3℃，盐度为2.1%～6.5%，密度为0.84～0.89g/cm³）。成矿阶段Ⅳ主要为富液相包裹体（均一温度为150～204℃，冰点为-2.5～-0.5℃，盐度为0.6%～4.2%，密度为0.89～0.93g/cm³）（图4-25）。氢氧同位素研究表明4个成矿阶段的石英其H和O同位素组成整体呈逐渐降低的趋势，指示早期高温的岩浆热液被晚期低温的大气降水混合。基于流体包裹体显微测温结果及矿物共生组合，估算了成矿流体的物理-化学条件，认为早期岩浆热液具有高氧逸度的特征（$\log f_{O_2}=-26.4\sim-24.3$），而主阶段热液流体氧逸度、温度和盐度逐渐降低，

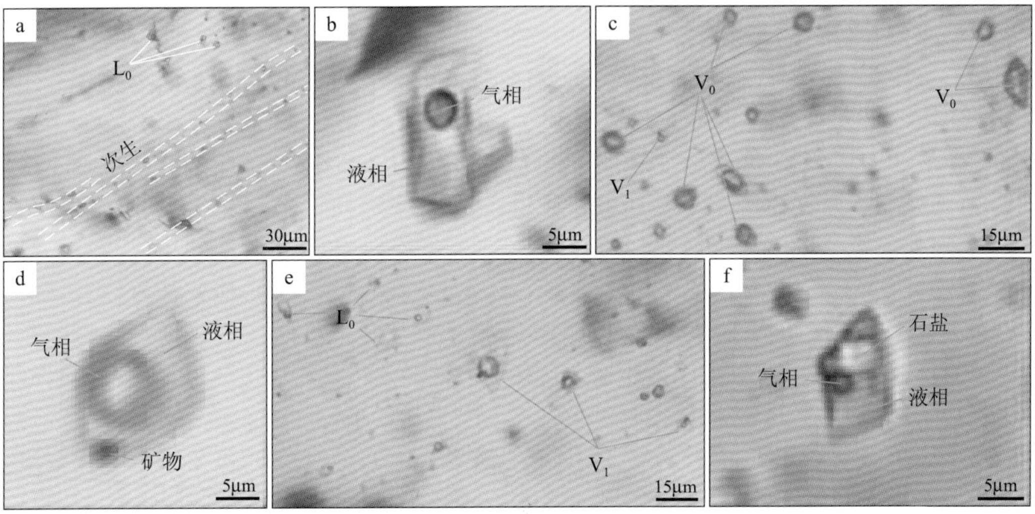

图4-24　不同阶段流体包裹体显微镜下照片

a—原生富液两相流体包裹体和沿裂隙分布的次生流体包裹体；b—富液两相流体包裹体（L_0）；c—富气两相流体包裹体（V_0）与含不透明矿物三相包裹体（V_1）共生；d—含不透明矿物三相包裹体（V_1）；e—富液两相流体包裹体（L_0）与含不透明矿物三相包裹体共生；f—含石盐子晶流体包裹体（B_0）

破坏了配合物的稳定性，降低了铜的溶解度，致使大量的硫化物在该阶段沉淀（即黄铜矿、黄铁矿和斑铜矿）。基于以上分析，本研究认为土屋矿区高氧逸度的热液流体源于浅成的英云闪长质岩浆的出溶，而流体自身氧逸度、温度和盐度的降低是土屋铜金属大规模巨量沉淀的关键机制。

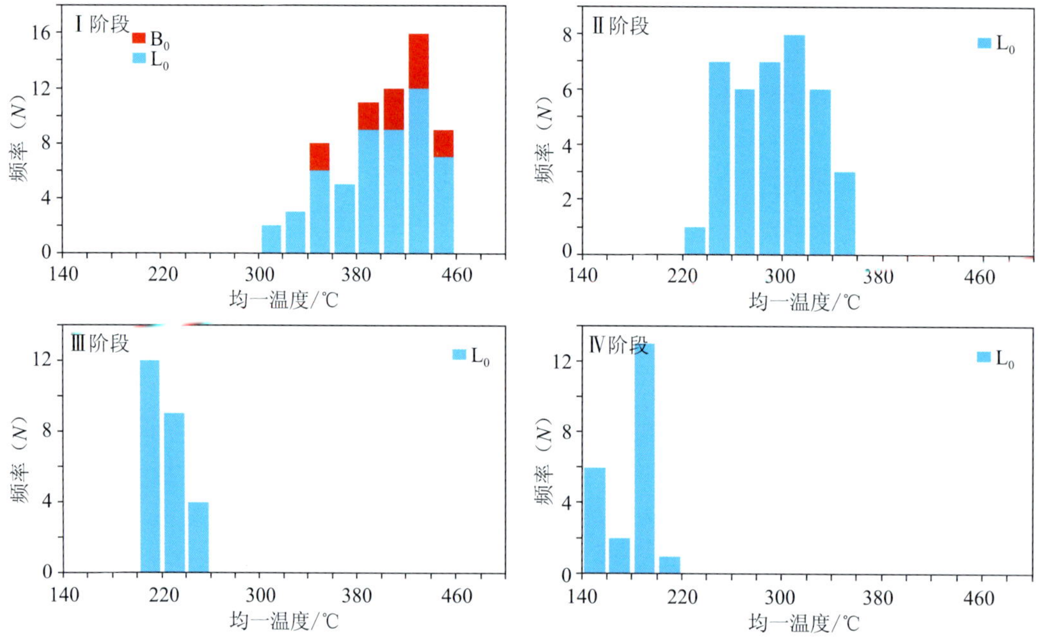

图4－25　土屋铜矿床不同阶段流体包裹体均一温度直方图

Wang et al.（2017）对延东斑岩铜矿各个阶段的流体包裹体进行了显微测温和激光拉曼分析。成矿阶段Ⅰ发育富气相包裹体（均一温度为410～494℃，平均盐度［$w(NaCl_{eq})$］为2.2%）、富液相包裹体（均一温度为311～430℃，平均盐度为9.5%），含石盐子晶包裹体，估算该阶段流体捕获压力约为300bar，形成深度大于1km（假设为静岩压力条件）；成矿主阶段（Ⅱ和Ⅲ）可见富液相和富液气相包裹体共存的现象，指示该阶段发生流体沸腾，富液相包裹体均一温度为161～390℃（平均为270℃）、对应的盐度为1.6%～9.9%（平均为4.9%），估算该阶段捕获压力约为100bar，形成深度约为1km（假设为静水压力条件）；成矿晚阶段富液相包裹体均一温度为123～261℃（平均为179℃），对应的盐度为0.7%～4.7%（平均为2.0%）。综上所述，延东铜（钼）矿成矿流体总体具有高温、高氧逸度的流体特征，属于$H_2O-NaCl$流体系统。氢氧同位素研究表明不同成矿阶段的石英其H－O同位素组成整体呈逐渐降低的趋势，指示成矿流体由早期岩浆水到晚期大气降水的演化过程；硫同位素指示黄铁矿及黄铜矿的硫同位素组成基本一致（$\delta^{34}S=-3.3‰\sim+0.8‰$）；铅同位素研究表明不同成矿阶段的黄铁矿铅同位素组成变化范围不大（$^{206}Pb/^{204}Pb=17.776\sim18.959$、$^{207}Pb/^{204}Pb=15.410\sim15.534$及$^{208}Pb/^{204}Pb=37.323\sim38.127$），指示为深部岩浆铅来源。综合认为延东铜（钼）矿区的成矿流体和成矿物质最可能源于初始的斜长花岗斑岩岩浆（产生于俯冲板片的部分熔融并且有部分地幔楔物质的加入），斑岩型铜矿化作用深度较浅（大于1km），流体沸腾/相分离、温度降低及水－岩反应作用很可能为大规模的成矿金属元素（如铜元素）富集和沉淀提供了有利机制。

五、成岩成矿模式

新疆北部在晚古生代经历了后碰撞构造演化阶段，碰撞的主体时限为355～250Ma。石炭世至二叠世期间后碰撞大规模岩浆活动，不仅使已经形成的地壳被改造，而且地幔岩浆侵入地壳之中，使地壳发生增厚。早期通常将东天山延东地区石炭纪岩浆作用解释为：早泥盆纪准噶尔大洋沿卡拉麦里缝合线的南向俯冲；准噶尔大洋板块在晚古生代向南沿塔里木板块北缘低角度快速俯冲；康古尔塔格大洋板块在石炭世向南北两侧双向俯冲，在康古尔断裂带以北形成大南湖－头苏泉晚古生代岛弧，以南形成阿奇山－雅满苏晚古生代岛弧（王志良等，2006；Han et al.，2006；张达玉等，2010；Wang et al.，2016a，b，c）。在Wood（1980）构造环境判别图解中，新疆土屋矿区火山岩样品均落入岛弧拉斑玄武岩和岛弧钙－碱性玄武岩区（图4－26a、b）；在Pearce et al.（1984）构造环境判别图解及Rb－Hf－Ta构造图解中，斜长花岗斑岩样品均落入火山弧花岗岩区（图4－26c、d），表明土屋火山岩及含矿岩体主体均具有岛弧岩浆岩的特点，形成于板块俯冲的构造环境。在Rb－

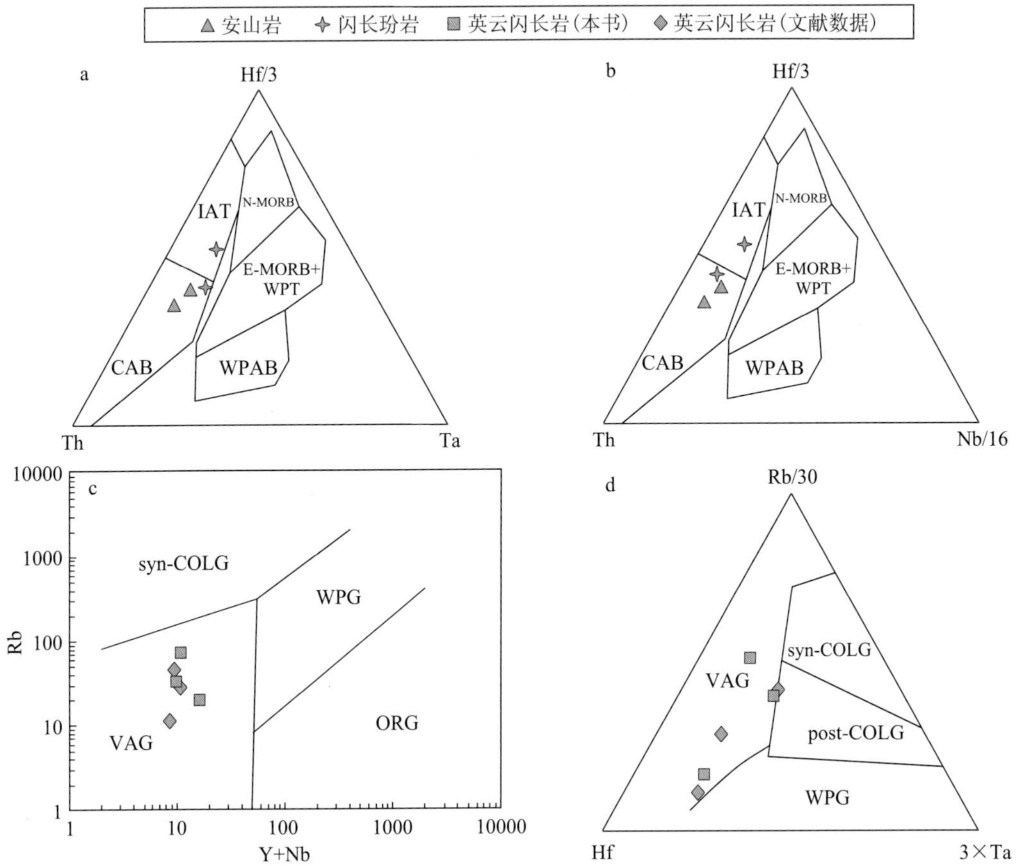

图4－26　土屋火山岩及斜长花岗斑岩构造环境判别图解

a—Hf/3－Th－Ta图解（据Wood，1980）；b—Hf/3－Th－Nb/16图解（据Wood，1980）；c—Rb－Y＋Nb图解（据Pearce et al.，1984）；d—Rb/30－Hf－3×Ta图解（据Harris et al.，1986）. IAT—岛弧拉斑玄武岩；CAB—岛弧钙碱性玄武岩；WPT—板内拉斑玄武岩；WPAB—板内碱性玄武岩；syn－COLG—同碰撞花岗岩；VAG—火山弧花岗岩；WPG—板内花岗岩；ORG—洋中脊花岗岩；post－COLG—碰撞后花岗岩。下同

Y＋Nb构造环境判别图解（图4－27a）中，延东岩浆岩样品均落入火山弧－同碰撞花岗岩区，在Rb－Hf－Ta图解（图4－27b）中，延东岩浆岩样品主体落入同碰撞花岗岩的界线及其附近，表明东天山延东岩体主体具有岛弧花岗岩类的特征，形成于俯冲的构造环境。

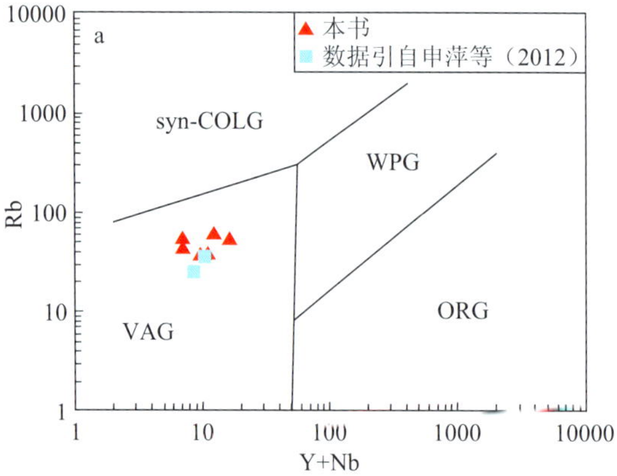

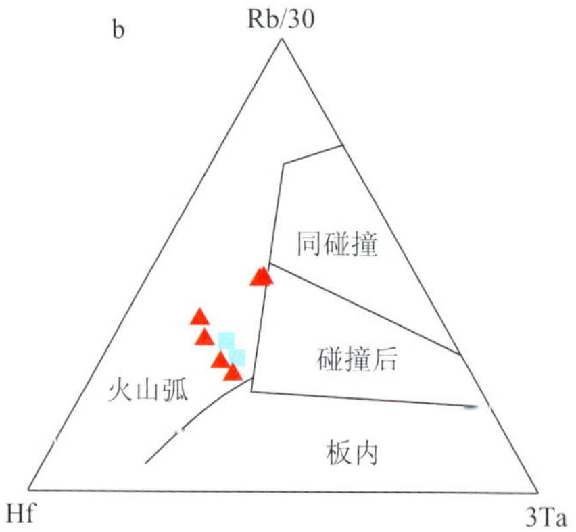

图4－27　延东地区岩浆岩构造环境判别图解

a—Rb－Y＋Nb图解（据Pearce，1996）；b—Rb－Hf－Ta图解（据Harris et al.，1986）

结合东天山造山带晚古生代区域构造演化特征（Han & Zhao，2003；刘德权等，2003；Han et al.，2006；王京彬等，2006a；顾连兴等，2006；Zhang et al.，2008；周涛发等，2010；王银宏等，2014），本书认为延东－土屋斑岩铜矿床成岩成矿机制为：早石炭世在北天山洋板块北向俯冲的地球动力学背景下，俯冲到深处的大洋板片熔融形成埃达克质岩浆，在熔融过程中同时析出金属，随埃达克质岩浆一起上升，并与地幔橄榄岩发生交代作用，在岩体顶部富集成矿（图4－28）。

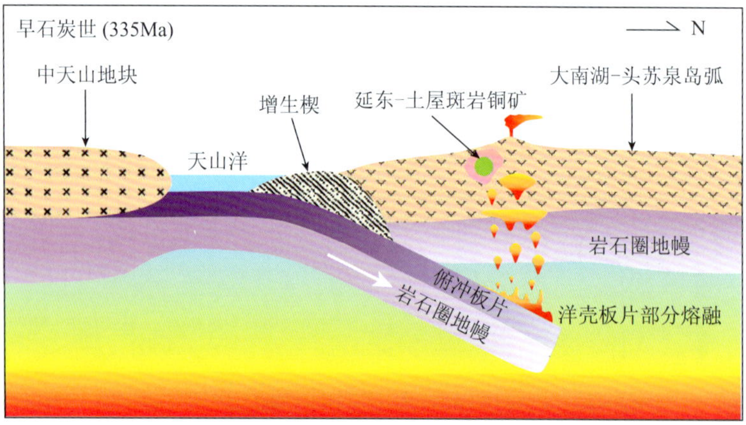

图4－28　东天山早石炭世铜矿床地球动力学背景模式图

第三节　东戈壁钼矿成矿作用过程

一、矿床地质特征

东戈壁钼矿分布于东天山觉罗塔格多金属成矿带中段，康古尔断裂与雅满苏断裂之间，北距新疆哈密市 110km（图 4－2）。矿区地理坐标为东经 93°18′30″～93°22′00″，北纬 41°54′00″～41°56′00″，矿区东西长 4.84km，南北宽 3.78km。出露地层主要为下石炭统干墩组（C_1gd^1），为一套浅变质的陆源碎屑岩－火山岩夹火山碎屑岩组合，以陆源碎屑岩为主，火山岩呈夹层状产于其中（Zhang et al.，2015，2016；Wang et al.，2018a），另外矿区大的沟谷中有第四系分布（图 4－29）。下石炭统干墩组（C_1gd^1）为钼矿体的主要赋矿地层，其下部为黄褐色变质砂岩、石英细砂岩及深灰色薄层灰岩，中部为灰绿色粗砂岩及细碧岩夹含铁碧玉岩，上部为灰绿色、黄褐色中粗粒砂岩夹含铁碧玉岩及细碧岩（涂良权等，2011；吴艳爽等，2013）。

矿区内断裂构造主要有北东向、北西向及近东西向 3 组，以近东西向断裂最发育，近东西向断裂错断北东向断裂，雅满苏大断裂从矿区南部通过（图 4－29）。区内岩石破碎，构造裂隙较发育，多被后期矿化石英脉、钾长石－石英脉充填。这些脉体一般长 10～200m，宽 1～50cm，在地表多呈舒缓“S”形展布（图 4－30a），是辉钼矿化的主要载体。

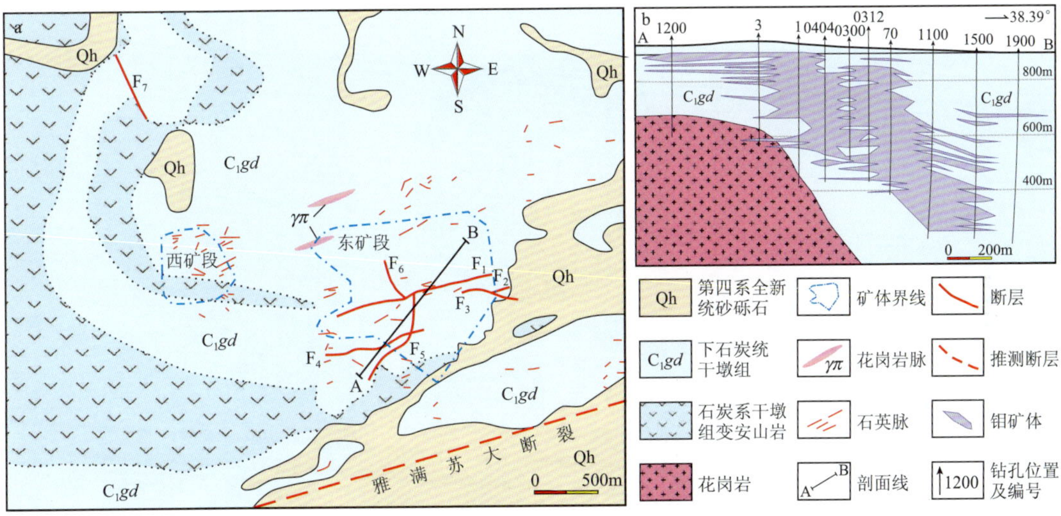

图 4－29　东戈壁钼矿床地质简图（a）及Ⅰ号矿体勘探剖面图（b）
（据杨志强等，2013 修改）

东戈壁矿区地表虽无大岩体出露，但经钻探工程揭露，在矿区中部存在隐伏岩体，埋深最浅约为 135m。岩体呈岩株状侵入于下石炭统干墩组中，其长轴呈北西向的近椭圆形，向东倾斜，倾角为 20°～30°，局部倾角较陡，约为 60°（Han et al.，2014）。隐伏岩体与围岩呈侵入接触关系，在接触带附近发育硅化、钾化、绢云母化、黄铁矿化及辉钼矿化等强弱不等的蚀变现象。该岩体主要为华力西晚期侵入的斑状花岗岩及花岗斑岩（图 4－30b、c），与矿体具紧密的空间位置关系，为东戈壁钼矿床的成矿母岩。钻孔揭露的花岗岩体与围岩的接触处多具中细粒结构或细粒冷凝边结构。

该矿区分为东西两个矿段，东矿段分布有 1 个矿体，编号为Ⅰ，为矿区内的主矿体；西矿段分布有 4 个矿体，编号分别为Ⅺ、Ⅻ、ⅩⅢ和ⅩⅣ，均为小矿体。东、西两矿段内矿体均受隐伏花岗岩体控制，产在岩体外接触带的石炭系干墩组浅变质碎屑岩中。

目前，东矿带Ⅰ号矿体布置 42 个钻孔对其进行控制，资源量约占矿区总资源量的 80%以上。该矿体在平面上呈不规则的近圆形，在剖面上呈似层状－透镜状（图 4－29），自中心向外低品位矿石或夹石逐渐增多。总体产状平缓，倾角0°～5°，局部矿体倾角较陡，倾角约30°。矿体在东西向上长852～1448m，在南北向上长834～1534m，平面投影面积1.58km²。单工程累计见矿最大厚度417.84m，最小厚度2.00m，平均厚度179.2m（杨志强等，2013；Han et al.，2014）。西矿段4个矿体规模较小，呈上、下分布，共有6个钻孔对其进行控制。

矿石矿物成分简单，主要钼矿物为辉钼矿，多呈细脉浸染状、薄膜状赋存于石英脉与围岩的接触面上或围岩表面上（图4－30d），或呈自形－半自形粒状、叶片状、细鳞片状赋存于石英脉中（图4－30e），部分具团块状、放射状构造。其他金属矿物主要为黄铁矿、黄铜矿、磁黄铁矿、闪锌矿、方铅矿、黑钨矿、白钨矿等，地表氧化带中可见褐铁矿、孔雀石等。脉石矿物主要有石英、钾长石、斜长石、绢云母、黑云母、白云母、方解石等。矿石结构主要有叶片状、细鳞片状、自形粒状、半自形粒状、他形粒状、乳浊状、碎裂、共边、交代结构等；矿石构造主要有脉状、细脉浸染状、条带状、颗粒状－斑块状、放射状、角砾状、薄膜状等。

图4－30 东戈壁钼矿区岩矿石手标本及显微镜下照片

a—地表呈“S”形延伸的石英脉；b—斑状花岗岩；c—花岗斑岩；d—钾长石－石英－辉钼矿脉；e—石英辉钼矿脉；f、g—斑状花岗岩显微照片（正交偏光）；h—花岗斑岩显微照片（正交偏光）；i—鳞片状辉钼矿（反射光）。Q—石英；Kf—钾长石；Pl—斜长石；Mo—辉钼矿

区内热液蚀变类型有硅化、钾化、黄铁矿化、绢云母化、绿帘石化、绿泥石化、碳酸盐化、萤石化等，多叠加出现，强弱不等。其中，硅化和钾化与钼矿化关系最为密切。东戈壁钼矿热液蚀变呈现一定的空间分带性，从岩体至围岩划分出钾硅酸盐化带、绢英岩化

带及青磐岩化带。钾硅酸盐化带内形成的蚀变矿物主要为石英、钾长石和黑云母，是钼矿化主要的赋矿带。该蚀变带中的石英和钾长石一般呈细脉状或网脉状充填于赋矿围岩裂隙中，形成单独的石英脉、石英－钾长石脉或石英－辉钼矿脉；黑云母化常与硅化、钾化相伴生位于石英脉内部或边部，也可形成单独的团块。绢英岩化带以发育石英、绢云母和黄铁矿蚀变组合为主要特征。最外侧的青磐岩化带蚀变矿物组合为绿泥石、绿帘石、方解石及石英。该蚀变带内常见围岩和花岗岩中的黑云母转变为绿泥石，斜长石转变为绿泥石、方解石和绢云母矿物。

二、成矿岩体特征

（一）岩体地质特征

斑状花岗岩为浅肉红色，具似斑状结构、中粗粒花岗结构，块状构造，可见钾长石巨斑晶（图4－30f），粒径约0.5cm×1cm。斑状花岗岩主要矿物成分为石英（25%～30%）、钾长石（25%～35%）、斜长石（20%～25%）及少量黑云母与黄铁矿；副矿物包括磁铁矿、磷灰石、榍石和锆石等。钾长石呈板状，发生不同程度的黏土化（图4－30f）；斜长石呈半自形板柱状，具有聚变双晶，部分绢云母化。花岗斑岩为浅灰色－浅灰白色，具冷凝边结构、斑状结构，块状构造（图44－30c）。斑晶主要为石英（20%～30%）、斜长石（20%～25%）和钾长石（10%～15%）；基质主要由微粒状斜长石、钾长石及石英组成；副矿物主要有磁铁矿、钛铁矿、锆石及磷灰石等。岩石普遍发生较强的硅化蚀变；石英多被溶蚀成浑圆状（图4－30h），斜长石发育聚片双晶，部分发生绢云母化。隐伏花岗岩体中常见黄铁矿化，局部可见浸染状辉钼矿化。

（二）岩体地球化学特征

1. 主量元素

东戈壁钼矿区花岗斑岩及斑状花岗岩主量、微量和稀土元素分析数据见表4－11。花岗斑岩及斑状花岗岩5件样品SiO_2含量为72.56%～75.89%，Al_2O_3含量为9.69%～12.79%，K_2O与Na_2O含量分别为1.33%～7.23%和0.54%～3.95%，$Mg^{\#}$为10～41。在TAS图解中，斑状花岗岩及花岗斑岩样品全部落入花岗岩区域内（图4－31a）；在K_2O-SiO_2图解中，斑状花岗岩样品为高钾钙碱性到钾玄岩系列岩石，花岗斑岩样品为低钾到高钾钙碱性系列（图4－31b）。5件花岗岩样品的铝饱和指数（A/CNK）为0.83～1.38，多数小于1.1，指示为偏铝质－弱过铝质岩石（图4－32）。在哈克图解（图4－33）中，K_2O、CaO、TFe_2O_3、P_2O_5及MnO与SiO_2呈一定的线性关系，这可能指示了岩浆分离结晶作用。

表4－11　东天山东戈壁钼矿区岩浆岩岩石地球化学数据

项目	DZK0403－34（斑状花岗岩）	DZK0206－1（斑状花岗岩）	DZK0403－29（斑状花岗岩）	DZK0712－3（花岗斑岩）	DZK0404－3（花岗斑岩）	H1*（斑状花岗岩）	H2*（斑状花岗岩）	H3*（斑状花岗岩）
SiO_2	73.47	72.56	75.89	74.21	75.47	72.61	74.24	76.40
TiO_2	0.06	0.12	0.12	0.40	0.06	0.23	0.17	0.20

续表

项目	DZK0403－34（斑状花岗岩）	DZK0206－1（斑状花岗岩）	DZK0403－29（斑状花岗岩）	DZK0712－3（花岗斑岩）	DZK0404－3（花岗斑岩）	H1*（斑状花岗岩）	H2*（斑状花岗岩）	H3*（斑状花岗岩）
Al_2O_3	12.61	12.65	12.59	9.69	12.79	12.82	12.69	11.38
TFe_2O_3	1.10	1.21	1.48	6.66	2.45	3.26	3.28	1.89
MnO	0.13	0.16	0.03	0.23	0.04	0.14	0.11	0.08
MgO	0.15	0.29	0.35	2.33	0.13	0.56	0.41	0.07
CaO	1.68	2.33	0.20	2.22	0.81	1.11	1.11	0.83
Na_2O	3.21	2.60	0.54	2.33	3.95	2.36	2.93	3.06
K_2O	5.58	6.20	7.23	1.33	3.80	4.78	4.59	4.90
P_2O_5	0.03	0.03	0.03	0.10	0.02	0.13	0.11	0.05
LOI	1.64	1.80	1.48	0.25	0.23	1.80	0.33	0.58
总量	99.65	99.95	99.94	99.75	99.75	99.79	100.00	99.44
$Mg^{\#}$	21	32	32	41	10	26	20	7
A/CNK	0.88	0.83	1.38	1.04	1.06	1.16	1.07	0.96
A/NK	1.11	1.15	1.44	1.84	1.20	1.41	1.29	1.10
FeO	0.63	0.68	0.49	3.51	1.69	0.58	0.62	1.05
Li	18.8	37.3	33.8	45.2	23.4			
Be	4.42	4.67	4.07	1.46	4.74			
Sc	2.05	4.61	6.59	10.3	2.15			
V	3.21	9.31	9.21	108	5.88			
Cr	1.88	4.51	3.02	47.3	5.48			
Co	0.611	1.22	4.25	13.8	1.25			
Ni	1.68	2.86	6.74	36.3	3.5			
Cu	3.57	7.92	8.01	28.2	11.8			
Zn	4.24	28	20.1	80.3	20.9			
Ga	19.8	16.9	15.9	11.7	17.6			
Rb	372	401	517	204	296			
Sr	60	57.4	27.2	212	35.9			
Y	16.7	29.7	29.9	17	29.2	24	27.3	24.7
Zr	28.4	46.3	54.5	86.5	24.9			
Nb	37.4	23.2	54.6	7.28	25			
Cs	16.6	25.8	28.7	35.7	12.6			
Ba	156	160	91.4	81	58.6			
La	6.65	9.48	10.7	25.3	9.71	26.8	18	16.3
Ce	13.1	17.9	24.2	48.4	20.6	53.2	39.9	36.6
Pr	1.52	2.15	3.03	5.12	2.52	6.08	4.8	4.34
Nd	5.39	7.8	11.1	19.6	9.73	21.2	18	15.7
Sm	1.38	2.06	2.94	3.6	2.61	4.27	4.23	3.89
Eu	0.173	0.433	0.203	0.943	0.331	0.565	0.296	0.254

续表

项目	DZK0403－34（斑状花岗岩）	DZK0206－1（斑状花岗岩）	DZK0403－29（斑状花岗岩）	DZK0712－3（花岗斑岩）	DZK0404－3（花岗斑岩）	H1*（斑状花岗岩）	H2*（斑状花岗岩）	H3*（斑状花岗岩）
Gd	1.18	2.21	2.77	3.28	2.55	3.77	3.65	3.36
Tb	0.271	0.545	0.702	0.548	0.612	0.694	0.708	0.651
Dy	1.79	3.83	4.75	2.98	4.48	3.82	4.21	3.74
Ho	0.398	0.824	1	0.619	0.989	0.738	0.816	0.734
Er	1.37	2.54	3.31	1.87	3.1	2.36	2.7	2.45
Tm	0.324	0.515	0.727	0.336	0.622	0.385	0.467	0.43
Yb	2.59	3.49	5.14	2.05	4.11	2.77	3.37	3.38
Lu	0.407	0.521	0.753	0.306	0.615	0.441	0.544	0.533
Hf	2.69	2.13	4.05	2.67	1.78			
Ta	12.5	3.37	13	0.583	3.89			
Pb	56.7	30.5	58.3	5.49	41.3			
Th	6.86	12.4	15.6	7.91	12.9			
U	11.9	38.3	46.2	2.22	62.1			

注：氧化物质量分数以“%”表示，微量元素质量分数以“10^{-6}”表示。TFe_2O_3 为全铁，$TFeO = 0.9 \times TFe_2O_3$；$Mg^{\#} = 100 \times Mg^{2+}/(Mg^{2+} + Fe^{2+})$；$A/CNK = n(Al_2O_3)/n(CaO + Na_2O + K_2O)$，$A/NK = n(Al_2O_3)/n(Na_2O + K_2O)$。
＊引自杨志强等（2011）。

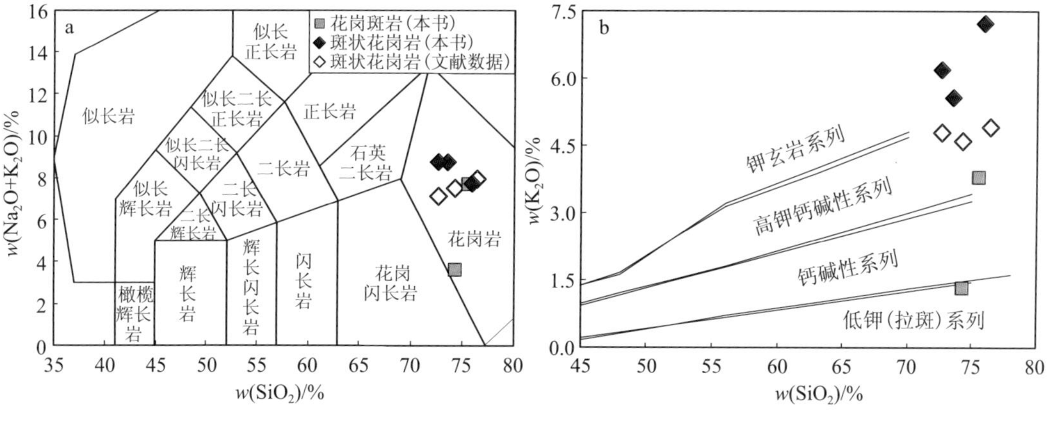

图 4－31　东戈壁钼矿区主要岩石类型和系列划分图解
a—TAS 图解（据 Rickwood，1989）；b—K_2O-SiO_2 图解（据 Rollinson，1993）。
斑状花岗岩部分数据引自杨志强等（2011）

2. 微量、稀土元素

矿区花岗斑岩的稀土总量均值为 88.76×10^{-6}，斑状花岗岩的稀土总量均值为 54.05×10^{-6}，稀土总量偏低。在球粒陨石标准化配分图（图 4－34a）中，除样品 DZK0712－3 轻重稀土分馏较明显外（$La_N/Yb_N = 8.85$），其余花岗岩样品显示较弱的轻重稀土分馏（$La_N/Yb_N = 1.23 \sim 1.69$）和明显的 Eu 负异常（$\delta Eu = 0.22 \sim 0.84$）特点，指示源区可能无石榴子石或角闪石矿物残留。在微量元素原始地幔标准化蛛网图（图 4－34b）中，斑状花岗岩及花岗斑岩均富集 K、Rb、Th、U 及 Pb 等大离子亲石元素，相对亏损 Ba、Ti 及

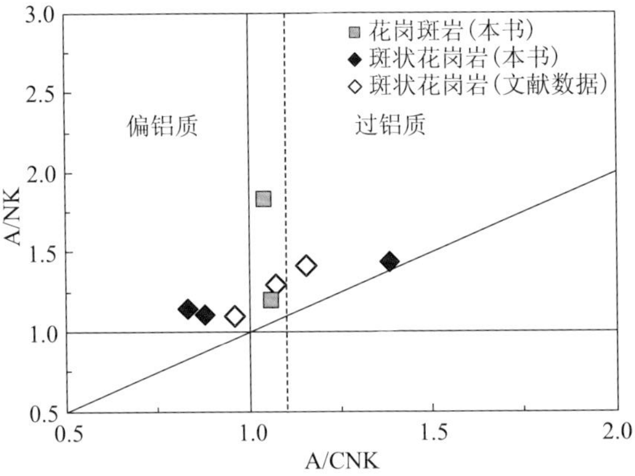

图4－32　东戈壁钼矿区花岗岩 A/NK－A/CNK 图解

（据 Maniar & Piccoli，1989）

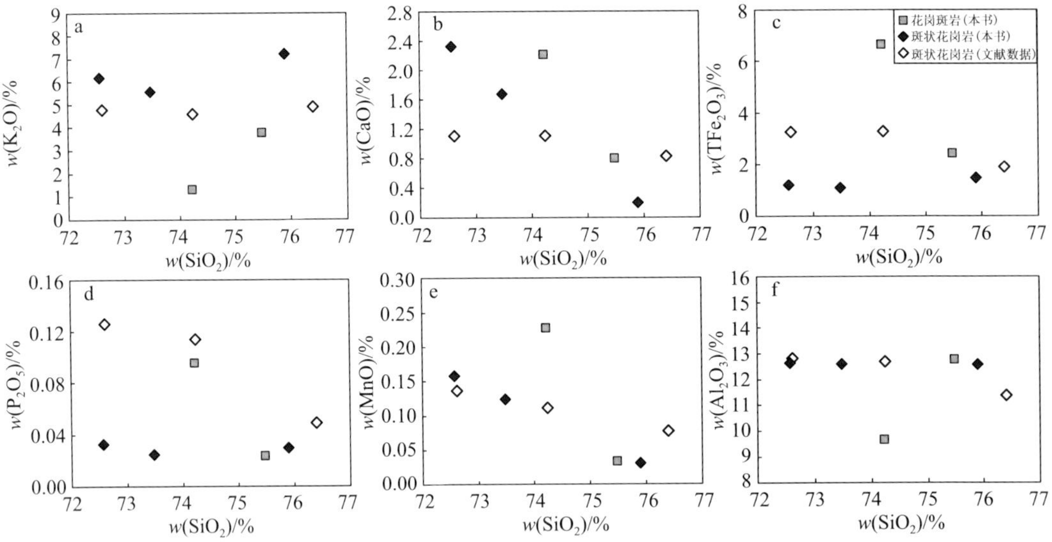

图4－33　东戈壁钼矿区花岗岩哈克图解

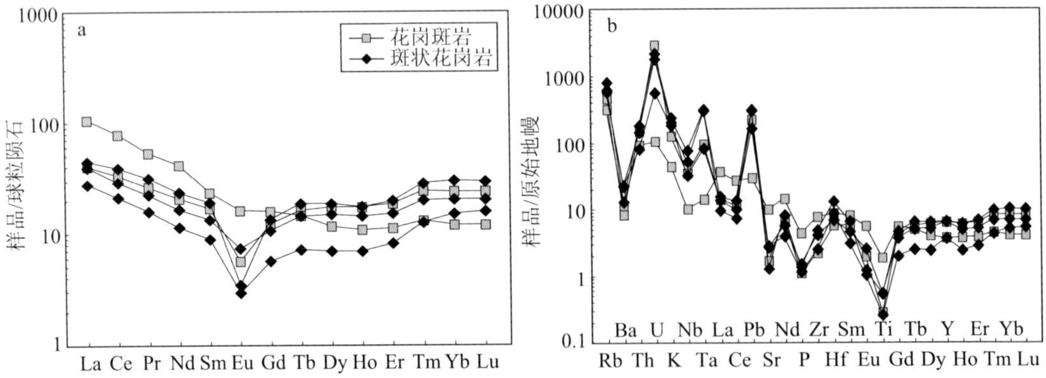

图4－34　东戈壁钼矿区花岗斑岩及斑状花岗岩稀土元素球粒陨石标准化配分图（a）和微量元素原始地幔标准化蛛网图（b）

球粒陨石数据据 Boynton，1984. 原始地幔数据据 Sun & McDonough，1989

P 等元素。

（三）同位素年代地球化学

锆石样品分选来自斑状花岗岩样品（DZK0206－21），采自东戈壁钼矿区东矿段ZK0206 钻孔 410m 处。对样品 DZK0206－21 进行了 SIMS 锆石 U－Pb 定年，分析结果见表 4－12 和图 4－35。锆石无色透明，多为规则的长柱状晶形，长宽比为 2:1～5:1，阴极发光图像（CL）显示清晰均匀的震荡环带（图 4－35a）。样品中锆石^{232}Th、^{238}U 含量分别为 74×10^{-6}～527×10^{-6}，123×10^{-6}～680×10^{-6}，Th/U 值为 0.43～1.26，与变质成因锆石 Th/U 值（通常小于 0.1）明显不同，属于典型的岩浆成因锆石（Hoskin & Schaltegger，2003）。样品 DZK0206－21 共测定了 15 颗锆石，共 15 个测点（表 4－12）。在$^{206}Pb/^{238}U$ 和$^{207}Pb/^{235}U$ 谐和图上（图 4－35b），15 个测点均靠近 U－Pb 谐和线，$^{206}Pb/^{238}U$ 年龄变化范围为 229.0±4.4～238.3±3.6Ma，加权平均年龄为 233.8±1.5Ma，代表了斑状花岗岩的结晶年龄。

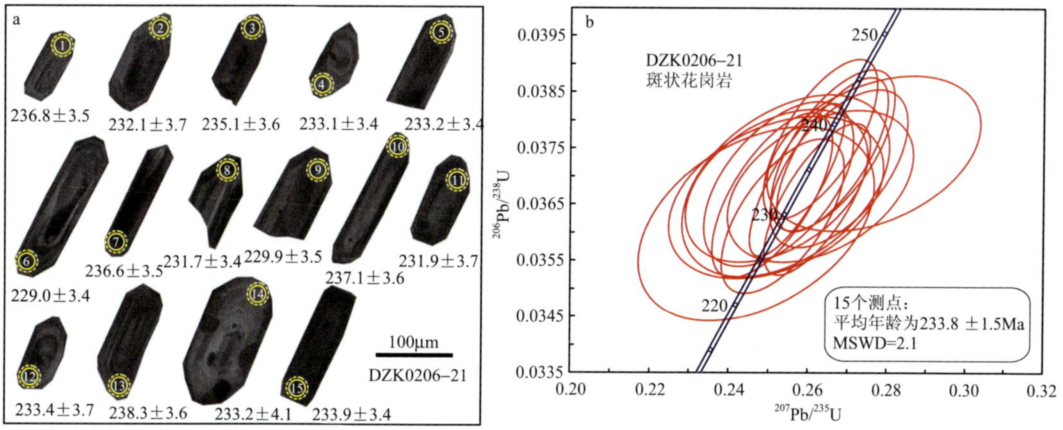

图 4－35　东戈壁钼矿区斑状花岗岩锆石阴极发光（CL）图像（a）和 U－Pb 年龄谐和图（b）

东戈壁钼矿区斑状花岗岩锆石 Hf 同位素测试是在 U－Pb 定年的基础上进行的，共分析了 15 颗锆石的 Hf 同位素组成（表 4－13）。斑状花岗岩样品（DZK0206－21）中锆石的$^{176}Yb/^{177}Hf$ 和$^{176}Lu/^{177}Hf$ 值范围分别为 0.013035～0.053246 和 0.000506～0.001815，$^{176}Lu/^{177}Hf$ 值均小于 0.002，表明锆石在形成后基本没有明显的放射性成因 Hf 的积累，因此所测定的$^{176}Hf/^{177}Hf$ 值可以代表其形成时的 Hf 同位素组成（吴福元等，2007）。除测点 DZK0206－21－14 具有较低的 $\varepsilon_{Hf}(t)$（1.9）及较老的地壳模式年龄（$T_{DM}^{C}=1146$）外，剩余 14 个锆石测点的$^{176}Hf/^{177}Hf(t)$ 值变化范围为 0.282788～0.282901，对应的 $\varepsilon_{Hf}(t)$ 为 5.6～9.6（图 4－36a），地壳模式年龄 T_{DM}^{C} 为 649～903Ma，集中于 700～750Ma 之间（图4－36b）。

三、岩石成因及源区性质

由于岩石类型与岩浆岩形成地球动力学过程密切相关，因此对东戈壁矿区花岗岩类型的准确判断至关重要。研究表明，A/CNK＝1.11 是现在应用最广泛的判断 I 型和 S 型花岗岩的界限（I 型花岗岩小于 1.11；Chappell & White，1992）。从东戈壁矿区花岗岩的

表 4－12　东天山东戈壁钼矿区斑状花岗岩 SIMS 锆石 U－Pb 定年数据

测试号	$^{206}Pb_c$/%	$w(U)/10^{-6}$	$w(Th)/10^{-6}$	Th/U	$w(^{206}Pb^*)/10^{-6}$	同位素比值								$^{206}Pb/^{238}U$	±1σ
						$^{238}U/^{206}Pb^*$	±1σ	$^{207}Pb^*/^{206}Pb^*$	±1σ	$^{207}Pb^*/^{235}U$	±1σ	$^{206}Pb^*/^{238}U$	±1σ		
DZK0206－21@01	0.53	127	96	0.76	6	26.729	1.50	0.05363	3.71	0.27667	4.00	0.0374	1.50	236.8	3.5
DZK0206－21@02	0.11	259	151	0.58	12	27.276	1.64	0.04966	1.86	0.25104	2.47	0.0367	1.64	232.1	3.7
DZK0206－21@03	0.11	486	293	0.60	23	26.918	1.55	0.05230	2.17	0.26790	2.67	0.0372	1.55	235.1	3.6
DZK0206－21@04	0.25	174	74	0.43	8	27.153	1.50	0.05183	3.33	0.26320	3.65	0.0368	1.50	233.1	3.4
DZK0206－21@05	0.23	123	83	0.67	6	27.145	1.50	0.04963	3.40	0.25212	3.72	0.0368	1.50	233.2	3.4
DZK0206－21@06	0.46	159	82	0.52	7	27.651	1.95	0.04951	4.53	0.24690	4.94	0.0362	1.95	229.0	4.4
DZK0206－21@07	0.12	456	527	1.16	24	26.747	1.50	0.05162	1.55	0.26609	2.16	0.0374	1.50	236.6	3.5
DZK0206－21@08	0.37	464	378	0.81	22	27.324	1.50	0.05198	1.44	0.26230	2.08	0.0366	1.50	231.7	3.4
DZK0206－21@09	0.15	313	396	1.26	16	27.547	1.54	0.05067	1.94	0.25363	2.48	0.0363	1.54	229.9	3.5
DZK0206－21@10	0.27	375	388	1.03	19	26.691	1.56	0.05153	1.83	0.26620	2.40	0.0375	1.56	237.1	3.6
DZK0206－21@11	0.28	165	95	0.58	7	27.303	1.62	0.04991	4.09	0.25204	4.40	0.0366	1.62	231.9	3.7
DZK0206－21@12	0.33	234	155	0.66	11	27.124	1.62	0.04970	2.58	0.25267	3.05	0.0369	1.62	233.4	3.7
DZK0206－21@13	0.06	329	188	0.57	15	26.551	1.54	0.05066	1.62	0.26309	2.23	0.0377	1.54	238.3	3.6
DZK0206－21@14	0.33	158	99	0.62	7	27.146	1.80	0.05009	3.80	0.25441	4.20	0.0368	1.80	233.2	4.1
DZK0206－21@15	0.09	680	436	0.64	31	27.067	1.50	0.05049	1.16	0.25720	1.89	0.0369	1.50	233.9	3.4

注：$^{206}Pb_c$ 指普通 ^{206}Pb 占全部 ^{206}Pb 的比例；$^{206}Pb^*$ 指放射性成因铅；普通铅用 ^{204}Pb 校正。

表 4-13　东天山东戈壁钼矿区斑状花岗岩锆石 Hf 同位素数据

测点号	年龄/Ma	$^{176}Yb/^{177}Hf$	$^{176}Lu/^{177}Hf$	$^{176}Hf/^{177}Hf$	2σ	$^{176}Hf/^{177}Hf(t)$	$\varepsilon_{Hf}(0)$	$\varepsilon_{Hf}(t)$	T_{DM}/Ma	T_{DM}^{C}/Ma	$f_{Lu/Hf}$
DZK0206-21，斑状花岗岩，233.8±1.5Ma（MSWD=2.1），$\varepsilon_{Hf}(t)$ =1.9~9.6											
DZK0206-21-01	236.8	0.020293	0.000695	0.282866	0.000016	0.282863	3.3	8.4	543	730	-0.98
DZK0206-21-02	232.1	0.038610	0.001316	0.282860	0.000018	0.282854	3.1	8.0	561	753	-0.96
DZK0206-21-03	235.1	0.032138	0.001085	0.282872	0.000018	0.282867	3.5	8.5	540	721	-0.97
DZK0206-21-04	233.1	0.030813	0.001059	0.282870	0.000016	0.282865	3.5	8.4	542	727	-0.97
DZK0206-21-05	233.2	0.037714	0.001263	0.282833	0.000017	0.282828	2.2	7.1	597	811	-0.96
DZK0206-21-06	229.0	0.027338	0.000987	0.282857	0.000019	0.282853	3.0	7.9	560	758	-0.97
DZK0206-21-07	236.6	0.053246	0.001815	0.282883	0.000015	0.282875	3.9	8.9	534	702	-0.95
DZK0206-21-08	231.7	0.045237	0.001627	0.282863	0.000018	0.282856	3.2	8.1	561	749	-0.95
DZK0206-21-09	229.9	0.019761	0.000729	0.282904	0.000019	0.282901	4.7	9.6	490	649	-0.98
DZK0206-21-10	237.1	0.021043	0.000773	0.282898	0.000017	0.282895	4.5	9.6	498	657	-0.98
DZK0206-21-11	231.9	0.050043	0.001766	0.282795	0.000018	0.282788	0.8	5.6	661	903	-0.95
DZK0206-21-12	233.4	0.033847	0.001265	0.282813	0.000018	0.282808	1.5	6.4	626	857	-0.96
DZK0206-21-13	238.3	0.033227	0.001214	0.282868	0.000016	0.282863	3.4	8.5	547	729	-0.96
DZK0206-21-14	233.2	0.013035	0.000506	0.282682	0.000018	0.282680	-3.2	1.9	797	1146	-0.98
DZK0206-21-15	233.9	0.035174	0.001208	0.282852	0.000016	0.282847	2.8	7.8	569	767	-0.96

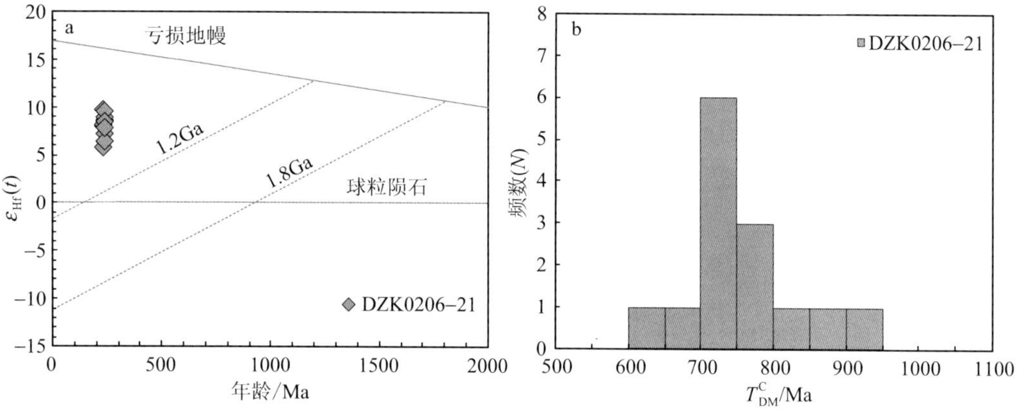

图4－36　东戈壁钼矿斑状花岗岩 $\varepsilon_{Hf}(t)$－年龄图解（a）和锆石Hf同位素地壳模式年龄（T^C_{DM}）直方图（b）

A/CNK值（0.83～1.38）来看，其兼具I型和S型的特点。那么什么标志可以更有效区别I型和S型花岗岩呢？前人大量实验结果表明，P_2O_5－SiO_2、Zr－SiO_2、Th－Rb和Y－Rb相关关系是较为可靠的判别指标。在准铝质或弱过铝质花岗岩浆（A/CNK<1.1）中，磷灰石的溶解度很低，并且会随着温度的降低和岩浆分异演化 SiO_2 的增加而降低；在强过铝质岩浆（A/CNK＝1.1～1.3）中，则会随A/CNK值的增加而增加（Li et al.，2007）；这些实验结果指示I型花岗岩的 P_2O_5 与 SiO_2 呈负相关性，而S型花岗岩的 P_2O_5 随着 SiO_2 增加呈增高或基本不变的趋势。东戈壁矿区花岗岩 P_2O_5（0.02%～0.10%）随着 SiO_2 增加而降低（图4－37a），根据上述结论和实验结果，样品应划为I型花岗岩。另外，在Zr－SiO_2 图解（图4－37b）中，所有样品落入I型花岗岩区域。在Y－Rb和Th－Rb图解（图4－37c、d）中，也同样显示了I型花岗岩趋势。因为富集Th、Y的矿物不在准铝质岩浆演化早期优先结晶，致使I型花岗岩中Th、Y含量高，并随着Rb含量增加而增加（Li et al.，2007）。据此分析，作者认为东戈壁钼矿区花岗岩为I型花岗岩。

东戈壁矿区花岗岩的地球化学分析数据显示，岩石具有明显的富硅和钾，贫镁和钙，以及富集大离子亲石元素（K、Rb、Th、U及Pb），亏损Cr、Ni相容元素（$Cr=1.88\times10^{-6}\sim47.3\times10^{-6}$，$Ni=1.68\times10^{-6}\sim36.3\times10^{-6}$）等地球化学特征。这些特点均暗示研究区花岗岩源区为下地壳物质。此外，区内花岗岩相对亏损Ti及P等元素，指示榍石和石榴子石的分馏；具有明显的负Eu异常（$\delta Eu=0.22\sim0.84$）特征，指示岩浆岩源区无斜长石残留。在主量元素哈克图解中，东戈壁矿区花岗岩的 SiO_2 与 K_2O、CaO、TFe_2O_3、P_2O_5 及MnO呈弱的线性关系，显示岩浆演化过程中较弱的分离结晶作用。此外，研究表明锆石Lu－Hf同位素体系具有较高的封闭温度（Scherer et al.，2000），其Hf同位素组成不会随后期分离结晶或部分熔融作用而发生变化，因此能有效地揭示岩浆演化过程和源区性质（Griffin et al.，2000；Beloisova et al.，2006）。一般认为，具有正 $\varepsilon_{Hf}(t)$ 的岩浆岩不是直接来自亏损地幔，就是来自从亏损地幔中新增生的年轻地壳物质的部分熔融，具有负 $\varepsilon_{Hf}(t)$ 通常指示为古老地壳的部分熔融，具有不均一的锆石Hf同位素组成的岩浆岩很可能是几种岩浆混合的结果（吴福元等，2007；Mo et al.，2009；Zhu et al.，2009；王银宏等，2014）。东戈壁钼矿区花岗岩锆石Hf同位素数据中，除1个测点（DZK0206－21－

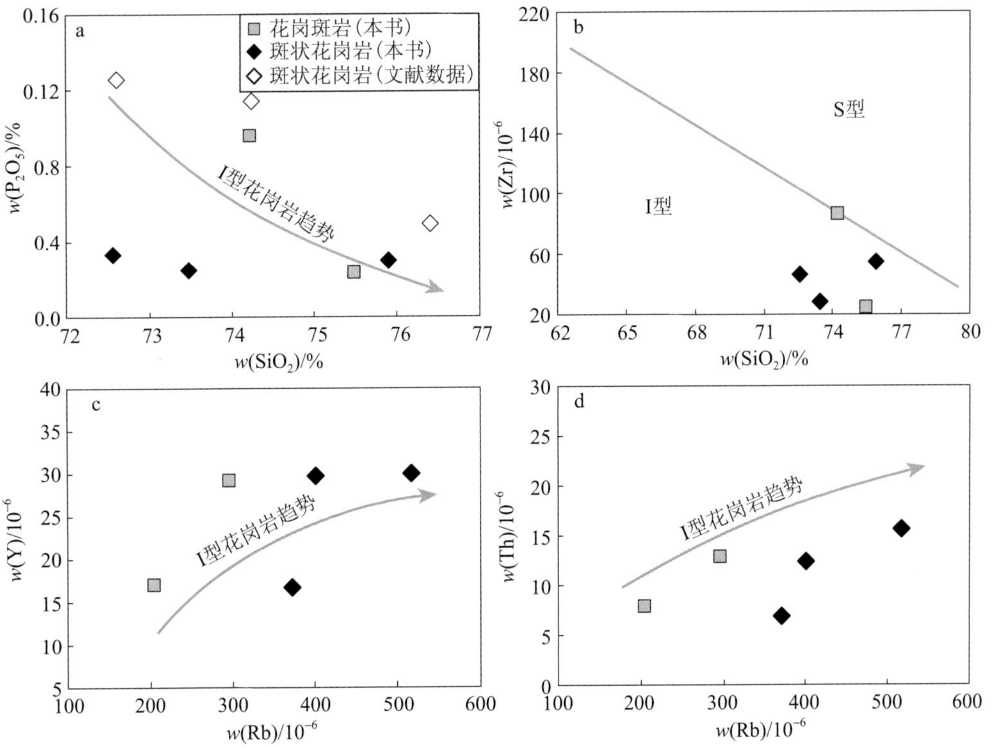

图4－37　东戈壁钼矿区花岗岩岩石类型判别图解

a—P_2O_5－SiO_2图解；b—Zr－SiO_2图解；c—Y－Rb图解（据Li et al.，2007）；d—Th－Rb图解（据Li et al.，2007）

14）具有较低的$\varepsilon_{Hf}(t)$（1.9）外，其他测点$\varepsilon_{Hf}(t)$为较均一的正值（5.6～9.6），位于球粒陨石演化线与亏损地幔演化线之间，对应的地壳模式年龄（T_{DM}^{C}）为649～903Ma。因此可以判定该区中三叠世花岗岩的岩浆源区很可能源于新增生下地壳的部分熔融。

根据东戈壁矿区花岗岩主、微量元素地球化学数据以及Hf同位素组成特征，作者认为该区花岗岩具I型花岗岩特征，很可能是新增生下地壳物质发生部分熔融，再经过一定程度的分离结晶作用形成的。

四、流体地球化学特征

（一）实验样品和测试方法

本次用于东戈壁流体包裹体岩相学、显微测温及成分分析测试的样品采自该矿区不同深度的钻孔中，磨制40余片包裹体以备相关研究。研究对象包括阶段Ⅰ石英－钾长石脉、阶段Ⅱ石英－辉钼矿脉、阶段Ⅲ石英－多金属硫化物脉及晚阶段Ⅳ石英－碳酸盐脉。挑选具代表性的包裹体进行显微测温及激光拉曼光谱分析。

流体包裹岩相学观察、显微测温和激光拉曼光谱分析均在中国地质大学（北京）地球科学与资源学院矿产与资源勘查室流体包裹体实验室完成。流体包裹体显微测温所用仪器为英国Linkam公司生产的MDSG 600型冷热台，配德国ZEISS公司产偏光显微镜，允许测温变化范围为－196～＋600℃，测试精度及稳定性在±0.1℃范围内。测温实验过程中升温或降温速度一般控制在0.2～5℃/min，当接近相变点时温度变化速率控制为0.1～0.5℃/min。测试内容包括：冰点温度（$T_{m,ice}$）、CO_2 相初融温度（T_{m,CO_2}）、CO_2 笼形物融化温度（$T_{m,clath}$）、CO_2 相均一温度（T_{h,CO_2}）及流体相最终均一温度（$T_{h,total}$）。石英中流体包裹体的激光拉曼分析所用仪器为英国生产的Reinshaw in Via型显微共焦激光拉曼光谱仪，激发激光波长514nm，激光功率20mW，激光最小束斑直径1μm。

流体盐度记为$w(NaCl_{eq.})$（%），水相包裹体（$NaCl-H_2O$）根据盐水溶液盐度－冰点公式计算获得（Bodnar，1993）。含 CO_2 相包裹体的盐度计算基于笼形物融化温度（Collins，1979）。由于加热过程中部分不透明子矿物并未融化，其相应盐度利用笼形物融化温度和冰点温度计算得到（Collins，1979；Bodnar，1993）。4个矿化阶段流体包裹体的密度估算使用Flincor软件进行处理（Brown，1989；Brown & Lamb，1989）。

（二）流体包裹体特征与类型

东戈壁钼矿床流体包裹体的岩相学研究表明，大多数石英脉中发育丰富的流体包裹体，以原生包裹体为主，发育少量次生和假次生包裹体。原生包裹体主要成群随机分布或孤立存在；次生包裹体多呈不规则形态，一般沿微裂隙或矿物颗粒边缘呈线性分布（Roedder，1984）。本次测试研究对象为原生包裹体。根据包裹体组成、室温下（25℃）相态特征以及冷冻加热过程中的相态变化（Goldstein & Reynolds，1994；Chi et al.，2017），可将石英中的流体包裹体划分为4种类型（图4－38）：L_0 型包裹体、L_S 型包裹体、V型包裹体和C型包裹体。

L_0 型：为不同阶段石英脉中最常见的包裹体类型。形态呈负晶形、圆形或不规则状（图4－38b、d、e），直径大小为4～36μm（表4－14）。气泡相对较小，体积占比5%～30%，并且不含不透明子矿物。

表4－14　东天山东戈壁钼矿床石英中流体包裹体显微测温结果

阶段	样品描述	包裹体类型	数量	大小/μm	T_{m,CO_2}/℃	$T_{m,ice}$/℃	$T_{m,clath}$/℃	T_{h,CO_2}/℃	$T_{h,total}$/℃	盐度/%	密度/$g\cdot cm^{-3}$
Ⅰ	石英－钾长石脉	C	15	7～15	－57.9～－56.6	－5.1～－2.1			296～412	3.5～8.0	0.57～0.77
		L_0	44	5～23			6.1～8.8	27.9～30.0	230～319	2.4～7.3	0.74～0.93
		V	11	3～14		－5.5～－1.2			198～342	2.1～8.5	0.72～0.89
		L_S	9	4～14		－2.8～－0.8			211～355	1.4～4.6	0.64～0.87
Ⅱ	石英－辉钼矿脉	C	9	7～14	－57.3～－56.6	－4.1～－1.8			245～321	3.1～6.6	0.71～0.85
		L_0	51	5～36		－4.8～－0.9			171～294	1.6～7.6	0.79～0.93
		V	16	6～26		－1.9～－0.5			216～300	0.9～3.2	0.72～0.86
		L_S	8	7～15		－2.9～－1.7			255～289	2.9～4.8	0.77～0.82
Ⅲ	石英－多金属硫化物脉	L_0	83	4～21		－3.6～－0.8			106～255	1.4～5.9	0.84～0.97
		V	14	4～17		－5.1～－2.1			296～412	3.5～8.0	0.57～0.77
		L_S	6	7～14			6.1～8.8	27.9～30.0	230～319	2.4～7.3	0.74～0.93
Ⅳ	石英－碳酸盐脉	L_0	82	4～16		－5.5～－1.2			198～342	2.1～8.5	0.72～0.89

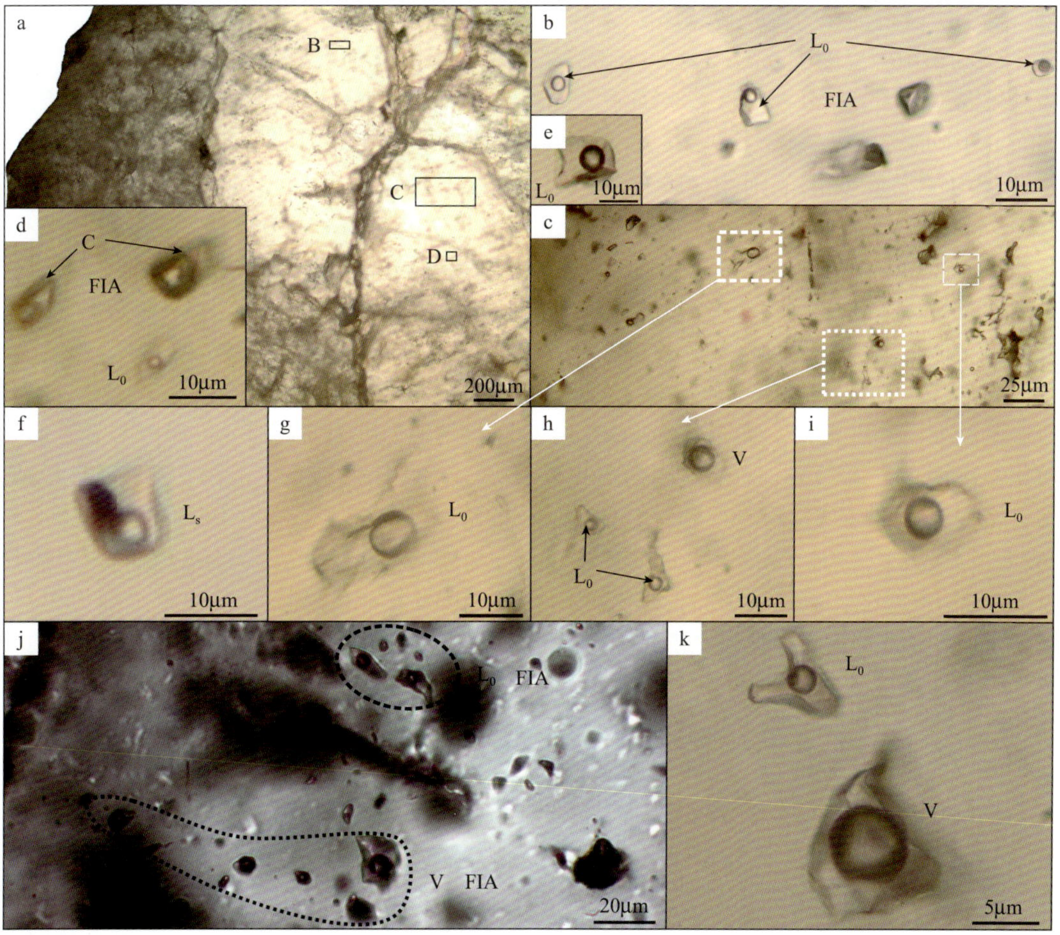

图 4-38 东戈壁钼矿不同成矿阶段石英脉中流体包裹体显微照片

a—阶段Ⅰ石英晶体中流体包裹体的分布；b—卵圆形或负晶形富液相流体包裹体组合；c—阶段Ⅰ石英中共生的富液相和富气相流体包裹体；d—含 CO_2 流体包裹体集合与阶段Ⅰ富液相包裹体共生；e—负晶形富液相流体包裹体；f—阶段Ⅰ石英中富液相且含不透明子矿物的流体包裹体；g～i—图 c 中的富气相包裹体和富液相包裹体；j—阶段Ⅱ石英中共生的富液相和富气相流体包裹体组合；k—阶段Ⅲ石英中共生的富液相和富气相流体包裹体

L_S 型：通常发育于Ⅰ、Ⅱ及Ⅲ成矿阶段，较 L_0 型包裹体少见（图 4-38f）。该类包裹体为富液相，并含不透明子矿物。气泡体积分数为 15%～40%，包裹体直径大小在 4～15μm 之间。

V 型：为富气相包裹体，发育于阶段Ⅰ到Ⅲ的石英脉中，气泡充填度变化范围为 50%～80%。包裹体形态呈负晶形，或以孤立状形式出现，直径范围为 3～26μm。富液两相流体包裹体与富气相流体包裹体的共存组合特征表明存在流体沸腾现象。

C 型：含 CO_2 相包裹体发育于阶段Ⅰ和Ⅱ的石英脉中，通常由两相（$V_{CO_2}+L_{H_2O}$）或三相（$V_{CO_2}+L_{CO_2}+L_{H_2O}$）组成，属于 CO_2-H_2O 体系。包裹体形态为椭圆形和负晶形，直径大小为 7～15μm。大多数包裹体气泡体积占比为 20%～50%（图 4-38d）。

（三）流体包裹体显微测温与成分分析

东戈壁钼矿床石英中流体包裹体的显微测温结果列于表 4-14 中。

第Ⅰ阶段石英脉中发育包裹体类型包括C型、L_0型、V型及L_S型。C型流体包裹体组合CO_2相初融温度为-57.2~-56.6℃，这表明少量其他气体溶解在碳质相中。笼形物融化温度范围为7.0~8.9℃，对应盐度2.2%~6.3%。整体均一温度介于281~378℃之间（平均332℃，$n=15$），密度为0.61~0.80g/cm^3（表4-14）。所有L_0型流体包裹体组合均一温度变化范围为256~431℃（平均327℃，$n=44$），密度范围为0.60~0.83g/cm^3，冰点温度为-6.6~-2.8℃，相应盐度为4.6%~10.0%（图4-39）。V型流体包裹体均一至气相，均一温度为327~460℃（平均390℃，$n=11$），密度为0.42~0.69g/cm^3，冰点温度为-2.9~-1.5℃，对应盐度为2.6%~4.8%（图4-39）。L_S型流体包裹体组合均一温度为305~412℃（平均350℃，$n=9$），盐度为5.1%~6.7%，密度为0.57~0.75g/cm^3。

阶段Ⅱ石英脉中，C型流体包裹体组合CO_2相初融温度为-57.3~-56.7℃。笼形物融化温度为6.7~8.3℃，对应盐度为3.4%~6.2%。整体均一温度范围在230~318℃之间，密度为0.68~0.83g/cm^3。L_0流体包裹体组合均一温度范围为199~342℃（平均262℃，$n=51$），密度为0.68~0.89g/cm^3。冰点温度介于-4.8~-1.9℃之间，对应盐度为3.2%~7.6%（图4-39）。V型流体包裹体组合均一至气相，均一温度范围为211~355℃（平均288℃，$n=16$），密度范围为0.64~0.83g/cm^3，冰点温度在-2.4~-1.2℃之间，相应盐度为2.0%~4.0%。L_S流体包裹体组合均一温度变化范围为251~315℃（平均281℃，$n=8$），冰点温度介于-3.8~-2.5℃之间，对应盐度为4.1%~6.1%（图4-39），密度为0.72~0.83g/cm^3。

阶段Ⅲ石英脉中，L_0流体包裹体组合均一温度变化范围为174~287℃（平均233℃，$n=83$），密度为0.68~0.92g/cm^3，冰点温度为-4.4~-2.0℃，对应盐度为3.3%~7.0%（图4-39）。V型流体包裹体组合的均一温度范围为228~286℃（平均256℃，$n=14$），密度范围为0.68~0.81g/cm^3，冰点温度在-1.6~-1.1℃之间，相应盐度为1.9%~2.7%（图4-39）。L_S流体包裹体组合均一温度为265~284℃（平均275℃，$n=6$），对应密度为0.78~0.80g/cm^3。

阶段Ⅳ石英脉中仅观测到L_0型流体包裹体组合，其均一温度变化范围为106~243℃（平均176℃，$n=82$），密度为0.68~0.97g/cm^3。冰点温度介于-3.5~-0.9℃之间，相应盐度为1.6%~5.7%。

单个流体包裹体的激光拉曼光谱研究测试结果表明，气相组成主要为H_2O和CO_2，液相成分主要为H_2O（图4-40）。其中，L_0型包裹体气相和液相组成主要为H_2O（图4-40a、d），C型包裹体气相组分主要为CO_2，含少量H_2O（图4-40b、c）。东戈壁成矿流体属$H_2O-NaCl-CO_2$体系。

（四）成矿压力与成矿深度

一般而言，在流体沸腾或流体不混溶条件下流体的内部压力与外部压力相等，流体包裹体的捕获压力可以代表流体形成时的压力（Roedder & Bodnar，1980）。在早期的石英-钾长石脉中发现了少量富气相流体包裹体组合，这些包裹体常与富液相流体包裹体共生（图4-38c、d），表明存在流体相分离事件。考虑到热液体系中存在相分离，均一温度近似于捕获温度（Roedder & Bodnar，1980）。因此，本书采用Driesner和Heinrich

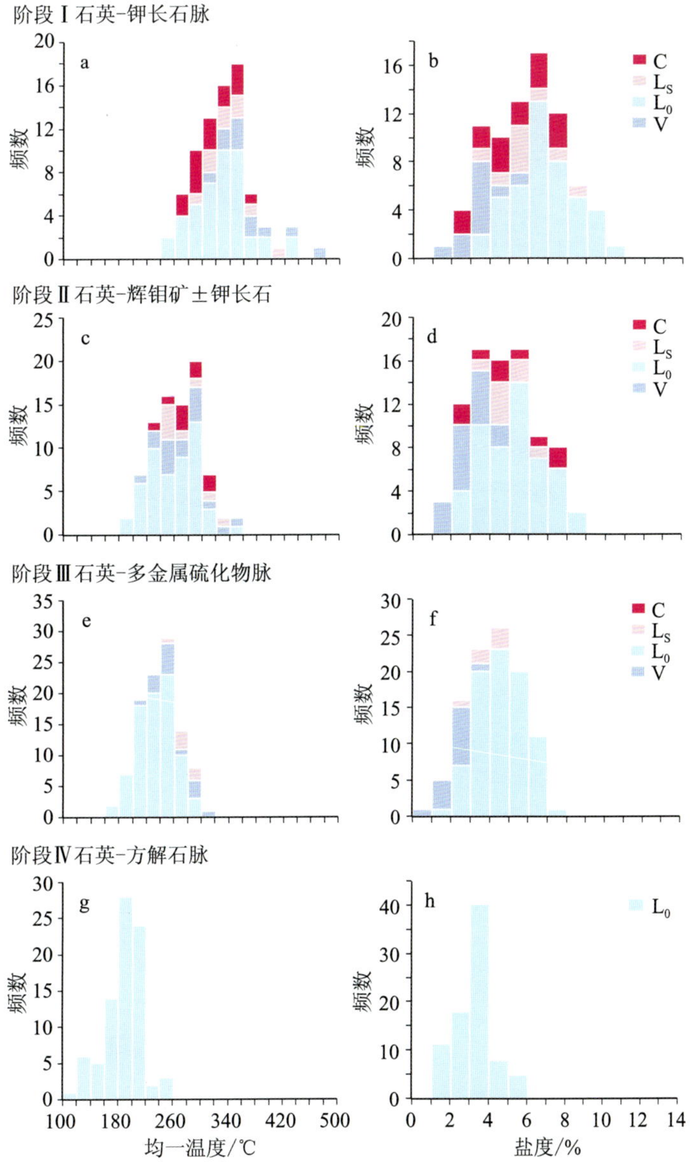

图 4－39　东戈壁钼矿不同成矿阶段石英样品均一温度和流体盐度统计直方图

(2007) 等压线方程（假设为简单的 NaCl－H_2O 体系），估计捕获压力变化范围为 100～450bar（图 4－41a），平均为 200bar。然而，CO_2 成分加入会使固溶线升高并增大捕获压力（Bowers & Helgeson，1983；Joyce & Holloway，1993）。据前人研究，600℃时，若盐度为 4% 的溶液体系中混有 5% 的 CO_2（摩尔分数），压力会增加约 100bar（Gehrig et al.，1986；Rusk et al.，2008），因此，经校正后的压力为 200～550bar，对应的深度为 0.7～2.0km（假设为静岩条件）。这一结果与含 CO_2 相包裹体的捕获压力一致（＜500bar；图 4－41b）。

主成矿阶段Ⅱ和Ⅲ石英－辉钼矿脉中流体包裹体类型包括中等盐度的富液相、含子矿物相、富气相流体包裹体组合以及少量的含 CO_2 包裹体，均一温度变化范围为 220～

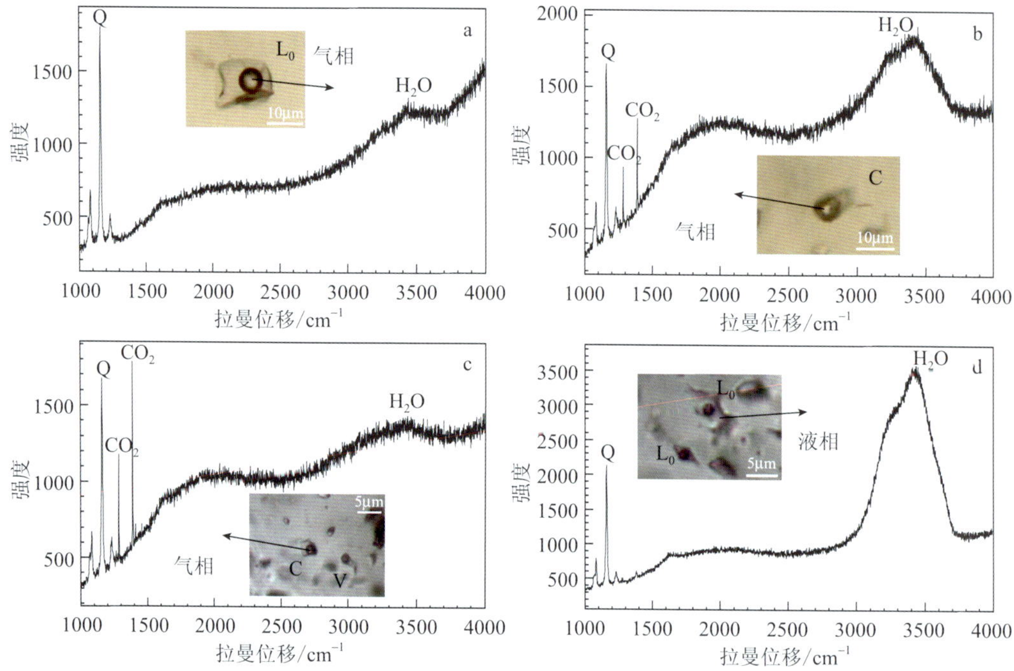

图 4－40　东戈壁钼矿石英脉中流体包裹体激光拉曼光谱图

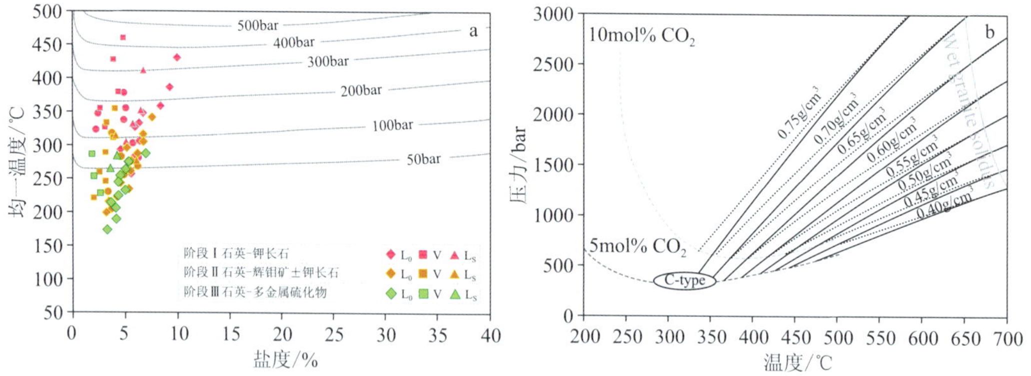

图 4－41　东戈壁钼矿阶段Ⅰ到Ⅲ流体包裹体温度－盐度－压力相图（a）和含 CO_2 包裹体的相图（b）
4% NaCl，5% CO_2（摩尔分数）流体等容线以直线表示，10% CO_2（摩尔分数）流体等容线以虚线表示，虚曲线代表 H_2O（6%）－NaCl－CO_2（摩尔分数为5%～10%）体系中流体固溶线（Gehrig et al.，1986）

300℃，盐度范围为2%～7%（图4－39）。低盐度富气相和中低盐度富液相包裹体组合共生，且具有相似均一温度，这表明在主成矿阶段也发生了流体相分离事件。Fournier（1992，1999）认为，当温度降至400℃以下时，体系从封闭系统变为开放系统，并伴随压力迅速下降，致使相分离事件发生。本书采用 Driesner 和 Heinrich（2007）提出的等容线方程，估计捕获压力范围为＜50～200bar，主要集中于50bar（图4－41a，图4－42），对应捕获深度约为0.5km。综上分析，东戈壁钼矿的形成深度为0.5～2.0km。

五、成岩成矿模式

新疆东天山为塔里木板块与西伯利亚板块的聚合地区，经历了从晚古生代至中生代复

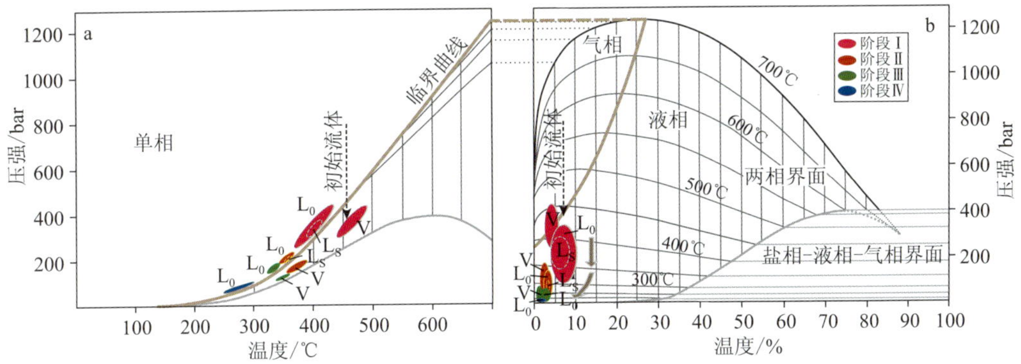

图4-42 东戈壁钼矿区不同阶段 $H_2O-NaCl$ 溶液的温度-压力（a）和盐度-压力相图（b）
（据 Driesner & Heinrich，2007；Klemm et al.，2007，有修改）

杂的构造演化过程，发育了加里东期、华力西期和印支期等不同时代的花岗岩类（李文明等，2002；秦克章等，2002；王志良等，2006；Huang et al.，2013；王银宏等，2014）。对于东天山地区花岗岩类的地质特征，及其与成矿作用、区域构造演化的关系，许多地质学家进行了大量研究。李文明等（2002）认为，东天山花岗岩类岩浆活动开始于志留纪晚期，经历了板块碰撞期前、火山弧、碰撞同期、板内伸展期、陆内叠覆造山期及非造山期6个演化阶段。周涛发等（2010）认为，东天山地区中酸性侵入岩浆作用经历了前碰撞阶段（386~369Ma）、主碰撞阶段（349~330Ma）、后碰撞阶段（320~252Ma）和板内阶段（246~230Ma）4个主要构造演化过程。顾连兴等（2006）指出东天山地区花岗岩在主碰撞期后可分为3种：挤压-拉张转换期花岗岩（310~285Ma）、拉张花岗岩（285~250Ma）及板内花岗岩（250~208Ma）。Zhang et al.（2008）则根据岩浆活动、成矿作用及与区域构造演化的耦合关系认为东天山主要经历了4个演化阶段：俯冲岛弧阶段（360~320Ma）、碰撞增生阶段（300~280Ma）、后碰撞伸展阶段（280~245Ma）及板内伸展阶段（240~220Ma）。本书研究得到的东戈壁钼矿区中隐伏斑状花岗岩 SIMS 锆石 U-Pb 年龄为233.8±1.5Ma，与东天山地区板内伸展阶段（240~220Ma）时限一致。另外，在 Pearce et al.（1984）构造环境判别图解中，花岗岩样品也基本落入板内花岗岩区域（图4-43a、b），显示板内岩浆岩的特点，其地球动力学机制可能与东天山板内伸展的构造演化活动相关。

前人通常将东天山地区古生代-中生代的构造演化历史解释为：在泥盆纪—石炭纪期间，东天山地区康古尔塔格大洋板块向南北两侧双向俯冲，形成康古尔断裂带北部的大南湖-头苏泉晚古生代岛弧，及南部的阿奇山-雅满苏晚古生代弧后盆地（秦克章等，2002；李锦轶，2004；王志良等，2006；王银宏等，2014）；晚石炭世末—早二叠世初，随着康古尔塔格大洋闭合，塔里木板块与准噶尔板块发生碰撞对接，东天山完成碰撞造山阶段；二叠纪开始，东天山进入碰撞后挤压走滑和局部伸展阶段，区域内应力场由挤压向伸展转变，地球动力学环境的转变不仅使已经形成的地壳被改造，而且幔源岩浆侵入地壳之中，使地壳发生增厚（韩春明等，2002；Wang et al.，2021b；Zhang et al.，2021，2022）；至三叠纪之后，东天山地区则进入板内伸展阶段，地壳发生拉伸减薄，并伴随深部软流圈地幔物质上涌及幔源岩浆底侵作用（顾连兴等，2006；Zhang et al.，2008）。

综上所述，东戈壁斑岩钼矿的成岩成矿作用发生在东天山地区三叠纪的板内伸展构造

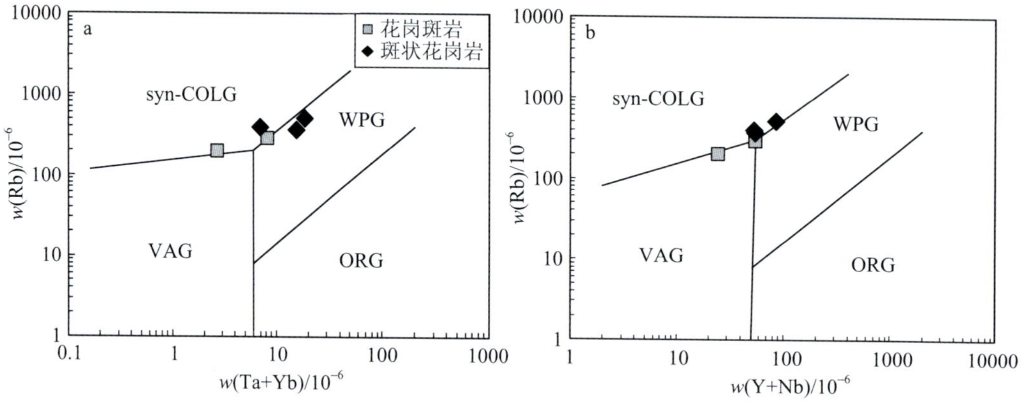

图4－43　东戈壁钼矿区花岗岩构造环境判别图解

（据 Pearce et al.，1984）

a—Rb－Ta＋Yb 图解；b—Rb－Y＋Nb 图解

背景下。同时期，东天山东段及毗邻的北山地区岩浆－成矿作用也相当强烈，发育了白山、花黑滩及小狐狸山钼矿床及钙碱性花岗岩体，形成于造山后伸展环境。在岩石圈伸展的构造体制下，软流圈地幔物质上涌底侵于地壳底部，提供热量并诱发新增生下地壳物质发生部分熔融，这不仅形成了强烈的岩浆作用，也为该区中生代钼矿化作用提供了重要的地球动力学条件和成矿物质来源（图4－44）。

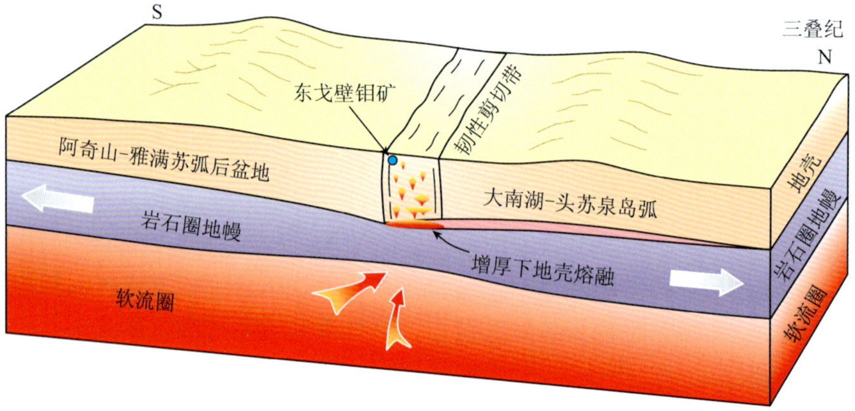

图4－44　东戈壁斑岩型钼矿床地球动力学背景模式图

主要参考文献

陈富文，李华芹，蔡红，等．1999．新疆东部金窝子金矿成因讨论：同位素地质年代学证据．地质论评，45（3）：247－254.

陈富文，李华芹，陈毓川．2005．东天山土屋－延东斑岩铜矿田成岩时代精确测定及其地质意义．地质学报，79（2）：256－261.

陈文，孙枢，张彦，等．2005．新疆东天山秋格明塔什－黄山韧性剪切带^{40}Ar/^{39}Ar 年代学研究．地质学报，79（6）：790－804.

邓振球，刘拓，庄道泽，等．2001．新疆勘查地球化学的回顾和展望．新疆地质，19（3）：161－166.

邓振球．2002. 东天山航空磁异常特征及地质解释．新疆地质，20（4）：320－324.
杜佩轩．1995. 1:50 万等值线地球化学图研制及分析系统偏倚校正．物探与化探，19（4）：253－263.
高俊，钱青，龙灵利，等．2009. 西天山的增生造山过程．地质通报，28（12）：1804－1816.
高俊，朱明田，王信水，等．2019. 中亚成矿域斑岩大规模成矿特征：大地构造背景、流体作用与成矿深部动力学机制．地质学报，93（1）：24－71.
顾连兴，张遵忠，吴昌志，等．2006. 关于东天山花岗岩与陆壳垂向增生的若干认识．岩石学报，22（5）：1103－1122.
郭谦谦，潘成泽，肖文交，等．2010. 哈密延东铜矿床地质和地球化学特征．新疆地质，28（4）：419－426.
韩宝福，季建清，宋彪，等．2006. 新疆准噶尔晚古生代陆壳垂向生长（Ⅰ）－后碰撞深成岩浆活动的时限．岩石学报，22（5）：1077－1086.
韩春明，毛景文，杨建民，等．2002. 东天山晚古生代内生金属矿床类型和成矿作用的动力学演化规律．地质学报，76（2）：222－233.
侯广顺，杨贺杰．2009. 东天山土屋斜长花岗斑岩的成因——来自围岩的证据．四川有色金属（2）：5－8.
侯可军，李延河，邹天人，等．2007. LA－MC－ICP－MS 锆石 Hf 同位素的分析方法及地质应用．岩石学报，23（10）：2595－2604.
黄超勇，郎岩峰，董理践，等．2011. 东天山东戈壁特大型钼矿床地质特征及成因研究．中国钼业，35（3）：8－17.
江远达．1985. 利用区域地球物理资料研究天山和准噶尔地区的深部构造．新疆地质，3（4）：51－57.
李华芹，陈富文．2004. 中国新疆区域成矿作用年代学．北京：地质出版社：1－391.
李华芹，陈富文，李锦轶，等．2006. 再论东天山白山铼钼矿区成岩成矿时代．地质通报，25（8）：916－922.
李锦轶，王克卓，李文铅，等．2002. 东天山晚古生代以来大地构造与矿产勘查．新疆地质，20（4）：295－301.
李锦轶．2004. 新疆东部新元古代晚期和古生代构造格局及其演变．地质论评，50（3）：304－322.
李文明，任秉琛，杨兴科，等．2002. 东天山中酸性侵入岩浆作用及其地球动力学意义．西北地质，35（4）：41－64.
刘德权，陈毓川，王登红，等．2003. 土屋－延东铜钼矿田与成矿有关问题的讨论．矿床地质，22（4）：324－344.
罗照华，卢欣祥，许俊玉，等．2010. 成矿侵入体的岩石学标志．岩石学报，26（8）：2247－2254.
毛景文，杨建民，韩春明，等．2002. 东天山铜金多金属矿床成矿系统和成矿地球动力学模型．地球科学，27（4）：413－424.
莫宣学，董国臣，赵志丹，等．2005. 西藏冈底斯带花岗岩的时空分布特征及地壳生长演化信息．高校地质学报，11（3）：281－290.
潘红迪，申萍，陈刚，等．2013. 新疆土屋斑岩铜矿床火山－侵入杂岩体、成矿岩石及其蚀变．矿床地质，32（4）：794－808.
秦克章．2000. 新疆中亚型造山带与成矿作用．北京：中国科学院地质与地球物理研究所：71－157.
秦克章，方同辉，王书来，等．2002. 东天山板块构造分区、演化与成矿地质背景研究．新疆地质，20（4）：302－308.
秦克章，彭晓明，三金柱，等．2003. 东天山主要矿床类型、成矿区带划分与成矿远景区优选．新疆地质，21（2）：143－149.
芮宗瑶，刘玉琳，王龙生，等．2002. 新疆东天山斑岩型铜矿带及其大地构造格局．地质学报，76（1）：

83－94.
芮宗瑶，张立生，陈振宇，等．2004. 斑岩铜矿的源岩或源区探讨．岩石学报，20（2）：229－238.
申萍，潘鸿迪，董连慧，等．2012. 新疆延东斑岩铜矿床火山机构、容矿岩石及热液蚀变．岩石学报，28（7）：1966－1980.
唐俊华，顾连兴，张遵忠，等．2007. 东天山咸水泉片麻状花岗岩特征、年龄及成因．岩石学报，23（8）：1803－1820.
涂良权，马雁飞，师书冉，等．2011. 哈密东戈壁钼矿成矿特征及围岩蚀变．新疆地质，29（4）：433－436.
涂其军，董连慧，王克卓．2012. 东天山东戈壁钼矿辉钼矿 Re－Os 同位素年龄及地质意义．新疆地质，30（3）：272－276.
汪振文．1986. 天山东部及北山区域磁场特征与深部地质构造之初步分析．新疆地质，4（3）：107－114.
王福同，冯京，胡建卫，等．2001. 新疆土屋大型斑岩铜矿床特征及发现意义．中国地质，28（1）：36－39.
王京彬，王玉往，何志军．2006a. 东天山大地构造演化的成矿示踪．中国地质，33（3）：461－469.
王京彬，徐新．2006b. 新疆北部后碰撞构造演化与成矿．地质学报，80（1）：23－31.
王龙生，李华芹，刘德权，等．2005. 新疆哈密维权银（铜）矿床地质特征和成矿时代．矿床地质，22（3）：280－284.
王强，赵振华，许继峰，等．2006. 天山北部石炭纪埃达克岩－高镁安山岩－富 Nb 岛弧玄武质岩：对中亚造山带显生宙地壳增生与铜金成矿的意义．岩石学报，22（1）：11－30.
王银宏，薛春纪，刘家军，等．2014. 新疆东天山土屋斑岩铜矿床地球化学、年代学、Lu－Hf 同位素及其地质意义．岩石学报，30（11）：3383－3399.
王志良，毛景文，张作衡，等．2006. 新疆天山斑岩铜钼矿地质特征、时空分布及其成矿地球动力学演化．地质学报，80（7）：943－955.
吴昌志，张遵忠，Khin Z，等．2006. 东天山觉罗塔格红云滩花岗岩年代学、地球化学及其构造意义．岩石学报，22（5）：1121－1134.
吴福元，李献华，郑永飞，等．2007. Lu－Hf 同位素体系及其岩石学应用．岩石学报，23（2）：185－220.
吴艳爽，项楠，汤好书，等．2013. 东天山东戈壁钼矿床辉钼矿 Re－Os 年龄及印支期成矿事件．岩石学报，29（1）：121－130.
吴云辉，熊小林，赵太平，等．2013. 新疆东戈壁斑岩型 Mo 矿辉钼矿 Re－Os 年龄和成矿岩体锆石 U－Pb 年龄及其地质意义．大地构造与成矿学，37（4）：743－753.
吴兆宁，黄建华，玉素甫艾力，等．2007. 新疆土屋铜矿床某些成矿地球化学特征探讨．新疆地质，25（2）：160－163.
肖序常，汤耀庆，冯益民，等．1992. 新疆北部及其邻区大地构造．北京：地质出版社．
熊小林，蔡志勇，牛贺才，等．2005. 东天山晚古生代埃达克岩成因及铜金成矿意义．岩石学报，21（3）：967－976.
杨志强，吴邦友，郑松森，等．2011. 新疆东戈壁斑岩型钼矿床之斑岩体特征．华南地质与矿产，27（3）：208－214.
杨志强，李占明，李俊芳，等．2013. 新疆东戈壁钼矿床地质特征及成矿热液作用阶段划分、矿物生成顺序研究．地质找矿论丛，28（4）：514－523.
翟裕生，王建平，彭润民，等．2009. 叠加成矿系统与多成因矿床研究．地学前缘，16（6）：282－290.
翟裕生，姚书振，蔡克勤．2011. 矿床学（第三版）．北京：地质出版社．

张达玉，周涛发，袁峰，等．2010. 新疆东天山地区延西铜矿床的地球化学、成矿年代学及其地质意义．岩石学报，26（11）：3327 -3338.

张连昌，秦克章，英基丰，等．2004. 东天山土屋 - 延东斑岩铜矿带埃达克岩及其与成矿作用的关系．岩石学报，20（2）：259 -268.

张征，杨俊弢，庄道泽．2010. 土屋 - 延东斑岩型铜矿床找矿规律性研究：暨“三高二对应一相关”找矿模式研究．西北地质，43（2）：169 -183.

赵泽南，王银宏，王建平，等．2014. 土屋铜矿企鹅山群火山岩地球化学特征及其地质意义．矿物岩石，34（1）：63 -69.

郑永飞，陈江峰．2000. 稳定同位素地球化学．北京：科学出版社：218 -250.

周涛发，袁峰，张达玉，等．2010. 新疆东天山觉罗塔格地区花岗岩类年代学、构造背景及其成矿作用研究．岩石学报，26（2）：478 -502.

Anderson R N, Delong S E, Schwarz W M. 1980. Dehydration, asthenospheric convection and seismicity in subduction zones. The Journal of Geology, 88: 445 -451.

Atherton M P, Petford N. 1993. Generation of sodium-rich magmas from newly underplated basaltic crust. Nature, 362: 144 -146.

Beloisova B A, Griffin W L, O'Reilly S Y. 2006. Zircon crystal morphology, trace element signatures and Hf isotope composition as a tool for petrogenetic modeling: Examples from Eastern Australian granitoids. Journal of Petrology, 47 (2) 329 -353.

Biske Y S, Seltmann R. 2010. Paleozoic Tian - Shan as a transitional region between the Rheic and Urals - Turkestan oceans. Gondwana Research, 17 (2 -3): 602 -613.

Bodnar R J. 1993. Revised equation and table for determining the freezing point depression of H_2O - NaCl solutions. Geochimica et Cosmochimica Acta, 57: 683 -684.

Bouvier A, Vervoort J D, Patchett P J. 2008. The Lu - Hf and Sm - Nd isotopic composition of CHUR: Constrains from unequilibrated chondrites and implications for the bulk composition of terrestrial planets. Earth and Planetary Science Letters, 273 (1 -2): 49 -57.

Boynton W V. 1984. Geochemistry of the rare earth elements: Meteorite studies//Henderson P. Rare earth element geochemistry. Elsevier: 63 - 114.

Brown P E. 1989. Flincor: A microcomputer program for the reduction and investigation of fluid inclusion data. American Mineralogist, 74: 1390 -1393.

Catchpole H, Kouzmanov K, Putlitz B, et al. 2015. Zoned base metal mineralization in a porphyry system: Origin and evolution of mineralizing fluids in the Morococha district, Peru. Economic Geology, 110: 39 -71.

Chappell B W, White A J R. 1992. I- and S- type granites in the Lachlan Fold Belt. Earth Sciences, 83 (1 -2): 1 -26.

Chen Y J, Pirajno F, Wu G, et al. 2012. Epithermal deposits in North Xinjiang, NW China. International Journal of Earth Sciences, 101 (4): 889 -917.

Chi G X, Haid T, Quirt D, et al. 2017. Petrography, fluid inclusion analysis, and geochronology of the end uranium deposit, Kiggavik, Nunavut, Canada. Minerlium Deposita, 52: 211 -232.

Chung S L, Liu D Y, Ji J Q, et al. 2003. Adakites from continental collision zones: Melting of thickened lower crust beneath southern Tibet. Geology, 31 (11): 1021 -1024.

Cooke D R, Hollings P, Walshe J L. 2005. Giant porphyry deposits: Characteristics, distribution, and tectonic controls. Economic Geology, 100: 801 -818.

Defant M J, Drummond M S. 1990. Derivation of some modern arc magmas by melting of young subducted lithosphere. Nature, 347: 662 -665.

Defant M J, Xu J F, Kepezhinskas P, et al. 2002. Adakites: Some variations on a theme. Acta Petrologica Sinica, 18: 129 - 142.

Deng J, Wang Q F, Li G J, et al. 2014. Cenozoic tectono-magmatic and metallogenic processes in the Sanjiang region, southwestern China. Earth Science Reviews, 138: 268 - 299.

Driesner T, Heinrich C A. 2007. The system H_2O - NaCl. Part I: Correlation formulae for phase relations in temperature-pressure-composition space from 0 to 1000℃, 0 to 5000bar, and 0 to 1 XNaCl. Geochimica et Cosmochimica Acta, 71: 4880 - 4901.

Fournier R O. 1992. The influences of depth of burial and the brittle-ductile transition on the evolution of magmatic fluids. Geological Survey of Japan, Report 277: 57 - 59.

Fournier R O. 1999. Hydrothermal process related to movement of fluid from plastic into brittle rock in the magmatic-epithermal environment. Economic Geology, 94: 1193 - 1211.

Gehrig M, Lentz H, Franck E. 1986. The system water-carbon dioxide-sodium chloride to 773K and 300MPa. Physical Chemistry, 90: 525 - 533.

Goldstein R H, Reynolds T J. 1994. Fluid inclusion microthermometry. Society for Sedimentary Geology Short Course, 31: 87 - 121.

Griffin W L, Pearson N J, Belousova E, et al. 2000. The Hf isotope composition of cratonic mantle: LAM - MC - ICPMS analysis of zircon megacrysts in kimberlites. Geochimica et Cosmochimica Acta, 64 (1): 133 - 147.

Griffin W L, Wang X, Jackson S E, et al. 2002. Zircon chemistry and magma mixing, SE China: In-situ analysis of Hf isotopes, Tonglu and Pingtan igneous complexes. Lithos, 61 (3 - 4): 237 - 269.

Guan Q, Zhu D C, Zhao Z D, et al. 2011. Crustal thickening prior to 38Ma in southern Tibet: Evidence from lower crust-derived adakitic magmatism in the Gangdese Batholith. Gondwana Research, 21: 88 - 89.

Han C M, Zhao G C. 2003. Major types and characteristics of late Paleozoic ore deposits, East Tianshan, Northwest China. International Geology Review, 45 (9): 798 - 813.

Han C M, Xiao W J, Zhao G C, et al. 2006. Major types, characteristics and geodynamic mechanism of Upper Paleozoic copper deposits in northern Xinjiang, north western China. Ore Geology Reviews, 28 (3): 308 - 328.

Han C M, Xiao W J, Zhao G C, et al. 2014. Re - Os geochronology on molybdenites from the Donggebi Mo deposit in the Eastern Tianshan of the Central Asia Orogenic Belt and its geological significance. Resource Geology, 64 (2): 136 - 148.

Harris N B W, Pearce J A, Tindle A G. 1986. Geochemical characteristics of collision-zone magmatism. Geological Society, London, Special Publications, 19 (1): 67 - 81.

He Y S, Li S G, Hoefs J, et al. 2011. Post-collisional granitoids from the Dabie orogen: New evidence for partial melting of a thickened continental crust. Geochimica et Cosmochimica Acta, 75 (13): 3815 - 3838.

Hoskin P W O, Schaltegger U. 2003. The composition of zircon and igneous and metamorphic petrogenesis. Reviews of Mineralogy and Geochemistry, 53 (1), 27 - 62.

Hou Z Q, Gao Y F, Qu X M, et al. 2004. Origin of adakitic intrusives generated during mid - Mioceneeast-west extension in southern Tibet. Earth and Planetary Science Letters, 220: 139 - 155.

Huang X W, Qi L, Gao J F, et al. 2013. First reliable Re - Os ages of pyrite and stable isotope compositions of Fe(- Cu) deposits in the Hami region, Eastern Tianshan Orogenic Belt, NW China. Resource Geology, 63 (2): 166 - 187.

Jahn B M, Wu F Y, Chen B. 2000. Granitoids of the Central Asian Orogenic Belt and continental growth in the Phanerozoic. Earth and Environmental Science Transactions of The Royal Society of Edinburgh, 91: 181 -

193.

Jahn B M. 2004. The Central Asian Orogenic Belt and growth of the continental crust in the Phanerozoic. London, Geological Society, Special Publication, 226: 73 – 100.

Kay R W. 1978. Aleutian magnesian andesites: Melts from subducted Pacific ocean crust. Journal of Volcanology and Geothermal Research, 4: 117 – 132.

Klemm L M, Pettke T, Heinrich C A, et al. 2007. Hydrothermal evolution of the El Teniente deposit, Chile: Porphyry Cu – Mo ore deposition from low-salinity magmatic fluids. Economic Geology, 102: 1021 – 1045.

Le Maitre R W. 2002. Igneous Rocks: A Classification and Glossary of Terms. 2nd Edition. Cambridge University Press, 33 – 39.

Li H Q, Chen F W, Lu Y F, et al. 2005. New chronological evidence for Indosinian diagenetic mineralization in eastern Xinjiang, NW China. Acta Geologica Sinica, 79 (2): 264 – 275.

Li Q L, Li X H, Liu Y, et al. 2010. Precise U – Pb and Pb – Pb dating of Phanerozoic baddeleyite by SIMS with oxygen flooding technique. Journal of Analytical Atomic Spectrometry, 25 (7): 1107 – 1113.

Li X H, Li W X, Li Z H. 2007. On the genetic classification and tectonic implications of the Early Yanshanian granitoids in the Nanling Range, South China. Chinese Science Bulletin, 52 (14): 1873 – 1885.

Li X H, Liu Y, Li Q L, et al. 2009. Precise determination of Phanerozoic zircon Pb/Pb age by multicollector SIMS without external standardization. Geochemistry, Geophysics, Geosystems, 10 (4): 1 – 21.

Liu J J, Zheng M H, Cook N J, et al. 2007. Geological and geochemical characteristics of the Sawaya'erdun gold deposit, southwestern Chinese Tianshan. Ore Geology Reviews, 32 (1): 125 – 156.

Ludwig K R. 2001. Users Manual for Isoplot/Ex (rev. 249). Berkeley Geochronology Centre Special Publication, 1a: 1 – 56.

Maniar P D, Piccoli P M. 1989. Tectonic discrimination of granitoids. Geological Society of America Bulletin, 101 (5): 635 – 643.

Mao J W, Goldfarb R T, Wang Y T, et al. 2005. Late Paleozoic base and precious metal deposits, East Tianshan, Xinjiang, China. Characteristics and geodynamic setting. Episodes, 28 (1): 23 – 36.

Mo X X, Dong G C, Zhao Z D, et al. 2009. Mantle input to the crust in southern Gangdese, Tibet, during the Cenozoic: Zircon Hf isotopic evidence. Journal of Earth Science, 20 (2): 241 – 249.

Norrish K, Hutton J T. 1969. An accurate X-ray spectrographic method for the analysis of a wide range of geological samples. Geochimica et Cosmochimica Acta, 33 (4): 431 – 453.

Pearce J A, Harris N B W, Tindle A C. 1984. Trace element discrimination diagrams for the tectonic interpretation of granitic rocks. Journal of Petrology, 25 (4): 956 – 983.

Pearce J A. 1996. A users guide to basalt discrimination diagrams//Wyman D A. Trace element geochemistry of volcanic rocks, applications for massive-sulphide exploration. Geological Association of Canada, Short Course Notes, 12: 79 – 113.

Pirajno F, Seltmann R, Yang Y Q. 2011. A review of mineral systems and associated tectonic settings of northern Xinjiang, NW China. Geoscience Frontiers, 2 (2): 157 – 185.

Qin K Z, Sun S, Li J L, et al. 2002. Paleozoic epithermal Au and porphyry Cu Deposits in North Xinjiang, China: Epochs, features, tectonic linkage and exploration significance. Resource Geology, 52 (4): 291 – 300.

Qin K Z, Su B X, Sakyi P A, et al. 2011. SIMS zircon U – Pb geochronology and Sr – Nd isotopes of Ni – Cu bearing mafic-ultramafic intrusions in eastern Tianshan and Beishan in correlation with flood basalts in Tarim basin (NW China): Constraints on a ca. 280Ma mantle plume. American Journal of Science, 311: 237 – 260.

Richards J P. 2003. Tectono-magmatic precursors for porphyry Cu－(Mo－Au) deposit formation. Economic Geology, 98: 1515－1533.

Richards J P, Kerrich R. 2007. Special paper: adakite-like rocks: Their diverse origins and questionable role in metallogenesis. Economic Geology, 102: 537－576.

Richards J P. 2009. Postsubducion porphyry Cu－Au and epithermal Au deposits. Products of remelting of subduction-modified lithosphere Geology, 37 (3): 247－250.

Richards J P. 2011. High Sr/Y arc magmas and porphyry Cu ± Mo ± Au deposits. Just add waterEconomic Geology, 106 (7): 1075－1071.

Rickwood P C. 1989. Boundary lines within petrologic diagrams which use oxides of minor elements. Lithos, 22 (4): 247－263.

Roedder E, Bodnar R. 1980. Geologic pressure determinations from fluid inclusion studies. Annual Review of Earth and Planetary Sciences, 8: 263－301.

Roedder E. 1984. Fluid inclusions. Review of Mineral, 12: 646.

Rollinson H R. 1993. Using Geochemical Data: Evaluation, presentation, interpretation. New York: Longman Group UK Ltd.: 1－352.

Rusk B G, Reed M H, Dilles J H. 2008. Fluid inclusion evidence for magmatic-hydrothermal fluid evolution in the porphyry copper-molybdenum deposit at Butte, Montana. Economic Geology, 103: 307－334.

Seedorff E, Dilles J H, Proffett J M, et al. 2005. Porphyry deposits: Characteristics and origin of hypogene features. Economic Geology 100th Anniversary Volume: 251－298.

Sláma J, Košler J, Condon D J, et al. 2008. Plesovice zircon: A new natural reference material for U－Pb and Hf isotopic microanalysis. Chemical Geology, 249 (1－2): 1－35.

Scherer E E, Cameron K L, Blichert J T. 2000. Lu－Hf garnet geochronology: Closure temperature relative to the Sm－Nd system and the effects of trace mineral inclusions. Geochimica et Cosmochimica Acta, 64 (19): 3413－3432.

Shen P, Pan H D, Dong L H, et al. 2014a. Yandong porphyry Cu deposit, Xinjiang, China: Geology, geochemistry and SIMS U－Pb zircon geochronology of host porphyries and associated alteration and mineralization. Journal of Asian Earth Sciences, 80, 197－217.

Shen P, Pan H D, Zhou Y F, et al. 2014b. Petrography, geochemistry and geochronology of the host porphyries and associated alteration at the Tuwu Cu deposit, NW China: A case for increased depositional efficiency by reaction with mafic hostrock? Miner Deposita, 49: 709－731.

Sillitoe R H. 2010. Porphyry copper systems. Economic Geology, 105: 3－41.

Soderlund U, Patchett P J, Vervoort J D, et al. 2004. The ^{176}Lu decay constant determined by Lu－Hf and U－Pb isotope systematics of Precambrian mafic intrusions. Earth and Planetary Science Letters, 219 (3－4): 311－324.

Stacey J S, Kramers J D. 1975. Approximation of terrestrial lead isotope evolution by a two-stage model. Earth Planet. Sci. Lett., 26 (2): 207－221.

Streck M J, Leeman W P, Chesley J. 2007. High-magnesian andesite from Mount Shasta: A product of magma mixing and contamination, not a primitive mantlemelt. Geology, 35: 351－354.

Sun M, Lin S Y, Zhang F F, et al. 2021. Post-ore change and preservation of the late Paleozoic Tuwu porphyry Cu deposit in Eastern Tianshan, NW China: Constraints from geology and apatite fission track thermochronology. Ore Geology Reviews, 137: 104297.

Sun S S, McDonough W F. 1989. Chemical and isotope systematics of oceanic basalts: Implications for mantle composition and processes. Geological Society London Special Publication, 42 (1): 313－345.

Vervoort J D, Patchett P J, Blichert - Toft J, et al. 1999. Relationships between Lu - Hf and Sm - Nd isotopic systems in the global sedimentary system. Eatrh and Planetary Science Letters, 168 (1 - 2): 79 - 99.

Wang K, Lin S Y, Wang Y H, et al. 2021. Genesis of the early Mesozoic granitoids at the Hardat Tolgoi Ag - Pb - Zn deposit in East Ujimqin Banner, Inner Mongolia, NE China: Insights from whole-rock geochemistry, zircon U - Pb - Hf isotopes, and Pb - Si systematics. Ore Geology Reviews, 139: 104530.

Wang Q, Zhao Z H, Xu J F, et al. 2006. Carboniferous adakite-high-Mg andesite-Nb-enriched basaltic rock suites in the Northern Tianshan area: Implications for Phanerozoic crustal growth in the Central Asia Orogenic Belt and Cu - Au mineralization. Acta Petrologica Sinica, 22 (1): 11 - 30.

Wang Q, Wyman D A, Xu J F, et al. 2008. Triassic Nb-enriched basalts, magnesianandesites, and adakites of the Qiangtang Block (Central Tibet): Evidence formetasomatism by slab-derived melts in the mantle wedge. Contributions to Mineralogy and Petrology, 155: 473 - 490.

Wang T, Jahn B M, Victor P K, et al. 2009. Nd - Sr isotopic mapping of the Chinese Altai and implications for continental growth in the Central Asian Omgenic Belt. Lithos, 110: 359 - 372.

Wang Y H, Xue C J, Liu J J, et al. 2015a. Early Carboniferous adakitic rocks in the area of the Tuwu deposit, eastern Tianshan, NW China: Slab melting and implications for porphyry copper mineralization. Journal of Asian Earth Sciences, 103: 332 - 349.

Wang Y H, Xue C J, Wang J P, et al. 2015b. Petrogenesis of magmatism in the Yandong region of Eastern Tianshan, Xinjiang: Geochemical, geochronological and Hf isotope Constraints. International Geology Review, 57 (9 - 10): 1130 - 1151.

Wang Y H, Xue C J, Zhang F F, et al. 2015c. SHRIMP zircon U - Pb geochronology, geochemistry and H - O - Si - S - Pb isotope systematics of the Kanggur gold deposit in Eastern Tianshan, NW China: Implication for ore genesis. Ore Geology Reviews, 68: 1 - 13.

Wang Y H, Zhao C B, Zhang F F, et al. 2015d. SIMS zircon U - Pb and molybdenite Re - Os geochronology, Hf isotope, and whole-rock geochemistry of the Wunugetushan porphyry Cu - Mo deposit and granitoids in NE China and their geological significance. Gondwana Research, 28: 1228 - 1245.

Wang Y H, Zhang F F, Liu J J. 2016a. Geological, geochronological, geochemical, and Sr - Nd - O - Hf isotopic constraints on origins of intrusions associated with the Baishan porphyry Mo deposit in eastern Tianshan, NW China. Mineralium Deposita, 51: 953 - 969.

Wang Y H, Zhang F F, Liu J J, et al. 2016b. Carboniferous magmatism and mineralization in the area of the Fuxing Cu deposit, Eastern Tianshan, China: Evidence from zircon U - Pb ages, petrogeochemistry, and Sr - Nd - Hf - O isotopic compositions. Gondwana Research, 34: 109 - 128.

Wang Y H, Zhang F F, Liu J J, et al. 2016c. Genesis of the Fuxing porphyry Cu deposit in Eastern Tianshan, China: Evidence from fluid inclusions and C - H - O - S - Pb isotope systematics. Ore Geology Reviews, 79: 46 - 61.

Wang Y H, Zhang F F, Li B C. 2017. Genesis of the Yandong porphyry Cu deposit in eastern Tianshan, NW China: Evidence from geology, fluid inclusions and isotope systematics. Ore Geology Reviews, 86: 280 - 296.

Wang Y H, Zhang F F, Liu J J, et al. 2018a. Ore genesis and hydrothermal evolution of the Donggebi porphyry Mo deposit, Xinjiang, Northwest China: evidence from isotopes (C, H, O, S, Pb), fluid inclusions, and molybdenite Re - Os dating. Economic Geology, 113: 463 - 488.

Wang Y H, Xue C J, Liu J J, et al. 2018b. Origin of the subduction-related Carboniferous intrusions associated with the Yandong porphyry Cu deposit in eastern Tianshan, NW China: constraints from geology, geochronology, geochemistry, and Sr - Nd - Pb - Hf - O isotopes. Mineralium Deposita, 53: 629 - 647.

Wang Y H, Zhang F F, Liu J J, et al. 2018c. Genesis of the Wurinitu W - Mo deposit, Inner Mongolia, Northeast China: constraints from geology, fluid inclusions and isotope systematics. Ore Geology Reviews, 94: 367 - 382.

Wang Y H, Zhang F F, Li B C, et al. 2020. Geology and genesis of the Cihai mafic intrusions in Beishan Terrane, Xinjiang, Northwest China: Implication for ion mineralization and tectonic setting. Ore Geology Reviews, 121: 1 - 20.

Wang Y H, Zhang F F, Xue C J, et al. 2021a. Geology and Genesis of the Tuwu Porphyry Cu Deposit, Xinjiang, Northwest China. Economic Geology, 116: 471 - 500.

Wang Y H, Liu J J, Wang K, et al. 2021b. Origin of the post-collisional carboniferous granitoids associated with the Azhahada Cu - Bi deposit in Inner Mongolia, Northeast China and implications for regional metallogeny. Ore Geology Reviews, 139: 104420.

Wang Y, Sun GH, Li J Y. 2010. U - Pb (SHRIMP) and $^{40}Ar/^{39}Ar$ geochronological constraints on the evolution of the Xingxingxia shear zone, NW China: A Triassic segment of the Altyn tagh fault system. Geological Society of America, 122 (3 - 4): 487 - 505.

Wiedenbeck M, Allé P, Corfu F, et al. 1995. Three natural zircon standards for U - Th - Pb, Lu - Hf, trace-element and REE analyses. Geostandards Newslette, 19 (1): 1 - 23.

Windley B F, Alexeiev D, Xiao W J. 2007. Tectonic models for accretion of the Central Asian Orogenic belt. Journal of the Geological Society, 164 (1): 31 - 47.

Wood D A. 1980. Porphyry deposits: Characteristics and origin of hypogene features. Earth and Planetary Science Letters, 50 (1): 251 - 298.

Wu F Y, Yang Y H, Xie L W, et al. 2006. Hf isotopic compositions of the standard zircons and bad-deleyites used in U - Pb geochronology. Chemical Geology, 234 (1): 105 - 126.

Xiao W J, Windley B E, Allen M B, et al. 2013. Paleozoic multiple accretionary and collisional tectonics of the Chinese Tianshan orogenic collage. Gondwana Research, 23 (4): 1316 - 1341.

Zhang F F, Wang Y H, Liu J J, et al. 2015. Zircon U - Pb and molybdenite Re - Os geochronology, Hf isotope analyses, and whole-rock geochemistry of the Donggebi Mo deposit, eastern Tianshan, Northwest China, and their geological significance. International Geology Review, 57 (4): 446 - 462.

Zhang F F, Wang Y H, Liu J J. 2016. Fluid inclusions and H - O - S - Pb isotope systematics of the Baishan porphyry Mo deposit in Eastern Tianshan, China. Ore Geology Reviews, 78: 409 - 423.

Zhang F F, Wang Y H, Xue C J, et al. 2019. Fluid inclusion and isotope evidence for magmatic-hydrothermal fluid evolution in the Tuwu porphyry copper deposit, Xinjiang, NW China. Ore Geology Reviews, 113. https: //doi. org/10. 1016/j. oregeorev. 2019. 103078.

Zhang F F, Wang Y H, Liu J J, et al. 2022. Paleozoic magmatism and mineralization potential of the Sanchakou Copper Deposit, Eastern Tianshan, Northwest China: Insights from Geochronology, Mineral Chemistry, and Isotopes. Economic Geology, 117 (1): 165 - 194.

Zhang L C, Ji J S, Qin K Z, et al. 2003. Geological and geochemical features of Shiyingtan Permian LS-epithermal gold deposit in east Tianshan Mts, NW China//Mao, Goldfarb, Seltmann, Wang, Xiao and Hart. Tectonic Evolution and Metallogeny of the Chinese Altay and Tianshan. Proceedings of Vol International Symposium on IGCP - 473 project. IAGOD Guidebook Series 10: CERCAMS/NHM London: 261 - 270.

Zhang L C, Xiao W J, Qin K Z, et al. 2005. Re - Os isotopic dating of molybdenite and pyrite in the Baishan Mo - Re deposit, eastern Tianshan, NW China, and its geological significance. Mineralium Deposita, 39 (8): 960 - 969.

Zhang L C, Xiao W J, Qin K Z. 2006. The adakite connection of the Tuwu - Yandong copper porphyry belt, eastern Tianshan, NW China: Trace element and Sr – Nd – Pb isotope geochemistry. Mineralium Deposita, 41: 188 – 200.

Zhang L C, Qin K Z, Xiao W J. 2008. Multiple mineralization events in the eastern Tianshan district, NW China: Isotopic geochronology and geological significance. Journal of Asian Earth Sciences, 32 (2): 236 – 246.

Zhang W, Zhang F F, Wang Y H, et al. 2021. Origin of Paleozoic granitoids in the Yuhai Cu – Mo deposit, Eastern Tianshan, NW China and implications for regional metallogeny. Ore Geology Reviews, 121: 103465.

Zhang Z Z, Gu L X, Wu C Z, et al. 2005. Zircon SHRIMP dating for the Weiya pluton, eastern Tianshan: Its geological implications. Acta Geologica Sinica, 79 (4), 481 – 490.

Zhang Z, Zhou G, Kusky T M, et al. 2009. Late Paleozoic volcanic record of the Eastern Junggar terrane, Xinjiang, Northwestern China: Major and traceelement characteristics, Sr – Nd isotopic systematics and implications for tectonic evolution. Gondwana Research, 16 (2): 201 – 215.

Zhu D C, Mo X X, Wang L Q. 2009. Petrogenesis of highly fractionated I-type granites in the Zayu area of eastern Gangdese, Tibet: Constraints from zircon U – Pb geochronology, geochemistry and Sr – Nd – Hf isotopes. Science in China: Earth Sciences, 52: 1223 – 1239.

第五章 中亚成矿域斑岩型矿床对比研究

我国北方造山带总体属中亚成矿域范围，其斑岩成矿与中亚成矿域具有相似的地质背景和地球动力演化过程。本章主要利用申萍和潘鸿迪（2015）、薛春纪等（2016）、高俊等（2019）的研究成果，对中亚斑岩成矿作用进行简要的总结，以便更加深入地了解中国北方造山带斑岩成矿系统的构造背景和成矿特征。

中亚成矿域西起俄罗斯境内的乌拉尔山脉，向东经哈萨克斯坦、乌兹别克斯坦、吉尔吉斯斯坦以及我国的新疆、甘肃北部、内蒙古和蒙古，至俄罗斯远东和我国东北地区。其中大型和超大型斑岩型铜矿床主要出露于哈萨克斯坦、乌兹别克斯坦、塔吉克斯坦、蒙古国和我国北方地区，包括哈萨克斯坦的波谢库尔（Boshekul）、努尔卡斯甘（Nurkazgan）、博尔雷（Borly）、科翁腊德（Kounrad）、阿克都卡（Aktogai Aidarly）和科克赛（Koksai），乌兹别克斯坦的阿尔马雷克（Kal'makyr），塔吉克斯坦的塔尔迪布拉克（Taldy Bulak），我国新疆的包古图、土屋－延东，蒙古的欧玉陶勒盖（Oyu Tolgoi）、额尔登特（Erdenet）、查干苏布尔加（Tsagaan Suvarga），以及我国内蒙古的乌努格吐山和黑龙江的多宝山等（图5－1；表5－1）。

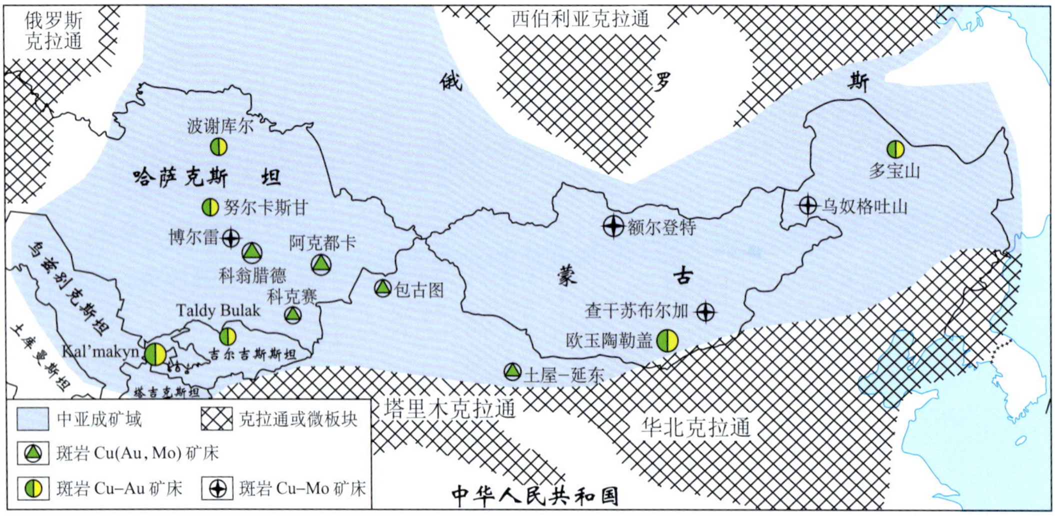

图5－1 中亚成矿域构造简图和主要斑岩铜矿床分布图

（据申萍等，2015）

斑岩型矿床按所含金属分为斑岩 Cu－Au、Cu－Mo、Cu－Mo－Au 等矿床，Au > 0.4g/t 的斑岩铜矿称为富金斑岩铜矿（Sillitoe，1993），Au > 0.2g/t 的斑岩铜矿称为斑岩铜金矿（Sinclair，2007）。按照这一分类原则，中亚成矿域斑岩矿床分为富金斑岩铜矿床、斑岩铜金矿床、斑岩铜（金，钼）矿床和斑岩铜钼矿床4种类型。其中，Au > 0.4g/t

表 5－1　中亚造山带典型斑岩矿床特征一览表

序号	矿床	国家	矿种	储量/10^4t	w(B)/%	成矿岩体	岩体 U－Pb 年龄	辉钼矿年龄	成矿构造背景	资料来源
1	多宝山	中国	Cu－Mo－(Au)	Cu 335，0.52%；Mo 15，0.02%；Au 73t，0.16～0.35g/t Au		花岗闪长岩	477.2±4Ma	475.9±7.9Ma	岛弧	本书
2	铜山	中国	Cu－Mo	100	>0.01	花岗闪长岩	479.15Ma	472.4±2.9Ma	岛弧	本书
3	迪延钦阿木	中国	Mo	79	0.1	斑状和细晶状花岗岩	156±1Ma	156.2±4.2Ma	陆缘弧	本书
4	乌努格吐山	中国	Cu－Mo	Cu：153；Mo：44.69	0.46% Cu；0.053%	黑云母二长花岗岩，斜长花岗斑岩	180.4±1.4Ma，203.5±1.6Ma	180.5±2.0Ma	陆缘弧或岛弧和陆缘弧过渡	本书
5	呼扎盖吐	中国	Mo	17	25.16	细粒花岗岩		179.8±2.7Ma	陆缘弧或岛弧和陆缘弧过渡	本书
6	八大关	中国	Cu－Mo	Cu：420；Mo：40	Cu：0.27；Mo：0.032	花岗闪长斑岩	229.6±1.4Ma	226.7±2.4Ma	陆缘弧或岛弧和陆缘弧过渡	本书
7	土屋－延东	中国	Cu－Mo－Au	674.3	0.61	斜长花岗斑岩	335Ma	323±2Ma	岛弧	本书
8	白山	中国	Mo	1.11	0.07%	黑云母二长花岗岩、花岗斑岩	226.8±3.2Ma	224.8±4.5Ma	板内伸展阶段	本书
9	赤湖	中国	Cu－Mo		Cu：0.2～0.3；Mo：0.02～0.04	斜长花岗斑岩	322Ma±10Ma		陆缘弧	本书
10	东戈壁	中国	Mo	50.8	0.12%	斑状花岗岩，花岗斑岩	233.8±2.5Ma，231.7±2.6Ma，	236.1±1.4Ma	板内伸展阶段	本书
11	岔路口	中国	Mo－Pb－Zn－Ag	178	0.09	花岗斑岩、石英斑岩、细粒花岗岩	148±1.6Ma	148±1Ma	古太平洋板块俯冲作用引起的挤压向伸展构造体制转折背景	刘军等，2013

续表

序号	矿床	国家	矿种	储量/10^4t	w(B)/%	成矿岩体	岩体 U－Pb 年龄	辉钼矿年龄	成矿构造背景	资料来源
12	白乃庙	中国	Cu－Mo	Cu 60，0.8%；Au 20t，0.1～16g/t		花岗闪长斑岩	432.4±2.2Ma，440.7±2.1Ma，443±1Ma	440.5±4.4Ma	火山岛弧	冯晓曦等，2014
13	包古图	中国	Cu－Mo	Cu 0.063Mt，0.28%；Mo 0.018Mt，0.011%；Au 1.4t，0.1g/t		闪长岩，闪长斑岩	313.0±2.2Ma，312.3±2.2Ma	312.4±1.8	岛弧	Shen et al. 2010
14	车户沟	中国	Mo	Cu＞11.2；0.12%		花岗斑岩	251.6±3.2Ma	250.2±7.2Ma	板内伸展阶段	孟树等，2013
15	大黑山	中国	Mo	109	0.066	黑云母花岗闪长斑岩	178±3	168.2±3.2Ma	活动大陆边缘或岛弧环境	王成辉等，2009
16	鸡冠山	中国	Mo	Mo＞10；0.08%～0.11%		花岗斑岩	245.5±2.7Ma	151.1±1.3Ma	板内伸展阶段	曾庆栋等，2009；陈伟军等，2010
17	季德屯	中国	Mo	40	0.087	似斑状二长花岗岩，石英闪长岩	212.5～232.2Ma	169.1±1.8	太平洋板块俯冲	邵建波，2014
18	鹿鸣	中国	Mo	80	0.088	二长花岗岩	187.1±1.2Ma	178.08±0.79Ma	古太平洋板块俯冲作用（或佳木斯与松嫩地块的拼合）有关	程国华等，2015
19	太平川	中国	Cu－Mo	1.3	0.09	花岗闪长斑岩	202±5.7Ma	203Ma	陆缘弧	陈志广等，2010
20	太平沟	中国	Mo	4.9	0.0827	花岗斑岩	131.5±1.1Ma	130.1±1.3Ma	板内伸展阶段	翟德高等，2009
21	兴阿	中国	Cu－Mo	31	0.106	钾长花岗岩、二长花岗斑岩	131±1Ma，129±1Ma		大陆碰撞过程中地壳缩短－加厚向伸展－减薄转换	张成等，2013
22	Agaskyr	俄罗斯	Cu－Mo	310.5	0.032					Mihalasky et al（2015）
23	Aksug	俄罗斯	Cu－Mo	805.2	0.52	闪长岩、闪长斑岩	$^{40}Ar/^{39}Ar$，400～380Ma			Mihalasky et al.，2015

续表

序号	矿床	国家	矿种	储量/10^4t	w(B)/%	成矿岩体	岩体 U－Pb 年龄	辉钼矿年龄	成矿构造背景	资料来源
24	Sora	俄罗斯	Cu－Mo	323.5	0.17	碱性正长岩，闪长岩，二长闪长岩，花岗斑岩	$^{40}Ar/^{39}Ar$，402～386Ma			Vitaliy I. Sotnikov et al.，2001
25	Shakhtama	俄罗斯	Mo－Cu	Mo＞5；0.1%		石英花岗斑岩和花岗斑岩	163～159Ma	160～157Ma	陆缘弧	Berzina et al.，2012
26	阿克斗卡特（Aktogai）	哈萨克斯坦	Cu－Mo	Cu 12.50Mt，0.39%；Mo，0.01%		花岗闪长岩和闪长岩	327.5±1.9Ma		陆缘弧或岛弧和陆缘弧过渡	Heinhorst et al.，2000；Cooke et al.，2005
27	Boshekul	哈萨克斯坦	Cu－Mo	Cu 1.27Mt，0.72%；Mo，0.014%		片麻岩和花岗闪长岩	Rb－Sr 481±23Ma		岛弧	Kudryavtsev，1996
28	Bozshakol	哈萨克斯坦		1000	0.67	花岗闪长斑岩				
29	博尔雷（borly）	哈萨克斯坦	Cu－Mo	60	0.34	黑云母角闪花岗闪长岩	334±3Ma	323±2Ma	陆缘弧或岛弧和陆缘弧过渡	赵恒乐等，2010
30	Koksai	哈萨克斯坦	Cu－Mo－Au	Cu 1.64Mt，0.52%；Mo，0.005%；Au 37.2～0.12g/t		花岗闪长斑岩			陆缘弧	Zhukov et al.，1997；申萍等，2015
31	Kounrad	哈萨克斯坦	Cu－Mo－Au	Cu 7.90Mt，0.61%；Mo，0.0035%；Au，0.017g/t		花岗闪长岩、片麻岩	308.7±2.2Ma		陆缘弧或岛弧和陆缘弧过渡	Kudryavtsev，1996；Zhukov et al.，1997；Heinhorst et al 2000
32	Kyzylkain	哈萨克斯坦	Cu	542	0.3	花岗闪长斑岩				
33	Nurkazgan	哈萨克斯坦	Cu－Au	213	0.81				岛弧	
34	Samarsk	哈萨克斯坦	Cu－Au	Cu，1～2%；Mo，0.0036%；Au，0.4～1g/t		石英花岗斑岩				Zhukov et al.，1997；Heinhost et al.，2000
35	Sayak	哈萨克斯坦	Cu－Mo－Au	Mo，0.01%；Au，0.70g/t		花岗岩				Seltmann & Porter，2005
36	Kyzyltu	哈萨克斯坦	Cu－Au	65.8	0.48					

续表

序号	矿床	国家	矿种	储量/10^4t	w(B)/%	成矿岩体	岩体 U－Pb 年龄	辉钼矿年龄	成矿构造背景	资料来源
37	Taldy Bulak	哈萨克斯坦	Cu－Mo－Au	Cu 1.4Mt，0.17%； Au 45.6t，0.63g/t		英安岩			陆缘弧	Shen et al.，2010
38	Kal'makyr	乌兹别克斯坦	Cu－Au	Cu 10.64Mt，0.39%； Au 1374t，0.51g/t		闪长岩、二长闪长岩、花岗闪长岩		309～274	陆缘弧	Seltmann et al.，2014
39	Kharmagtai	蒙古	Cu－Au－Mo	Cu 2.29Mt，0.35%		石英二长闪长岩和闪长岩－闪长斑岩				Kirwin et al.，2005
40	Erdenet	蒙古	Cu－Mo	Cu 9.18Mt，0.3～0.6%； Mo 0.27Mt，0.012%		闪长岩、 花岗闪长斑岩	Rb－Sr 252±11Ma	240.6±0.6Ma	陆缘弧或岛弧和陆缘弧过渡	Berzina & Sotnikov，1999； Watanabe & Stein，2000； Berzina et al.，2005
41	Tsagaan－Suvarga	蒙古	Cu－Mo	Cu 1.30Mt，0.54%； Mo 0.04Mt，0.19%		花岗闪长岩	368±4Ma	370.4±0.8Ma	岛弧	Gerel，1998； Lamb & Cox，1998， Watanabe & Stein，2000
42	Oyu Tolgoi	蒙古	Cu－Au	Cu 20.57Mt，0.83%； Au 790t，0.32g/t		石英二长闪长岩	362±2Ma； 378±3Ma	372±2Ma 373±1.2Ma	岛弧	Cooke et al.，2005； Wainwright et al.，2011； Khashgerel et al. 2009
43	Zuun Mod	蒙古	Cu－Mo	650	0.063					

斑岩铜矿床包括哈萨克斯坦的努尔卡斯甘、乌兹别克斯坦的阿尔马雷克、塔吉克斯坦的 Taldy Bulak 和蒙古国的欧玉陶勒盖；Au >0.2g/t 斑岩铜矿床包括哈萨克斯坦的波谢库尔和中国黑龙江省的多宝山（表 5－1）。一些斑岩铜矿包含大量的钼（Mo >0.01%）和很少量的金（Au <0.08g/t），这些斑岩铜钼矿床包括哈萨克斯坦的博尔雷、蒙古国的额尔登特和查干苏布尔加、我国的乌努格吐山等。一些斑岩铜矿包含少量的金（Au <0.2g/t）或少量的钼（Mo <0.01%），这些矿床属于铜（金，钼）矿床，如哈萨克斯坦的科翁腊德、阿克都卡和科克赛，以及我国新疆的包古图、土屋－延东等。

一、时空分布特征

基于矿床类型和成矿时代区域上的差异，结合成矿控构造环境、地球动力学背景、斑岩岩石类型等方面的研究，以重要构造线为界，高俊等（2019）将中亚成矿域自西向东划分为哈萨克斯坦、蒙古和中国东北 3 个成矿省（表 5－2）。

表 5－2　中亚成矿域 3 个斑岩成矿省主要特征

成矿省名称	哈萨克斯坦斑岩 Cu－Au－Mo 成矿省	蒙古斑岩 Cu－Au 成矿省	中国东北斑岩 Mo
已探明金属储量	Cu：68.91Mt Au：3667.4t Mo：2.03Mt	Cu：49.98Mt Au：1334t Mo：0.53Mt	Cu：8.13Mt Au：386.52t Mo：9.98Mt
各成矿省金属储量占成矿域总储量的比例	Cu：55% Au：68% Mo：16%	Cu：39% Au：25% Mo：4%	Cu：6% Au：7% Mo：80%
成矿时代	晚古生代（339～278Ma）为主，个别为早古生代（489～440Ma）和中生代（228～225a）	泥盆纪（～370Ma）和三叠纪（～240Ma）	中生代为主（248～106Ma），个别早古生代（482～440Ma）
成矿斑岩的岩石类型	石英闪长岩、闪长岩、花岗闪长岩、二长岩、斜长花岗岩、二长花岗岩及花岗岩	石英闪长岩、石英二长岩、二长花岗岩、花岗闪长岩、粗面英安斑岩	二长花岗岩、花岗闪长岩、花岗岩为主
成矿构造背景	俯冲岩浆弧为主，个别为后碰撞陆内造山环境	俯冲岩浆弧	俯冲岩浆弧、碰撞造山及陆内环境
相关地球动力学体系	古亚洲洋体系	古亚洲洋体系（古生代）和蒙古－鄂霍次克洋体系（三叠纪）	古亚洲洋体系（古生代）、蒙古－鄂霍次克洋体系（三叠纪－早侏罗世）和古太平洋体系（中侏罗世－早白垩世）

（据高俊等，2019，有简化）

中亚成矿域的显生宙增生造山、大陆地壳生长过程和后碰撞构造演化起始于新元古代晚期 Rodinia 超大陆裂解后形成的大地构造体制，先后受控于古亚洲洋、蒙古－鄂霍次克洋和古太平洋 3 个地球动力学体系，但 3 个成矿省所经历的构造演化有着显著差别（Gao et al.，2018）。西段制约斑岩成矿的构造与古亚洲洋中我国中天山－伊犁南缘－吉尔吉斯北天山－中哈萨克斯坦－科克切塔夫－成吉思古生代岩浆弧的演化以及哈萨克斯坦山弯构造的形成密切关联；中段斑岩成矿作用与古亚洲洋中图瓦－蒙古古生代岩浆弧的演化、鄂霍次克洋相关弧构造的叠加和图瓦－蒙古山弯构造的形成有关；东段中国东北成矿省则经历了古生代古亚洲洋体系、三叠纪鄂霍次克洋体系和中侏罗世—早白垩世古太平洋体系的叠加、复合（Yakubchuk，2005；Xiao et al.，2015；Zeng et al.，2015a）。

中亚成矿域斑岩铜矿形成于不同时代，奥陶纪形成哈萨克斯坦的波谢库尔铜金矿、塔吉克斯坦的Taldy Bulak铜金矿、我国多宝山铜金矿，志留纪形成哈萨克斯坦的科克赛铜矿，泥盆纪形成哈萨克斯坦的努尔卡斯甘铜金矿、蒙古国的欧玉陶勒盖铜金矿和查干苏布尔加铜钼矿，石炭纪形成哈萨克斯坦的博尔雷铜钼矿、科翁腊德铜矿和阿克都卡铜矿、乌兹别克斯坦的阿尔马雷克铜金矿、中国新疆的包古图铜矿和土屋－延东铜矿，三叠纪形成蒙古国的额尔登特铜钼矿，侏罗纪发育中国内蒙古的乌努格吐山铜钼矿。显然，中亚成矿域斑岩铜矿形成时间跨度大，自奥陶纪至侏罗纪均有发育，集中在泥盆纪和石炭纪。

空间上自西向东，斑岩矿床产出有明显差异，斑岩铜（金，钼）矿床主要出露于成矿域西段（中蒙古以西），代表矿床有阿尔马雷克、科翁腊德、欧玉陶勒盖、额尔登特等超大型矿床；而成矿域东段我国东北只产出多宝山－铜山、乌努格吐山等少数几个铜（钼）矿床，绝大多数则为单钼矿，如岔路口、鹿鸣和大黑山。成矿时代上，西段主体以古生代成矿为特色，仅额尔登特铜（钼）、白山和东戈壁钼矿形成于三叠纪；而东段则以中生代（三叠纪—白垩纪）为主，仅多宝山－铜山铜（钼）矿为早奥陶世、白乃庙铜矿为早志留世。这种矿床类型和成矿时代上的差异性，可高度概括为中亚域斑岩成矿具有“西铜东钼、早铜晚钼”的特征（高俊等，2019）。

二、含矿岩体和岩浆来源

中亚域成矿斑岩涵盖了除超基性岩以外的所有岩浆岩岩石类型，但最常见为石英二长闪长岩、二长花岗岩、花岗闪长岩和花岗岩。主量元素成分显示成矿斑岩以钙碱性和高钾钙碱性、准铝质至弱过铝质、磁铁矿系列岩石为主。成铜（－金－钼）斑岩偏基性，以辉长闪长岩、二长闪长岩、二长花岗岩为主；而成钼斑岩偏酸性，具更高 SiO_2 含量，主要为二长花岗岩与花岗岩等钙碱性－高钾钙碱性酸性岩，主要出露在东北地区。

中亚成矿域成矿斑岩在微量元素蛛网图和稀土元素球粒陨石化配分图上，均具大离子亲石元素富集、高场强元素强烈至轻微亏损、轻稀土富集、重稀土平坦等特点（高俊等，2019）。含矿岩体的Eu异常不明显，富集大离子亲石元素（Cs、Ba、LREE）、亏损高场强元素（Nb、P、HREE）和Ti，所有的岩石具有明显的负Nb异常，表明含矿岩石形成与俯冲有关。部分成铜斑岩具相对较高Sr含量和较低Y及Yb含量，显示出类似于埃达克岩的地球化学特征；也有相当数量的成铜斑岩具类似正常岛弧安山岩、英安岩和流纹岩的地球化学特征；同时绝大部分成钼斑岩不具埃达克岩亲缘性。

前人研究认为，中亚成矿域发育的花岗质岩类具有明显的正 $\varepsilon_{Nd}(t)$，指示岩体源于新生的洋壳（Jahn，2000；王京彬和徐新，2006；Solomovich，2007；Zhou et al.，2008；Safonova，2009）。然而，由于中亚成矿域斑岩铜矿含矿岩体的 $\varepsilon_{Nd}(t)$ 变化较大，一些学者认为含矿斑岩有不同的来源：①大多数含矿岩体具有明显的高的正 $\varepsilon_{Nd}(t)$，表明含矿岩浆源于新生的洋壳；②少量含矿岩体具有低的正的或低的负的 $\varepsilon_{Nd}(t)$，结合区域地质背景，如哈萨克斯坦的科翁腊德和博尔雷地区西侧出露前寒武纪片麻状花岗岩，中国内蒙古的乌努格吐山地区出露前寒武纪片麻岩和片岩（Wu et al.，2012），蒙古国的额尔登特地区出露前寒武纪基底岩石（Seltmann et al.，2014），表明这些含矿岩体的形成可能有古老的基底物质的参与；③个别含矿岩体具有较大变化的正值（如新疆包古图），可能是由于含矿岩体形成有围岩同化混染作用的参与所致（潘鸿迪和申萍，2014）。

我国东北地区的成钼斑岩均显示幔源组分为主的同位素特征，全岩 $\varepsilon_{Nd}(t)$ 在0上下、锆石 $\varepsilon_{Hf}(t)$ 多数>0，最高达+13，表明成钼矿的高分异岩浆可能主要由源自亏损地幔的新生下地壳部分熔融产生（Zeng et al.，2015a；Shu et al.，2016）。

三、成矿构造环境

斑岩矿床既可以产出于弧造山环境，也可形成于碰撞造山环境，有学者将前者称为弧造山型斑岩矿床，后者称为碰撞造山型斑岩矿床（侯增谦，2004）。中亚造山带斑岩矿床以弧造山环境成矿为主，表现为大多数含矿岩体为钙碱性系列，富集 LILEs 和 LREEs，具有明显的 Nb 负异常，高的 $Mg^{\#}$ 和高的正的 $\varepsilon_{Nd}(t)$，指示成矿岩体大部分形成于岛弧环境。包括哈萨克斯坦的波谢库尔、努尔卡斯甘、阿克都卡，中国新疆的包古图、土屋－延东和黑龙江省的多宝山，蒙古国的欧玉陶勒盖、查干苏布尔加等；一些含矿岩体具有低的正的或负的 $\varepsilon_{Nd}(t)$，结合矿区外围出现前寒武纪基底的特点，这些含矿岩体（博尔雷、科翁腊德、额尔登特）形成于陆缘弧或岛弧和陆缘弧过渡的构造环境，少量含矿岩体具有低的 $Mg^{\#}$ 和低的正的或负的 $\varepsilon_{Nd}(t)$，这些含矿岩体形成于陆缘弧环境。因此，初步认为这些矿床的含矿岩体形成于陆缘弧环境。总体上，中亚成矿域大多数斑岩铜金矿床和少量斑岩铜（金，钼）矿床形成于岛弧环境，而阿尔马雷克斑岩铜金矿床形成于陆缘弧环境，斑岩铜钼矿床（乌努格吐山、额尔登特）和少量斑岩铜（金，钼）矿床（博尔雷、科翁腊德）形成于陆缘弧或岛弧和陆缘弧过渡的环境。

中国东北地区斑岩钼矿床成矿构造环境复杂，三叠纪钼矿（250～220Ma）集中产出于西拉木伦缝合带南北两侧，受控于古亚洲洋闭合后的碰撞造山构造背景，与后碰撞区域伸展过程中俯冲大陆岩石圈拆沉导致热的软流圈物质上涌有关；侏罗纪钼矿（200～140Ma）在吉黑东部－佳木斯、松辽盆地－小兴安岭－张广才岭及大兴安岭均有分布，并显示出从南东到北西钼成矿年龄自200Ma到140Ma依次减小，成矿受控于俯冲的太平洋板块由南东向北西推移，板块头部扰动导致岩浆活动（Shu et al.，2015），受俯冲流体交代的岩石圈地幔部分熔融所产生的基性岩浆上升时直接烘烤新生下地壳，促使其发生熔融、造就含钼长英质岩浆成矿作用；白垩纪钼成矿（140～90Ma）在中国东北成矿省也分布广泛，与侏罗纪钼矿化作用相反，呈现向南东变得逐渐年轻的趋势，为太平洋板块的回撤所致（Shu et al.，2015）。古太平洋板块回返后撤事件，导致中国东部区域性伸展和大规模减薄（Wu et al.，2011；朱日祥等，2011），岩石圈拆沉造成软流圈物质大量上涌，诱发上覆新生地壳熔融，产生成矿所需岩浆。

四、斑岩成矿系统

如前所述，传统的斑岩成矿系统主要形成于岛弧和陆缘弧构造，受成矿环境和地质背景的影响，斑岩矿床常与矽卡岩矿床和浅成低温热液矿床共生。在中亚成矿域，大多数岩浆弧中碳酸盐岩不发育，岩体一般侵位于岩浆岩区，其矿化类型相对单一，形成简单的斑岩成矿系统。在一些地区也有碳酸盐岩存在，当岩体侵位时，碳酸盐岩发生矽卡岩化，并发生金属矿化，形成矽卡岩容矿的多金属矿体，它们与斑岩铜矿构成了斑岩－矽卡岩成矿系统，以乌兹别克斯坦阿尔马雷克矿区为代表，该矿区出露泥盆－石炭纪碳酸盐岩，矿区发育斑岩型和矽卡岩型矿化（薛春纪等，2013），以斑岩型矿化为主，构成了一个斑岩－矽卡岩成矿系统。在中亚成矿域，一些斑岩铜矿床中发育斑岩－浅成低温热液成矿系统，以哈萨克斯坦的努尔卡斯甘矿区为代表，该矿区发育与早期闪长岩有关的细脉浸染状铜矿化和与晚期闪长玢岩和隐爆角砾岩有关的高硫型浅成低温热液金矿化（Seltmann et al.，2014），构成斑岩－浅成低温热液成矿系统。我国内蒙古白乃庙铜矿床与白乃庙金矿床也很可能是一个统一的斑岩－浅成低温热液成矿体系。

中亚成矿域斑岩成矿系统以简单的斑岩系统为主，发育少量的斑岩－矽卡岩成矿系统和斑岩－浅成低温热液成矿系统。

五、中国北方造山带斑岩成矿系统特征

中国北方造山带斑岩成矿系统特征总结如下：

1）中国北方斑岩矿床成矿作用主要发生在古生代和中生代，目前没有发现前寒武纪的斑岩矿床，也没有白垩纪和更新的斑岩矿床。古生代斑岩铜矿与古亚洲洋演化有关，矿床主要形成于成熟岛弧环境。东北地区的斑岩矿床中生代受太平洋体制影响，形成较多年轻的斑岩钼矿床，如岔路口、鹿鸣和大黑山。

2）中国北方造山带斑岩矿化自西向东有明显差异，西部以铜金矿化为主，如土屋－延东，东北地区钼矿化强度大，产出大量单钼矿，如岔路口、鹿鸣和大黑山超大型钼矿床。与中亚成矿域类似，显示出“西铜东钼、早铜晚钼”的特征。

3）北方造山带斑岩铜矿含矿岩体多为钙碱性，岩性以花岗闪长岩－闪长岩－英云闪长岩为主，有少量的二长岩。成钼斑岩（多分布于东北地区）主要为二长花岗岩与花岗岩，相较成铜岩体更偏酸性，具更高 SiO_2 含量，多为钙碱性－高钾钙碱性酸性岩。

4）岩石地球化学和同位素地球化学数据显示大多数含矿岩浆源于新生的洋壳，少量有古老基底物质的参与或有围岩物质的参与。中国东北地区成钼矿的高分异岩浆可能主要由源自亏损地幔的新生下地壳部分熔融形成。

5）成矿构造背景主要为岛弧环境，大多数斑岩铜金矿床和少量斑岩铜（金，钼）矿床形成于岛弧环境，斑岩型铜钼矿床和少量斑岩铜（金，钼）矿床形成于岛弧和陆缘弧过渡的环境或陆缘弧环境。东北地区的一些斑岩钼矿床可能成于陆内环境，如三叠纪钼矿床（必鲁甘干、车户沟）的形成可能与后碰撞区域伸展过程中俯冲大陆岩石圈拆沉导致热的软流圈物质上涌有关。

6）中国北方造山带斑岩矿床的矿化类型相对单一，成矿系统主要为简单的斑岩成矿系统，斑岩－矽卡岩成矿系统和斑岩－浅成低温热液成矿系统的复合较少，仅白乃庙金矿和白乃庙铜矿可能为加里东岛弧环境形成的斑岩－浅成低温成矿系统。与环太平洋、特提斯成矿域相比较，浅成低温热系统发现较少也是我国北方造山带区域成矿特征之一。

主要参考文献

陈伟军，刘建明，刘红涛，等．2010. 内蒙古鸡冠山斑岩钼矿床成矿时代和成矿流体研究．岩石学报，26（5）：1423－1436.

陈志广，张连昌，卢百志，等．2010. 内蒙古太平川铜钼矿成矿斑岩时代、地球化学及地质意义．岩石学报，26（5）：1437－1449.

程国华，王瑞良，曾庆栋，等．2015. 黑龙江鹿鸣钼矿区花岗质杂岩锆石 U－Pb 年龄、Hf 同位素、辉钼矿 Re－Os 年龄及其地质意义．岩石学报，31（8）：2450－2464.

冯晓曦，姚书振，王家松，等．2014. 内蒙古白乃庙铜钼矿区侵入岩 LA－MC－ICP－MS 锆石 U－Pb 定年及地质意义．地质与勘探，50（2）：369－381.

高俊，朱明田，王信水，等．2019. 中亚成矿域斑岩大规模成矿特征：大地构造背景、流体作用与成矿深部动力学机制．地质学报，93（1）：24－71.

侯增谦．2004. 斑岩 Cu－Mo－Au 矿床：新认识与新进展．地学前缘，27（1）：131－144.

刘军，毛景文，武广，等．2013. 大兴安岭北部岔路口斑岩钼矿床岩浆岩锆石 U－Pb 年龄及其地质意义．地质学报，87（2）：208－226.

孟树，闫聪，赖勇，等．2013. 内蒙古车户沟钼铜矿成矿年代学及成矿流体特征研究．岩石学报，29（1）：255－269.

潘鸿迪，申萍．2014. 新疆包古图斑岩铜矿中性复式岩体的同化混染作用．地球科学与环境学报，36（1）：80－97.

邵建波，陈殿义，潘月栋，等．2016. 吉林省中东部季德屯及石马洞大型钼矿床辉钼矿 Re－Os 同位素年龄及地质意义．世界地质，35（3）：717－728.

申萍，潘鸿迪．2015. 中亚成矿域斑岩铜矿床基本特征．岩石学报，31（2）：315－332.

王成辉，松权衡，王登红，等．2009. 吉林大黑山超大型钼矿辉钼矿铼－锇同位素定年及其地质意义．岩矿测试，28（3）：269－273.

王京彬，徐新．2006. 新疆北部后碰撞构造演化与成矿．地质学报，80（1）：23－31.

薛春纪，段士刚，柴凤梅，等．2013. 乌兹别克斯坦 Almalyk 斑岩铜矿田成矿时代及其地质意义．地学前缘，20（2）：197－204.

曾庆栋，刘建明，张作伦，等．2009. 华北克拉通北缘鸡冠山斑岩钼矿床成矿年代及印支期成矿事件．岩石学报，25（2）：393－398.

翟德高，刘家军，王建平，等．2009. 内蒙古太平沟斑岩型钼矿床 Re－Os 等时线年龄及其地质意义．现代地质，23（02）：262－268.

张成，李诺，陈衍景，等．2013. 内蒙古兴阿钼铜矿区侵入岩锆石 U－Pb 年龄及 Hf 同位素组成．岩石学报，29（1）：217－230.

赵恒乐，陈宣华，屈文俊，等．2010. 巴尔喀什成矿带博尔雷斑岩铜矿床地质特征与成矿时代．地质力学学报，16（4）：340－348.

朱日祥，陈凌，吴福元，等．2011. 华北克拉通破坏的时间、范围与机制．中国科学：地球科学，41（5）：583－592.

Berzina A N, Sotnikov V I, Economou－Eliopoulos M, et al. 2005. Distribution of rhenium in molybdenite from porphyry Cu－Mo and Mo－Cu deposits of Russia (Siberia) and Mongolia. Ore Geology Reviews, 26 (1－2): 91－113.

Berzina A P, Sotnikov V I. 1999. Magmatic centers with Cu－Mo-porphyry mineralization of the Central－Asian mobile belt (by the example of Siberia and Mongolia). Geologiya I Geofizika, 40 (11): 1605–1618.

Berzina A. 2012. Platinum-group element geochemistry of magnetite from porphyry–Cu–Mo deposits and their host rocks (Siberia, Russia). Acta Geologica Sinica–English Edition, 86 (1): 106–117.

Gao J, Klemd R, Zhu M T, et al. 2018. Large-scale porphyry-type mineralization in the Central Asian metallogenic domain: A review. Journal of Asian Earth Sciences, 165: 7–36.

Gerel O, Munkhtsengel B. 2005. Erdenetiin Ovoo porphyry copper-molybdenum deposit in northern Mongolia. Geodynamics and Metallogeny of Mongolia with a Special Emphasis on Copper and Gold Deposits. London: CERCAMS, Natural History Museum: 85–103.

Heinhorst J, Lehmann B, Ermolov P, et al. 2000. Paleozoic crustal growth and metallogeny of Central Asia: Evidence from magmatic-hydrothermal ore systems of Central Kazakhstan. Tectonophysics, 328 (1–2): 69–87.

Jahn B, Wu F, Chen B. 2000. Granitoids of the Central Asian Orogenic Belt and continental growth in the Phanerozoic. Geological Society of America Special Papers, 350: 181–193.

Khashgerel B E, Rye R O, Kavalieris I, et al. 2009. The sericitic to advanced argillic transition: Stable isotope and mineralogical characteristics from the hugo dummett porphyry Cu–Au deposit, Oyu Tolgoi District, Mongolia. Economic Geology, 104 (8), 1087–1110.

Kirwin D J, Forster C N, Kavalieris I, et al. 2005. The Oyu Tolgoi copper-gold porphyry deposits, South Gobi, Mongolia. London: Centre for Russian and Central EurAsian Mineral Studies, Natural History Museum: 14–16.

Kudryavtsev Y K. 1996. The Cu–Mo deposits of Central Kazakhstan//Shatov V, Seltmann R, Kremenetsky A, et al. Granite-related ore deposits of Central Kazakhstan and adjacent areas. St. Petersburg: Glagol Publishing House: 119–144.

Lamb M A, Cox D. 1998. New $^{40}Ar/^{39}Ar$ age data and implications for porphyry copper deposits of Mongolia. Economic geology, 93 (4): 524–529.

Mihalasky M J, Ludington S, Alexeiev D V, et al. 2015. Porphyry copper assessment of northeast Asia—Far East Russia and Northeasternmost China. U. S. Geological Survey Scientific Investigations Report. 2010–5090–W, 104 p., and spatial data, http://dx. doi. org/10. 3133/sir20105090W.

Safonova I Y. 2009. Intraplate magmatism and oceanic plate stratigraphy of the Paleo–Asian and Paleo–Pacific Oceans from 600 to 140Ma. Ore Geology Reviews, 35 (2): 137–154.

Seltmann R, Porter T M. 2005. The porphyry Cu–Au/Mo deposits of central Eurasia: Tectonic, geologic & metallogenic setting and significant deposits//Porter T M. Super porphyry copper and gold deposits: A global perspective. Adelaide: PGC Publishing: 467–512.

Seltmann R, Alla D. 2009. Gold-copper giants of central Eurasia: Isolated hot spots vs. tracking metallogenic belts that formed during orogenic cycles//Chen Y, Charvet J, Faure M. International field excursion and workshop on tectonic evolution and crustal structure of the Paleozoic Chinese Tianshan, Urumqi, China: 50–52.

Seltmann R, Porter T M, Pirajno F. 2014. Geodynamics and metallogeny of the central Eurasian porphyry and related epithermal mineral systems: A review. Journal of Asian Earth Sciences, 79, 810–841.

Shen P, Shen Y, Pan H, et al. 2010. Baogutu porphyry Cu–Mo–Au deposit, west Junggar, northwest China: Petrology, alteration, and mineralization. Economic Geology, 105 (5): 947–970.

Shu Q H, Lai Y, Zhou Y T, et al. 2015. Zircon U–Pb geochronology and Sr–Nd–Pb–Hf isotopic constraints on the timing and origin of Mesozoic granitoids hosting the Mo deposits in northern Xilamulun district, NE China. Lithos, 238: 64–75.

Shu Q H, Chang Z S, Lai Y, et al. 2016. Regional metallogeny of Mo-bearing deposits in Northeastern China, with new Re – Os dates of porphyry Mo deposits in the Northern Xilamulun District. Economic Geology, 111 (7), 1783 – 1798.

Sillitoe R H. 1993, Gold-rich porphyry copper deposits: geological model and exploration implications. Geological Association of Canada – Special Paper, 40: 465 – 478.

Sinclair W D. 2007. Porphyry deposits//Goodfellow W D. Mineral deposits of Canada: A synthesis of major deposit-types, District Metallogeny, the evolution of geological provinces, and exploration methods. Geological Association of Canada, Mineral Deposits Division, Special Publication, 5: 223 – 243.

Solomovich L I. 2007. Postcollisional magmatism in the South Tien Shan Variscan Orogenic Belt, Kyrgyzstan: Evidence for high-temperature and high-pressure collision. Journal of Asian Earth Sciences, 30 (1): 142 – 153.

Sotnikov V I, Berzina A N, Economou – Eliopoulos M, et al. 2001. Palladium, platinum and gold distribution in porphyry Cu ± Mo deposits of Russia and Mongolia. Ore Geology Reviews, 18 (1 – 2): 95 – 111.

Wainwright A J, Tosdal R M, Wooden J L, et al. 2011. U – Pb (zircon) and geochemical constraints on the age, origin, and evolution of Paleozoic arc magmas in the Oyu Tolgoi porphyry Cu – Au district, southern Mongolia. Gondwana Research, 19 (3), 764 – 787.

Watanabe Y, Stein H J. 2000. Re – Os ages for the Erdenet and Tsagaan Suvarga porphyry Cu – Mo deposits, Mongolia, and tectonic implications. Economic geology, 95 (7): 1537 – 1542.

Wu F Y, Sun D Y, Ge W C, et al. 2011. Geochronology of the Phanerozoic granitoids in Northeastern China. Journal of Asian Earth Sciences, 41 (1): 1 – 30.

Wu G, Chen Y C, Chen Y J, et al. 2012. Zircon U – Pb ages of the metamorphic supracrustal rocks of the Xinghuadukou Group and granitic complexes in the Argun massif of the northern Great Hinggan Range, NE China, and their tectonic implications. Journal of Asian Earth Sciences, 49: 214 – 233.

Xiao W J, Windley B F, Sun S, et al. 2015. A tale of amalgamation of three Permo – Triassic collage systems in Central Asia: Oroclines, sutures, and terminal accretion. Annual Review of Earth Planet Science, 43: 477 – 507.

Yakubchuk A S, Shatov V V, Kirwin D, et al. 2005. Gold and base metal metallogeny of the Central Asian orogenic supercollage. Society of Economic Geologists, 100th Anniversary Volume: 1035 – 1068.

Zeng Q D, Qin K Z, Liu J M, et al. 2015a. Porphyry molybdenum deposits in the Tianshan – Xingmeng orogenic belt, northern China. International Journal of Earth Sciences, 104: 991 – 1023.

Zeng Q D, Sun Y, Chu S X, et al. 2015b. Geochemistry and geochronology of the Dongshanwan porphyry Mo – W deposit, Northeast China: Implications for the Late Jurassic tectonic setting. Journal of Asian Earth Sciences, 97: 472 – 485.

Zhou T F, Yuan F, Fan Y, et al. 2008. Granites in the Sawuer region of the West Junggar, Xinjiang Province, China: Geochronological and geochemical characteristics and their geodynamic significance. Lithos, 106 (3 – 4): 191 – 206.

Zhukov N M, Kolesnikov V V, Miroshnichenko L M, et al. 1997. Copper deposits of Kazakhstan. Reference Book Alma Ata. , 149 (in Russian).

结　　语

本专著以我国北方造山带重要斑岩矿床为研究对象，对土屋－延东斑岩铜矿床、东戈壁斑岩钼矿床、乌努格吐山斑岩铜钼矿床、八大关斑岩铜钼矿床、多宝山斑岩铜矿床的产出背景、成矿特点、成矿要素、形成机理与成因模式进行了全面的解剖和分析，并以多宝山矿床为例，利用磷灰石裂变径迹法探讨了其隆升保存，取得以下主要成果和进展。

1）延东－土屋斑岩铜矿床成岩成矿作用与早石炭世时期大南湖－头苏泉岛弧带下北天山洋板块北向俯冲密切相关；锆石 Sr－Nd－Hf 同位素和其他地球化学数据显示，成矿岩体岩浆主要源于俯冲板片部分熔融；矿石 S、Pb 同位素具有幔源硫的特征；即在岛弧环境中，俯冲至深处的大洋板片熔融形成埃达克质岩浆，在熔融过程中同时析出金属，随埃达克质岩浆一起上升，在岩体顶部富集成矿。

2）东戈壁斑岩钼矿的成岩成矿作用发生在东天山地区三叠纪的板内伸展环境，花岗岩岩石地球化学研究显示其源于下地壳物质的部分熔融；成矿流体特征显示其可能为深部岩浆房的流体出溶，后期有大气降水的加入；矿石 S、Pb 同位素表明其成矿金属物质源为下地壳及上地壳物质的混染；即在岩石圈伸展的构造体制下，软流圈地幔物质上涌底侵于地壳底部，提供热量并诱发新增生下地壳物质发生部分熔融形成花岗质母岩浆，促使地壳中的钼元素进入岩浆；富含钼的母岩浆运移、上侵到地壳浅部，最后在岩体有利构造位置富集成矿。

3）乌努格吐山斑岩铜钼矿床形成于早侏罗世，矿区岩浆活动从 206Ma 持续至 173Ma，成矿前期的岩浆来自新生下地壳的部分熔融，成矿时期的岩浆来自新生下地壳部分熔融并有地幔物质的加入，成矿后岩浆中有更多地幔物质的加入。成矿流体显示高温、高盐度和高氧逸度的特征，岩浆水和大气降水的混合是矿物质沉淀的重要机制。乌努格吐山铜钼矿床形成于鄂霍次克洋俯冲构造背景。

4）八大关斑岩铜钼矿床围岩花岗岩、花岗斑岩和赋矿花岗闪长斑岩分别形成于 244～232Ma、238Ma、230Ma；Sr－Nd－Hf 同位素和其他地球化学数据显示，成矿岩体岩浆起源于新生下地壳熔融；铜钼矿化阶段成矿流体中 $\delta^{18}O$ 为 －6.0‰～＋1.5‰，δD_W 为 －119.3‰～－140‰，显示岩浆水和大气降水的混合是成矿流体的重要来源；S－Pb 同位素显示成矿物质主要源于深部岩浆。

5）多宝山斑岩铜矿是一个与加里东期多宝山岛弧岩浆活动有关的斑岩铜矿床。铜矿化以细脉浸染状为主，具有典型的斑岩铜矿蚀变分带。成矿流体及 C－H－O－S 稳定同位素研究显示，成矿物质和成矿流体主要源于深部岩浆，成矿流体演化晚期有大气降水的加入。成矿有关花岗闪长岩属高钠钙碱性岩石系列，相对亏损 Ce、Nb、Ta、P、Zr、Hf 和 Ti 等高场强元素，富集 Rb、Ba、K、Sr 和 Pb 等大离子亲石元素，显示出岛弧花岗岩类的地球化学特征。

6）应用裂变径迹热年代学方法和热史模拟方法，对多宝山铜矿床变化保存条件进行了探索。研究结果表明，赋矿岩体快速抬升晚于两侧岩体，赋矿岩体两侧花岗闪长岩快速抬升发生在82～72Ma之间，平均抬升速率大约0.2454mm/a；而赋矿岩体快速抬升发生在71.8～50.2Ma之间，平均抬升速率大约0.2201mm/a。两侧围岩抬升较早、平均速率较大，为矿床保存提供了有利条件。

虽然在典型斑岩成矿系统成矿背景、成矿过程及变化保存研究方面取得了一些进展，但北方造山带东西横亘全国，区域跨度大（5000km），成矿时间长（奥陶纪—白垩纪），成矿背景和成矿演化复杂，还有很多问题需要进一步深入研究。

1）东天山印支期成矿作用动力学背景。东天山地区斑岩矿床以古生代为主，而近年发现的东戈壁钼矿床、白山钼矿床均为印支期成矿。东部地区车户沟钼矿、必鲁甘干钼矿也形成于印期，显示我国北方造山带印支期斑岩成矿作用的重要性。车户沟钼矿、必鲁甘干钼矿被认为与后碰撞区域伸展过程中俯冲大陆岩石圈拆沉导致热的软流圈物质上涌有关，与鄂霍次克洋闭合有关。东天山斑岩钼矿形成于三叠纪板内伸展构造环境，陆壳伸展、软流圈地幔物质上涌及幔源岩浆底侵作用为钼矿区成岩成矿的主要动力学机制。而东天山三叠纪陆内伸展动力学机制尚不十分明了，是古亚洲洋演化的结果还是与印澳板块远程效应有关，还需要进一步工作。

2）东部地区成矿构造环境。矿床是复杂地球历史演化的一部分，斑岩矿床的大地构造控制尤为明显。北方造山带中西部地区成矿演化主要受控于古亚洲洋体制，比较而言，东北地区成矿构造环境更加复杂，先后受到古亚洲洋、蒙古-鄂霍次克洋和古太平洋相关的3个地球动力学体系的影响。该区古生代斑岩成矿可能主要与古亚洲洋演化有关，三叠纪斑岩钼矿的形成可能主要受控于蒙古-鄂霍次克洋的演化，中生代斑岩成矿作用可能与古太平洋演化有关。每一动力体系的影响时间、空间范围、各动力体系不同演化阶段对成矿的控制作用还需要深入研究。

3）境外对比研究。本次工作限于各方面条件，与境外对比研究开展不够充分。如根据形成时代以及构造背景的差异，得尔布干成矿带发育的斑岩矿床可划分为与俯冲构造体制相关的晚三叠世（240～230Ma）成矿期和早侏罗世（200～180Ma）成矿期，受碰撞构造体制控制的晚侏罗世（160～150Ma）成矿期。尽管已有得尔布干成矿带俄罗斯方面部分矿床的地质资料，但大多为早期的研究成果，难以与境内矿床、区域地质进行系统的对比和研究，导致得尔布干成矿带俯冲型和碰撞型两种斑岩矿床的对比并不完善。如果能开展跨境交流和研究，对得尔布干成矿带乃至中国北方斑岩矿床成矿规律的深入认识有重要意义。

4）古老斑岩矿床保存过程。一般认为斑岩矿床以及相关的浅成低温热液矿床，尤其是形成于弧环境（岛弧、陆缘弧）的这些矿床易于因俯冲隆升而遭受剥蚀作用。我国北方造山带多宝山、白乃庙矿床形成年龄相对古老，查明其保存较好的原因和过程至关重要。受磷灰石裂变径迹法的方法限制，本次仅揭示了多宝山矿床白垩纪隆升事件。未来可以考虑利用多种同位素体系［$^{40}Ar/^{39}Ar$、ZFT（锆石裂变径迹）、(U-Th)/He等中低温同位素体系］来反演斑岩矿床成矿岩体热演化历史，探讨成矿斑岩体（矿床）保存过程。利用此方法可对环太平洋、特提斯和古亚洲成矿域斑岩矿床开展变化保存对比研究，探讨不同地球动力背景下斑岩矿床的保存过程和特点，将有利于我们更深入地理解斑岩矿床的形成及保存全过程。